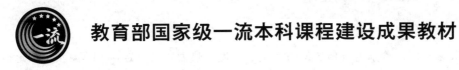

教育部国家级一流本科课程建设成果教材

物理化学教程
Physical Chemistry

北京化工大学

张丽丹　鄢　红　贾建光　徐向宇 / 编

化学工业出版社

·北京·

内容简介

全书共分十章：分别为气体的性质及状态方程、热力学第一定律、热力学第二定律、多组分系统热力学、化学平衡、相平衡、统计热力学初步、电化学、化学动力学基础及界面现象与胶体。每章后附有习题、书后有附录等资料。同时在数字资源平台上配套资源有：电子教案 ppt、习题详解、重点或难点知识的视频讲解。

本书编写基于简明的特点，适合化学、化工类各专业教学使用，也可供相关科研和工程技术人员参考及作为研究生入学考试的参考书。

图书在版编目（CIP）数据

物理化学教程 / 张丽丹等编 . —北京：化学工业出版社，2024. 7

教育部国家级一流本科课程建设成果教材

ISBN 978-7-122-45487-4

Ⅰ.①物… Ⅱ.①张… Ⅲ.①物理化学-高等学校-教材 Ⅳ.①O64

中国国家版本馆 CIP 数据核字（2024）第 080516 号

责任编辑：赵玉清 　　　　　文字编辑：周　倜
责任校对：李露洁 　　　　　装帧设计：刘丽华

出版发行：化学工业出版社
　　　　　（北京市东城区青年湖南街 13 号　邮政编码 100011）
印　　装：河北鑫兆源印刷有限公司
787mm×1092mm　1/16　印张 21½　字数 526 千字
2024 年 8 月北京第 1 版第 1 次印刷

购书咨询：010-64518888　　　售后服务：010-64518899
网　　址：http://www.cip.com.cn
凡购买本书，如有缺损质量问题，本社销售中心负责调换。

定　　价：59.00 元 　　　　　　　　　　版权所有　违者必究

前　言

随着科学技术的不断发展和高等学校教育教学改革的深入进行，有必要深入系统地研究基础课程的教学内容，增加学科发展与交叉的新知识，处理好课程内容的相对完整与课程间的互相融合和衔接，使之适于培养创新人才的要求。

本书的编写以教育部"关于深入本科教育教学　全面提高人才培养质量的意见"为指导思想，依据教育部高等学校化学类专业教学指导委员会制定的化学类专业化学理论教学建议内容和实验教学建议内容，融入了编者多年在物理化学教学改革中积累的教学经验和研究成果，力求在物理化学教师的教育教学和学生们的学习中，通过对本书的使用，培养学生的学习能力、综合分析能力和创新思维能力。本书既保证了完整的物理化学基础理论，又突出化学相关工科专业的应用型，适于化学工程与工艺、生物工程、制药、材料、环境、能源等相关专业的教学使用。

《物理化学教程》在满足学生继续学习化学、化工等专业知识所必备的基础理论的基础上，注重培养学生将所学基础知识应用于工程实践的能力；在保证物理化学自身的系统性和逻辑性的基础上，力求做到内容系统简明、概念清晰、推理严谨。全书共分十章，分别为气体的性质及状态方程、热力学第一定律、热力学第二定律、多组分系统热力学、化学平衡、相平衡、统计热力学初步、电化学、化学动力学基础及界面现象与胶体。本书特点如下：

- 书中各章的编写采用"模块分类"的方式，体现各知识模块的相对独立性及模块间的有机联系，将相关知识点进行整合，实现将相同的科学思维方法、物理量之间具有相同的数学模型等进行类比学习，使之更深刻理解物理量之间的关联；

- 体现教学中将物理化学理论和科学研究方法的结合，在学习物理化学理论的同时，从中学习和掌握物理化学的科学思维方法。例如，将化学热力学的整合，突出了对化学热力学中能量守恒、化学反应方向性和平衡中状态函数法的科学思维方法的共性知识的认知；

- 通过模块间的关联，将化学热力学理论、化学平衡理论和化学动力学理论相结合，并对其进行综合应用，学习如何优化反应条件（反应温度、压力及反应时间等），如何实现化工生产的可控性。

- 全书统一考虑内容取舍、不重叠，内容完整；精简了数学推导和过多叙述内容，做到"简明"而不弱化基本理论；引进学科近代发展的新内容，反映化学发展方向；能够满足化学工程与工艺、材料工程、生物工程等相关专业化学基础理论教学及创新人才培养的需要。

本书为北京化工大学国家级一流本科课程（2020 年）建设成果之一，重点阐述了物理化学中重要的基本概念和基本原理，公式推导尽量简单明了，有利于教师的教学和学生自学。每章附有一定量的例题和习题，帮助在学习过程中进一步加深对所学内容的理解，并运用所学的知识进行分析问题，从而提高解决问题的能力。

本书中涉及诸多物理量，其符号及运算均按照国家标准及 ISO 国际标准执行，物理量的单位采用国际单位制（SI）单位及我国规定的法定计量单位。

为配合本书的学习，帮助对物理化学学习内容的理解，作为新形态课程教材，本书还提供了习题详解、电子教案 ppt、重点或难点知识的视频讲解等数字化教学资源，读者正版验证后（一书一码）即可获得（操作提示见封底）。

参加本书的编写人员均是具有多年从事物理化学教学改革和教学研究实践经验的教师，各章执笔人分别是张丽丹（气体的性质及状态方程、热力学第一定律、热力学第二定律）、徐向宇（多组分系统热力学、化学平衡、统计热力学初步）、贾建光（相平衡、电化学）、鄢红（化学动力学基础、界面现象与胶体）。化学工业出版社为本书出版做了大量工作，在此表示衷心的感谢！

由于编者水平有限，书中的疏漏及不当之处在所难免，衷心希望读者批评指正并提出宝贵意见。

编者

2024 年 3 月

目　录

第三章　热力学第二定律 / 51

第七章　统计热力学初步 / 159

第八章　电化学 / 180

第九章　化学动力学基础 / 223

附　录 / 314

参考文献 / 329

绪论

一、物理化学的发展及研究范畴

化学是研究物质结构、性质及其变化的一门科学，其研究内容十分广泛，涉及物质及分子科学的各个方面，与人们的日常生活、工业生产、能源、环境等密切相关。物理化学作为化学的一个重要分支，是研究物质系统中各种化学反应的原理及其变化规律的一门学科。相对于化学中的其他学科来说，物理化学是研究物质系统的状态及其变化中的基本规律的学科。因此，物理化学是研究化学及相关学科的理论基础。

化学与物理学之间有着十分密切的联系。一般来说，系统中发生化学反应时总会伴随着物理变化，如体积、压力、温度等变化及光学性质等相关物理现象的变化，进行燃烧反应时会放出大量的热等；同时，系统的温度、压力、电场、磁场、光照等外界因素的作用也会对化学反应产生影响，如改变光化学反应中入射光的强度、波长等会影响反应速率甚至反应产物的种类。这些事实充分说明，一个化学反应的发生和进行都与相关的物理现象之间存在着非常密切的联系，这些物理现象正是化学反应进行的宏观标志，也是化学反应的宏观表现。物理化学正是通过研究这些物理现象与化学变化之间的关系，来探求系统发生变化时的一般性普适化规律的一门学科。

物理化学的发展始于19世纪下半叶，当时由于蒸汽机的出现与使用使科学技术得到了迅速的发展，物理化学也在这一时期得以建立和发展。1887年德国科学家奥斯特瓦尔德（W. Ostwald）和荷兰科学家范托夫（J. H. van't Hoff）联合创办了《物理化学杂志》，标志着物理化学学科的诞生。进入20世纪后，随着工业技术及相关学科特别是物理学及计算机技术的发展，各种先进测试技术的大量涌现使物理化学学科得以迅速发展，形成了从宏观到微观、从体相到表面、从静态到动态以及从定性到定量、平衡态到非平衡态的发展趋势。与此同时，物理化学还通过与其他学科的相互交叉渗透，形成了如材料物理化学、物理有机化学、计算化学等新的交叉学科领域，使物理化学的研究范围得到了进一步的扩展和延伸。

现代物理化学是建立在热力学、动力学、量子力学及统计力学的基础上，以化学热力学、化学动力学、结构化学、量子化学、统计热力学为基本研究内容的一门学科，主要研究和解决以下几个方面的问题：

1. 研究化学反应的方向和限度问题

化学热力学是建立在热力学定律的基础上，研究平衡态系统的宏观物理化学性质及其变化规律的物理化学分支。研究系统在指定条件下发生变化的方向，在系统进行的方向上能够达到的限度，以及变化时所涉及的能量转换关系等。因此，化学热力学是研究化学反应的方向性和平衡相关的问题。化学热力学也可以为设计新的化学反应路线进行可能性的预测。

2. 研究化学反应速率和反应机理问题

在化学热力学研究的基础上，通过引入时间变量，进一步研究化学反应速率及反应机理（历程）等，研究各种因素（如温度、压力、催化剂等）对化学反应速率的影响。通过控制各种因素实现目标产物的生成，有效地抑制副反应的发生。同时还可以得到实际生产中低能耗、绿色环保的最佳工艺条件。化学热力学和化学动力学共同构成了经典物理化学的主要内容。

3. 研究物质结构与性能关系问题

在经典物理化学中，无论是化学热力学还是化学动力学，其研究的对象都是由大量粒子（原子、分子）所构成的宏观系统。从本质上来说，系统的宏观性质是由构成系统的微观粒子的结构和性质所决定的。为了探寻化学反应特性和物质结构的内在联系，又形成了以量子力学为基础的量子化学、以统计力学为基础的统计热力学，以及研究物质的分子结构、表面结构等的结构化学。可以从微观的角度阐述化学键的形成理论、系统中单个粒子的运动行为、物质的表面结构和内部结构等角度对物质结构的认识及其与物质性质的关系。由于系统的宏观性质并非其微观性质的简单加和，如何通过系统的微观结构和性质来研究系统的宏观性质，建立起物质结构与性能的关系，构成了物理化学的另一个重要分支。

总之，物理化学涵盖了对物质系统的宏观、微观性质及其相互关系等各个方面的规律性研究，其基本原理、基本定律及研究方法也已经在与物质性质及变化相关的所有学科领域中得到了广泛应用。如上的三个分支并不是各自独立的，三者之间的有机结合形成了从微观到宏观的系统的化学理论。本书着重介绍物理化学的基础知识部分，包括化学热力学的基本原理及其平衡理论，化学动力学的基本原理及其应用，电化学、界面化学及其应用，以及统计热力学基础。

二、物理化学的研究方法

化学是一门实验科学，物理化学是化学的一个重要分支，它的发展过程与实践紧密结合。物理化学的研究方法和其他一般的科学研究方法有着共同之处。人们在生产实践中对人类社会及自然界的变化规律进行分析研究、总结规律并上升为理论，然后将其再应用于实践。在科学研究中，人们运用已有的知识对自然现象进行分析、判断、归纳和推理，从而提出假说和建立模型，通过假说和建立的模型进一步进行科学实验，若与科学事实吻合，则假说及模型将成为理论，用于指导生产实践。这就是"实践-认识-再实践-再认识"的科学认识过程，物理化学也是如此。

21世纪，科学技术迅速发展，交叉学科不断涌现，同时将化学学科的发展推向了一个更高的阶段。人们通过现代的物理手段、信息技术及计算方法使得合成化学可以实现从分子设计出发，得到合理的合成路线及合成方法，继而进行实验合成。对于物质性质及变化规律的研究，从理想的模型出发进行理想与实际差异的修正得到实际系统的模型，从而用于指导科学实践。例如，从理想气体、理想液态混合物及理想稀溶液的模型得到实际气体及实际溶液的模型等。同时，科学研究中的归纳、演绎、建立模型、数学统计等方法均适用于物理化学的研究。

在物理化学的热力学研究中，基于热力学第一定律和热力学第二定律的研究，实现了各种化学变化过程伴随的物理变化过程的能量守恒计算及其变化过程的方向性和限度的判断。基于现代物理学的发展和进步，对于化学动力学的速率理论和反应机理的研究，实现了化学反应过程的可控化学、飞秒化学，将化学反应动力学及化学反应理论的研究推向了新的阶段。纳米材料科学的发展、界面化学及结构化学的研究，使人们通过物质结构与性能的关系规律，实现新型功能材料的设计及制备。这些物理化学的理论和实验方法在化学研究中起到重要的作用。科技技术在不断进步，新的化学研究方法在不断出现，在学习传统研究方法的同时，不断去开拓新的研究领域，是时代对新一代化学人的更高的要求。

三、物理化学的学习方法

物理化学是研究物质系统的化学变化及其规律的学科，具有较强的逻辑关系。在掌握物理化学基本理论的同时更要学习科学家的科学思维方法，学习科学原理的发现、推理、验证，并得出科学规律及用于解决实际问题的过程。在学习时结合个人的特点，找出适合自身的学习方法，下面几点供读者在学习时参考。

1. 学习物理化学解决问题的科学思维方法

学习物理化学时，不仅要学习掌握科学的基本理论，更为重要的是要学习和理解科学家分析、解决问题的逻辑思维方法。例如，物理化学中热力学定律的建立就是科学家们通过对大量自然现象及实验现象的归纳、总结，从中找出具有普遍性、规律性的东西，在此基础上进行合理的推论、演绎，并通过不断的实验验证而得到的。在热力学的研究中，采用建立热力学基础数据并结合状态函数法的思想，可以解决物质的简单 p、V、T 变化，化学变化及相变化过程的能量计算，方向性及限度的判断。又如，在物理化学中处理复杂问题时常常采用简化处理的方法，即首先要抓住主要矛盾、忽略次要因素，利用已有的知识提出合理的假设、建立模型，通过数学变换导出简单结果，再对其进行修正处理从而获得对复杂问题的解决方法。这些都是物理化学研究的精髓，通过学习物理化学达到理解和掌握这些解决问题的方法，就如同我们拿到了开启大门的钥匙，使我们能够在今后的学习或工作中得到更多的启示。

2. 抓出各章节的重点及相互之间的联系

物理化学每章中都有要解决的主要问题，抓住这个主要问题是学好本章或本部分内容的关键。同时，还要注意章节之间的有机联系，通过学习总结将这些知识形成一个知识链条联系起来，做到将所学的知识融会贯通。如化学热力学部分所要解决的主要问题是系统变化的方向性和限度以及伴随的能量转换问题，这是热力学部分的核心。热力学原理的研究及发展，围绕发现的问题如何进行解决问题展开，找出各种物理量之间的逻辑关系进行规律总结，得到一系列的数学模型即物理量关系计算公式，用其解决实际问题。如研究状态函数之间的数量关系，实现通过可测量的物理量计算不易测量的物理量，运用计算结果进行逻辑推理和判断，总结出化学反应的一般规律等。化学动力学部分，首先在一定温度条件下研究化学反应速率和浓度或浓度和时间之间的内在关系，建立动力学模型，再建立温度和速率之间的数学模型，继而得到最佳温度-浓度-时间反应工艺条件，从而实现化工生产过程的可控性，同时进一步深化化学反应机理的研究。物理化学研究中，将化学热力学和化学动力学相结合可以实现对一个新的化学反应过程从理论到生产实践工艺探索的科学研究全过程的学习。

3. 充分理解基本概念、定理、公式，特别是它们的适用条件

物理化学原理中包含很多基本概念、定理及数学模型。对这些基本概念、定理及数学模

型的理解十分重要，在掌握每一个基本概念、定理及数学模型的物理意义的同时要清楚它们的适用条件，否则就会使得到的结论或计算结果出现偏差甚至得出错误的结论。由于物理化学中的很多公式都是从一些最基本的关系式导出的，公式的很多适用条件都是在推导过程中引入的，因此，通过理解推理过程来进行学习是最好的记忆方法。

4. 注重习题

学习物理化学的目的是为了解决实际问题，物理化学中的习题本身就是一些解决问题的实例，因此解题过程也就是运用物理化学知识来解决问题的过程。通过解题不但可以巩固所学物理化学基础知识，还可以培养运用物理化学知识解决问题的能力。因此，做习题也是学习物理化学的一个重要方面。但做题应当在掌握基本理论的基础上进行适当的练习，解题过程应做到思路清晰、表达完整、推理严密。若忽略了对物理化学基本理论及基本概念的学习而做题，会无异于舍本逐末，背弃了学习物理化学的根本所在。

5. 重视实验，勤于思考

物理化学也是一门实验科学。要学会将物理化学原理与实验相结合，在实验中提出问题并运用相关的物理化学知识来合理地解决问题。同时，要学会运用物理化学的相关理论对自然界和生活中所遇到的相关现象进行分析，如荷叶上的露珠为什么总是呈球形，肥皂、洗衣粉为何可以清洁衣物等。总之，要勤于思考，在思考中进一步加深对物理化学理论知识的理解。

6. 正确表达物理化学中的物理量及单位

物理化学是一门严格定量的学科，其中引入了很多物理量及计算公式。因此，如何正确地表示物理量和进行物理量间的运算也是学习物理化学的一个重要方面。

（1）物理量的表示　物理化学中的物理量通常用斜体的拉丁字母或希腊字母表示，如压力（p）、焓（H）等。若物理量中带有上、下标，当上、下标为物理量时也用斜体表示，其他情况时则用正体表示，如摩尔定压热容 $C_{p,m}$ 等。正确地表示物理量 A 时应包括物理量的量值 $\{A\}$ 及单位 $[A]$，即 $A=\{A\}[A]$，如 $p=100\text{Pa}$，$C_{p,m}=29.5\text{J}\cdot\text{mol}^{-1}\cdot\text{K}^{-1}$ 等。在作图时，纵、横坐标需要用纯数表示时，需要表示为物理量与单位的比值的形式，如 $y/[y]$、$x/[x]$。

（2）物理量的单位 $[A]$　本书中物理量的单位大多采用国际标准单位，一般用正体的小写表示，如 m、s、mol 等；但源于人名的单位第一个字母则要大写，如 Pa、K 等。需要注意的是，对数项中的物理量没有单位。因此，将物理量进行对数运算时应先将物理量除以其单位，即物理量 A 的对数应为 $\ln(A/[A])$，但大多数情况下 $\ln(A/[A])$ 可简写为 $\ln A$。

（3）物理量的运算　在进行物理量的计算时，物理量的单位也同时要进行运算。因此，计算时要同时进行物理量的数值和单位运算。一般来说，可先写出物理量之间的运算关系式，之后再代入物理量的数值及单位进行运算，如计算 $1.0\times10^5\text{Pa}$、300K 时想气体的摩尔体积可按下式进行：

$$V_m=\frac{RT}{p}=\frac{8.314\text{J}\cdot\text{mol}^{-1}\cdot\text{K}^{-1}\times300\text{K}}{1.0\times10^5\text{Pa}}=2.494\times10^{-2}\text{m}^3\cdot\text{mol}^{-1}$$

总之，物理化学的学习不仅仅是要获取相关的物理化学知识，更重要的是要通过学习培养灵活运用知识来分析问题、解决问题的能力。当然，这种能力的获得并非一朝一夕就能够完成，通过物理化学的学习，一定会提高读者分析问题、解决问题的能力。

第一章

气体的性质及状态方程

物质的聚集状态主要有三种：气态（g）、液态（l）和固态（s）。气态与液态又称为流体（fl），液态与固态又称为凝聚态（cd）。决定物质聚集状态的主要因素有：①分子间相互作用力；②分子的无规则热运动。

分子间相互作用力的表现有引力和斥力，当分子在一定距离运动时以引力为主。当分子间的引力不足以克服分子无规则运动的分离倾向时，分子表现为无规则的热运动现象，则充满任意空间而形成气态。当分子之间的引力较大，并能够克服分子无规则运动的分离倾向时，则把分子束缚在固定的平衡位置上而形成固态。液态的形成介于以上两者之间。

物质的压力 p、体积 V、温度 T 变化在一定范围内会引起物质的相态变化，了解气态物质 p、V、T 之间的关系所遵循的状态方程，是学习物质的相变化规律和化学变化规律的基础。

第 1 节　理想气体 p、V、T 性质及其状态方程

理想气体（ideal gas）是一种假想状态的气体，其模型为：①气体分子本身体积可以忽略不计，假想为几何质点；②分子之间相互作用力可以忽略不计；③分子之间的碰撞认为是完全的弹性碰撞（即在碰撞前后总动量不损失）。实际气体在高温低压条件下的性质近似这种模型。

1.1.1　三个低压定律

17～18 世纪，波义耳-马利奥特（Boyle-Marriote）、查理-盖·吕萨克（Charles-Gay Lussac）、阿伏加德罗（Avogadro）分别研究了低压气体的 p、V、T 行为，根据大量的实验事实总结出三个低压条件的经验定律，从而推出理想气体状态方程。

（1）波义耳-马利奥特定律：在低压下且温度一定时，一定量气体的体积与压力成反比，即

$$p \propto \frac{1}{V} \quad 或 \quad pV = 常数 \tag{1.1.1}$$

在波义耳发现这一定律之后，法国科学家马利奥特也发现了这个规律，所以该定律又称为波义耳-马利奥特定律。

（2）查理-盖·吕萨克定律：1787年法国物理学家查理，1802年法国物理学家、化学家盖·吕萨克分别研究表明，低压时一定量气体的体积与温度成正比，即

$$V \propto T \quad 或 \quad \frac{V}{T}=常数 \tag{1.1.2}$$

（3）阿伏加德罗定律：意大利化学家阿伏加德罗在1811年提出，在相同温度、相同压力下，相同体积的不同气体所含的分子个数相同。从而得出，在温度和压力一定时，气体所占有的体积同物质的量成正比，即

$$V \propto n \quad 或 \quad \frac{V}{n}=常数 \tag{1.1.3}$$

当 $T=273.15K$、$p=101325Pa$ 时，1mol 气体的体积 $V_m=22.4\times10^{-3}m^3 \cdot mol^{-1}$。

1.1.2 理想气体状态方程

描述气体 p、V、T 之间关系的方程称为状态方程（equation of state）。由以上三个低压气体定律，可导出理想气体状态方程（the state equation of ideal gas）：

1-1

$$pV=nRT \tag{1.1.4a}$$

或以物质的量为1mol 表示，即

$$pV_m=RT \tag{1.1.4b}$$

式中物理量的单位：p—Pa，V—m^3，T—K，n—mol，V_m—$m^3 \cdot mol^{-1}$。R 为摩尔气体常数，单位为 $J \cdot mol^{-1} \cdot K^{-1}$。

理想气体的定义：凡是在任何温度、任何压力下均符合理想气体状态方程的气体，称为理想气体。高温、低压条件下的实际气体符合理想气体状态方程。

1.1.3 外推法导出摩尔气体常数 R

根据阿伏加德罗定律，当 $T=273.15K$，$p=101325Pa$ 时，1mol 气体 $V_m=22.4\times10^{-3}$ $m^3 \cdot mol^{-1}$，可计算出摩尔气体常数 $R=8.314J \cdot mol^{-1} \cdot K^{-1}$。

1-2

一定量的实际气体，在不同温度、压力下测定其体积值，代入 $R=\dfrac{pV}{nT}$ 中得出不同的摩尔气体常数值，只有当压力 $p \to 0$ 时，才符合理想气体行为。但是，当压力很低时，实验很难进行。因此，常采用外推法求得摩尔气体常数 R。T 一定时，取 1mol 气体进行实验，测得不同压力条件下的体积数据，作 $\dfrac{pV_m}{T}$-p 曲线。实验结果，当压力 $p \to 0$ 时，$R=\lim\limits_{p \to 0}$

$\left(\dfrac{pV_m}{T}\right)=8.314J \cdot mol^{-1} \cdot K^{-1}$。某实际气体在不同温度下的 $\dfrac{pV_m}{T}$-p 实验结果及同一温度

下不同实际气体的 $\dfrac{pV_m}{T}$-p 实验结果如图 1-1 和图 1-2 所示。由此可证明各种不同的气体，在

不同的温度下，当压力趋于零时，$R=\lim\limits_{p \to 0}\left(\dfrac{pV_m}{T}\right)=8.314J \cdot mol^{-1} \cdot K^{-1}$。

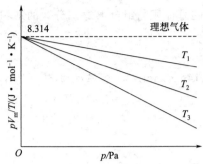

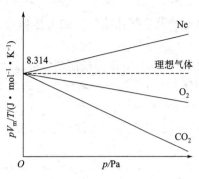

图 1-1 某实际气体在不同温度下的实验结果　　**图 1-2** 不同的实际气体在某温度下的实验结果

1.1.4　道尔顿分压定律及阿马格分体积定律

1-3

道尔顿（Dalton）和阿马格（Amagat）分别采用低压气体进行不同的实验，得到了低压气体的分压与总压、分体积与总体积的关系，即如下介绍的道尔顿分压定律和阿马格分体积定律。

1.1.4.1　道尔顿分压定律

混合气体中某组分 B 单独存在，且具有与混合气体相同的温度、体积时的压力称为组分 B 的分压。用 p_B 表示。

混合气体的总压等于混合气体各组分的分压之和（图 1-3），称为道尔顿分压定律。

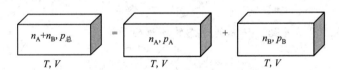

图 1-3　分压与总压的关系示意图

$$p_总 = \sum_B p_B \tag{1.1.5a}$$

推论：混合气体中组分 B 的分压等于混合气体的总压与组分 B 摩尔分数的乘积。

$$p_B = p_总 y_B \tag{1.1.5b}$$

式(1.1.5b)对实际气体也适用。

1.1.4.2　阿马格分体积定律

混合气体中某组分 B 单独存在，且具有与混合气体相同的温度、压力时的体积称为组分 B 的分体积。用 V_B 表示。

混合气体的总体积等于混合气体各组分的分体积之和（图 1-4），称为阿马格分体积定律。

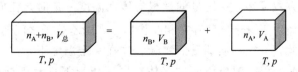

图 1-4　分体积和总体积的关系示意图

$$V_{总} = \sum_B V_B \tag{1.1.6a}$$

推论：混合气体组分 B 的分体积等于混合气体的总体积与组分 B 摩尔分数的乘积。

$$V_B = V_{总} y_B \tag{1.1.6b}$$

式(1.1.6b)对压力较高的实际气体不适用。

例题 1.1.1 已知某理想气体的摩尔质量 $M = 14g \cdot mol^{-1}$，求温度为 300.15K、压力为 200kPa 时的密度。

解：由理想气体状态方程 $pV = nRT$ 可得到

$$p = \frac{\rho RT}{M}$$

则有 $\rho = \dfrac{pM}{RT} = \dfrac{200kPa \times 14g \cdot mol^{-1}}{8.314J \cdot mol^{-1} \cdot K^{-1} \times 300.15K} = 1.122g \cdot dm^{-3}$

例题 1.1.2 已知 373.15K 下，一体积为 100 dm^3 的气缸内盛有 150kPa 的气体 A 和水蒸气的混合物，其中水蒸气处于饱和状态。现将该气缸在 373.15K 等温条件下压缩至 200kPa，此条件下 A 气体不凝结。问气缸内可冷凝出多少液态水？（已知 373.15K 时水的饱和蒸气压为 101.325kPa）

解：以 373.15K 条件下水蒸气的分压不变为基准，计算 A 气体的始、终态的分压。有

始态：$p_1(A) = p_1 - p(H_2O) = (150.00 - 101.325)kPa = 48.675kPa$

终态：$p_2(A) = p_2 - p(H_2O) = (200.00 - 101.325)kPa = 98.675kPa$

A 气体始、终态温度和物质的量不变，计算终态体积：

$$V_2 = \frac{p_1(A)}{p_2(A)} V_1 = \left(\frac{48.675}{98.675} \times 100 \right) dm^3 = 49.329 dm^3$$

由分压定律得到水蒸气始、终态的气态的物质的量：

$$n_1(H_2O,g) = \frac{p(H_2O,g)V_1}{RT} = \left(\frac{101.325 \times 100}{8.314 \times 373.15} \right) mol = 3.266 mol$$

$$n_2(H_2O,g) = \frac{p(H_2O,g)V_2}{RT} = \left(\frac{101.325 \times 49.329}{8.314 \times 373.15} \right) mol = 1.611 mol$$

由压缩前、后水蒸气的气态的物质的量之差，计算冷凝出的液体的物质的量：

$$n(H_2O,l) = n_1(H_2O,g) - n_2(H_2O,g) = (3.266 - 1.611)mol = 1.655 mol$$

第 2 节　实际气体与理想气体的偏差及其液化

1.2.1　实际气体与理想气体的偏差

由理想气体状态方程可知，一定量的理想气体在温度一定时，任何压力条件下的 pV_m 值为一常数。实际气体由于分子之间存在相互作用力，随着分子之间的距离不同，分子之间的作用力也不同。因此，一定物质的量的实际气体在一定温度下，pV_m 值随着压力的变化而不同。如图 1-5 所示，相同温度下不同气体在同一压力下具有不同的体积；如图 1-6 所示，不同温度下的同种气体在相同压力下具有不同的体积，这都是由于不同实际气体分子之

间的分子引力不同所致。

如图 1-7 所示，某种实际气体 pV_m-p 的关系曲线在不同温度时出现三种曲线形式。对任何气体都有一特殊温度 T_B，在该温度下当 $p\to 0$ 时，pV_m-p 曲线的斜率为零：

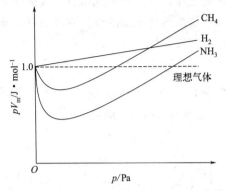

图 1-5　同一温度下不同气体的 pV_m-p 曲线

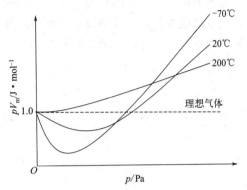

图 1-6　不同温度下相同气体的 pV_m-p 曲线

$$\lim_{p\to 0}\left(\frac{\partial(pV_m)}{\partial p}\right)_{T_B}=0 \tag{1.2.1}$$

该温度称为波义耳温度。

从图 1-7 可知，$T>T_B$ 时，实际气体的 pV_m 值随着 p 的增加而增加；$T=T_B$ 时，实际气体的 pV_m 值随着 p 的增加开始不变随后增加；$T<T_B$ 时，实际气体的 pV_m 值随着 p 的增加先下降后增加。

实际气体在不同温度下出现三种曲线形式，是由于实际气体分子之间存在相互作用力和分子本身体积等因素对气体的 p、V、T 行为的影响。实际气体由于分子之间作用力的影响，靠近器壁的气体分子对器壁的作用力受到分子内部引力的作用而减小。实际气体考虑分子本身占有的

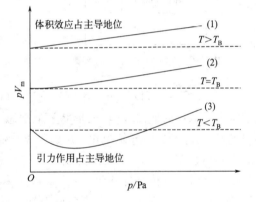

图 1-7　不同曲线形式的 pV_m-p 图

体积，1mol 实际气体的 V_m 除了气体的运动空间外，包含本身体积这一难压缩的空间。分析以上三种曲线可知：当 $T>T_B$ 时，气体的体积效应占主导地位，pV_m 值随着 p 的增加一直上升；当 $T<T_B$ 时，随着 p 的增加，开始引力作用占主导地位，当 p 增加到一定值时，体积效应占主导地位。

波义耳温度是物质的特性温度，该温度的高低表现出气体可压缩性的难易程度的不同。不同的实际气体具有不同的波义耳温度，表现出实际气体对理想气体的偏差程度不同。

1-4

1.2.2　液体的饱和蒸气压及 CO_2 气体的液化

1.2.2.1　液体的饱和蒸气压

在一定温度下，将某纯液体注入一密闭的真空容器中，此时容器内液体发生气、液相变化，当液体的蒸发速率和蒸气的凝结速率相等时，即气、液相变化达成动态平衡，液体上方的蒸气达到饱和状态。此时，蒸气的压力称为该液体在该温度下的饱和蒸气压。液体的饱和

蒸气压是温度的函数，同一物质温度不同饱和蒸气压不同，同一温度不同液体的饱和蒸气压也不同。各种液体在不同温度下饱和蒸气压的数据可从热力学手册中查到。例如，298.15K时，水的饱和蒸气压是3.24kPa。

液体的饱和蒸气压随着温度升高而增加，当液体的饱和蒸气压等于外压时，液体开始沸腾，此时的温度为该液体的沸点。在相同温度、外压下饱和蒸气压高的液体其沸点低，液体的沸点随着外压的降低也随之降低。例如，在高原地区气压较低，水不到100℃就沸腾。

1.2.2.2　CO_2气体的液化

将CO_2气体充入一真空容器中，恒定不同温度条件下进行压缩，改变不同压力测定CO_2的体积，实验装置如图1-8所示，得到CO_2的等温曲线如图1-9所示。

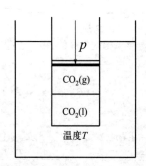

图1-8　CO_2的等温实验装置

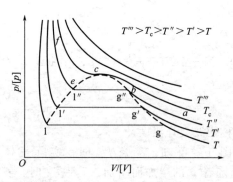

图1-9　CO_2的不同温度下的p-V_m曲线

① 从图1-9可以看出，不同温度下CO_2的p-V_m曲线，低温区如温度为T''曲线出现三种线形，低压时曲线ab段的形状类似理想气体的曲线，此时CO_2呈气态，当随着压力逐渐增加到b点时CO_2开始液化，b点达成气液两相平衡，b点对应的体积称为气液平衡时气体的摩尔体积$V_m(g)$。be段保持压力不变，该压力为CO_2在温度为T''下的饱和蒸气压，当到达e点时，气体全部液化，e点对应的体积称为气液平衡时液体的摩尔体积$V_m(l)$。继续压缩，体积变化不大，但压力急剧上升，表现出液体的难压缩性。

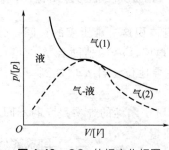

图1-10　CO_2的相变化相图

② 图1-9所示的高温区，气体不能液化，温度越高，曲线越接近双曲线形，在高温低压区，气体接近于理想气体行为。

③ 当温度为T_c时，be段缩成一点，即图1-9所示的c点，此时饱和CO_2的气体摩尔体积和液体摩尔体积相等，且c点呈现拐点（inflection point），定义c点为临界点（critical point）。

从图1-10中可以看出，CO_2的相变化分为几个区域，气（1）相区、液相区、气（2）相区及气-液两相区。气（1）相区和气（2）相区的区别是气（1）相区的气体无论加多大压力也不能液化，而气（2）相区加压时可以发生液化。

1.2.3　临界状态及其临界性质

CO_2液化等温线中的c点为临界点，p_c、$V_{m,c}$、T_c分别为临界压力（critical pressure）、临界摩尔体积（critical volume）和临界温度（critical temperature），统称为临界参数，处于临界参数条件下的状态称为临界状态。例如，CO_2 的 $p_c = 73967.25 \text{kPa}$、$V_{m,c} = 0.0957 \text{dm}^3 \cdot \text{mol}^{-1}$、$T_c = 31.04℃$。物质处于临界点处具有如下性质：

（1）临界点处气体的摩尔体积与液体的摩尔体积相等，$V_{m,c}(g) = V_{m,c}(l)$，该条件下呈气液不分状态，是一种特殊的流体。

（2）在临界点处，物质的等温曲线的一阶导数和二阶导数为零：

$$\left(\frac{\partial p}{\partial V_m}\right)_{T_c} = 0 ; \left(\frac{\partial^2 p}{\partial V_m^2}\right)_{T_c} = 0 \qquad (1.2.2)$$

（3）在临界温度下，临界压力是气体能够液化的最低压力。

不同的物质有不同的临界参数，表 1-1 列出一些常见物质的临界参数。

表 1-1　几种物质临界点的 p_c、V_c、T_c 值

气体	p_c/MPa	$V_{m,c}/\text{dm}^3 \cdot \text{mol}^{-1}$	T_c/K
H_2	1.30	0.0650	33.23
CH_4	4.64	0.09888	190.2
NH_3	11.28	0.0724	405.6
H_2O	22.12	0.0450	647.2
CO	3.55	0.0900	134.0
N_2	3.39	0.0900	126.1
O_2	5.04	0.0744	153.4
CH_3OH	7.95	0.1177	513.1
CO_2	7.39	0.0957	304.3
C_6H_6	4.92	0.2564	561.6

第 3 节　范德华状态方程

1-5

实际气体分子之间存在相互作用力，分子本身体积不同，因此，使得实际气体的 p、V、T 性质与理想气体之间具有一定偏差。通过对理想气体状态方程中的压力和体积与实际气体的实际压力和体积之间的偏差进行修正，得到实际气体的状态方程。

1873 年，荷兰科学家范德华（van der Waals）将实际气体的模型假设为一硬球，以理想气体为模型研究实际气体的压力和体积与理想气体的压力和体积的偏差得到范德华方程。

1.3.1　压力修正

由理想气体状态方程的物理性质可知：（分子之间无相互作用力时对器壁所产生的表观压力）×（1mol 分子本身体积忽略时的自由活动空间）$= RT$，由于实际气体分子之间存在作用力，在一定距离范围内以引力为主，则实际气体对器壁所产生的作用力与理想气体的表现有所不同。如图 1-11(a) 所示，体相的分子受周围分子的引力

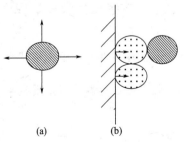

（a）　　（b）

图 1-11　压力修正示意图

作用处于力平衡状态，如图 1-11(b) 所示的靠近器壁附近的分子，由于受到气体体相内部的引力，使其作用在器壁上的力有所减小，从而使得 $p_{实际} < p_{理想}$，两者之间的差值称为内压力 $p_{内}$（internal pressure）。则有 $p_{理想} = p_{实际} + p_{内}$。$p_{内}$ 的大小正比于分子间作用力，同时也正比于在单位器壁面积上的碰撞分子数。两者均与分子体积成反比，因此有

$$p_{内} = \frac{a}{V_m^2} \tag{1.3.1a}$$

$$p_{理想} = p_{实际} + \frac{a}{V_m^2} \tag{1.3.1b}$$

1.3.2 体积的修正

实际气体分子本身占有体积，气体的自由运动空间要从实际气体实测的体积中减去分子本身占有的体积。如图 1-12 所示，若 a、b 两球碰撞时质心的最小距离为 R，以 R 为半径的球体空间是两个分子质心不能到达的运动空间，为 a、b 两个分子共同排除的占有体积，该体积为 $\frac{4}{3}\pi R^3$，则对于每个分子所

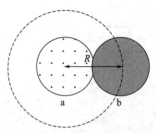

图 1-12 体积修正示意图

应排除体积空间为自己本身占有体积的 4 倍，即 $\left(\frac{1}{2}\right)\left(\frac{4}{3}\pi R^3\right) = 4 \times \frac{4}{3}\pi\left(\frac{R}{2}\right)^3$。1mol 分子的排除体积空间为 4 倍的 1mol 分子本身体积，即令 $4 \times \left(L\pi \frac{R^3}{6}\right)$ 为 b，则实际气体 1mol 分子的自由活动空间体积等于 $V_m - b$，则

$$V_{m,理想} = V_{m,实际} - b \tag{1.3.2}$$

将式(1.3.1b) 和式(1.3.2) 代入 $pV_m = RT$ 得范德华状态方程为

$$\left(p + \frac{a}{V_m^2}\right)(V_m - b) = RT \tag{1.3.3a}$$

物质的量为 n 的范德华状态方程为

$$\left(p + \frac{n^2 a}{V^2}\right)(V - nb) = nRT \tag{1.3.3b}$$

式中，a、b 分别为范德华状态方程的压力修正因子和体积修正因子，统称为范德华参数。

在压力不是很高时，范德华状态方程能较好地描述实际气体的 p、V、T 行为。

1.3.3 范德华参数与临界参数的关系

在临界温度下，范德华状态方程为 $p = \frac{RT_c}{V_m - b} - \frac{a}{V_m^2}$，由临界状态点 p-V_m 关系曲线可知，临界点处等温曲线呈现拐点，此时曲线的一阶导数、二阶导数为零，即

$$\left(\frac{\partial p}{\partial V_m}\right)_{T_c} = 0 \tag{1.3.4a}$$

$$\left(\frac{\partial^2 p}{\partial V_m^2}\right)_{T_c} = 0 \tag{1.3.4b}$$

在临界温度下，将范德华状态方程代入式(1.3.4a) 和式(1.3.4b)，求一阶导数和二阶导数，得到两个方程，解联立方程得

$$V_{m,c} = 2b \tag{1.3.5a}$$

$$T_c = \frac{8a}{27Rb} \tag{1.3.5b}$$

$$p_c = \frac{a}{27b^2} \tag{1.3.5c}$$

进一步整理得

$$a = \frac{27R^2 T_c^2}{64 p_c} \tag{1.3.6a}$$

$$b = \frac{RT_c}{8 p_c} \tag{1.3.6b}$$

若已知气体的临界参数，采用式(1.3.6a) 和式(1.3.6b) 计算出各种气体的参数 a、b 值。若已知气体的范德华参数 a、b 值，也可以计算出气体的临界参数。表 1-2 中列出部分气体的范德华参数 a、b 值。

表 1-2　一些气体的范德华参数 a、b 值

气体	$a/(\text{Pa} \cdot \text{m}^6 \cdot \text{mol}^{-2})$	$b/(\times 10^{-4} \text{m}^3 \cdot \text{mol}^{-1})$	气体	$a/(\text{Pa} \cdot \text{m}^6 \cdot \text{mol}^{-2})$	$b/(\times 10^{-4} \text{m}^3 \cdot \text{mol}^{-1})$
H_2	0.02432	0.266	H_2S	0.4519	0.437
Ar	0.1353	0.322	CCl_4	1.9788	1.268
N_2	0.1368	0.386	CO	0.1479	0.393
O_2	0.1378	0.318	CO_2	0.3658	0.428
Cl_2	0.6576	0.562	CH_4	0.2280	0.427
HCl	0.3718	0.408	C_6H_6	1.9029	1.208
HBr	0.4519	0.443	NO	0.1418	0.283
SO_2	0.686	0.568	NH_3	0.4246	0.373

例题 1.3.1　在 313.15K 时，若 CO_2 气体摩尔体积为 $0.308\text{dm}^3 \cdot \text{mol}^{-1}$，应用范德华方程计算该条件下 1mol CO_2 气体的压力。已知 CO_2 气体的范德华参数 $a = 0.3658\text{Pa} \cdot \text{m}^6 \cdot \text{mol}^{-2}$，$b = 0.428 \times 10^{-4} \text{m}^3 \cdot \text{mol}^{-1}$。

解：由范德华状态方程 $\left(p + \dfrac{a}{V_m^2}\right)(V_m - b) = RT$ 得

$$p = \frac{RT}{V_m - b} - \frac{a}{V_m^2} = \left(\frac{8.314 \times 313.15}{0.308 \times 10^{-3} - 0.426 \times 10^{-4}} - \frac{0.3658}{(0.308 \times 10^{-3})^2}\right)\text{Pa} = 5953.8\text{kPa}$$

第 4 节　对应状态原理及普遍化压缩因子图

由于各种实际气体分子之间存在着不同的相互作用力和分子本身体积大小不同，使实际气体状态方程中包含有表现其不同性质的特性参数，例如范德华状态方程中的参数 a 和 b。理想气体状态方程是不含有物质的特性参数的普遍化的状态方程。推导出不含有实际气体特

性参数的普遍化状态方程，在化工生产实践中有广泛意义。

1.4.1 压缩因子 Z

理想气体的 $\frac{pV}{nRT}$ 或 $\frac{pV_m}{RT}$ 均等于 1。而实际气体的 $\frac{pV}{nRT}$ 或 $\frac{pV_m}{RT}$ 大于 1 或小于 1。为研究实际气体的 p、V、T 偏离理想气体的 p、V、T 的行为，引入压缩因子（compressibility factor）Z 得

$$Z = \frac{pV}{nRT} \quad \text{或} \quad Z = \frac{pV_m}{RT} \tag{1.4.1}$$

式(1.4.1) 是普遍化的实际气体状态方程。具有相同 Z 值的不同实际气体偏离理想气体的情况相同。如图 1-13 所示，若 $Z = 1$ 时实际气体与理想气体没有偏差，若 $Z > 1$ 时实际气体比理想气体难压缩，若 $Z < 1$ 时实际气体比理想气体易压缩。

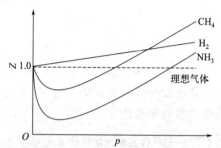

图 1-13 同一温度下不同气体的 Z-p 图

1.4.2 对比参数

由于各种实际气体具有固有的特性所致，使与理想气体的产生偏差不同。但是所有气体在临界点处具有相同的物理性质，即在临界点处气体的摩尔体积与液体的摩尔体积相等，形成气液不分的状态。将实际气体的 p、V、T 分别除以临界参数 p_c、V_c、T_c 得

$$p_r = \frac{p}{p_c} \tag{1.4.2a}$$

$$T_r = \frac{T}{T_c} \tag{1.4.2b}$$

$$V_r = \frac{V}{V_c} \tag{1.4.2c}$$

式中，p_r、V_r、T_r 分别定义为对比压力（reduced pressure）、对比体积（reduced volume）、对比温度（reduced temperature），统称为对比参数。其中对比温度采用热力学温度。对比参数分别表示实际气体的 p、V、T 性质偏离临界参数的程度，且为量纲为 1 的量。

对非极性气体（H_2、He、Ne）特例

$$p_r = \frac{p}{p_c + 910.6\text{kPa}} \tag{1.4.3a}$$

$$T_r = \frac{T}{T_c + 8\text{K}} \tag{1.4.3b}$$

1.4.3 对应状态原理

将对比参数代入范德华状态方程式(1.3.3) 得

$$p_r p_c = \frac{RT_r T_c}{V_r V_{m,c} - b} - \frac{a}{V_r^2 V_{m,c}^2}$$

将范德华参数 a、b 与临界参数的关系式(1.3.5) 和式(1.3.6) 代入以上方程得

$$p_r = \frac{8T_r}{3V_r - 1} - \frac{3}{V_r^2} \qquad (1.4.4)$$

该方程是由对比参数 p_r、T_r、V_r 建立起来的实际气体状态方程，其中不含各种物质的特性参数，称为普遍化的范德华状态方程。由此可知，对比参数 p_r、T_r、V_r 之间大致存在着一个普遍适用的关系式

$$f(p_r, T_r, V_r) = 0 \qquad (1.4.5)$$

由此关系式表明，不同的气体若有两个对比参数彼此相等，则第三个对比参数具有大致相同的值，该原理称为对应状态原理（principle of corresponding state）。人们把具有相同对比参数的物质称为具有相同的对应状态（corresponding state）。

1.4.4 普遍化压缩因子图

将对比参数代入压缩因子参数 Z，可得

$$Z = \frac{pV_m}{RT} = \frac{p_c V_c}{RT_c} \cdot \frac{p_r V_r}{T_r} = Z_c \frac{p_r V_r}{T_r} \qquad (1.4.6)$$

式中，Z_c 称为临界压缩因子。

大多数气体的临界压缩因子 Z_c 的值近似相等，由此可知不同的气体，若处于相同的对应状态，就具有相同的压缩因子 Z（compressibility factor）。由对应状态原理：$f(T_r, p_r, V_r) = 0$，可得

$$Z = f(p_r, T_r) \qquad (1.4.7)$$

由此可以建立起如图 1-14 所示的等 T_r 条件下的 Z-p_r 图，称为普遍化压缩因子图（compressibility factor chart）。用压缩因子图计算实际气体的 p、V、T 关系，在化学工程上具有广泛的应用。

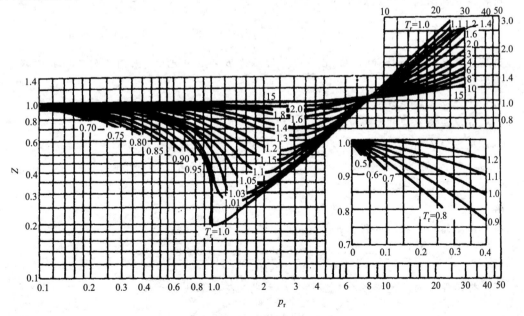

图 1-14 普遍化压缩因子图

用普遍化压缩因子图计算实际气体的 p、V、T 关系时，只要从压缩因子图得到 Z 值，即可代入式(1.4.1)计算 p、V、T。使用压缩因子图计算 p、V、T 之间的关系时有下列三种情况：

(1) 已知某气体的 p、T，求 V_m。

首先查出该气体的临界参数 p_c、T_c，计算出 p_r、T_r，然后在压缩因子图上的等 T_r 线上查出对应 p_r 时的 Z 值，将 Z 值代入 $pV_m = ZRT$，求出 V_m。

(2) 已知某气体的 T、V_m，求 p。

首先查出该气体的 p_c、T_c 并计算出 T_r，将 p_c 代入 $pV_m = ZRT$ 中得到 $Z = \dfrac{p_c p_r V_m}{RT} = kp_r$，即得一直线方程，将该直线绘在压缩因子 Z-p_r 关系图上，查出图上的等 T_r 线与 $Z = kp_r$ 交点对应的 Z 值，将其代入 $pV_m = ZRT$ 或 $p = p_r p_c$ 方程中，可以得到 p。

(3) 已知某气体的 p、V_m，求 T。

首先查出 p_c、T_c 计算出 p_r，将 T_c 代入 $pV_m = ZRT$ 中，得到 $Z = k'/T_r$，在 Z-T_r 坐标上作 $Z = k'/T_r$ 线，同时在压缩因子图中查出 p_r 所对应的一系列不同 T_r 时的 Z 值作曲线，从两条曲线的交点得到 T_r 或 Z 值，将其代入 $pV_m = ZRT$ 或 $T = T_r T_c$ 方程中，可以得到 T。

例题 1.4.1 采用普遍化压缩因子图计算 CO_2 气体在 313.15K、压力 $p = 5016kPa$ 时的摩尔体积 V_m。已知 CO_2 气体 $T_c = 304.3K$，$p_c = 7.39MPa$。

解： 对比温度

$$T_r = \frac{T}{T_c} = \frac{313.15}{304.3} = 1.03$$

对比压力

$$p_r = \frac{p}{p_c} = \frac{5016}{7390} = 0.68$$

由普遍化压缩因子图对应的 $T_r = 1.03$ 线上查到 $p_r = 0.68$，对应的 $Z = 0.75$。则有

$$V_m = \frac{ZRT}{p} = \left(\frac{0.75 \times 8.314 \times 313.15}{5016} \right) dm^3 \cdot mol^{-1} = 0.389 dm^3 \cdot mol^{-1}$$

例题 1.4.2 在 273K 时，1mol 某气体的压力 $p = 43.9MPa$，采用下列不同的方程计算该气体的体积。

(1) 理想气体状态方程；

(2) 范德华状态方程；

(3) 压缩因子图。

(已知该气体的范德华参数 $a = 0.1368 Pa \cdot m^6 \cdot mol^{-2}$，$b = 0.386 \times 10^{-4} m^3 \cdot mol^{-1}$。$p_c = 3.39MPa$，$T_c = 126K$)

解：

(1) 由理想气体状态方程：$pV = nRT$，得

$$V = \frac{nRT}{p} = \frac{1mol \times 8.314 J \cdot mol^{-1} \cdot K^{-1} \times 273K}{43.9MPa} = 5.17 \times 10^{-5} m^3$$

(2) 将该气体的范德华参数及温度、压力代入范德华状态方程：

$$\left(p + \frac{n^2 a}{V^2} \right) (V - nb) = nRT$$

解关于计算体积的三次方程（过程略），得

$$V = 7.03 \times 10^{-5}\,\text{m}^3$$

（3）$T_r = \dfrac{273}{126} = 2.17$，$p_r = \dfrac{43.9}{3.39} = 12.95$，查压缩因子图：$Z = 1.35$

$$Z = \frac{pV_m}{RT}, \quad V = \frac{ZRT}{p} = \frac{1.35 \times 8.314 \times 273}{3.39 \times 10^2}\,\text{m}^3 = 9.04\,\text{m}^3$$

由计算结果可以看出，按照理想气体状态方程计算的结果最小。

1.4.5　分子间的相互作用力

由分子运动论的研究可知，分子的各种性质与分子间相互作用力和分子的无规则热运动等因素直接相关。实验事实可以证明物质的性质变化与分子间的作用力的存在有关，如气体发生冷凝过程，表明分子之间存在着引力；固体和液体具有难压缩性，表明分子之间存在着斥力。

通常分子之间的作用力表现为引力，当分子之间距离较近时表现为斥力。分子之间的作用力 F 是分子距离 R 的函数，作用力的方向在两分子中心的连线上。若假设分子之间作用力为球形对称，则遵循如下半经验方程：

$$F = \frac{a}{R^\alpha} + \left(-\frac{b}{R^\beta}\right) \tag{1.4.8}$$

式中，a、b 为两个大于零的常数；R 是分子之间的距离。第一项为正为斥力，第二项为负为引力。α 的值通常为 $9 \sim 15$，β 的值通常为 $4 \sim 7$。

图 1-15(a) 所示，虚线分别表示斥力和引力随着分子之间的距离增加而变小，实线为斥力和引力的合力随距离的变化规律。图中的 R_0 是斥力和引力相互抵消点，当 $R > R_0$ 时引力起主导作用，$R < R_0$ 时斥力起主导作用。

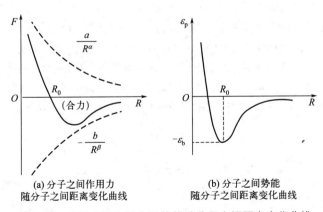

(a) 分子之间作用力　　　　(b) 分子之间势能
随分子之间距离变化曲线　　随分子之间距离变化曲线

图 1-15　分子之间作用力及势能随分子之间距离变化曲线

当把一个分子从远距离移到分子之间距离为 R 时所需要的能量称为分子间势能（potential energy），是分子之间作用力的函数，也与分子之间距离有关。描述分子之间的相互作用情况通常用势能曲线表示，势能随分子之间距离变化满足如下方程：

$$\varepsilon_p(R) = \frac{c}{R^n} - \frac{d}{R^m} \tag{1.4.9}$$

式中，c、d 为常数，通常情况下 $m=6$，$n=9\sim12$。

势能随分子之间距离变化规律如图 1-15（b）所示，当分子之间距离较近时表现较高的势能，随着分子之间的距离增加势能逐渐减小，当分子之间的距离为 R_0 时势能达到最低点。

 ## 习 题

1. 1mol 某理想气体温度 $T=298.15K$、压力 $p=160kPa$，计算该气体的摩尔体积。

2. 一加压容器中盛有 15.0MPa 的 N_2 170kg，298.15K 时以 $20cm^3 \cdot min^{-1}$ 的流速进入反应器，若 N_2 服从理想气体状态方程，问该容器中的 N_2 能够使用多少小时？

3. 273.15K、101.325kPa 的条件下称为气体的标准状况，求 O_2 在标准状况下的密度。

4. 温度为 273.15K，CH_3Cl（g）的不同压力下的密度 ρ 变化如下表：

p/kPa	101.33	67.55	50.66	33.78	25.33
$\rho/(g \cdot dm^{-3})$	2.307	1.526	1.140	0.757	0.567

由 ρ/p-p 作图，采用外推法计算 CH_3Cl（g）的分子量。

5. 298.15K，将 CO 和 N_2 混合气体充入抽真空的 $20dm^3$ 的容器中，压力达到 247.89kPa，测得容器内气体的质量为 30g，若 CO 和 N_2 均服从理想气体状态方程，试计算该混合气体中每种组分的摩尔分数和分压力。

6. A、B 两种理想气体在等温、等压条件下分别充入带有隔板的体积分别为 $2dm^3$ 和 $3dm^3$ 的刚性容器内。抽去隔板后，求混合气体中 A、B 的分压力之比和分体积之比。

7. 在 $2.0dm^3$ 真空容器中，装入 0.25mol Cl_2 和 0.25mol SO_2。190K 时 Cl_2 和 SO_2 部分反应为 SO_2Cl_2，当容器压力变为 212.35kPa，求平衡时各气体的分压力。

8. 有两个体积相同的容器，中间采用管路连接相通，通入 1mol N_2 后封闭整个系统。起始时两个容器的温度相同，均为 300K，压力为 50kPa。现将一个容器浸入 400K 的环境下，另一个容器温度保持不变。试计算两个容器中各有 N_2 的物质的量和 400K 环境的容器内的气体压力？

9. 将 25℃、101.325kPa 的 He 充入 $2dm^3$ 的气球内，将气球放飞上升某一高度，此时气体的压力为 28kPa，温度为 230K。设 He 服从理想气体状态方程，求这时气球的体积是原来的多少倍？

10. 温度为 50℃ 及 101.325kPa 条件下，有 $4dm^3$ 的潮湿空气。已知该温度下水蒸气的分压为 12.33kPa，空气中 O_2（g）和 N_2（g）大约的体积分数分别为：21% 和 79%。设气体均服从理想气体状态方程，计算：

（1）H_2O（g）、O_2（g）、N_2（g）的分体积；

（2）O_2（g）、N_2（g）在潮湿空气中的分压力。

11. CH_4 气体在 273.15K 时的摩尔体积为 $22.35dm^3 \cdot mol^{-1}$，设 CH_4 气体为范德华气体，试求其压力，并与理想气体作比较。

12. 已知 CO 和 CCl_4 气体的临界温度分别为 133K 和 557K，临界压力分别为 $35.0 \times 10^5 Pa$ 和 $45.2 \times 10^5 Pa$。

（1）比较两种气体的范德华常数 a、b 及临界体积的大小？

（2）计算在 300K 和 101.325kPa 下的对比压力和对比温度。

13. 某气体的对比温度为 1.1，对比压力为 1.6，利用普遍化压缩因子图计算 1mol 该气体温度 $T=$

300K、压力 $p=300\text{kPa}$ 时的体积 V，并说明该气体与理想气体相比较的压缩难易。

14. 采用普遍化压缩因子图计算 CO_2 气体温度 $T=300\text{K}$、$V_m=4\text{dm}^3 \cdot \text{mol}^{-1}$ 时的压力。

15. 有 2.0kg 的 CO_2 气体，其温度为 373.15K 及压力为 $5.07\times10^3\text{kPa}$，分别采用如下方式计算该气体所占有的体积。CO_2 的临界温度为 304.4K，临界压力为 $73.8\times10^5\text{Pa}$。$a=364.0\text{Pa} \cdot \text{m}^6 \cdot \text{mol}^{-2}$，$b=4.267\times10^{-5}\text{ m}^3 \cdot \text{mol}^{-1}$。

(1) 理想气体状态方程；

(2) 范德华方程；

(3) 压缩因子图。

 重点难点讲解

1-1 理想气体状态方程推导

1-2 外推法求气体常数

1-3 分压分体积

1-4 临界性质

1-5 范德华方程

第二章

热力学第一定律

热力学是一门研究由大量粒子组成的宏观体系及其在变化过程中所遵循的规律。研究在一定条件下系统的能量守恒规律，研究某些确定过程是否发生的可行性，即研究多次进行的方向性和限度，同时研究在变化过程中所伴随着系统的性质变化规律的科学。

（1）热力学的主要研究内容

早在 19 世纪，热力学的发展初期，伴随着蒸汽机的发明和使用，人们开始研究热能和机械能之间的相互转化关系。经历了 20 多年的研究，于 1840 年焦耳（Joule）得出了热功转化关系的热功当量：

$$1cal = 4.18J$$

这一结论为热力学能量守恒定律奠定了重要的基础。在热力学研究的初期阶段，其他能量的研究还不在热力学的研究范围内。随着电能、化学能、辐射能等其他形式能量的研究，逐渐将这些能量的研究纳入热力学的研究范畴，随之产生了一些新的学科领域，如电化学、光化学等。

热力学的研究建立在热力学第一定律和热力学第二定律的基础上，这两个定律是人们对大量科学实验事实进行研究总结而得出的经验定律，它的正确性是经过了无数实验事实所证实的，而不是从逻辑上或采用其他理论证明而得出的。至今还没有任何实验事实违背这些定律，这也是对热力学第一定律和热力学第二定律的进一步证明。

将热力学的基本的原理用于研究化学现象及与之相关的物理现象，称之为化学热力学（chemical thermodynamics）。其主要研究内容包括：

① 热力学第一定律研究化学变化过程及其与化学变化过程相关的物理过程的能量转换关系及变化过程中的热效应等。

② 热力学第二定律研究在一定条件下，某一确定的热力学过程如化学变化、相变化过程等所进行的方向性和可能达到的限度。

③ 热力学第三定律根据低温现象阐明了规定熵的数值，可以解决化学反应熵变的计算问题。

（2）热力学研究方法及其局限性

热力学的研究首先是基于对物质宏观性质的研究，对大量分子的集合体的行为采用严格的数理逻辑的推理方法，其所得结论的统计意义在于它们反映宏观性质的平均行为。其次，热力学所研究的性质是大量物质的集合体的统计平均行为，不考虑物质的微观结构及过程的机理，通过表观的宏观性质就可以研究物质的能量转化和过程进行的方向性和限度，这也是热力学能被广泛应用的重要原因之一。再之，平衡态热力学的研究中没有引入时间变量。因此，对于宏观性质的研究不考虑速率，它只能给出过程进行的方向和所能达到的平衡态的可能性，至于过程进行的速率和达到平衡态的时间，热力学无法知道。这是热力学广泛应用的基础，也是它的局限性。

（3）热力学研究在生产实践中的意义

热力学在化学、化工及其生产实践中被广泛应用。在预测新化学反应过程的可能性，以及化工生产过程工艺优化等方面都有理论指导意义。

第1节　基本概念及热力学第一定律

2.1.1　基本概念

2.1.1.1　系统和环境

在热力学研究中，为了将研究对象与之具有相互联系的物质或空间加以区分，则分别称为系统和环境（system and surroundings）。把研究对象称为系统，而系统以外与之具有相互联系的那部分物质或空间称为环境。如图 2-1 所示，研究对象是水时则称水为系统，烧杯和空气是环境；若研究对象是烧杯时，则空气和水是环境。系统的分类有：

图 2-1　系统和
环境示意图

（1）隔离系统：又称孤立系统（isolated system），系统与环境之间既无能量交换也无物质交换。在热力学研究中，根据需要常常把系统与其相联系的环境总包起来形成一个隔离系统。

（2）封闭系统（closed system）：系统与环境之间有能量交换，无物质交换。在热力学研究中涉及最多的系统是封闭系统，在没有特指的情况下本书中热力学第一定律一般研究的对象为封闭系统。

（3）敞开系统（open system）：系统与环境之间既有能量交换，也有物质交换。如在化工生产的反应系统中，物质形成连续流动的稳流系统，通常为敞开系统。

在热力学研究中，常常涉及系统与环境之间能量相互交换的计算，明确所研究的对象即系统及与之相关的环境非常重要，因为系统不同，所描述它的性质及其相关计算公式则不同。

2.1.1.2　系统的性质

热力学研究中系统有许多宏观性质，常用的有压力、温度、体积、表面张力、黏度等。这些性质可以用来描述热力学的宏观状态或物理性质，可以分成两类：

（1）广度性质（extensive property）：又称为容量性质，这类性质与系统的物质的量有关，若系统分割成若干部分时，系统的该性质等于若干部分性质的加和。如体积、质量、热力学能、熵等。

（2）强度性质（intensive property）：这类性质由系统自身特性所决定，系统分割成若干部分时，该性质不具有加和关系，与系统的物质的量无关，称为强度性质。如压力、温度、摩尔体积、密度等。

2.1.1.3 状态及状态函数

热力学系统的状态是系统中所有物理性质和化学性质的综合表现。热力学研究中用系统的性质来描述它的状态 (state)。而描述系统状态的热力学性质的函数称为状态函数 (state functions)。如压力 (p)、体积 (V)、温度 (T)、热力学能 (U)、熵 (S) 等。

状态函数的变化只与系统的始终态有关,与变化的具体途径无关。由此,只要知道系统的始态、终态,设计任意过程计算状态函数的方法称为状态函数法。状态函数是状态的单值函数。热力学研究中,确定系统的状态时并不需要全部性质的罗列,只需用独立变化的变量来描述。例如,由一定量的理想气体的状态函数关系 $pV=nRT$ 可知,p、V、T 三者之间只要确定两个变量,则可以知道第三个变量,即对于简单 pVT 变化的系统,只要知道两个独立变化的变量即可确定系统的状态。

2.1.1.4 热力学平衡态

系统中的各种物理性质、化学性质均不随时间而发生改变的状态,称为热力学平衡态 (thermodynamic equilibrium state)。热力学平衡态要求具备以下几个条件:

(1) 热平衡 (thermal equilibrium):系统内无绝热壁分隔时,各处温度相同。

(2) 力平衡 (mechanical equilibrium):系统内无刚性壁分隔时,各处压力相同。

(3) 相平衡 (phase equilibrium):当系统中存在两相以上时,系统中各相组成和数量不随时间变化。

(4) 化学平衡 (chemical equilibrium):当系统中存在化学反应时,系统中各物质的组成和数量不随时间变化。

本书在后面的热力学讨论中,若不作特殊说明,所研究的系统均是热力学平衡系统。

2.1.1.5 过程与途径

在一定条件下,系统由始态变化到终态,发生的变化过程称为热力学过程,简称过程 (process)。始态变化到终态的具体历程则称为途径 (path)。

热力学常见过程:

(1) 等温过程 (isothermal process):系统始态与终态温度相同,且变化过程中环境温度也相同,则称此过程为等温过程。

(2) 等容过程 (isochoric process):系统状态在变化过程中体积始终保持恒定,则称此过程为等容过程。

(3) 等压过程 (isobaric process):系统始态与终态压力相同,且变化过程中始终等于环境压力,则称此过程为等压过程。

(4) 绝热过程 (adiabatic process):系统与环境在变化过程中没有热交换,则称此过程为绝热过程。

(5) 循环过程 (cyclic process):系统由始态经历一系列的变化又回到始态的过程称为循环过程。循环过程系统所有状态函数的变化量均为零。

例如,实现一个由 (p_1, V_1) 到 (p_2, V_2) 的过程,可以经过由一步等温过程来完成,也可以经过多步过程来实现,如图 2-2 所示,即等压、等温、

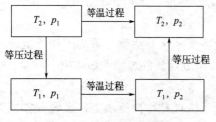

图 2-2 不同过程示意图

再等压。

2.1.1.6 热与功

系统与环境之间，由温度差引起的能量交换的形式称为热（heat），用 Q 表示。规定 $Q>0$ 表示系统吸热，$Q<0$ 表示系统放热。单位为 J。热可分为显热、潜热和化学反应热，其中显热的产生伴随着温度的变化，例如，水在 $25℃$ 被加热升温至 $80℃$，是吸热升温过程；潜热的产生不伴随温度的变化，例如，水在 $100℃$ 吸热蒸发成水蒸气的相变化过程。

系统与环境之间除热之外的能量交换形式称为功（work），用 W 表示。规定系统得到功为正，$W>0$；系统对环境做功为负，$W<0$。系统因体积变化与环境之间交换的能量称为体积功，除此之外的功称为非体积功，用 W' 表示，单位为 J。本章主要讨论体积功。

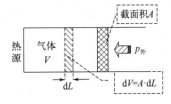

图 2-3 膨胀功示意图

如图 2-3 所示，当系统受热发生一 dV 的体积膨胀时，此时是系统对外做功，体积功为 $\delta W = -F_外 \cdot dL = -(F/A)(A \cdot dL) = -p_外 \cdot dV$。膨胀过程 $p_外<p$，$dV>0$，根据做功的定义，系统对外做功 $\delta W<0$。若系统进行一个压缩过程，$p_外>p$，$dV<0$，根据做功的定义，环境对系统做功 $\delta W>0$。由此得体积功的公式为

$$\delta W = -p_外 \, dV \qquad (2.1.1)$$

当系统由 V_1 连续变化到 V_2 时，产生的体积功为

$$W = -\int_{V_1}^{V_2} p_外 \, dV \qquad (2.1.2)$$

2.1.1.7 可逆过程

系统在变化过程中，经历一系列无限接近平衡条件下的过程，在热力学上称为可逆过程（reversible process）。可逆过程要求系统和环境之间在变化过程无限接近平衡态，且当系统由始态到终态再由原途径回到始态时，系统和环境同时复原。下面通过对等温条件下，不同膨胀和压缩过程体积功的比较，进一步理解可逆过程。体积功计算可分为如下几种类型：

（1）等外压过程的体积功：

$$W = -\int_{V_1}^{V_2} p_外 \, dV = -p_外(V_2 - V_1) = -p_外 \Delta V \qquad (2.1.3)$$

（2）可逆过程的体积功：当系统和环境之间在无限接近平衡态进行时，系统与环境的状态始终相差无穷小，则 $p_外 \approx p_系$，则可逆过程的体积功为

$$W_r = -\int_{V_1}^{V_2} p_外 \, dV = -\int_{V_1}^{V_2} p_系 \, dV = -\int_{V_1}^{V_2} p \, dV \qquad (2.1.4)$$

理想气体等温可逆体积功计算：

$$W_r = -\int_{V_1}^{V_2} p \, dV = -\int_{V_1}^{V_2} \frac{nRT}{V} = -nRT\ln\left(\frac{V_2}{V_1}\right) = -nRT\ln\left(\frac{p_1}{p_2}\right) \qquad (2.1.5)$$

适用条件：理想气体 $W'=0$ 时的等温可逆过程。

等温条件下，不同膨胀过程体积功的比较：

系统进行膨胀时，要反抗外压对外做功，不同的膨胀途径做功不同。当系统在等温条件下由 (p_1, V_1) 膨胀到 (p_2, V_2) 时各过程的膨胀功为：

① 向真空膨胀过程。系统向真空膨胀时，$p_外=0$，又称自由膨胀（free expansion），则 $W = -\int_{V_1}^{V_2} p_外 \, dV = 0$，即系统不做功。

② 等温反抗外压 p_2 一次膨胀过程。若系统反抗外压 p_2 一次膨胀到 (p_2,V_2)，如图 2-4(a) 所示，$W=-p_2(V_2-V_1)$，图中阴影面积为所做的膨胀功。

③ 等温反抗外压多级膨胀过程。系统等温反抗外压多级膨胀到 (p_2,V_2)，如图 2-4 (b) 所示，系统由 (p_1,V_1) 反抗 p' 膨胀到 V'，一次所做的功为 $W_1=-p'(V'-V_1)$；二次膨胀系统反抗 p'' 膨胀到 V''，所做的功为 $W_2=-p''(V''-V')$；三次膨胀系统反抗 p_2 膨胀到 V_2，所做的功为 $W_3=-p_2(V_2-V'')$。系统所做的总功为 $W=W_1+W_2+W_3$，即图中阴影面积。

④ 等温可逆膨胀过程。等温可逆膨胀过程中，系统由 (p_1,V_1) 膨胀到 (p_2,V_2) 的过程中在无限地接近平衡态条件下进行，相当于无限多级膨胀，每次反抗无穷小的等外压膨胀，此时系统和环境的状态始终相差无穷小，如图 2-4 (c) 所示，该过程的体积功为图中的阴影面积。

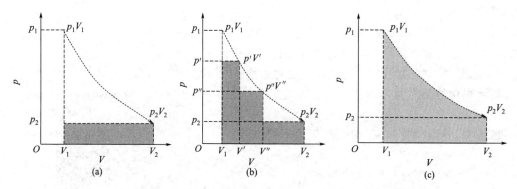

图 2-4 不同过程的膨胀功示意图

由如上 4 种系统膨胀过程分析可知，等温可逆膨胀系统对环境做最大功。

等温条件下，不同压缩过程体积功的比较：

若当系统由 (p_2,V_2) 压缩到 (p_1,V_1) 时有如下过程：

① 等温外压 p_1 作一次压缩过程。若系统反抗外压 p_1，一次压缩到 (p_1,V_1)，如图 2-5(a) 所示，$W=-p_1(V_1-V_2)$，图中阴影面积为所做的一次压缩功。

② 等温反抗外压多次压缩过程。若系统反抗外压进行多次压缩最终到 (p_1,V_1)，如图 2-5(b) 所示，系统反抗 p'' 压缩到 V'' 一次所做的功为 $W_1=-p''(V''-V_2)$；二次压缩系统反抗 p' 压缩到 V'，所做的功为 $W_2=-p'(V'-V'')$；三次压缩系统反抗 p_1 压缩到 V_1，所做的功为 $W_3=-p_1(V_1-V')$。系统所做的总功为 $W=W_1+W_2+W_3$，即图中阴影面积。

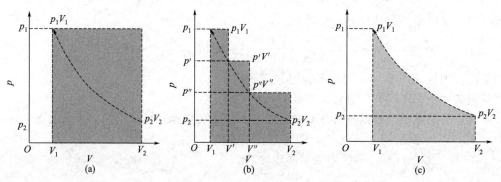

图 2-5 不同过程的压缩功示意图

③ 等温可逆压缩过程。在可逆压缩过程中，系统由 $(p_2，V_2)$ 压缩到 $(p_1，V_1)$ 的过程中始终无限地接近平衡态，相当于无限多级压缩，每次反抗无穷小的外压压缩，此时系统和环境之间的状态始终相差无穷小，如图 2-5(c) 所示，该过程的体积功为图中的阴影面积。

对如上 3 种系统压缩过程分析可知，等温可逆压缩过程环境对系统做最小功。同时可以通过做功的实例进一步理解可逆过程的概念，从如上等温膨胀过程和等温压缩过程的做功比较图 2-4 和图 2-5 可知，只有图（c）的等温可逆膨胀过程和等温可逆压缩过程是按照同一途径进行的相反过程，当系统进行等温可逆膨胀之后，再进行等温可逆压缩由原途径返回，系统和环境同时复原，这就是可逆过程的本质。

例题 2.1.1　1mol 理想气体经历如下过程，计算过程的体积功。

101.325kPa 273.15K $V_1=22.4dm^3$	(1)向真空膨胀 (2)等温反抗外压膨胀 (3)等温可逆膨胀 →	50.66kPa 273.15K $V_2=44.8dm^3$

解：

（1）向真空膨胀，$p_外=0$，$W = -\int_{V_1}^{V_2} p_外 \, dV = 0$

（2）等温反抗外压膨胀，$p_外 = 50.66kPa$

$$W = -p_外(V_2 - V_1) = [-50.66 \times (44.8 - 22.4)]J = -1135J$$

（3）等温可逆膨胀

$$W_r = -\int_{V_1}^{V_2} p \, dV = -\int_{V_1}^{V_2} \frac{nRT}{V} = -nRT\ln\frac{V_2}{V_1} = \left(-8.314 \times 273.15\ln\frac{44.8}{22.4}\right)J = -1574.12J$$

W 是过程函数，虽然始、终态相同，当经历 3 种不同途径时，所得的结果不同，由计算结果可知等温可逆膨胀系统对环境做最大功。

2.1.1.8　热力学能

热力学能（thermodynamics energy）是系统内部所有能量的总和，包括分子间动能和分子间势能。其中分子的动能包括分子的平动、转动、振动、电子运动和核运动等能量，分子的动能是 T 的函数。分子间势能是系统内部分子间相互吸引和排斥的势能，该能量取决于分子间距离，是 V、T 或 p、T 的函数。热力学能用 U 表示，单位为 J。由于理想气体分子之间无相互作用力，不考虑势能，所以理想气体的热力学能只是温度的函数。

热力学能是容量性质、状态函数。人们对热力学能的认识有待于继续深入，热力学能的绝对值无法确定，但这并不影响人们用热力学能解决实际问题。在宏观热力学研究中只涉及热力学能的变化值，分子内部深层次的能量作为常数，计算过程的变化量时不受影响。

2.1.2　热力学第一定律

热力学第一定律（the first law of thermodynamics）是科学家们经过多年的研究得出的结论，是人类对自然界规律的经验总结。在 19 世纪中叶，迈耶尔（J. R. von Mayer，1814—1878）、焦耳（J. P. Joule，1818—1889）、亥姆霍兹（H. V. Helmholtz，1822—1894）等各自独立地研究并得出了相同的结论，分别测定了热功当量，建立了能量从一种形式到另一种形式转化过程中能量守恒的概念，从而建立了热力学第一定律。该定律是人类从大量实验事实中总结出的经验定律，至今还没有与之相矛盾的事实，这也进一步证实了这一定律的正确性。

　　热力学第一定律指出，隔离系统无论经历何种变化，其能量是守恒的。即隔离系统中能量的形式可以相互转化，即从一种能量形式转化成另一种能量形式，但不能凭空产生，也不能自行消灭。因此，热力学第一定律也可以表述为"第一类永动机是不可能造成的"。第一类永动机是不需要外界供给能量，本身也不消耗能量，而不断对外做功的机器，显然这是一个与能量守恒相矛盾的结论。

　　封闭系统中，若系统由状态1变化到状态2，系统的热力学能以系统与环境之间交换的热与功的形式表现出来，根据能量守恒原理，热力学第一定律数学表达式为

$$\Delta U = U_2 - U_1 = Q + W \tag{2.1.6}$$

当系统发生微小量变化时

$$dU = \delta Q + \delta W \tag{2.1.7}$$

系统为隔离系统时，$Q = 0$，$W = 0$，$\Delta U = 0$。

　　热力学能是状态函数，只与始、终态有关，与过程无关，若过程发生微小的变化用 dU 表示；而功和热是过程函数，与完成该过程的途径有关，微小的变化用 δQ 和 δW 表示。

第 2 节　等容热、等压热、焓及摩尔热容

2.2.1　等容热

　　等容热（heat at constant volume）：在等容且非体积功为零时，系统与环境交换的热称作等容热，用 Q_V 表示。等容且非体积功为零的过程则 $\delta W = 0$，由热力学第一定律 $dU = \delta Q_V + \delta W$，等容热等于系统的热力学能，则有

$$\delta Q_V = dU \tag{2.2.1}$$

由状态1变化到状态2，得

$$Q_V = \Delta U \tag{2.2.2}$$

由式（2.2.2）可知，由于在等容 $W' = 0$ 条件下 Q_V 等于 ΔU，在此条件下，Q_V 也只取决于系统的始、终状态，而与变化的途径无关。

2.2.2　等压热和焓

　　等压热（heat at constant pressure）：等压且非体积功为零时，系统与环境交换的热称作等压热，用 Q_p 表示。等压过程的始、终状态及环境的压力相等，由热力学第一定律 $\delta Q_p = dU + p_\text{外} dV$ 可得

$$Q_p = \Delta U + p_\text{外} \Delta V = (U_2 - U_1) + (p_2 V_2 - p_1 V_1)$$
$$= (U_2 + p_2 V_2) - (U_1 + p_1 V_1)$$

由于 pV 是系统的状态函数，则 $U + pV$ 亦是系统的状态函数，其增量值仅取决于系统的始、终状态，与具体的途径无关，定义其为"焓"（enthalpy），用 H 表示，即

$$H \overset{\text{def}}{=} U + pV \tag{2.2.3}$$

焓的变化量为 $\Delta H = \Delta U + \Delta(pV)$，当 p 一定时为 $\Delta H = \Delta U + p\Delta V$，将热力学第一定律代入，有

$$Q_p = \Delta H \tag{2.2.4}$$

在等压且 $W'=0$ 条件下，Q_p 等于 ΔH，在此条件下 Q_p 只取决于系统的始、终状态，与变化的途径无关。

$Q_V = \Delta U$ 及 $Q_p = \Delta H$ 两关系式的意义：在等容或等压 $W'=0$ 的情况下，与过程变化途径有关的物理量 Q_V、Q_p 可用状态函数 ΔU、ΔH 来完成过程计算。可以将不易直接测量的状态函数的变化量 ΔU 或 ΔH 由易测量热 Q_V、Q_p 来实现，同时又使得在特定条件下，与途径有关的热仅取决于系统的始、终状态，与途径无关。

2.2.3 理想气体热力学能和焓

焦耳于 1843 年进行了低压气体的实验。如图 2-6 所示，将左侧充入低压气体，与右侧真空系统用连通器连接，置入有绝热器壁的水浴容器内，水中有温度计和搅拌器。以气体为系统，当把连通器阀门打开时，气体向真空膨胀，同时测得水浴中温度没有变化，即 $\Delta T = 0$。实验结果说明理想气体向真空膨胀过程中系统与环境之间没有热交换，即 $Q = 0$。因为此过程是向真空膨胀，故 $W = 0$，由热力学第一定律得 $\Delta U = 0$，即低压气体向真空膨胀，热力学能不变。

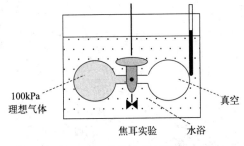

100kPa 理想气体　　真空
焦耳实验　　水浴

图 2-6 焦耳实验示意图

2-3

焦耳实验结论：低压气体的热力学能只是温度的函数而与体积变化无关。

由于单组分系统，两个变量即可确定其状态，则热力学能可以表示成 T、V 的函数

$$U = f(T, V) \tag{2.2.5}$$

全微分方程

$$dU = \left(\frac{\partial U}{\partial T}\right)_V dT + \left(\frac{\partial U}{\partial V}\right)_T dV \tag{2.2.6}$$

由焦耳实验的低压气体向真空膨胀可知 $dU=0$，$dT=0$，但是 $dV \neq 0$，所以只能有

$$\left(\frac{\partial U}{\partial V}\right)_T = 0 \tag{2.2.7}$$

这进一步证实了焦耳实验的结论。

焦耳实验受当时的实验条件限制，实验设计不够精确，由于水浴中水的热容量很大，因此，气体膨胀时吸收了一点热量而水温却表现不出来变化。又由于选用的是低压气体，分子之间的距离决定了分子之间作用力的能量表现不出来。但是这并不影响实验结果的推断。由理想气体的模型可知，分子之间引力可忽略，分子本身不占有体积，不涉及分子间的势能，只考虑平动能、转动能、振动能，只与温度有关，与实验得出的低压下气体的实验结果是一致的，因此，该实验的结果可适用于理想气体。

由于理想气体的热力学能只是温度的函数，而理想气体的压力与体积的乘积也只是温度的函数，由焓的定义可知理想气体的焓也只是温度的函数，即

$$H = f(T) \tag{2.2.8}$$

例题 2.2.1 一气缸内盛有 2mol 某理想气体，温度为 298.15K，压力为 10132.5kPa（可以认为 $100p^{\ominus}$），计算下列过程气体吸收的热量 Q。

（1）等温可逆膨胀至 101.325kPa；

（2）等温分级膨胀，一级膨胀至 $50p^{\ominus}$，二级膨胀至 $20p^{\ominus}$，三级膨胀至 $1p^{\ominus}$。

解：

（1）对于理想气体等温可逆膨胀过程，$\Delta U = 0$

$$Q = -W = nRT\ln\frac{V_2}{V_1} = nRT\ln\frac{p_1}{p_2} = \left(2 \times 8.314 \times 298.15 \times \ln\frac{100}{1}\right)J = 22.82kJ$$

（2）对于理想气体等温膨胀过程，$\Delta U = 0$

$$Q = -W$$

$$V_1 = \frac{nRT}{p} = \frac{2 \times 8.314 \times 298.15}{100p^{\ominus}}m^3 = 4.96 \times 10^{-4}m^3$$

$$V_2 = \frac{p_1 V_1}{p_2} = \left(\frac{4.96 \times 10^{-4} \times 100}{50}\right)m^3 = 9.92 \times 10^{-4}m^3$$

$$V_3 = \frac{p_1 V_1}{p_3} = \left(\frac{4.96 \times 10^{-4} \times 100}{20}\right)m^3 = 24.8 \times 10^{-4}m^3$$

$$V_4 = \frac{p_1 V_1}{p_4} = \left(\frac{4.96 \times 10^{-4} \times 100}{1}\right)m^3 = 496 \times 10^{-4}m^3$$

$$Q = -W = p_2(V_2 - V_1) + p_3(V_3 - V_2) + p_4(V_4 - V_3)$$

$$= [50 \times 100 \times (9.78 - 4.89) \times 10^{-4} + 20 \times 100 \times (24.4 - 9.78) \times 10^{-4} + 100 \times (489 - 24.4) \times 10^{-4}]J = 9999J = 10.00kJ$$

计算结果可以看出等温可逆膨胀对外做最大功。

2.2.4 摩尔热容

系统的热容（heat capacity）定义为：当系统升高单位热力学温度时所吸收的热。其定义式为

$$C(T) \stackrel{\text{def}}{=} \frac{\delta Q}{dT} \tag{2.2.9}$$

热容是与系统的物质的量有关的物理量，且与系统的升温环境有关。热容通常分为等容热容和等压热容。

（1）等容摩尔热容：1mol 物质在等容、非体积功为零的条件下，温度升高 1K 时所需要的热。可用下式表示

$$C_{V,m}(T) = \frac{\delta Q_{V,m}}{dT} \tag{2.2.10}$$

等容且非体积功为零时，$\delta Q_V = dU$，则等容摩尔热容又可以表示为

$$C_{V,m}(T) = \left(\frac{\partial U_m}{\partial T}\right)_V \tag{2.2.11}$$

由式（2.2.10）和式（2.2.11），等容热和热力学能变化值分别可用下两式求得

$$Q_V = \int_{T_1}^{T_2} nC_{V,m}dT \tag{2.2.12}$$

$$\Delta U = \int_{T_1}^{T_2} nC_{V,m}dT \tag{2.2.13}$$

（2）等压摩尔热容：1mol 物质在等压、非体积功为零的条件下，温度升高 1K 时所需

要的热。可用下式表示：

$$C_{p,m}(T) = \frac{\delta Q_{p,m}}{dT} \tag{2.2.14}$$

等压且非体积功为零时，$\delta Q_p = dH$，则等压摩尔热容又可以表示为

$$C_{p,m}(T) = \left(\frac{\partial H_m}{\partial T}\right)_p \tag{2.2.15}$$

由式（2.2.14）和式（2.2.15），等压热和焓变分别可用下两式求得

$$Q_p = \int_{T_1}^{T_2} nC_{p,m}dT \tag{2.2.16}$$

$$\Delta H = \int_{T_1}^{T_2} nC_{p,m}dT \tag{2.2.17}$$

由焦耳实验可知理想气体的热力学能和焓只是温度的函数，与体积和压力变化无关。因此，理想气体只做体积功的任何过程中，热力学能和焓的变化均可由式（2.2.13）和式（2.2.17）求得。

（3）理想气体的等压摩尔热容和等容摩尔热容及两者之间的关系：由焓的定义可知 $dH = dU + d(pV)$，将式（2.2.11）和式（2.2.15）代入可得等压热容和等容热容的关系

$$C_p dT = C_V dT + d(pV)$$

结合理想气体状态方程，得

$$C_p - C_V = nR \tag{2.2.18a}$$

对于 1mol 理想气体，上式为

$$C_{p,m} - C_{V,m} = R \tag{2.2.18b}$$

理想气体的等容摩尔热容为：
单原子分子

$$C_{V,m} = \frac{3}{2}R \tag{2.2.19}$$

双原子分子

$$C_{V,m} = \frac{5}{2}R \tag{2.2.20}$$

理想气体的等压摩尔热容为：
单原子分子

$$C_{p,m} = \frac{5}{2}R \tag{2.2.21}$$

双原子分子

$$C_{p,m} = \frac{7}{2}R \tag{2.2.22}$$

例题 2.2.2 一耐压容器体积为 $60dm^3$，内盛温度 300K、压力为 $1.2p^{\ominus}$ 的氢气。加热该容器，压力升至 $6p^{\ominus}$，计算此时系统的温度及所吸收的热量。（氢气的 $C_{V,m} = \frac{5}{2}R$，容器吸收的热量略，气体设为理想气体）

解：

容器内氢气的物质的量：$n = \dfrac{p_1 V}{RT_1} = \left(\dfrac{1.2 \times 100 \times 60}{8.314 \times 300}\right)mol = 2.89mol$

$$T_2 = \frac{p_2 V}{nR} = \left(\frac{6 \times 100 \times 60}{2.89 \times 8.314}\right)K = 1498K$$

$$Q_V = nC_{V,m}(T_2 - T_1) = \left[2.89 \times \frac{5}{2} \times 8.314 \times (1498 - 300)\right]J = 71.96kJ$$

例题 2.2.3 常压下，将 25℃ 的 1mol 乙醇加热至 78℃，求该过程的焓变。已知乙醇(l) 的 $C_{p,m}$ 为 111.46J·mol^{-1}·K^{-1}。

解：过程为

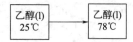

$$\Delta H = C_{p,m}(78-25)K = [111.46(78-25)]J \cdot mol^{-1} = 5907J \cdot mol^{-1}$$

（4）等压摩尔热容与温度的关系：常压下物质的热容只考虑温度的影响，压力的影响可以忽略。热容与温度的关系可用下列关系式表示

$$C_{p,m} = a + bT + cT^2 + dT^3 \tag{2.2.23a}$$

$$C_{p,m} = a + bT + cT^2 \tag{2.2.23b}$$

$$C_{p,m} = a + bT \tag{2.2.23c}$$

式中，a、b、c、d 均为经验常数，与各种物质的自身性质有关，可从相关手册中查到。

热力学能 U 和焓 H 的小结：

① 热力学能 U 和焓 H 均是系统的状态函数，是容量性质。其系统由一个状态变化至另一个状态，热力学能和焓的变化都是只与系统的始、终态有关，与具体的途径无关。

② 热力学能没有绝对值，焓也没有绝对值，但是对于它们的应用没有影响，热力学研究中只关心系统变化中热力学能和焓的变化值，与绝对值无关。

③ 热力学能有明确的物理意义，焓是状态函数的组合（$H = U + pV$），但是在特殊情况下有物理意义，即等压且非体积功为零时，$\Delta H = Q_p$。

④ 对于理想气体，热力学能和焓都只是温度的函数。对于理想气体的简单 p、V、T 变化的非等温过程，热力学能和焓变均可用下式计算

$$\Delta U = \int_{T_1}^{T_2} nC_{V,m} dT$$

$$\Delta H = \int_{T_1}^{T_2} nC_{p,m} dT$$

⑤ 对于实际气体，热力学能和焓是 T、p 或 T、V 的函数，可以表示为

$$U = f(T,V) \text{ 或 } U = f(T,p)$$

$$H = f(T,V) \text{ 或 } H = f(T,p)$$

第 3 节　热力学第一定律在理想气体 p、V、T 变化过程中的应用

2.3.1　理想气体等温过程

理想气体的热力学能和焓只是温度的函数，则等温且 $W' = 0$ 的过程有 $\Delta U = 0$，$\Delta H = 0$。由热力学第一定律得 $W = -Q$。体积功的定义

$$\delta W = -p_{外}\,\mathrm{d}V$$

理想气体可逆过程

$$p_{外} \approx p$$

则理想气体等温可逆过程：$W = -\int_{V_1}^{V_2} p_{外}\,\mathrm{d}V \approx -\int_{V_1}^{V_2} p_{系}\,\mathrm{d}V = -\int_{V_1}^{V_2} \frac{nRT}{V}\,\mathrm{d}V$

$$W = -Q = -nRT\ln\frac{V_2}{V_1} \tag{2.3.1a}$$

又由于理想气体等温条件下 $p_1V_1 = p_2V_2$，则

$$W = -Q = -nRT\ln\frac{p_1}{p_2} \tag{2.3.1b}$$

理想气体等温反抗一定外压过程：$p_1 \neq p_2 = p_{外}$，则

$$W = -Q = -\int_{V_1}^{V_2} p_{外}\,\mathrm{d}V = -p_2(V_2 - V_1) \tag{2.3.2}$$

2.3.2 理想气体等容过程

理想气体的等容且非体积功为零的过程，即体积变化为零，则

$$\delta W = 0$$

由热力学第一定律有

$$\mathrm{d}U = \delta Q_V = nC_{V,\mathrm{m}}\mathrm{d}T$$

理想气体的热力学能只是温度的函数，与体积变化无关。则该过程的热力学能变化为

$$\Delta U = \int_{T_1}^{T_2} nC_{V,\mathrm{m}}\mathrm{d}T \tag{2.3.3}$$

由于理想气体的焓也只是温度的函数，与体积无关，则该过程的焓变为

$$\mathrm{d}H = nC_{V,\mathrm{m}}\mathrm{d}T + V\mathrm{d}p = nC_{V,\mathrm{m}}\mathrm{d}T + V\cdot\frac{nR\mathrm{d}T}{V}$$

$$= (nC_{V,\mathrm{m}} + nR)\mathrm{d}T = nC_{p,\mathrm{m}}\mathrm{d}T$$

$$\Delta H = \int_{T_1}^{T_2} nC_{p,\mathrm{m}}\mathrm{d}T \tag{2.3.4}$$

2.3.3 理想气体等压过程

理想气体等压且非体积功为零的过程，即

$$\Delta H = Q_p$$

理想气体的热力学能和焓只是温度的函数，该过程有

$$\Delta H = \int_{T_1}^{T_2} nC_{p,\mathrm{m}}\mathrm{d}T$$

$$\Delta U = \int_{T_1}^{T_2} nC_{V,\mathrm{m}}\mathrm{d}T$$

由于等压过程中，系统的始态和终态的压力相等同时又等于外压，体积功为

$$W = -p(V_2 - V_1) = -\Delta nRT$$

例题 2.3.1 某 1mol 理想气体，由始态（p_1，V_1，T_1）经历下列三个连续的可逆过程再回到始态，计算各过程的 Q、W、ΔU、ΔH 及循环后的 Q、W、ΔU、ΔH。

(1) 等压条件下，温度升高 1K；

(2) 再保持温度不变，逐渐改变压力使体积复原；

(3) 继续保持体积不变，使温度降低 1K。

解：

(1) 等压条件下，温度升高 1K

$$W = -p(V_2 - V_1) = -R(T_2 - T_1) = R$$

$$\Delta U = \int_{T_1}^{T_2} C_{V,\mathrm{m}} \mathrm{d}T = C_{V,\mathrm{m}}(T_2 - T_1) = C_{V,\mathrm{m}}$$

$$\Delta H = Q_p = C_{p,\mathrm{m}}$$

(2) 再保持温度不变，逐渐改变压力使体积复原

$$\Delta H = \Delta U = 0$$

$$W = -nRT_2 \ln \frac{V_1}{V_2}$$

由 (1) 等压时温度升高 1K 的过程，得

$$\frac{V_2}{V_1} = \frac{T_2}{T_1} = \frac{T_1 + 1\mathrm{K}}{T_1}$$

则，$W = -nRT_2 \ln \dfrac{V_1}{V_2} = -nR(T_1 + 1\mathrm{K}) \ln \dfrac{T_1}{T_1 + 1\mathrm{K}}$

$$Q = -W$$

(3) 继续保持体积不变，使温度降低 1K

$$W = 0$$

$$\Delta U = Q_V = C_{V,\mathrm{m}}(T_1 - T_2) = -C_{V,\mathrm{m}}$$

$$\Delta H = Q_p = C_{p,\mathrm{m}}(T_1 - T_2) = -C_{p,\mathrm{m}}$$

整个循环过程有

$$\Delta H = \Delta U = 0$$

$$W = -Q = R - nR(T_1 + 1\mathrm{K}) \ln \frac{T_1}{T_1 + 1\mathrm{K}}$$

2-4

2.3.4 理想气体绝热过程

系统与环境热交换为零的过程，称为绝热过程（adiabatic process）。该过程 $Q = 0$，由热力学第一定律可知 $\Delta U = W$。绝热过程与等温过程不同，气体在绝热膨胀过程中，系统对环境做功，而绝热膨胀过程没有热能来补充，因此，系统的温度会下降。反之绝热压缩过程系统的温度会上升。绝热过程分为绝热可逆过程和绝热不可逆过程。

(1) 理想气体绝热可逆过程。理想气体绝热可逆过程 $\delta Q = 0$，由热力学第一定律，得

$$\mathrm{d}U = \delta W$$

对于理想气体 $\mathrm{d}U = nC_{V,\mathrm{m}}\mathrm{d}T$，$\delta W = -p_{\text{外}}\mathrm{d}V$，可逆过程时系统的压力与外压始终相差无穷小，等于系统的压力，则有 $nC_{V,\mathrm{m}}\mathrm{d}T = -p\mathrm{d}V$，由理想气体状态方程 $pV = nRT$、理想气体的 $C_{p,\mathrm{m}} - C_{V,\mathrm{m}} = R$，得

$$C_{V,\mathrm{m}} \frac{\mathrm{d}T}{T} = -R \frac{\mathrm{d}V}{V}$$

$$\frac{\mathrm{d}T}{T} = \frac{C_{V,\mathrm{m}} - C_{p,\mathrm{m}}}{C_{V,\mathrm{m}}} \times \frac{\mathrm{d}V}{V}$$

令 $\gamma = C_{p,\mathrm{m}}/C_{V,\mathrm{m}}$，由上式得 $\mathrm{d}\ln T = \mathrm{d}\ln V^{1-\gamma}$，即得理想气体绝热可逆过程方程

$$TV^{\gamma-1} = 常数 \tag{2.3.5a}$$

将理想气体状态方程 $T = \dfrac{pV}{nR}$ 代入式（2.3.5a），得到由 p、V 表示的理想气体绝热可逆过程方程

$$pV^{\gamma} = 常数 \tag{2.3.5b}$$

同理可以得到用 p、T 表示的理想气体绝热可逆过程方程

$$Tp^{(1-\gamma)/\gamma} = 常数 \tag{2.3.5c}$$

式（2.3.5a）、式（2.3.5b）和式（2.3.5c）分别表示理想气体发生绝热可逆过程时始、终态 T 和 V、p 和 V、T 和 p 之间的关系，这些方程称为理想气体绝热可逆过程方程。通过绝热可逆过程方程可以解出始末态的温度，即可计算出该过程的 ΔU 和 ΔH。

绝热可逆膨胀和等温可逆膨胀过程的 p-V 关系如图 2-7 所示。由理想气体等温可逆膨胀和绝热可逆膨胀曲线图 2-7 可知，绝热可逆膨胀曲线的斜率比等温可逆膨胀曲线的斜率陡。若从同一始态（p_1，V_1）出发分别经过绝热可逆膨胀和等温可逆膨胀到达同一体积 V_2，由于绝热可逆膨胀过程中，做膨胀功的同时系统要降温，所以终态的压力小于等温可逆膨胀的终态的压力。同理，若从同一始态（p_1，V_1）出发分别经过绝热可逆膨胀和等温可逆膨胀到达同一压力 p_2，绝热可逆膨胀的终态的体积小于等温可逆膨胀的终态的体积。

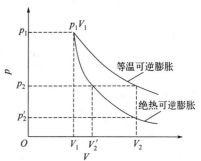

图 2-7 绝热可逆膨胀与等温可逆膨胀过程 p-V 关系示意图

理想气体绝热可逆过程的体积功可以由热力学能得到，即 $W = \Delta U = C_{V,\mathrm{m}}(T_2 - T_1)$，还可以由 $W = -\displaystyle\int_{V_1}^{V_2} p \, \mathrm{d}V = -\displaystyle\int_{V_1}^{V_2} \frac{p_1 V_1^{\gamma}}{V^{\gamma}} \mathrm{d}V$ 积分得到

$$W_{\mathrm{r}} = \frac{p_1 V_1^{\gamma}}{\gamma - 1} \left(\frac{1}{V_2^{\gamma-1}} - \frac{1}{V_1^{\gamma-1}} \right) \tag{2.3.6}$$

实际进行的过程一般都不是理想的绝热可逆和理想的等温可逆，都会有一定的偏离。实际过程通常遵循多方过程，其方程为

$$pV^k = 常数 \tag{2.3.7}$$

式中，k 介于 1 和 γ 之间。

若理想气体进行绝热不可逆膨胀过程，式（2.3.5a）、式（2.3.5b）和式（2.3.5c）不成立。

（2）理想气体绝热不可逆过程。以绝热反抗一定外压膨胀为例，有

$$\delta Q = 0$$

$$\mathrm{d}U = \delta W$$

$$nC_{V,\mathrm{m}}\mathrm{d}T = -p_{外} \, \mathrm{d}V$$

设理想气体的 $C_{V,\mathrm{m}}$ 是常数，不随温度变化，得

$$nC_{V,m}(T_2-T_1)=-p_{外}(V_2-V_1) \qquad (2.3.8)$$

将理想气体状态方程代入式(2.3.8) 及 $p_{外}=p_2$，得

$$C_{V,m}(T_2-T_1)=-p_2\left(\frac{RT_2}{p_2}-\frac{RT_1}{p_1}\right) \qquad (2.3.9)$$

由式(2.3.9)解得 T_2 值，并将其代入公式 $\Delta U=W$，得

$$\Delta U=W=nC_{V,m}(T_2-T_1)$$

进一步计算得

$$\Delta H=nC_{p,m}(T_2-T_1)$$

例题 2.3.2 某 2mol 双原子理想气体，在 101.325kPa、25℃ 条件下，绝热膨胀至 50.663kPa，已知：双原子分子 $C_{p,m}=\dfrac{7}{2}R$，$C_{V,m}=\dfrac{5}{2}R$。

(1) 若此过程可逆进行；

(2) 若此过程反抗 $p_2=50.663$kPa 的外压进行。

计算如上两过程的 Q、W、ΔU、ΔH。

解：

(1) 绝热可逆过程：$Q=0$

$$\gamma=C_{p,m}/C_{V,m}=1.4$$

由式(2.3.5c) 得

$$\frac{T_2}{T_1}=\left(\frac{p_2}{p_1}\right)^{\frac{\gamma-1}{\gamma}}$$

$$T_2=\left[\left(\frac{50.663}{101.325}\right)^{\frac{1.4-1}{1.4}}\times298.15\right]\text{K}=244.58\text{K}$$

$$\Delta U=nC_{V,m}(T_2-T_1)=\left[2\times\frac{5}{2}\times8.314\times(244.59-298.15)\right]\text{J}$$

$$=-2226.9\text{J}$$

$$W=-2226.9\text{J}$$

$$\Delta H=\Delta U+\Delta(pV)=\Delta U+nR\Delta T=[-2227+2\times8.314\times(244.58-298.15)]\text{J}$$

$$=-3117.8\text{J}$$

或 $\Delta H=nC_{p,m}(T_2-T_1)=-3118$J

(2) 绝热等外压过程：$Q=0$，$\Delta U=W$

$$nC_{V,m}(T_2-T_1)=-p_{外}(V_2-V_1)=-p_{外}\left(\frac{nRT_2}{p_2}-\frac{nRT_1}{p_1}\right)$$

$$\frac{5}{2}(T_2-T_1)=-p_{外}\left(\frac{T_2}{p_2}-\frac{T_1}{p_1}\right)$$

$$\frac{5}{2}(T_2-298.15\text{K})=-50.66\times\left(\frac{T_2}{50.66}-\frac{298.15\text{K}}{101.325}\right)$$

解得 $T_2=255.56$K

$$\Delta U = n C_{V,m}(T_2 - T_1) = 2 \times \frac{5}{2} \times 8.314 \times (255.56 - 298.15)\ \mathrm{J} = -1770.5\mathrm{J}$$

$$W = -1770.5\mathrm{J}$$

$$\Delta H = \Delta U + \Delta(pV) = \Delta U + nR\Delta T = [-1770 + 2 \times 8.314 \times (255.56 - 298.15)]\mathrm{J} = -2478\mathrm{J}$$

或 $\Delta H = n C_{p,m}(T_2 - T_1) = -2478\mathrm{J}$

第4节 热力学第一定律在纯物质相变过程中的应用

2.4.1 基本概念

（1）相：系统中物理和化学性质完全相同的均匀部分，均匀到分子级称为同一相。

（2）相变：系统中物质在不同相之间的转变。由液相变为气相的蒸发过程，用"vap"表示，蒸发的逆向过程是冷凝过程；由固相变为气相是升华过程，用"sub"表示，凝华是升华的逆向过程；由固相变为液相的熔化过程，用"fus"表示，凝固是熔化的逆向过程；同种物质在不同晶形之间的转化过程称为晶形转变，用"trs"表示。

（3）可逆相变：等温、等压两相平衡条件下进行的相变化过程称为可逆相变。

2.4.2 摩尔相变焓及其与温度的关系

2.4.2.1 摩尔相变焓

摩尔相变焓：1mol 纯物质于恒定温度 T 及该温度的平衡压力 p 条件下发生相变时的焓变，称为该物质于温度 T 条件下的相变焓，用 $\Delta_{相变} H_m(T)$ 表示。相变焓单位为 $\mathrm{J \cdot mol^{-1}}$。纯物质在常压下的蒸发（或冷凝）、熔化（或凝固）、升华（或凝华）的摩尔相变焓可从相关手册中查到。

2.4.2.2 摩尔相变焓与温度的关系

在常压下，凝聚态物质的焓变受压力的影响很小，若气态物质视为理想气体，则焓只是温度的函数，受压力的影响仍可以忽略。

温度 T_1 及压力 p_1 条件下，A(α) 转变到 A(β) 的摩尔相变焓为 $\Delta_{相变} H_m(T_1)$，温度为 T_2 及压力为 p_2 条件下的摩尔相变焓为 $\Delta_{相变} H_m(T_2)$。A(α) 和 A(β) 的等压摩尔热容分别为 $C_{p,m}(α)$ 和 $C_{p,m}(β)$，则温度 T_1 和 T_2 条件下的相变焓的关系如图 2-8 所示。若已知 T_1 条件下的 $\Delta_{相变} H_m(T_1)$，并设 $C_{p,m}(α)$ 和 $C_{p,m}(β)$ 在 T_1 和 T_2 之间为常数，则 T_2 温度下的相变焓 $\Delta_{相变} H_m(T_2)$ 为

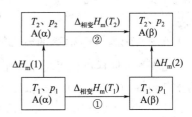

图 2-8 相变焓与温度的关系框图

$$\Delta_{相变} H_m(T_2) = \Delta_{相变} H_m(T_1) + \Delta H_m(2) - \Delta H_m(1)$$
$$= \Delta_{相变} H_m(T_1) + C_{p,m}(β)(T_2 - T_1) - C_{p,m}(α)(T_2 - T_1) \quad (2.4.1a)$$

若 $C_{p,m}(α)$ 和 $C_{p,m}(β)$ 是温度的函数，则 T_2 温度条件下的相变焓 $\Delta_{相变} H_m(T_2)$ 为

$$\Delta_{相变} H_m(T_2) = \Delta_{相变} H_m(T_1) + \int_{T_1}^{T_2} \Delta_{相变} C_{p,m}(T)\mathrm{d}T \quad (2.4.1b)$$

式中，$\Delta_{相变} C_{p,m}(T) = C_{p,m}(β,T) - C_{p,m}(α,T)$。

图 2-8 中过程②无论是可逆相变与否，式(2.4.1a) 和式(2.4.1b) 均适用。

2.4.3　纯物质可逆相变过程的热力学性质

2.4.3.1　纯物质凝聚态之间的可逆相变过程

等温、等压条件下，凝聚态之间的可逆相变焓 $\Delta_{相变} H_m(T) = Q_p$，该相变过程的体积变化很小，可以忽略，则 $W \approx 0$，由热力学第一定律 $\Delta_{相变} U_m(T) \approx Q_p = \Delta_{相变} H_m(T)$。

2.4.3.2　纯物质由凝聚态可逆相变到气态的相变过程

等温、等压条件下，凝聚态可逆相变到气态相变过程的相变焓为 $\Delta_{相变} H_m(T) = Q_p$，凝聚态物质的摩尔体积同气态物质的摩尔体积相比可以忽略。因此，该相变化过程的体积功（气态视为理想气体）为

$$W = -\int_{V_1}^{V_2} p_{外} \, dV = -p_{外}(V_g - V_{凝聚态}) \approx -p_{外} V_g = -nRT \tag{2.4.2}$$

由焓的定义：$\Delta_{相变} H_m(T) = \Delta_{相变} U_m(T) + \Delta_{相变}(pV) \approx \Delta_{相变} U_m(T) + pV_g$

$$\Delta_{相变} U_m(T) = \Delta_{相变} H_m(T) - nRT$$

2.4.4　纯物质不可逆相变过程的热力学性质

等温、等压条件下的不可逆相变过程，其热力学性质同前述可逆过程的推理相同。若为非等压的不可逆的相变过程，则 $\Delta_{相变} H_m(T) \neq Q$。

2.4.4.1　凝聚态之间的非等压过程的不可逆相变

若始态温度为 T_2、压力为 p_2 时的相变化是非等压的不可逆相变过程，则计算该过程的相变焓的方法仍然可用图 2-8 所示的原理。即已知温度 T_1、压力 p_1 条件下，A(α) 转变到 A(β) 的摩尔相变焓为 $\Delta_{相变} H_m(T_1)$，则根据框图该不可逆过程的摩尔相变焓 $\Delta_{相变} H_m(T_2)$ 仍然可以由公式(2.4.1a) 计算。该过程的热力学其他性质还有：由 $\Delta_{相变} H_m(T) = \Delta_{相变} U_m(T) + \Delta_{相变}(pV)$，得 $\Delta_{相变} U_m(T) = \Delta_{相变} H_m(T) - \Delta_{相变}(pV)$，凝聚态之间的相变 $\Delta_{相变}(pV) \approx 0$，$\Delta_{相变} U_m(T) \approx \Delta_{相变} H_m(T)$，由 $W = -p\Delta_{相变} V$，凝聚态之间的相变体积变化很小，$W \approx 0$，$Q = \Delta_{相变} U_m(T)$。

2.4.4.2　由凝聚态相变到气态的非等压过程的不可逆相变

由图 2-8 同样可以得到非等压的凝聚态相变到气态的不可逆过程的相变焓。该过程的热力学其他性质还有：由 $\Delta_{相变} H_m(T) = \Delta_{相变} U_m(T) + \Delta_{相变}(pV)$，得 $\Delta_{相变} U_m(T) = \Delta_{相变} H_m(T) - \Delta_{相变}(pV)$，凝聚态相变到气态 $\Delta_{相变}(pV) = (p_g V_g - p_{凝聚态} V_{凝聚态}) \approx p_g V_g$，$\Delta_{相变} U_m(T) \approx \Delta_{相变} H_m(T) - p_g V_g$，$W = -p\Delta_{相变} V = -p_{外}(V_g - V_{凝聚态}) = -p_{外} V_g = -nRT$。相变过程的 Q 由热力学第一定律得出，$Q = \Delta_{相变} U_m(T) - W$。

例题 2.4.1　已知 $100℃$、$101.325 kPa$ 条件下，由 $1 mol$ 液态水变到同温、同压下的水蒸气的相变焓为 $40.67 kJ \cdot mol^{-1}$，液态水和气态水的等压摩尔热容分别为 $75.29 J \cdot mol^{-1} \cdot K^{-1}$、$33.58 J \cdot mol^{-1} \cdot K^{-1}$。计算液态水在等压 $101.325 kPa$ 条件下，由 $25℃$ 变到 $110℃$ 时的相变焓。

解：设 H_2O（g）为理想气体，$C_{p,m}$ 为常数。

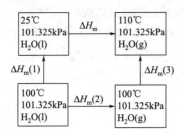

由状态函数法：

$$\begin{aligned}
\Delta H_m &= \Delta H_m(2) + \Delta H_m(3) - \Delta H_m(1) \\
&= \Delta_{vap} H_m(100℃) + C_{p,m}(g)(110-100)K - C_{p,m}(l)(25-100)K \\
&= [40.67×1000 + 33.58×(110-100) - 75.29×(25-100)]J \cdot mol^{-1} \\
&= 46.65 kJ \cdot mol^{-1}
\end{aligned}$$

例 2.4.2 1mol $H_2O(l)$ 在 101.325kPa、100℃条件下，反抗外压 $p_{外}$ = 50.66kPa 发生相变化，终态为 50.66kPa、110℃的 $H_2O(g)$，计算该相变过程的 ΔH、ΔU、Q、W。（已知液态 H_2O 的蒸发焓为 40.67 kJ $\cdot$ mol^{-1}，$C_{p,m}$ = 33.58J $\cdot$ mol^{-1} $\cdot$ K^{-1}）

解：该相变过程为非等压的不可逆相变过程

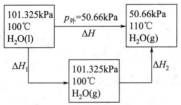

$$\begin{aligned}
\Delta H &= \Delta H_1 + \Delta H_2 \\
&= (40.67×1000 + 33.58×(110-100))J \cdot mol^{-1} = 41.01 kJ \cdot mol^{-1}
\end{aligned}$$

$$\begin{aligned}
\Delta U &= \Delta H - \Delta(pV) \approx \Delta H - pV_g = \Delta H - nRT \\
&= (41010 - 1×8.314×383)J \cdot mol^{-1} = 37.83 \ kJ \cdot mol^{-1}
\end{aligned}$$

$$\begin{aligned}
W &= -\int_{V_1}^{V_2} p dV = -p_{外}(V_g - V_1) \approx -p_{外} V_g = -nRT \\
&= -(1×8.314×383)J \cdot mol^{-1} \\
&= -3.18 kJ \cdot mol^{-1}
\end{aligned}$$

$$\begin{aligned}
Q &= \Delta U - W \\
&= (37.83 + 3.18) \ kJ \cdot mol^{-1} \\
&= 41.01 \ kJ \cdot mol^{-1}
\end{aligned}$$

第 5 节　热力学第一定律在化学变化过程中的应用

化学反应过程中有旧键的断裂及新键的生成，这些变化总是伴随有能量的变化，这种能量变化常以热的形式与环境进行能量交换，对于这些内容的研究形成了物理化学的一个分支，称为热化学（thermochemistry）。

热化学数据的实验测定与理论计算，在生产实践和理论研究中都具有重要价值。例如，化学反应的吸热或放热多少，对于生产设备的设计、节能、生产安全等具有直接价值，也与化学反应平衡常数的计算、化工生产的工艺设计等直接相关。虽然热效应的实验测定很简单，但是要精确测定不是很容易，因涉及实验环境标准化等问题，因此对热化学数据进行标准化研究一直是物理化学研究的一个重要内容。

2.5.1　化学反应热效应

在等温、等容或等温、等压条件下，系统只做体积功时，化学反应所吸收或放出的热称为化学反应热效应，根据化学反应环境条件不同又分别称为化学反应等压热和化学反应等容热。对化学反应热的研究，在化工过程设备的设计、化学反应平衡控制等生产实践中具有广泛的意义。

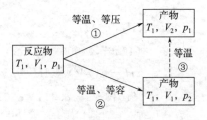

2-5

2.5.2　化学反应的等容热和等压热

2.5.2.1　化学反应等容热

等容且非体积功为零时的化学反应热效应称为化学反应等容热，用 Q_V 表示，由热力学第一定律得 $Q_V = \Delta_r U$。

2.5.2.2　化学反应等压热

等压且非体积功为零时的化学反应热效应称为化学反应等压热，用 Q_p 表示，由焓的定义可知 $Q_p = \Delta_r H$。

2.5.2.3　化学反应等压热与等容热之间的关系

某一化学反应的反应物经历过程①在等温、等压条件下进行反应，经历过程②在等温、等容条件下进行反应，分别到达同温下的相同的终态产物，如图 2-9 所示。则化学反应等压热和等容热之间的关系为

过程①为等压反应过程，有 $Q_p = \Delta_r H_1$；

过程②为等容反应过程，有 $Q_V = \Delta_r U_2$；

过程③为等温且没有相变化、没有化学变化的过程，

图 2-9　化学反应等压热与等容热之间的关系

若产物为气体产物，假设为理想气体，其热力学能只是温度的函数；若产物为凝聚态，压力、体积的变化很小可以忽略，则 $\Delta U_3 \approx 0$。由此，可以推出

$$\Delta_r U_1 = \Delta_r U_2$$

$$Q_p - Q_V = \Delta_r H_1 - \Delta_r U_2 = \Delta_r H_1 - \Delta_r U_1 = \Delta(pV)_1 = p_1 \Delta V$$

若化学反应为凝聚态之间的反应，则

$$Q_p - Q_V \approx 0$$

若有气相（假设为理想气体）参加的化学反应，则

$$Q_p - Q_V = \Delta(pV) \approx \Delta(n_g RT) \tag{2.5.1}$$

例题 2.5.1　298.15K 条件下萘与足量的氧发生完全燃烧反应，已知该反应的摩尔等压热 $Q_p = -5943.50 \text{kJ} \cdot \text{mol}^{-1}$，计算 1mol 萘等容燃烧热 Q_V。

解：萘燃烧的化学反应方程式为

$$C_{10}H_8(s) + 12O_2(g) \Longrightarrow 10CO_2(g) + 4H_2O(l)$$

$$Q_V = Q_p - (pV) \approx Q_p - \Delta(n_g RT)$$
$$= (-5943.50 - 2 \times 8.314 \times 298.15 \times 10^{-3}) \text{kJ} \cdot \text{mol}^{-1} = -5948.46 \text{kJ} \cdot \text{mol}^{-1}$$

2.5.3 摩尔反应焓变

化学反应在等压非体积功为零的条件下进行时,化学反应的热效应等于化学反应焓变。

2.5.3.1 反应进度

在研究化学反应时,引入一物理量——反应进度 (extent of reaction),用符号 ξ 表示。在化学反应的焓变计算、化学平衡计算及化学反应动力学中常用到这一物理量。在化学反应方程式中,任意物质 B 在反应前、后物质的量变化除以化学计量数称为反应进度。

对任意一化学反应

$$a \text{A}(\alpha) + b \text{B}(\beta) \Longrightarrow c \text{C}(\gamma) + d \text{D}(\delta)$$

$t = 0$ 时	$n_{A,0}$	$n_{B,0}$	$n_{C,0}$	$n_{D,0}$
$t = t$ 时	n_A	n_B	n_C	n_D

对于任意物质 B, t 时刻的化学反应进度

$$\xi = \frac{n_B - n_{B,0}}{\nu_B} \tag{2.5.2}$$

微小变化时可表示为

$$\mathrm{d}\xi = \frac{\mathrm{d}n_B}{\nu_B} \tag{2.5.3}$$

式中,B 表示该化学反应中的任意物质;ν_B 为化学反应方程中反应物或产物的化学计量数,B 为产物时 ν_B 取正值,B 为反应物时 ν_B 取负值。

ξ 的单位为 mol。对于同一化学反应,ξ 的值与化学反应计量方程式的写法有关,与用参与反应的哪一种物质表示无关。应用反应进度概念时,必须对应一个化学反应计量方程式。按照化学反应方程式计量系数的比例进行一化学反应时,当完成 $\Delta n_B = \nu_B$ mol 时,反应进度 $\xi = 1$ mol。

例如,合成氨反应按照下列两个化学反应计量方程式计算反应进度。

(1) $\text{N}_2 + 3\text{H}_2 \longrightarrow 2\text{NH}_3$

(2) $\frac{1}{2}\text{N}_2 + \frac{3}{2}\text{H}_2 \longrightarrow \text{NH}_3$

有 0.5mol 的 N_2(g) 和足量的 H_2(g) 发生反应,则上述两反应的反应进度分别为:
按照计量方程式 (1),$\xi = 0.5$ mol;
按照计量方程式 (2),$\xi = 1$ mol。

2.5.3.2 物质的标准态

气态物质的标准态 (standard state) 为温度 T,压力为标准压力 $p^\ominus = 100$ kPa,且表现出理想气体性质的纯气体。液体和固态物质的标准态为温度 T,标准压力 $p^\ominus = 100$ kPa 条件下的纯液体或纯固体。由此可知,物质在每个温度下都具有标准态。例如,纯液体或纯固体在 298.15K、标准压力 $p^\ominus = 100$ kPa 时纯液体或纯固体就是标准态,而气体是在温度 T 及标准压力 $p^\ominus = 100$ kPa 时要求气体具有理想气体的行为才是标准态。

2.5.3.3　化学反应的摩尔反应焓变

对任意一化学反应

$$a\,A(\alpha)+b\,B(\beta)=\!\!=\!\!=c\,C(\gamma)+d\,D(\delta)$$

$$T、p\ 下\qquad y_A\qquad y_B\qquad y_C\qquad y_D$$

在等温、等压、组成恒定（T，p，y_c）的条件下，进行 $\mathrm{d}\xi$ 的反应，引起的反应焓变 $\mathrm{d}H$ 为

$$\mathrm{d}H=\sum_B\nu_B H_m(B,T,p,y_c)\mathrm{d}\xi \qquad (2.5.4)$$

折合成 1mol 反应，即 $\Delta\xi=1\mathrm{mol}$ 时引起的焓变，称为该条件下化学反应的摩尔反应焓变（molar enthalpy of the reaction），用 $\Delta_r H_m$（T，p，y_c）表示，简写成 $\Delta_r H_m$（T，p），单位为 $J\cdot mol^{-1}$。

$$\Delta_r H_m(T,p,y_c)=\frac{\mathrm{d}H(T,p,y_c)}{\mathrm{d}\xi}=\sum_B\nu_B H_{m,B}(T,p,y_c) \qquad (2.5.5)$$

式中，ν_B 为反应的化学计量数，定义 B 为产物时为正，B 为反应物时为负；r 代表反应；m 表示按照化学反应计量方程完成反应进度 $\xi=1\mathrm{mol}$ 时的反应，即摩尔反应；y_c 表示组成恒定。

化学反应焓变与化学反应计量方程的写法有关。

2.5.4　化学反应标准摩尔反应焓变

对任意一化学反应

$$a\,A(\alpha)+b\,B(\beta)=\!\!=\!\!=c\,C(\gamma)+d\,D(\delta)$$

反应中各物质均处于温度 T 的标准状态下，该反应的摩尔反应焓变称为标准摩尔反应焓，用 $\Delta_r H_m^\ominus(T)$ 表示

$$\Delta_r H_m^\ominus(T)=\sum\nu_B H_m^\ominus(T)=f(T) \qquad (2.5.6)$$

例如，298.15K 时有反应

$$C(石墨)+\frac{1}{2}O_2(g)=\!\!=\!\!=CO(g)$$

$$\Delta_r H_m^\ominus(T)=-110.53\mathrm{kJ}\cdot mol^{-1}$$

该热化学方程式的含义有两个，一个是代表 1mol 石墨与 0.5mol 氧气完全反应生成 1mol 一氧化碳，即完成了反应进度 $\xi=1\mathrm{mol}$ 的反应。另一个含义是反应物各自处于纯物质状态下的反应，即反应物之间不包含混合热。

例如，298.15K 时有反应

$$2C(石墨)+O_2(g)=\!\!=\!\!=2CO(g)$$

$$\Delta_r H_m^\ominus(T)=-221.06\mathrm{kJ}\cdot mol^{-1}$$

针对这一反应，该反应的摩尔反应焓变仍然代表反应进度 $\xi=1\mathrm{mol}$ 的反应焓变，此时对应的化学反应摩尔反应焓变是上一个反应的 2 倍。因此，化学反应的摩尔反应焓变与化学反应方程式的写法有关。

2.5.5　化学反应的摩尔反应焓与标准摩尔反应焓的关系

已知某化学反应在温度 T 条件下的标准摩尔反应焓 $\Delta_r H_m^\ominus(T)$，则可求得该条件下的

摩尔反应焓 $\Delta_r H_m(T)$。

对任意一反应

$$a\,A(\alpha)+b\,B(\beta)=\!=\!=c\,C(\gamma)+d\,D(\delta)$$

可由下框图计算摩尔反应焓

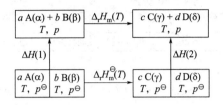

由状态函数法可得

$$\Delta_r H_m(T)=\Delta_r H_m^\ominus(T)+\Delta H(2)-\Delta H(1)$$

$\Delta H(1)$ 和 $\Delta H(2)$ 分别为反应物和产物的等温、变压条件下的焓变，若反应物和产物的相态为凝聚态，焓变受压力的影响很小，可以忽略不计，认为只是温度的函数。若反应物和产物为气态物质，假设为理想气体，则焓只是温度的函数，焓变为零。由此可知，化学反应的摩尔反应焓变近似等于同温度条件下该反应的标准摩尔反应焓变。

$$\Delta_r H_m(T)\approx\Delta_r H_m^\ominus(T) \tag{2.5.7}$$

2.5.6 标准摩尔生成焓及其与标准摩尔反应焓的关系

2.5.6.1 标准摩尔生成焓

生成反应：由稳定单质生成 1mol 指定相态化合物的反应。例如，

$$C(s)+O_2(g)=\!=\!=CO_2(g) \qquad 是生成反应$$

$$CO(g)+\frac{1}{2}O_2(g)=\!=\!=CO_2(g) \qquad 不是生成反应$$

2-6

标准摩尔生成焓：在温度 T 的标准压力 $p^\ominus$ 下，由稳定相态的单质（elementary substance）生成 1mol 指定相态的物质 B 的焓变，称为物质 B(β) 在 T 温度下的标准摩尔生成焓（standard molar enthalpy of formation），也是生成反应的标准摩尔反应焓，用 $\Delta_f H_m^\ominus(\beta, T)$ 表示，单位为 $J\cdot mol^{-1}$。稳定相态单质的标准摩尔生成焓为零。

例如，$H_2(g)+\frac{1}{2}O_2(g)=\!=\!=H_2O(l)$ $\qquad \Delta_f H_m^\ominus[H_2O(l),T]=-285.83\ kJ\cdot mol^{-1}$

$H_2(g)+\frac{1}{2}O_2(g)=\!=\!=H_2O(g)$ $\qquad \Delta_f H_m^\ominus[H_2O(g),T]=-241.82\ kJ\cdot mol^{-1}$

如上两反应可以看出，由稳定单质生成液态水和生成气态水的标准摩尔生成焓不同，两者之间相差由液态水变到气态水的摩尔蒸发焓。因此，标准摩尔生成焓要指定生成物质的相态。

又如，C 有多种相态，如金刚石、石墨、无定形等，其中石墨为稳定相态，所以，CH_4(g) 的生成反应为 C（石墨）$+2H_2(g)=\!=\!=CH_4(g)$。

在 298.15K 及标准压力条件下，将各种已知物质不同相态的标准摩尔生成焓制成热力学基础数据表，出版于物理化学手册或其他手册中。有了标准摩尔生成焓数据，利用如上原理，可以计算化学反应的标准摩尔焓变。

2.5.6.2 由标准摩尔生成焓计算标准摩尔反应焓

有任意一反应

$$a A(\alpha) + b B(\beta) \Longrightarrow c C(\gamma) + d D(\delta)$$

由标准摩尔生成焓计算标准摩尔反应焓的反应框图如下

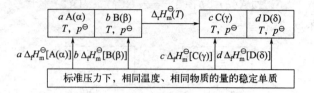

由状态函数法可得

$$\Delta_r H_m^\ominus(T) = d \Delta_f H_{m,B}^\ominus [D(\delta)T] + c \Delta_f H_{m,B}^\ominus [C(\gamma)T] - a \Delta_f H_{m,B}^\ominus [A(\alpha)T] - b \Delta_f H_{m,B}^\ominus [B(\beta)T]$$

$$= \sum_B \nu_B \Delta_f H_{m,B}^\ominus [B(\beta)T]$$

由标准摩尔生成焓计算标准摩尔反应焓，有

$$\Delta_r H_m^\ominus(T) = \sum_B \nu_B \Delta_f H_{m,B}^\ominus [B(\beta)T] \tag{2.5.8}$$

例题 2.5.2 由甲烷生成甲醇的反应如下

$$CH_4(g) + \frac{1}{2} O_2(g) \longrightarrow CH_3OH(l)$$

298.15K 时，由热力学数据表中查得各物质的标准摩尔生成焓，计算如上反应的标准摩尔反应焓。

解： 由式 (2.5.8) 可知

$$\Delta_r H_m^\ominus(T) = \sum_B \nu_B \Delta_f H_{m,B}^\ominus [B(\beta),T]$$

$$= \Delta_f H_m^\ominus(CH_3OH,l) - \Delta_f H_m^\ominus(CH_4,g) - \Delta_f H_m^\ominus(O_2,g)$$

$$= [-238.66 - (-74.81) - 0] kJ \cdot mol^{-1}$$

$$= -163.85 kJ \cdot mol^{-1}$$

2.5.7 标准摩尔燃烧焓及其与标准摩尔反应焓的关系

可燃物质在温度 T 和标准压力下与氧气发生完全氧化反应时的标准摩尔燃烧焓同样可以作为热力学基础数据用于计算化学反应的标准摩尔反应焓。

2-7

2.5.7.1 完全氧化反应

完全氧化反应定义为 1mol 指定相态的化合物与氧气完全反应，规定终态产物：化合物中含 H 元素的燃烧产物为 $H_2O(l)$，含 C 元素的燃烧产物为 $CO_2(g)$，N 元素的燃烧产物为 $N_2(g)$，S 元素的燃烧产物为 $SO_2(g)$，Cl 元素的燃烧产物为 HCl，金属元素的燃烧产物为游离态。例如，

$$H_2(g) + \frac{1}{2} O_2(g) \Longrightarrow H_2O(l) \quad 是完全氧化反应$$

$$H_2(g) + \frac{1}{2} O_2(g) \Longrightarrow H_2O(g) \quad 不是规定的完全氧化反应产物$$

标准摩尔燃烧焓：在温度 T 的标准压力 $p^\ominus$ 下，由 1mol β 相态的化合物 B 与氧完全氧化时的焓变，称为物质 B(β) 在 T 温度下的标准摩尔燃烧焓（standard molar enthalpy of combustion），也是完全氧化反应的标准摩尔反应焓，用 $\Delta_c H_m^\ominus(\beta,T)$ 表示，单位为 $J \cdot mol^{-1}$。

式中下标"c"表示燃烧,下标"m"表示反应进度 $\xi=1\,mol$ 的反应。

$$H_2(g)+\frac{1}{2}O_2(g)\rule{0.8cm}{0.4pt}H_2O(l)$$

$$\Delta_c H_m^\ominus [H_2(g),298.15K]=-285.83kJ\cdot mol^{-1}$$

2.5.7.2 由标准摩尔燃烧焓计算标准摩尔反应焓

若已知某化学反应中各物质的标准摩尔燃烧焓,可以计算该化学反应的标准摩尔反应焓。一些物质的 298.15K 时的标准摩尔燃烧焓数据列于书后的热力学数据表中。

有任意一反应

$$a\,A(\alpha)+b\,B(\beta)\rule{0.8cm}{0.4pt}c\,C(\gamma)+d\,D(\delta)$$

由标准摩尔燃烧焓计算标准摩尔反应焓的框图如下

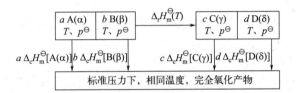

由状态函数法

$$\begin{aligned}\Delta_r H_m^\ominus(T)=&a\Delta_c H_{m,B}^\ominus[A(\alpha),T]+b\Delta_c H_{m,B}^\ominus[B(\beta),T]-c\Delta_c H_{m,B}^\ominus[C(\gamma),T]-\\&d\Delta_c H_{m,B}^\ominus[D(\delta),T]\\=&-\sum_B \nu_B \Delta_c H_{m,B}^\ominus[B(\beta),T]\end{aligned}$$

可知,由标准摩尔燃烧焓计算标准摩尔反应焓,可用如下公式计算

$$\Delta_r H_m^\ominus(T)=-\sum_B \nu_B \Delta_c H_{m,B}^\ominus[B(\beta),T] \tag{2.5.9}$$

例题 2.5.3 乙醇和乙酸生成乙酸乙酯的反应如下

$$CH_3COOH(l)+C_2H_5OH(l)\rule{0.8cm}{0.4pt}CH_3COOC_2H_5(l)+H_2O(l)$$

由热力学数据表查得各物质的标准摩尔燃烧焓,计算 298.15K 的标准摩尔反应焓。

解: 由式(2.5.9)可知

$$\begin{aligned}\Delta_r H_m^\ominus(T)=&-\sum_B \nu_B \Delta_c H_{m,B}^\ominus[B(\beta),T]\\=&\Delta_c H_m^\ominus(CH_3COOH,l)+\Delta_c H_m^\ominus(C_2H_5OH,l)-\Delta_c H_m^\ominus(CH_3COOC_2H_5,l)-\\&\Delta_c H_m^\ominus(H_2O,l)\\=&[-875-1368-(-2231)-0]kJ\cdot mol^{-1}\\=&-12kJ\cdot mol^{-1}\end{aligned}$$

2.5.8 摩尔反应焓与温度的关系

化学热力学手册给出 298.15K 条件下的标准摩尔生成焓和标准摩尔燃烧焓,借助于热力学手册,可以得到 298.15K 时的标准摩尔反应焓。由前所述,相同温度下,同一反应的标准摩尔反应焓与摩尔反应焓相等,若推理出摩尔反应焓与温度的关系式,则任何温度下的摩尔反应焓均可知。通过下列框图给出已知 298.15K、$p^\ominus$ 条件下的标准摩尔反应焓与任意温度下摩尔反应焓的关系。

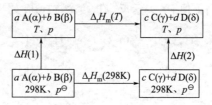

由热力学手册查得各物质的标准摩尔生成焓或标准摩尔燃烧焓，由式（2.5.8）和式（2.5.9），有

$$\Delta_r H_m^\ominus(T) = \sum_B \nu_B \Delta_f H_{m,B}^\ominus [B(\beta), T] = -\sum_B \nu_B \Delta_C H_{m,B}^\ominus [B(\beta), T]$$

由式（2.5.7）有 $\Delta_r H_m^\ominus(T) = \Delta_r H_m(T)$，根据框图并由状态函数法可知

$$\Delta_r H_m(T) = \Delta_r H_m(298K) + \Delta H(2) - \Delta H(1)$$

$$\Delta_r H_m(T) = \Delta_r H_m(298K) + \int_{298K}^{T} \Delta_r C_{p,m} dT \tag{2.5.10}$$

式中，$\Delta_r C_{p,m} = \sum_B \nu_B C_{p,m} [B(\beta)]$

借助于热力学基础数据，由如上结果可知，已知某反应的反应物和产物的标准摩尔生成焓或标准摩尔燃烧焓及反应物和产物的等压摩尔热容，可得任何温度下的摩尔反应焓。式（2.5.10）成立的条件是反应物及产物在298K至T之间没有相变化产生。否则要在$\Delta H(2)$及$\Delta H(1)$的过程中考虑相变化过程的焓变。

例题 2.5.4 高温下水煤气的生成反应：$C(s) + H_2O(g) = CO(g) + H_2(g)$。已知298K、$p^\ominus$下的各物质的$\Delta_f H_m^\ominus$和$C_{p,m}^\ominus$如下表所示：

项目	C(s)	H₂O(l)	H₂O(g)	H₂(g)	CO(g)
$\Delta_f H_m^\ominus / (kJ \cdot mol^{-1})$	0	−285.83	−241.82	0	−110.53
$C_{p,m}^\ominus / (J \cdot mol^{-1} \cdot K^{-1})$	8.53	75.29	33.58	28.82	29.14

$H_2O(l)$ 在373K时的摩尔蒸发焓为$40.67 kJ \cdot mol^{-1}$，计算1100K时该反应的$\Delta_r H_m^\ominus$。

解：

$$\Delta_r H_m^\ominus(1100K) = \Delta_r H_m^\ominus(298K) + \Delta H^\ominus(2) - \Delta H^\ominus(1)$$
$$= \Delta_r H_m^\ominus(298K) + [C_{p,m}^\ominus(CO,g) + C_{p,m}^\ominus(H_2,g)](1100-298)K$$
$$- [C_{p,m}^\ominus(H_2O,l) + C_{p,m}^\ominus(石墨,s)](373-298)K - \Delta_{vap} H_m^\ominus(H_2O)$$
$$- [C_{p,m}^\ominus(H_2O,g) + C_{p,m}^\ominus(石墨,s)](1100-373)K$$
$$= [(-110.53+241.82+285.83)\times10^3 + (29.14+28.82)\times(1100-298) -$$
$$(75.29+8.53)\times(373-298) - 40.67\times10^3 - (33.58+8.53)\times$$
$$(1100-373)]J \cdot mol^{-1} \cdot K^{-1}$$
$$= 386.03 kJ \cdot mol^{-1} \cdot K^{-1}$$

在计算$\Delta H(1)$时考虑了H_2O在298～373K时表现为液态水，而在373～1100K区间为气态水，则两个温度区间的 $C_{p,m}^{\ominus}$ 值有所不同。在上述计算中认为 $C_{p,m}^{\ominus}$ 在所计算的温度区间为常数，若考虑 $C_{p,m}^{\ominus}$ 与温度的关系时，应将 $C_{p,m}^{\ominus}=f(T)$ 的关系代入式(2.5.10) 进行积分计算。

2.5.9　最高火焰温度和最高爆炸温度的计算

在化学化工科研及生产实践中经常涉及等压或等容条件下反应系统能够承受的最高温度，对这种条件下系统极限温度的计算对化学化工科研及生产实践中反应器的设计及安全生产的控制意义重大。

2.5.9.1　最高火焰温度

系统在等压且绝热条件下发生化学反应时，由于系统与环境之间没有热交换，因此，由化学反应放出的热效应能使系统达到的最高温度，称为最高火焰温度。该温度在化工生产设计中为反应器所能承受的最高温度。

例题 2.5.5

有反应

$$CH_4(g)+2O_2(g)\!=\!\!=\!\!=CO_2(g)+2H_2O(g)$$

在 100kPa、298K 时，用过量100%的空气使甲烷完全燃烧，计算燃烧产物能使系统达到的最高温度。

解： 利用热力学数据表，由状态函数法设计如下框图进行计算。

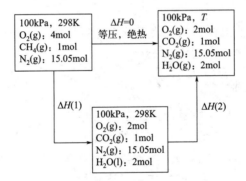

计算由甲烷燃烧反应所放出的热使系统吸热后温度所能升高的最高温度，可由如下能量守恒关系式求得：

$$\Delta H(1)+\Delta H(2)=0$$

其中，

$$\begin{aligned}
\Delta H(1)&=\sum_B \nu_B \Delta_f H_m^{\ominus}(B)\\
&=2\Delta_f H_m^{\ominus}[H_2O(l)]+\Delta_f H_m^{\ominus}[CO_2(g)]-2\Delta_f H_m^{\ominus}[O_2(g)]-\Delta_f H_m^{\ominus}[CH_4(g)]\\
&=[2\times(-285.8)+(-393.5)-0-(-74.8)]\ kJ\cdot mol^{-1}\\
&=-890.3kJ\cdot mol^{-1}
\end{aligned}$$

$$\begin{aligned}
\Delta H(2)=&\int_{298}^{T}\{C_{p,m}[CO_2(g)]+2C_{p,m}[O_2(g)]+15.05C_{p,m}[N_2(g)]\}dT+\\
&\int_{298}^{373}\{2C_{p,m}[H_2O(l)]\}dT+\int_{373}^{T}2C_{p,m}[H_2O(g)]dT+2\Delta_{vap}H_m^{\ominus}(H_2O)
\end{aligned}$$

$$= [(26.75 + 2 \times 36.16 + 15.05 \times 27.32)(T/K - 298) + 2 \times 75.29 \times$$
$$(373 - 298) + 2 \times 33.58(T/K - 373) + 40.67 \times 1000] J \cdot mol^{-1}$$
$$= (649.7T/K - 143342) J \cdot mol^{-1}$$

由热量守恒：$\Delta H(1) + \Delta H(2) = 0$

解出温度：$T = 1590.9K$

即为最高火焰温度。

2.5.9.2 最高爆炸温度

系统在等容且绝热条件下发生化学反应时，由于系统与环境之间没有热交换，因此，由化学反应放出的热效应能使反应系统达到的最高温度，称为最高爆炸温度。

第 6 节　热力学第一定律在实际气体中的应用

在低压气体向真空膨胀的焦耳实验中，由于环境热容量比系统大得多，因此，实验中气体膨胀产生的热现象测量不够准确，为了克服这种情况，在此基础上，1852 年焦耳（Joule）和汤姆孙（W. Thomson）通过高压气体向低压膨胀，研究了实际气体的热力学行为，对实际气体的 H、U 的性质有了进一步的认识，并且该实验结果在制冷工业中得到了重要的应用。

2.6.1 节流膨胀

2-8

在绝热的条件下，能使流体的始、终态分别保持恒定压力条件下的膨胀过程，称为节流膨胀（throttling expand）。

2.6.2 焦耳-汤姆孙实验

焦耳-汤姆孙实验如图 2-10 所示，实验装置中用一多孔膜来控制气体由高压 p_1 向低压 p_2 流动的流量。在绝热条件下，左侧高压下 p_1、V_1、T_1 的气体，通过多孔膜向右侧膨胀得到 p_2、V_2、T_2 的气体，当达到稳定状态时出现温差。大多气体经膨胀后温度下降，而少数气体如 H_2、He 则温度升高。

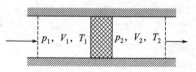

图 2-10　焦耳-汤姆孙实验示意图

实验过程中左侧 p_1、T_1 的气体体积为 V_1，经节流过程膨胀到右侧后形成压力为 p_2 体积为 V_2 的气体，此时气体的温度为 T_2。左侧环境对系统做功为

$$W_{左} = -p_1 \Delta V = -p_1(0 - V_1) = p_1 V_1$$

将这些气体经过多孔膜膨胀至右侧，右侧气体对环境做功为

$$W_{右} = -p_2 \Delta V = -p_1(V_2 - 0) = -p_2 V_2$$

经节流膨胀后气体所做的净功为

$$W = W_{左} + W_{右} = p_1 V_1 - p_2 V_2$$

由于节流膨胀实验是绝热过程，因此 $Q = 0$，根据热力学第一定律有

$$U_2 - U_1 = \Delta U = W = p_1 V_1 - p_2 V_2$$

移项得

$$U_2 + p_2 V_2 = U_1 + p_1 V_1$$

即

$$H_2 = H_1 \text{ 或 } \Delta H = 0 \tag{2.6.1}$$

焦耳-汤姆孙实验结论：气体节流膨胀实验前、后焓不变，即实际气体节流膨胀过程为 $\Delta H = 0$ 过程。

气体经过节流膨胀，温度随压力的变化率定义为 $\mu_{J\text{-}T}$，称为焦耳-汤姆孙系数，用微分表示为

$$\mu_{J\text{-}T} \overset{\text{def}}{=} \left(\frac{\partial T}{\partial p}\right)_H \tag{2.6.2}$$

例题 2.6.1 将 1mol CO_2 气体由温度 298K、1013.25kPa 条件下，膨胀至 298K、101.325kPa，求此过程的 ΔH。（已知 CO_2 的焦耳-汤姆孙系数 $\mu_{J\text{-}T} = \left(\frac{\partial T}{\partial p}\right)_H = 1.07 \times 10^{-5} \text{K} \cdot \text{Pa}^{-1}$，$C_{p,\text{m}} = 36.61 \text{J} \cdot \text{mol}^{-1} \cdot \text{K}^{-1}$。）

解： 由题给条件，可以设计如下过程计算

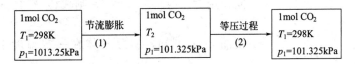

（1）节流膨胀过程

$$\Delta H_1 = 0$$

由题给的 CO_2 的焦耳-汤姆孙系数 $\mu_{J\text{-}T} = \left(\frac{\partial T}{\partial p}\right)_H = 1.07 \times 10^{-5} \text{K} \cdot \text{Pa}^{-1}$

$$\Delta T = \mu_{J\text{-}T} \Delta p = [1.07 \times 10^{-5} \times (101.325 - 1013.25) \times 10^3] \text{K} = -9.76 \text{K}$$

$$T_2 = T_1 + \Delta T = (298 - 9.76) \text{K} = 288.24 \text{K}$$

（2）过程是等压升温过程

$$\Delta H = \int_{T_2}^{T_1} C_{p,\text{m}} \text{d}T = nC_{p,\text{m}}(T_1 - T_2) = 1\text{mol} \times 36.61 \text{J} \cdot \text{mol}^{-1} \cdot \text{K}^{-1} \times 9.76\text{K} = 357.31\text{J}$$

2.6.3 节流膨胀的热力学性质

焓是状态函数，对于一定量的单组分系统可以表示成 T、p 的函数，即

$$H = f(T, p)$$

H 的全微分为

$$\text{d}H = \left(\frac{\partial H}{\partial T}\right)_p \text{d}T + \left(\frac{\partial H}{\partial p}\right)_T \text{d}p$$

由焦耳-汤姆孙节流膨胀实验的结论可知，$\text{d}H = 0$，则有

$$\left(\frac{\partial T}{\partial p}\right)_H = -\frac{\left(\frac{\partial H}{\partial p}\right)_T}{\left(\frac{\partial H}{\partial T}\right)_p} = \frac{\left(\frac{\partial H}{\partial p}\right)_T}{C_{p,\text{m}}} \neq 0 \tag{2.6.3}$$

由于实际气体在节流膨胀过程中 $\text{d}T \neq 0$，所以 $\left(\frac{\partial H}{\partial p}\right)_T \neq 0$，即实际气体的焓不只是温度

的函数，即是 T、p（或 T、V）的函数。经过热力学推导还可以得出实际气体的热力学能

不只是温度的函数，即是 T、p（或 T、V）的函数。由 $\left(\dfrac{\partial T}{\partial p}\right)_H = -\dfrac{\left(\dfrac{\partial H}{\partial p}\right)_T}{C_{p,m}}$ 进一步推导有

$$
\begin{aligned}
\mu_{\text{J-T}} = \left(\frac{\partial T}{\partial p}\right)_H &= -\frac{\left(\dfrac{\partial H}{\partial p}\right)_T}{C_{p,m}} = -\frac{\left[\dfrac{\partial(U+pV)}{\partial p}\right]_T}{C_{p,m}} \\
&= \left\{-\frac{1}{C_{p,m}}\left(\frac{\partial U}{\partial p}\right)_T\right\} + \left\{-\frac{1}{C_{p,m}}\left[\frac{\partial(pV)}{\partial p}\right]_T\right\}
\end{aligned}
\tag{2.6.4}
$$

由式（2.6.4）可知 $\mu_{\text{J-T}}$ 的值是由两部分决定的。对于理想气体，由于热力学能及 pV_m 只是温度的函数，有 $\left(\dfrac{\partial U}{\partial p}\right)_T = 0$，$\left(\dfrac{\partial pV_m}{\partial p}\right)_T = 0$，故理想气体的 $\mu_{\text{J-T}} = 0$。

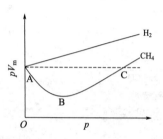

图 2-11 实际气体的 pV_m-p 图

对于实际气体，式（2.6.4）中的第一项，由于实际气体之间存在分子间引力，在节流膨胀过程中压力减小，吸收能量以反抗分子间作用力，故 $\left(\dfrac{\partial U}{\partial p}\right)_T < 0$，则式（2.6.4）中的第一项大于零。由图 2-11 可知，实际气体在一定温度下，$\left[\dfrac{\partial(pV_m)}{\partial p}\right]_T$ 可能大于零，可能小于零，可能等于零，因此有如下几种实验结果：

当 $\mu_{\text{J-T}} > 0$ 时，$\Delta p < 0$，$\Delta T < 0$ 致冷；
当 $\mu_{\text{J-T}} < 0$ 时，$\Delta p < 0$，$\Delta T > 0$ 致热；
当 $\mu_{\text{J-T}} = 0$ 时，$\Delta p < 0$，$\Delta T = 0$ 温度不变。

2.6.4 转换曲线

图 2-12 为某实际气体的致冷致热温度转换曲线，图中实线表示不同起始点的 $\Delta H = 0$ 的曲线，将图中的 $\left(\dfrac{\partial T}{\partial p}\right)_H = 0$ 的点连接得到虚线，虚线的左边是 $\mu_{\text{J-T}} > 0$ 的致冷区，虚线的右边是 $\mu_{\text{J-T}} < 0$ 的致热区，虚线为致冷致热温度转换曲线。该曲线可以表示实际气体在不同温度和压力下经节流膨胀的致冷和致热结果，温度为 T_0 压力为 p_0 时是致冷和致热的转换条件。物质的性质不同，具有不同的转换曲线。

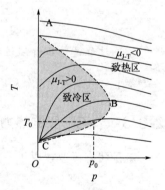

图 2-12 实际气体的致冷致热温度转换曲线

 习 题

1. 某理想气体 $C_{p,m} = 1.4\,C_{V,m}$，在容积为 100dm^3 的容器中，温度为 323K，压力为 253.31kPa 条件下，将该气体等容加热至 353K 时，计算所需的热。

2. 某实际气体符合范德华方程，其中 $a = 0.42\text{Pa}\cdot\text{m}^6\cdot\text{mol}^{-2}$，$b = 0.037\times10^{-3}\text{m}^3\cdot\text{mol}^{-1}$。求 1mol

该气体在 300.15K 时由 $10dm^3$ 等温可逆膨胀到 $100dm^3$ 时所做的功。

3. 1mol 理想气体，在 298K 时，从始态（$p_1=10kPa$，$V_1=0.248m^3$），分别经下列不同过程等温膨胀至终态（$p_2=1kPa$，$V_2=2.48m^3$）。求下列过程系统所做的体积功。

(1) 向真空膨胀至终态；

(2) 反抗一定外压为 1kPa 的条件下，一次膨胀至终态；

(3) 分步膨胀，①反抗外压为 5kPa 时膨胀至 V'，②再反抗外压 1kPa 时膨胀至终态；

(4) 等温可逆膨胀至终态。

4. 某系统从环境吸热 30kJ，系统的热力学能增加了 100kJ，计算 W。若该系统从环境吸热 28kJ，同时对环境做了 60kJ 的功，计算 ΔU。

5. 理想气体等温可逆膨胀，始态压力从 $10p$ 膨胀到 p，对外做功 41.85kJ。

(1) 求起始状态的 pV；

(2) 若气体的物质的量为 2mol，求系统的温度 T。

6. 有 1mol 单原子理想气体，从始态 298.15K、200kPa，到终态 353.15K、100kPa。通过如下两个途径计算 W、Q、ΔU、ΔH。

(1) 先等压加热至 353.15K，再等温可逆膨胀至 100kPa；

(2) 先等温可逆膨胀至 100kPa，再等压加热至 353.15K。

由如上计算结果进行分析：两个不同的过程计算的 W、Q、ΔU、ΔH 结果有什么不同，说明理由。

7. 有 1mol 单原子理想气体，由始态 $T_1=273K$，$V_1=22.4dm^3$，分别经过如下过程至终态，求各过程的 Q、W 和 ΔU。

(1) 等容升温至 $T_2=546K$；

(2) 等压变化至 $T_2=546K$。

8. 2mol 双原子理想气体，由始态 $T_1=298K$，$p_1=200kPa$，$V_1=24.78\ dm^3$，分别经过下列过程到达各终态。求各个过程的 Q、W、ΔU 和 ΔH。

(1) 等容升温至压力增加一倍；

(2) 等压升温至体积增加一倍；

(3) 等温可逆膨胀至体积增加一倍。

9. 298.15K、100kPa 条件下，$10dm^3$ 的理想气体分别经过绝热膨胀至终态压力为 10kPa。计算各过程的 Q、W、ΔU 和 ΔH。$\left(已知\ C_{V,m}=\dfrac{3}{2}R\right)$

(1) 绝热可逆膨胀；

(2) 反抗 10kPa 的外压绝热不可逆膨胀。

10. 某气体状态方程为 $pV=n(RT+Bp)$，其中 B 为大于零的常数，始态为 p_1、T_1，该气体经绝热向真空膨胀后终态压力为 p_2，试求该过程的 ΔH。

11. 1mol 液态乙醇在其沸点条件下蒸发为气体。试求该过程的 Q、W、ΔU 和 ΔH。已知乙醇的沸点为 78℃，蒸发热为 39.47kJ·mol^{-1}，乙醇蒸气可视为理想气体，其密度为 1.647kg·m^{-3}。

12. 1mol 液态水，在 101.325kPa、343.15K 条件下变为 393.15K 的过热水蒸气，求该过程的 Q、W、ΔU 和 ΔH。已知 $H_2O(l)$ 和 $H_2O(g)$ 的摩尔定压热容 $C_{p,m}$ 分别为 75.3J·mol^{-1}·K^{-1} 和 33.6J·mol^{-1}·K^{-1}，$H_2O(l)$ 的摩尔汽化热为 40.69 kJ·mol^{-1}，$H_2O(g)$ 可视为理想气体。

13. 标准压力下，在 0.1kg、268.15K 的水中加入一微小冰块，系统的温度变为 273.15K，并凝结生成一定数量的冰块。该过程视为绝热过程。已知冰的溶解热为 333.5kJ·kg^{-1}，水的比热容视为常数为 4.21kJ·K^{-1}·kg^{-1}。

(1) 分析系统相态变化过程，求出所析出的冰的质量；

(2) 计算过程的 ΔH。

14. 理想气体遵循多方过程方程式 $pV^n=C$（式中 C、n 均视为常数，$n>1$），进行可逆膨胀。若方程

中 $n=2$，有 1mol 气体由始态 V_1 膨胀到 V_2，温度由 $T_1=573.15K$ 降到 $T_2=473.15K$。求过程的 W、Q、ΔU 和 ΔH。（气体的 $C_{V,m}=20.9J \cdot mol^{-1} \cdot K^{-1}$。）

15. 1100K、100kPa 条件下，1mol $CaCO_3$ (s) 分解为 CaO (s) 和 CO_2 (g) 时吸热 176.7 kJ，计算该过程的 Q、W、ΔU 和 ΔH。

16. （1）根据书后附录数据表，计算下列反应的 $\Delta_r H_m$（298K）。
$$CH_3COOH(l) + C_2H_5OH(l) = CH_3COOC_2H_5(l) + H_2O(l)$$

（2）已知乙酸和乙醇的标准摩尔燃烧焓分别为 -874.54 kJ $\cdot$ mol^{-1} 和 -1366 kJ $\cdot$ mol^{-1}，计算 $CH_3COOC_2H_5$ (l) 的标准摩尔燃烧焓。

17. 有合成氨反应：
$$N_2(g) + 3H_2(g) = 2NH_3(g)$$

已知 298K 时该反应的摩尔反应焓为 $\Delta_r H_m$（298K）$= -92.22$ kJ $\cdot$ mol^{-1}，计算反应在 500K 时的摩尔反应焓。设各物质的等压摩尔热容 $C_{p,m}$ 在 298~500K 温度范围内为常数，已知 $C_{p,m}(N_2, g) = 29.1J \cdot mol^{-1} \cdot K^{-1}$，$C_{p,m}(H_2, g) = 28.8J \cdot mol^{-1} \cdot K^{-1}$，$C_{p,m}(NH_3, g) = 35.1J \cdot mol^{-1} \cdot K^{-1}$。

18. 将 0.5000g 正庚烷装入氧弹热量计中，与足量氧气燃烧后，系统温度升高了 2.94K。若热量计系统的整体热容为 8.177kJ $\cdot$ K^{-1}。计算 298.15K 时正庚烷的摩尔燃烧焓。（热量计系统的平均温度为 298.15K）

19. 有 1mol H_2 与过量 50％的空气混合物在始态为 298.15K、101.325kPa 进行混合，若该混合气体于恒容容器中发生爆炸，设所有气体均可按理想气体处理，试估算气体所能达到的最高爆炸温度。已知 25℃ 时 $\Delta_f H_m^\ominus (H_2O, g) = -241.82kJ \cdot mol^{-1}$，$\overline{C}_{V,m}(H_2O, g) = 37.66J \cdot mol^{-1} \cdot K^{-1}$，$\overline{C}_{V,m}(O_2, g) = \overline{C}_{V,m}(N_2, g) = 25.10J \cdot mol^{-1} \cdot K^{-1}$。

重点难点讲解

2-1 体积功

2-2 可逆及等温过程体积功

2-3 焦耳实验

2-4 绝热可逆过程方程

2-5 等压热与等容热

2-6 标准摩尔生成焓

2-7 标准摩尔燃烧焓

2-8 节流膨胀

第三章

热力学第二定律

热力学第一定律总结了物质变化过程中的能量守恒、能量转化关系及其转化规律。例如，对于某系统从状态Ⅰ变化到状态Ⅱ或者对于某一化学反应变化过程

$$状态Ⅰ \longrightarrow 状态Ⅱ$$

化学反应

$$aA+bB \Longrightarrow cC+dD$$

当系统的始、终态确定后，热力学第一定律可以给出如上过程的热力学能或焓等能量的变化值，而不能给出上述系统由状态Ⅰ变化到状态Ⅱ是否能自动进行；同样不能给出化学反应在一定条件下能否自发地由左向右进行，以及进行到什么程度等答案。在自然界中的许多变化过程不违反热力学第一定律，但是不违反热力学第一定律的过程并不一定都能自发进行。例如，高温物体自动向低温物体传导热；反之，可以从低温物体吸热，将热送回高温物体，能量守恒，但是该过程不能自发进行。满足热力学第一定律，但是不能自发进行的过程很多。而热力学第二定律通过状态函数熵的计算及应用熵判据等，能够给出系统从状态Ⅰ到状态Ⅱ能否自发进行，对于能自发进行的过程，还可以给出进行到什么程度的热力学终态；热力学第二定律对于一个化学反应过程同样能够给出化学反应的方向和平衡终态，即通过热力学第二定律判据从状态Ⅰ变化到状态Ⅱ及化学反应过程所进行的方向性和限度。然而，热力学定律只能给出过程进行的方向和限度的可能性，是因为热力学原理没有引入时间参数，对于系统变化的过程或化学反应是否能真正进行，即要知道过程从始态到终态需要的时间，这些热力学不能给出。真正意义上的能否进行，这要在热力学研究给出过程进行的方向性和限度的可能性的基础上，再由化学反应动力学的研究引入时间参数后的动力学研究来共同完成。

结合化学热力学和化学反应动力学这两个物理化学分支的研究，在生产实践和科学研究中具有重要意义。

第 1 节　自发过程及其共性

3-1

不需要任何外力作用就能自发进行的过程称为自发过程。所有的天然过程都是自发过程。例如自然界中的水流自动流动的方向是由高位向低位流动，最终水位差为零；热流自动流动的方向是由高温向低温流动，最终温度差为零；气流自动流动的方向是由高压向低压流动，最终压力差为零。然而，它们的逆过程不能自动进行。若将流到低位的水送回高位，需要水泵对系统做功，当水泵将流到低位的水送回高位后系统复原，但环境却会留下功变热的痕迹；若将流到低温的热流送回高温热源，需要有热泵对系统做功，当高温热源系统复原后环境同样留下功变热的痕迹。同理，将流到低压的气流返回给高压，需要压缩机对系统做压缩功，系统复原后环境留下功变热的痕迹。大量实验事实证实所有自发过程的系统，复原后环境均留下功变热的痕迹。若在环境不留任何痕迹的情况下将这些热全部转化为功是不可能的。也就是说，功热转化是有方向性的，即"功可以全部转化为热，热不可能在环境不留下任何痕迹的情况下全部转化为功"。因此，自发过程中系统和环境均复原是不可能的。因此，所有自发过程都是不可逆的，这就是自发过程的共性。

　　自然界中的所有过程，包括天然过程和人工过程，它们的不可逆性都可以归结为对功热转化问题的研究。即研究某一变化过程，当系统复原后对环境留下了功变热的痕迹，若这部分热又能全部转化为功而使环境复原的同时不留下任何痕迹，则该过程就是可逆过程，否则就是不可逆过程。因此，通过研究功热转化，可以对过程的可逆性进行定论。

第 2 节　卡诺循环

3-2

3.2.1　热机及热机效率

　　通过工作介质从高温热源吸热做功，然后向低温热源放热，本身复原，如此循环操作不断将热转化为功的机器称为热机。

　　热机效率定义为热机从高温热源 T_1 吸热 Q_1 转化为功 W 的比值。热机效率 η 为正值，热机对外做功，W 为负值。热机效率为

$$\eta = -\frac{W}{Q_1} \tag{3.2.1}$$

3.2.2　卡诺循环

　　19 世纪初期，当时的蒸汽机的效率很低，只有 3%～5%，大量的能量没有被利用。研究热机的科学家及工程师们希望能从理论上找到提高热机效率的方法。1824 年法国工程师卡诺（Carnot）为了研究功热转化规律，设计了四步可逆循环过程的热机，后来被称为卡诺循环（Carnot cycle），这一研究成果对于提高热机效率的研究及热力学理论的发展均起到重要的影响。卡诺设计的循环过程是以理想气体为工作介质。即循环过程为：A → B 等温可逆膨胀，B → C 绝热可逆膨胀，C → D 等温可逆压缩，D→A 绝热可逆压缩。其过程及 $p - V_m$ 关系曲线，如图 3-1 及图 3-2 所示。

　　由于卡诺循环为一个循环过程，所以，$\Delta U = 0$，则由热力学第一定律，得

$$-W = Q = Q_1 + Q_2$$

以理想气体为工作介质，四个过程分别有如下关系：

A→B：$Q_1 = nRT_1 \ln \dfrac{V_2}{V_1}$

B→C：$T_1 V_2^{\gamma-1} = T_2 V_3^{\gamma-1}$

C→D：$Q_2 = nRT_2 \ln \dfrac{V_4}{V_3}$

D→A：$T_1 V_1^{\gamma-1} = T_2 V_4^{\gamma-1}$

B→C 和 D→A 是两个绝热可逆的过程，由过程方程的联立可得

$$\frac{V_4}{V_1} = \frac{V_3}{V_2} \quad \text{或} \quad \frac{V_4}{V_3} = \frac{V_1}{V_2}$$

将如上结果代入 Q_2，得

$$Q_2 = nRT_2 \ln \frac{V_4}{V_3} = nRT_2 \ln \frac{V_1}{V_2} = -nRT_2 \ln \frac{V_2}{V_1}$$

则，热机效率为

$$\eta = -\frac{W}{Q_1} = \frac{Q_1 + Q_2}{Q_1} = \frac{nRT_1 \ln \dfrac{V_2}{V_1} - nRT_2 \ln \dfrac{V_2}{V_1}}{nRT_1 \ln \dfrac{V_2}{V_1}} = \frac{T_1 - T_2}{T_1}$$

即卡诺热机效率可表示为

$$\eta = \frac{T_1 - T_2}{T_1} \tag{3.2.2}$$

由式（3.2.2）可知卡诺热机的热机效率只与高温热源和低温热源的温度有关，与工作介质无关。高温热源的温度 T_1 越高，低温热源的温度 T_2 越低，则热机效率越大，当 $T_1 = T_2$ 时，热机效率 $\eta = 0$。因此，提高热机效率的途径是可以通过加大高温热源和低温热源的温度差来实现。

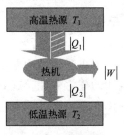

图 3-1 热机示意图

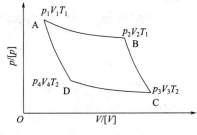

图 3-2 卡诺循环示意图

由卡诺热机效率，可以进一步得到

$$\eta = \frac{Q_1 + Q_2}{Q_1} = \frac{T_1 - T_2}{T_1} \tag{3.2.3a}$$

$$1 + \frac{Q_2}{Q_1} = 1 - \frac{T_2}{T_1}$$

整理可得

$$\frac{Q_1}{T_1} + \frac{Q_2}{T_2} = 0 \tag{3.2.3b}$$

即工作于两热源之间的卡诺热机，两个热源的热温商之和为零。

　　例题 3.2.1　分别计算工作于温度为 150℃和 50℃两热源之间的热机效率 η。

解：
$$\eta = \frac{T_1 - T_2}{T_1} = \frac{423 - 323}{423} = 23.6\%$$

例题 3.2.2 分别计算工作于温度为 150℃ 和 30℃ 两热源之间的热机效率 η。

解：
$$\eta = \frac{T_1 - T_2}{T_1} = \frac{423 - 303}{423} = 28.4\%$$

由如上两例题的计算结果可知，高温热源温度一定时，两热源的温度差（$T_1 - T_2$）越大，热机效率越大。

卡诺热机的逆循环为制冷机，其工作原理为环境对系统做功 W，系统从低温热源 T_2 吸热 Q_2，放热给高温热源 T_1 的热量 Q_1。其制冷系数 β 为

$$\beta = \frac{Q_2}{W} = \frac{T_2}{T_1 - T_2} \tag{3.2.4}$$

式中，β 为制冷系数；W 为环境对系统做的功；Q_2 为系统从低温热源 T_2 吸收的热量。即制冷系数理解为环境对系统做单位功时，系统从低温热源所吸取的热量。

例题 3.2.3 常压下若用制冰机将 10kg 水制成冰，计算至少需要对系统做多少功？制冰机需要对环境放多少热量？已知环境温度 303.2K，水的凝固热为 $-334.7kJ \cdot kg^{-1}$。

解： 已知水凝固温度为 273.2K，根据式（3.2.4）有

$$\frac{(334.7kJ \cdot kg^{-1}) \times 10.0kg}{W} = \frac{273.2}{303.2 - 273.2}$$

$$W = 367.5kJ$$

制冷机放给高温热源的热：
$$-Q_1 = Q_2 + W = 334.7kJ \cdot kg^{-1} \times 10kg + 367.5kJ$$
$$= 3714.5kJ$$

第 3 节 热力学第二定律及卡诺定理

自然界中自发过程的不可逆性的事实均可归结于功热转化不可逆性的问题上。蒸汽机的发明和应用，热机效率的理论研究及发展，对热力学第二定律的建立和完善起到了很大的推动作用，卡诺（Carnot）、克劳修斯（Clausius）和开尔文（Kelvin）等科学家，对此做出了重要贡献。

在人类的生产实践中，科学家们对自然界中大量的具有普遍规律的事实进行了总结，建立了热力学第二定律（the second law of thermodynamics），使人们对自然界中的自发过程乃至化学反应过程的方向性的判定有了理论依据。克劳修斯和开尔文总结了大量的自发过程不可逆性的共性，对于所有不可逆过程概括成反映同一规律的简单说法，得出了经典的叙述——热力学第二定律。

3.3.1 热力学第二定律

热力学第二定律的文字表述，即克劳修斯和开尔文的经典说法为：

（1）克劳修斯说法：不可能把热从低温物体自动传到高温物体，而不引起其他变化。

（2）开尔文说法：不可能从单一热源取热使之完全变为功，而不发生其他变化。

克劳修斯和开尔文从不同的角度阐述了热力学第二定律，即通过对自然界中自发过程的

不可逆性，将其归结为功热转化的不可逆性的问题，并分别用两个经典的说法说明了过程的方向性。克劳修斯说法与开尔文说法是等价的。

图 3-3 采用反证法来证明克劳修斯说法和开尔文说法的等价性。图 3-3（a）中，假设热可以从低温物体自动传到高温物体，而不引起其他变化，则在低温热源 T_2 和高温热源 T_1 之间放置一热棒传导热量，热量 Q_2 会自动地从低温热源流向高温热源，同时在两热源间设置一卡诺热机从高温热源 T_1 吸收 Q_1 的热量（$Q_1 > Q_2$），一部分用于对外做功 W，其余的热量 Q_2 放给低温热源。整个循环过程为低温热源复原，净结果是热机从高温热源取（$Q_1 - Q_2$）热量对外做功 W，即单一热源取热做

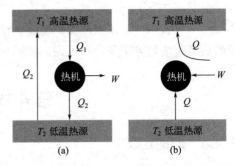

图 3-3 热力学第二定律两种说法等价性证明

功，没有其他变化。由于热不能自动地从低温物体传到高温物体，而不引起其他变化，所以单一热源取热做功也是不可能，证实了两种说法是等价的。同理，图 3-3（b）可以用反证法证明两者说法的等价性，若假设可以从单一热源取热做功，则热就可以自动地从低温物体流向高温物体，前者不可能，则后者也不可能，可以说明两者是等价的。

3.3.2　卡诺定理及其推论

人们把从单一热源取热做功的机器，称为第二类永动机（second kind of perpetual motion machine），所以开尔文的热力学第二定律的另一种说法是"第二类永动机是不可能制造出来"。若第二类永动机可以制造出来，航海中的轮船可以不用燃油，直接从海洋取热做功驱动轮船。正是由于单一热源取热做功不可能，即找不到比海洋更大的而且温度比海水更低的热源，因此第二类永动机是不可能制造出来的。

卡诺热机效率只与高温热源和低温热源的温度有关，与工作介质无关。进一步可以由热力学第二定律证明以下两个定理。

卡诺定理：在高温热源 T_1 和低温热源 T_2 两热源间工作的所有热机中，可逆热机的效率最大。卡诺热机为可逆热机，令可逆热机为 R，任意热机为 I，则有

$$\eta_R > \eta_I \tag{3.3.1}$$

卡诺定理的推论：在高温热源 T_1 和低温热源 T_2 两热源间工作的所有可逆热机，其效率必相等，只决定于两个热源的温度，且与工作介质无关，其热机效率都等于卡诺热机的热机效率，则有

$$\eta_R = \eta_I \tag{3.3.2}$$

卡诺定理和卡诺定理的推论合并表达式为

$$\eta_R \geqslant \eta_I \begin{pmatrix} > 不可逆 \\ = 可逆 \end{pmatrix} \tag{3.3.3}$$

式（3.3.3）表明在高温热源 T_1 和低温热源 T_2 之间工作的热机，所有的可逆热机效率均相等，等于卡诺热机效率；不可逆热机效率均小于可逆热机效率。

将卡诺热机效率定义式（3.2.2）和任意热机效率定义式代入式（3.3.3），有

$$\frac{T_1 - T_2}{T_1} \geqslant \frac{Q_1 + Q_2}{Q_1} \tag{3.3.4}$$

经整理，得到

$$\frac{Q_1}{T_1} + \frac{Q_2}{T_2} \leqslant 0 \qquad (3.3.5)$$

式(3.3.5)表明，工作在高温热源 T_1 和低温热源 T_2 的两热源间的热机，可逆热机的两热源的热温商之和等于零，不可逆热机的两热源的热温商之和则小于零。

3-3

第 4 节　熵及熵判据

3.4.1　熵的定义

由卡诺热机的研究可知，工作在高温热源 T_1 和低温热源 T_2 之间的可逆热机，两热源的热温商之和等于零，由关系式(3.3.5)可得

$$\frac{Q_1}{T_1} + \frac{Q_2}{T_2} = 0 \qquad (3.4.1a)$$

若将一任意可逆循环分割成为多个小卡诺循环，如图 3-4(a)所示，图中阴影部分两块面积相等，虚线是前一个循环的绝热可逆压缩和后一个循环的绝热可逆膨胀重合部分，可以相互抵消，如图 3-4(b)所示，则整个锯齿形的面积同原来任意可逆循环面积相等。对于每一个小卡诺循环有

$$\frac{\delta Q_1}{T_1} + \frac{\delta Q_2}{T_2} = 0 \qquad (3.4.1b)$$

若将该任意循环分割成为无限多个小卡诺循环，锯齿曲线无限趋近于任意循环的路径，则有

$$\frac{\delta Q'_1}{T_1} + \frac{\delta Q'_2}{T_2} + \frac{\delta Q''_1}{T_1} + \frac{\delta Q''_2}{T_2} + \frac{\delta Q'''_1}{T_1} + \frac{\delta Q'''_2}{T_2} + \cdots = 0$$

$$\sum_i \frac{\delta Q_r}{T} = 0 \text{ 或} \oint \frac{\delta Q_r}{T} = 0 \qquad (3.4.1c)$$

由数学积分定理：若沿闭合曲线环积分为零，则被积变量为某状态函数的全微分。

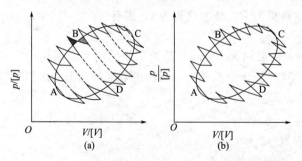

图 3-4　任意可逆循环被分割成为小卡诺循环示意图

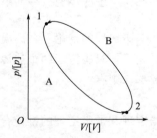

图 3-5　可逆循环过程

证明被积函数 $\dfrac{\delta Q_r}{T}$ 为某一状态函数的全微分：图 3-5 所示任意可逆循环，由状态 1 经过 A 过程到状态 2，再经过 B 过程回到状态 1，形成一个可逆循环，该任意循环 $\oint \dfrac{\delta Q_r}{T} = 0$，则有

$$\oint \frac{\delta Q_r}{T} = \int_1^2 \left(\frac{\delta Q_r}{T}\right)_A + \int_2^1 \left(\frac{\delta Q_r}{T}\right)_B = 0$$

3-4

由于上述循环是可逆循环，则有

$$\int_1^2 \left(\frac{\delta Q_r}{T}\right)_A = -\int_2^1 \left(\frac{\delta Q_r}{T}\right)_B = \int_1^2 \left(\frac{\delta Q_r}{T}\right)_B$$

可知 $\frac{\delta Q_r}{T}$ 在状态 1 至状态 2 之间积分相等，$\frac{\delta Q_r}{T}$ 只与系统的始、终状态有关，所以是状态函数。定义该状态函数为 S，称为熵，单位为 $J \cdot K^{-1}$。

$$dS \overset{\text{def}}{=} \frac{\delta Q_r}{T} \tag{3.4.2}$$

式中，δQ_r 为系统与环境交换的可逆热；T 为热源的温度，在可逆过程中是系统的温度。

若系统从状态 1 变化到状态 2，则系统的熵函数变化值为

$$\Delta S = S_2 - S_1 = \int_1^2 \frac{\delta Q_r}{T} \tag{3.4.3}$$

熵函数同 U、H 一样是状态函数，是容量性质，具有加和性。由 $dS = \frac{\delta Q_r}{T}$ 的定义可知，熵是可逆过程的热温商，系统熵差要由可逆热来计算，即

$$\Delta S = \int_1^2 \frac{\delta Q_r}{T}$$

若系统进行一个不可逆过程时，其熵变要通过设计一个可逆过程来计算。在熵的计算中 $dS = \frac{\delta Q_r}{T}$，$T$ 是热源的温度，只有当可逆时，$T_环 = T_系$。循环过程无论可逆与否，$\Delta S = 0$。

环境的熵差是环境可逆过程的热温商，它的计算为

$$\Delta S_环 = S_2 - S_1 = \int_1^2 \frac{\delta Q_{r,环}}{T_环} \tag{3.4.4a}$$

在通常情况下，环境是很大的热源，对环境来说，系统与环境交换的热均可视为环境的可逆热，且环境的温度恒定。如大气、海洋等环境。则

$$Q_{r,环} = -Q_{系,具体}$$

即环境的可逆热为系统与环境之间交换的具体过程的热，系统放热则环境吸热，反之亦然。则有环境的熵变

$$\Delta S_环 = S_2 - S_1 = -\int_1^2 \frac{\delta Q_{系统,具体}}{T_环} \tag{3.4.4b}$$

3.4.2 克劳修斯不等式及熵判据

3.4.2.1 克劳修斯不等式

由卡诺定理及推论可知，系统若进行一个不可逆循环过程，有

$$\frac{Q_1}{T_1} + \frac{Q_2}{T_2} < 0$$

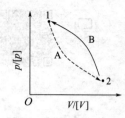

图3-6 不可逆循环过程

如图 3-6 所示，系统从状态 1 到状态 2 变化，经历 A 过程进行一个不可逆过程，再从状态 2 回到状态 1 经历 B 过程进行一个可逆过程，因为循环中包含有不可逆过程，则整个循环即为不可逆循环。由状态 1 到状态 2 过程的热温商为 $\left(\sum\limits_i \dfrac{\delta Q}{T}\right)_{A(1\to2)}$，由状态 2 到状态 1 过程的热温商为 $\left(\sum\limits_i \dfrac{\delta Q}{T}\right)_{B(2\to1)}$。整个循环过程的热温商之和为

$$\left(\sum_i \frac{\delta Q}{T}\right)_{A(1\to2)} + \left(\sum_i \frac{\delta Q}{T}\right)_{B(2\to1)} < 0$$

对于可逆过程又有 $\left(\sum\limits_i \dfrac{\delta Q}{T}\right)_{B(2\to1)} = -\left(\sum\limits_i \dfrac{\delta Q}{T}\right)_{B(1\to2)}$，代入上式，有

$$\left(\sum_i \frac{\delta Q}{T}\right)_{B(1\to2)} > \left(\sum_i \frac{\delta Q}{T}\right)_{A(1\to2)} \tag{3.4.5}$$

结论：在相同的始、终态中间进行的可逆过程和不可逆过程，可逆过程的热温商大于不可逆过程的热温商。

由熵变的定义可知，系统进行一个由状态 1 到状态 2 过程时的熵变为 $\Delta S = \int_1^2 \dfrac{\delta Q_r}{T}$，联系式 (3.4.5) 有

$$\Delta S \geqslant \int_1^2 \frac{\delta Q}{T}\left(\begin{matrix}> 不可逆 \\ = 可\quad 逆\end{matrix}\right) \tag{3.4.6a}$$

微小量变化

$$dS \geqslant \frac{\delta Q}{T}\left(\begin{matrix}> 不可逆 \\ = 可\quad 逆\end{matrix}\right) \tag{3.4.6b}$$

上式称为克劳修斯不等式（Clausius inequality）。

由克劳修斯不等式可知：系统进行一个可逆过程的熵变等于该过程的热温商，则系统进行一个不可逆过程的熵变大于该不可逆过程的热温商。

3.4.2.2 熵判据及熵增原理

系统进行一个绝热过程，无论是可逆过程还是不可逆过程，系统与环境之间均没有热交换，由式 (3.4.6) 可得到绝热过程的熵变

$$\Delta S \geqslant 0 \left(\begin{matrix}> 不可逆 \\ = 可\quad 逆\end{matrix}\right) \tag{3.4.7a}$$

微小量变化

$$dS \geqslant 0 \left(\begin{matrix}> 不可逆 \\ = 可\quad 逆\end{matrix}\right) \tag{3.4.7b}$$

即，系统进行绝热可逆过程，其熵值不变；系统若进行绝热不可逆过程，其熵值增加。由此可知绝热过程中系统只能发生熵变大于或等于零的过程。

对于隔离系统，系统与环境之间没有能量交换，将系统的熵变与环境的熵变加和起来形成的隔离系统只发生熵增过程，即

$$\Delta S_{隔离} = \Delta S_{系统} + \Delta S_{环境} \geq 0 \begin{pmatrix} > 不可逆 \\ = 可\quad 逆 \end{pmatrix} \qquad (3.4.8a)$$

微小量变化

$$dS_{隔离} = dS_{系统} + dS_{环境} \geq 0 \begin{pmatrix} > 不可逆 \\ = 可\quad 逆 \end{pmatrix} \qquad (3.4.8b)$$

上式表明系统进行一个绝热过程或隔离系统的过程，只能发生熵增过程，这就是熵增原理（principle of entropy increasing）。根据熵增原理可以判断系统所发生的过程是否可逆，称为熵判据。

对熵函数的小结：

（1）熵是容量性质，是系统的状态函数，系统的总熵是系统中各个部分熵的总和；系统由一个状态变化到另一个状态的熵变，只与始、终态有关，与变化的途径无关。

（2）用克劳修斯不等式可以判别过程的可逆性，等号和不等号分别代表过程是可逆的或不可逆的。

（3）在绝热过程中只能出现 $\Delta S \geq 0$ 的过程，即绝热不可逆过程为熵增加过程，当达到平衡时，熵值最大。

（4）隔离系统也同样只能出现 $\Delta S \geq 0$ 的过程，即熵值都是向着增加的方向进行，所以隔离系统中自发过程都是不可逆的，当熵增加到最大时不再变化了，系统即达到了平衡态。

第 5 节　简单 p、V、T 变化过程中的熵变计算

熵是状态函数，只与始、终态有关，与系统变化的途径无关，系统从状态 A 到状态 B 过程的熵变可由 $\Delta S = \int_A^B \dfrac{\delta Q_r}{T}$ 计算。即若系统进行一个可逆过程，则熵变可以直接由该过程的热温商计算；若系统进行一个不可逆过程，则要设计一个可逆过程计算熵变。

单纯的 p、V、T 变化的过程包括等温过程、等压过程、等容过程及绝热过程，下面分别讨论各过程的熵变计算。

3.5.1　等温过程的熵变计算

由热力学第一定律，等温过程系统的可逆热

3-5

$$\delta Q_r = dU - \delta W_r$$

则系统等温变化过程的熵变为

$$dS = \frac{\delta Q_r}{T} = \frac{dU}{T} - \frac{\delta W_r}{T} \qquad (3.5.1a)$$

理想气体等温过程，系统的 $\Delta U = 0$，则 $Q = -W$，由于熵变计算要求可逆过程，则系统等温变化过程的熵变为

$$\Delta S = \int_{V_1}^{V_2} \frac{\delta Q_r}{T} = \int_{V_1}^{V_2} \frac{-\delta W_r}{T} = \int_{V_1}^{V_2} \frac{p \, dV}{T}$$

$$\Delta S = nR \ln \frac{V_2}{V_1} = nR \ln \frac{p_1}{p_2} \qquad (3.5.1b)$$

3.5.2 等容变温过程的熵变计算

系统进行一个等容且非体积功为零的过程，则过程的可逆热为

$$\delta Q_V = nC_{V,m} dT$$

系统的熵变为

$$dS = \frac{\delta Q_r}{T} = \frac{nC_{V,m} dT}{T}$$

$$\Delta S = \int_{T_1}^{T_2} \frac{nC_{V,m} dT}{T} \tag{3.5.2a}$$

若 $C_{V,m}$ 为一常数，则有

$$\Delta S = nC_{V,m} \ln \frac{T_2}{T_1} \tag{3.5.2b}$$

若 $C_{V,m}$ 是温度的函数，则将 $C_{V,m} = f(T)$ 关系代入式(3.5.2a) 后积分即可。

3.5.3 等压变温过程的熵变计算

系统进行一个等压且非体积功为零的过程，则过程的可逆热为

$$\delta Q_p = nC_{p,m} dT$$

则系统的熵变为

$$dS = \frac{\delta Q_r}{T} = \frac{nC_{p,m} dT}{T}$$

$$\Delta S = \int_{T_1}^{T_2} \frac{nC_{p,m} dT}{T} \tag{3.5.3a}$$

若 C_p 为一常数，则有

$$\Delta S = nC_{p,m} \ln \frac{T_2}{T_1} \tag{3.5.3b}$$

若 $C_{p,m}$ 是温度的函数，则将 $C_{p,m} = f(T)$ 关系代入式(3.5.3a) 后积分即可。

3.5.4 理想气体绝热过程的熵变计算

根据熵判据可知，系统进行一个绝热可逆过程 $\Delta S = 0$；若系统进行一个绝热不可逆过程，该过程的 p、V、T 均发生变化，由熵增原理可知 $\Delta S > 0$。若物质的量一定的系统由 p_1、V_1、T_1 变化到 p_2、V_2、T_2 进行一个绝热不可逆过程，可以设计如图 3-7 和图 3-8 所示的三种路线进行熵变计算。

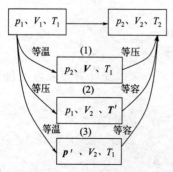

图 3-7 绝热不可逆过程计算熵变的可逆路线

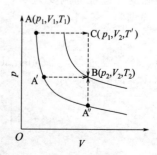

图 3-8 绝热不可逆过程熵变计算路线图

（1）先等温再等压过程（A→A′→B）。首先在等 T_1 条件下将压力变化到 p_2，此时系统的体积为 V'，然后等压条件下将温度变化到 T_2。该路径的熵变由这两步加和得出。

$$\Delta S = \Delta S(\text{等温}) + \Delta S(\text{等压})$$

$$\Delta S = nR\ln\frac{p_1}{p_2} + \int_{T_1}^{T_2}\frac{nC_{p,m}}{T}dT \tag{3.5.4}$$

（2）先等压再等容过程（A→C→B）。首先在等 p_1 条件下体积变化到 V_2，此时系统的温度为 T'，然后在等容条件下压力变化到 p_2。该路径的熵变由这两步加和得出。

$$\Delta S = \Delta S(\text{等压}) + \Delta S(\text{等容})$$

$$\Delta S = \int_{T_1}^{T'}\frac{nC_{p,m}}{T}dT + \int_{T'}^{T_2}\frac{nC_{V,m}}{T}dT \tag{3.5.5a}$$

若 $C_{p,m}$、$C_{V,m}$ 设为常数，则式（3.5.5a）可以表示为

$$\Delta S = nC_{p,m}\ln\frac{V_2}{V_1} + nC_{V,m}\ln\frac{p_2}{p_1} \tag{3.5.5b}$$

（3）先等温再等容过程（A→A″→B）。首先在等温条件下体积变化到 V_2，此时系统的压力为 p'，然后再经等容条件下温度变化到 T_2。该路径的熵变由这两步加和得出。

$$\Delta S = \Delta S(\text{等温}) + \Delta S(\text{等容})$$

$$\Delta S = nR\ln\frac{V_2}{V_1} + \int_{T_1}^{T_2}\frac{nC_{V,m}}{T}dT \tag{3.5.6}$$

由 p_1、V_1、T_1 变化到 p_2、V_2、T_2 过程的熵变计算是否还可以设计成其他过程？读者可自行分析思考。

例题 3.5.1 1.0mol $N_2(g)$ 在等压下由 300K 加热到 500K，已知在该温度区间 $N_2(g)$ 的 $C_{p,m} = 29.35 J\cdot mol^{-1}\cdot K^{-1}$，计算该过程的熵变。

解： 由等压变温过程的熵变公式得

$$\Delta S = \int_{T_1}^{T_2}\frac{nC_{p,m}}{T}dT = nC_{p,m}\ln\frac{T_2}{T_1}$$

$$= 1.0\text{mol} \times 29.35 J\cdot mol^{-1}\cdot K^{-1} \times \ln\frac{500}{300}$$

$$= 15.0 J\cdot K^{-1}$$

例题 3.5.2 1.0mol 的理想气体，温度由 300K 加热到 500K，体积由 50dm³ 变为 200dm³，已知在该温度区间气体的 $C_{V,m} = 20.96 J\cdot mol^{-1}\cdot K^{-1}$，计算该过程的熵变。

解： 由题目分析可知是 p、V、T 都变化的过程，已知始态到终态的温度和体积变化值，因此设计一可逆路线为先等温再等容的过程。

$$\Delta S = nR\ln\frac{V_2}{V_1} + \int_{T_1}^{T_2}\frac{nC_{V,m}}{T}dT = nR\ln\frac{V_2}{V_1} + nC_{V,m}\ln\frac{T_2}{T_1}$$

$$= 1.0\text{mol} \times 8.314 J\cdot mol^{-1}\cdot K^{-1} \times \ln\frac{200}{50} + 1.0\text{mol} \times 20.96 J\cdot mol^{-1}\cdot K^{-1} \times \ln\frac{500}{300}$$

$$= 11.52 J\cdot K^{-1} + 10.71 J\cdot K^{-1}$$

$$= 22.23 J\cdot K^{-1}$$

3.5.5 理想气体等温混合过程的熵变计算

理想气体的等温混合过程有等温等压混合与等温等容混合过程，还可进一步分为同种理

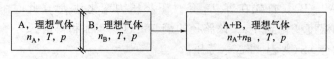

想气体和异种理想气体的混合。以等温等压混合过程为例，理想气体 A 和 B 分别充入温度与压力为 T、p 的两容器中，如图 3-9 所示。

图 3-9 理想气体等温混合过程示意图

抽掉容器中间的隔板使 A、B 气体混合。由于熵是容量性质具有加和性，所以该混合过程熵变 ΔS 可以由 A 气体从始态变化到终态的 ΔS_A 与 B 气体从始态变化到终态的 ΔS_B 加和。由理想气体等温变化过程的熵变公式可知

$$\Delta S_A = n_A R \ln \frac{p}{p_A} = -n_A R \ln y_A$$

$$\Delta S_B = n_B R \ln \frac{p}{p_B} = -n_B R \ln y_B$$

$$\Delta S = \Delta S_A + \Delta S_B = -n_A R \ln y_A - n_B R \ln y_B = -n \sum_B y_B R \ln y_B$$

则理想气体等温混合熵变为

$$\Delta S = -n \sum_B y_B R \ln y_B \tag{3.5.7}$$

第 6 节 相变过程的熵变计算

相变过程有可逆相变与不可逆相变之分。根据熵变定义可逆相变过程的熵变可直接由可逆过程的相变热（相变焓）除以相变温度，不可逆相变过程的熵变要设计可逆过程计算。

3.6.1 可逆相变过程的熵变计算

可逆相变条件是物质处于两相平衡时，在温度 T 及该温度对应的平衡压力条件下进行的相变，该过程对应的热效应为可逆相变热，由于又是等压非体积功为零的过程，则可逆相变热又为可逆相变焓。例如，

$$A(\alpha) \xrightarrow{T, p} A(\beta)$$

已知该过程的相变焓为 $\Delta_{相变} H_m$，则有相变熵为

$$\Delta S_{相变} = \frac{\Delta_{相变} H_m}{T_{相变}} \tag{3.6.1}$$

上式适用于任意两相之间的可逆相变。例如，气-液可逆相变、固-液可逆相变、气-固可逆相变、晶型转变等。

例题 3.6.1 1mol 液态水在 100℃、101.325kPa 条件下变成气态水，该过程的摩尔相变焓为 40.67 kJ·mol^{-1}，计算该相变过程的熵变。

解： 已知该相变过程的可逆热为 $\Delta_{vap} H_m = 40.67$kJ·mol^{-1}

则由式（3.6.1）得

$$\Delta_{vap} S_m = \frac{\Delta_{vap} H_m}{T} = \left(\frac{40.67}{373.15}\right) \text{kJ·mol}^{-1} \cdot \text{K}^{-1} = 0.11 \text{kJ·mol}^{-1} \cdot \text{K}^{-1}$$

3.6.2 不可逆相变过程的熵变计算

当相变的条件不是在某温度对应的平衡压力下进行的，则为不可逆相变。这时该相变过

程的熵变要通过设计可逆途径计算得到。用实例说明该过程的熵变计算。

例题 3.6.2 已知液态水在 $100℃$、$101.325kPa$ 变成气态水，该过程的摩尔相变焓为 $40.67kJ \cdot mol^{-1}$。计算 $110℃$、$101.325kPa$ 时 $1mol$ 过热液态水变成等温等压条件下的气态水过程的熵变。（需要的热容数据可查阅手册）

解： $110℃$、$101.325kPa$ 条件下液态水相变为该条件下的气态水为不可逆过程，因此，该过程的熵变计算可设计如下过程

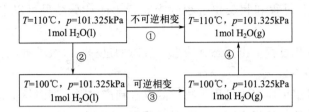

由状态函数法：

$$\Delta S_1 = \Delta S_2 + \Delta S_3 + \Delta S_4 = \int_{383.15K}^{373.15K} \frac{nC_{p,m}(l)}{T} dT + \frac{\Delta_{vap}H_m}{T} + \int_{373.15K}^{383.15K} \frac{nC_{p,m}(g)}{T} dT$$

$$= nC_{p,m}(l)\ln\frac{373.15}{383.15} + \frac{1mol \times 40670J \cdot mol^{-1}}{373.15K} + nC_{p,m}(g)\ln\frac{383.15}{373.15}$$

$$= \left(75.29\ln\frac{373.15}{383.15} + \frac{40670}{373.15} + 33.58\ln\frac{383.15}{373.15}\right)J \cdot K^{-1}$$

$$= 107.89J \cdot K^{-1}$$

例题 3.6.2 中设计的不可逆相变过程的熵变计算，同样也适用于始态和终态不是等温、等压条件下的不可逆相变过程。

第7节　热力学第三定律及化学变化过程中的熵变计算

在研究化学反应熵变时，人们提出若已知某 T、p 时各种物质的绝对熵值，则根据状态函数法对任意反应

$$a A(\alpha) + b B(\beta) = c C(\gamma) + d D(\delta)$$

可以得到该 T、p 条件下的摩尔反应熵变 $\Delta_r S_m = \sum\limits_B \nu_B S_{m,B}(T)$。则根据状态函数法，任意温度 T' 条件下的化学反应熵变，可以通过设计的下列过程来计算：

$$\begin{array}{ccccccc}
T', p & aA(\alpha) & + & bB(\beta) & \xrightarrow{\Delta_r S_m(T')} & cC(\gamma) & + & dD(\delta) \\
& \Delta S(1) \uparrow & & \Delta S(2) \uparrow & \Delta S(3) \uparrow & & \Delta S(4) \uparrow \\
T, p & aA(\alpha) & + & bB(\beta) & \xrightarrow{\Delta_r S_m(T)} & cC(\gamma) & + & dD(\delta)
\end{array}$$

$$\Delta_r S_m(T') = \Delta S(3) + \Delta S(4) + \Delta_r S_m(T) - \Delta S(1) - \Delta S(2)$$

其中 $\Delta S(1)$、$\Delta S(2)$ 和 $\Delta S(3)$、$\Delta S(4)$ 分别为反应物和产物的等压变温过程的熵变。由此可知，若已知 $\Delta_r S_m(T)$ 则可以解决任何 T' 温度条件下的化学反应熵变计算。本节讨论的能斯特热定理和热力学第三定律通过定义规定熵解决了化学反应熵变的计算问题。

3.7.1 熵的物理意义

化学热力学是研究大量粒子宏观运动的集合行为的平均结果，所涉及的热力学能、焓和熵等物理量中热力学能具有明确的物理意义。焓是状态函数的组合，当在等压非体积功为零时焓变为等压热效应。而熵的物理意义是什么？从微观粒子运动出发，用统计力学的方法可得出的大量粒子的统计平均行为，从而得出熵的物理意义为系统无序度的函数。从前面讨论的简单 p、V、T 变化过程和相变化过程的宏观行为的计算结果可以进一步理解熵的物理意义。

（1）物质的相变化过程：由固态→液态→气态的过程，系统的混乱程度在增加，同时熵值也在不断增加。

（2）物质经历等温可逆膨胀过程，物质的混乱程度增加，同时熵值也在增加。反之等温可逆压缩过程，物质的混乱程度减小，同时熵值也在减小。

（3）气体混合过程，气体的状态混乱程度增加，熵值也增加。

以上实例反映了系统的熵函数是混乱程度的函数，自然界中的自发过程都是从有序到无序，向着混乱程度增加的方向进行，这就是克劳修斯不等式熵增原理的本质。

3.7.2 能斯特热定理

1906 年能斯特（Nernst）系统地研究低温下化学反应热力学性质时，发现等温时化学反应熵变随着温度降低而减小，于是提出假设：凝聚系统的等温化学反应熵变随着温度趋于 0K 而趋于零。则有

$$\lim_{T \to 0K} \Delta_r S(T) \to 0$$

或

$$\Delta_r S(0K) \to 0 \tag{3.7.1}$$

此为能斯特热定理。

有了能斯特热定理，即可解决化学反应熵变的计算，在不考虑混合熵的情况下，如下设计过程可以计算 T、p 时的化学反应熵变：

由能斯特热定理可知 0K 时的 $\Delta_r S_m(0K) = 0$，由反应物和产物简单 p、V、T 变化过程或含有相变过程的熵变计算原理，可得到任何 T、p 条件下的化学反应熵变。可由下式计算：

$$\Delta_r S_m = \Delta_r S_m(4) + \Delta_r S_m(3) + \Delta_r S_m(0K) - \Delta_r S_m(2) - \Delta_r S_m(1)$$
$$\approx \Delta_r S_m(4) + \Delta_r S_m(3) - \Delta_r S_m(2) - \Delta_r S_m(1)$$

但是，能斯特热定理没有明确提出 0K 时各物质的绝对熵值是多少。若能知道纯物质在 0K 条件下的绝对熵值，可以解决其他条件下物质的绝对熵值。下面讨论的热力学第三定律解决了这一问题。

3.7.3 热力学第三定律

结合能斯特热定理进一步研究推理可知，纯物质的摩尔熵是温度和压力的函数，当压力一定时只是温度的函数，随着温度的降低，摩尔熵值在减小，在温度趋于 0K 时趋于最小值。1912 年普朗克（M. Planck）把能斯特热定理进一步假设：0K 时凝聚相态的熵值等于零。即

$$\lim_{T \to 0K} S = 0$$

有了这一假设，完善了能斯特热定理。

路易斯（Lewis）等人于 1920 年对如上假设进一步限定，完美晶体在 0K 时的熵值为零。于是得到热力学第三定律：绝对 0K 时，纯物质完美晶体的熵值为零。

$$\lim_{T \to 0K} S_m^*(完美晶体, T) = 0$$

或

$$S^*(0K, 完美晶体) = 0 \tag{3.7.2}$$

热力学第三定律中只有纯物质且完美晶体的熵值才为零，若不是纯物质，杂质的存在会使熵值增加。晶体不是完美晶形而含有不规则的排列时会引起熵值的增加。例如，NO 分子晶体中规则排列应该为 NONONO…，不规则排列会有 NO NO ON…，熵值不为零。而原子中同位素的比例及原子自旋方向的差别，不影响化学反应熵差的计算。

3.7.4 规定熵、标准熵及标准摩尔熵

3-6

基于热力学第三定律 $S^*(0K, 完美晶体) = 0$，得到纯物质 B 在某状态时的熵值称为该物质 B 在该状态下的规定熵。定义如下：

以物质的量为 1mol 的物质的 S_B^*（0K，完美晶体）为始态，以温度 T 时的指定状态的 $S_B[T, B(\beta)]$ 为终态，计算得到 1mol 物质 B 的熵变 ΔS_B 即为物质 B 在该指定状态下的摩尔规定熵 $S_B[T, B(\beta)]$。

$$\Delta S = S_B[T, B(\beta)] - S_B(0K, 完美晶体)$$
$$S_B[T, B(\beta)] = \Delta S - S_B(0K, 完美晶体) \tag{3.7.3}$$

标准态下的摩尔规定熵称标准摩尔熵，用符号 $S_{m,B}^{\ominus}(T)$ 表示。由以下实例求得某物质在温度 T 时的标准摩尔熵。

例题 3.7.1 根据热力学第三定律，计算物质的量为 1mol 的气态环丙烷 C_3H_6（以 A 表示，视为理想气体）在 298.15K 时的标准摩尔熵。（已知 C_3H_6 的熔点为 145.5K，沸点为 240.3K。）

解：

设计如下路径：

$$A(s, 0K) \xrightarrow{\Delta S_1(固体升温)} A(s, 15K) \xrightarrow{\Delta S_2(固体升温)} A(s, 145.5K) \xrightarrow{\Delta S_3(可逆相变)} A(l, 145.5K)$$

$$\xrightarrow{\Delta S_4(液体升温)} A(l, 240.3K) \xrightarrow{\Delta S_5(可逆相变)} A(g, 240.3K, p) \xrightarrow{\Delta S_6(气体升温)} A(g, 298.15K, p)$$

$$\xrightarrow{\Delta S_7(实际气体 \to 理想气体)} A(pg, 298.15K, p) \xrightarrow{\Delta S_8(等温变压)} A(pg, 298.15K, p^{\ominus})$$

$$\Delta S = S^{\ominus}(pg, 298.15K) - S(0K)$$

$$= \Delta S_1 + \Delta S_2 + \Delta S_3 + \Delta S_4 + \Delta S_5 + \Delta S_6 + \Delta S_7 + \Delta S_8 = S^{\ominus}(\text{pg}, 298.15\text{K})$$
$$S^{\ominus}(\text{g}, 298.15\text{K}) = \Delta S - S(0\text{K}) \tag{3.7.4}$$

$0 \sim 15\text{K}: C_V \approx 1944\left(\dfrac{T}{\theta}\right)^3 \text{J} \cdot \text{mol}^{-1} \cdot \text{K}^{-1}$，其中 θ 是特征温度。

以热力学第三定律为基础，采用以上方法可得出各种纯物质在 298.15K、标准压力下的标准摩尔熵值，将其列成热力学数据表，见附录 5。

3.7.5 标准摩尔反应熵变

标准摩尔反应熵变：在恒定温度 T，且各组分均处于标准压力下，对于化学反应 $0 = \sum\limits_{\text{B}} \nu_{\text{B}}\text{B}$，该化学反应的熵变，称为温度 T 时该反应的标准摩尔反应熵变，用 $\Delta_{\text{r}} S_{\text{m}}^{\ominus}(T)$ 表示。$\Delta_{\text{r}} S_{\text{m}}^{\ominus}(T)$ 可由下式计算：

$$\Delta_{\text{r}} S_{\text{m}}^{\ominus}(T) = \sum_{\text{B}} \nu_{\text{B}} S_{\text{m},\text{B}}^{\ominus}(T)$$

由热力学数据中的标准摩尔熵值可以计算 298.15K、标准压力下的化学反应熵变，例如

$$\boxed{a\text{A}(\alpha)} + \boxed{b\text{B}(\beta)} \xrightarrow[298.15\text{K},\ p^{\ominus}]{\Delta_{\text{r}} S_{\text{m}}^{\ominus}} \boxed{c\text{C}(\gamma)} + \boxed{d\text{D}(\delta)}$$

$$\Delta_{\text{r}} S_{\text{m}}^{\ominus}(298.15\text{K}) = c S_{\text{m}}^{\ominus}[\text{C}(\gamma), 298.15\text{K}] + d S_{\text{m}}^{\ominus}[\text{D}(\delta), 298.15\text{K}]$$
$$- a S_{\text{m}}^{\ominus}[\text{A}(\alpha), 298.15\text{K}] - b S_{\text{m}}^{\ominus}[\text{B}(\beta), 298.15\text{K}]$$

3.7.6 标准摩尔反应熵变与温度的关系

标准摩尔反应熵变随反应的温度变化而变化。由热力学数据表可以得到 298.15K 标准摩尔反应熵变 $\Delta_{\text{r}} S_{\text{m}}^{\ominus}(298.15\text{K})$，根据状态函数法由下列框图可以推导出标准摩尔反应熵变与温度的关系：

$$\Delta_{\text{r}} S_{\text{m}}^{\ominus}(T) = \Delta_{\text{r}} S_{\text{m}}^{\ominus}(298.15\text{K}) + \Delta S_3 + \Delta S_4 - \Delta S_1 - \Delta S_2$$
$$= \Delta_{\text{r}} S_{\text{m}}^{\ominus}(298.15\text{K}) + \int_{298.15\text{K}}^{T} \frac{\Delta_{\text{r}} C_{p,\text{m}}^{\ominus}}{T} \text{d}T \tag{3.7.5}$$

其中，$\Delta_{\text{r}} C_{p,\text{m}}^{\ominus} = \sum\limits_{\text{B}} \nu_{\text{B}} C_{p,\text{m}}^{\ominus}[\text{B}(\beta)]$

例题 3.7.2 高温下生成水煤气的反应：

$$\text{C}(\text{s}) + \text{H}_2\text{O}(\text{g}) \Longrightarrow \text{CO}(\text{g}) + \text{H}_2(\text{g})$$

计算 1100K 时该反应的 $\Delta_{\text{r}} S_{\text{m}}^{\ominus}$。已知 298.15K、$p^{\ominus}$ 下的各物质的 $S_{\text{m}}^{\ominus}$ 和 $C_{p,\text{m}}$ 如下表所示：

项目＼物质	C (s)	H₂O(l)	H₂O(g)	H₂(g)	CO(g)
$S_{\text{m}}^{\ominus}/(\text{J} \cdot \text{mol}^{-1} \cdot \text{K}^{-1})$	5.74	69.91	188.83	130.68	197.67
$C_{p,\text{m}}/(\text{J} \cdot \text{mol}^{-1} \cdot \text{K}^{-1})$	8.53	75.29	33.58	28.82	29.14

H_2O（l）的摩尔蒸发焓为 $40.67kJ \cdot mol^{-1}$

解：

$$\Delta_r S_m^\ominus(1100K) = \Delta_r S_m^\ominus(298.15K) + \int_{298.15K}^{1100K} \frac{C_{p,m}^\ominus(CO,g) + C_{p,m}^\ominus(H_2,g) - C_{p,m}^\ominus(C,s)}{T} dT$$

$$- \int_{298.15K}^{373.15K} \frac{C_{p,m}^\ominus(H_2O,l)}{T} dT - \frac{\Delta_{vap} H_m^\ominus(H_2O)}{T} - \int_{373.15K}^{1100K} \frac{C_{p,m}^\ominus(H_2O,g)}{T} dT$$

$$= \left[(197.67 + 130.68 - 69.91 - 5.74) + (29.14 + 28.82 - 8.53) \times \ln\frac{1100}{298.15} \right.$$

$$\left. - 75.29 \times \ln\frac{373.15}{298.15} - \frac{40.67 \times 10^3}{373.15} - 33.58 \times \ln\frac{1100}{373.15} \right] J \cdot mol^{-1} \cdot K^{-1}$$

$$= 155.04 J \cdot mol^{-1} \cdot K^{-1}$$

若反应物及产物的标准摩尔等压热容表示成温度的函数 $C_{p,m} = a + bT + cT^2$ 的形式，则化学反应熵变的积分要代入 $\Delta_r C_{p,m} = \Delta_r a + \Delta_r bT + \Delta_r cT^2$ 的形式再积分。若反应物或产物在 $298.15K \sim T$ 温度区间有相变化，则要考虑相变熵。

第 8 节　亥姆霍兹函数及吉布斯函数

克劳修斯不等式在绝热或隔离系统中，可以对系统变化过程的可逆与否进行判断，若对隔离系统进行判断时，需要分别计算系统的熵变和环境的熵变。由于许多变化过程是在等温、等压或等温、等容条件下进行的，由此结合热力学第一定律和热力学第二定律推出了等温、等容条件下的亥姆霍兹函数（Helmholtz function）及其判据和等温、等压条件下吉布斯函数（Gibbs function）及其判据。

3.8.1　亥姆霍兹函数及其判据

热力学第一定律：$dU = \delta Q + \delta W$　（W：所有功）

热力学第二定律：$dS \geqslant \dfrac{\delta Q}{T_{环}} \begin{matrix} >\text{不可逆} \\ =\text{可　逆} \end{matrix}$

由热力学第一定律和热力学第二定律结合得

$$dU \leqslant T_{环} \, dS + \delta W \quad \begin{matrix} <\text{不可逆} \\ =\text{可　逆} \end{matrix}$$

等温过程 $T_{系} = T_{环}$，T 为系统的温度时下标忽略，则等温过程

$$dU - T \, dS \leqslant \delta W \quad \begin{matrix} <\text{不可逆} \\ =\text{可　逆} \end{matrix}$$

$$d(U - TS) \leqslant \delta W \quad \begin{matrix} <\text{不可逆} \\ =\text{可　逆} \end{matrix}$$

定义：$A \stackrel{def}{=\!=} U - TS$，称为亥姆霍兹函数。有

$$dA \leqslant \delta W \quad \begin{matrix} <\text{不可逆} \\ =\text{可　逆} \end{matrix} \tag{3.8.1a}$$

$$\Delta A \leqslant W \quad \begin{matrix} <\text{不可逆} \\ =\text{可　逆} \end{matrix} \tag{3.8.1b}$$

由以上推理可知，等温、等容且非体积功为零时，亥姆霍兹函数只能小于、等于零，即

$$dA \leqslant 0 \quad {<不可逆 \atop =可\ \ 逆} \quad T、V 一定且 W'=0 \tag{3.8.2a}$$

$$\Delta A \leqslant 0 \quad {<不可逆 \atop =可\ \ 逆} \quad T、V 一定且 W'=0 \tag{3.8.2b}$$

上两式为等温、等容且非体积功为零条件下的亥姆霍兹判据，式中等号适用于可逆过程，不等号适用于自发的不可逆过程。

亥姆霍兹函数小结：

（1）亥姆霍兹函数是状态函数，$A=U-TS$，其单位为 J；

（2）亥姆霍兹函数是容量性质，具有加和性；

（3）由等温时 $dA \leqslant \delta W$ 可知，等温、可逆时 ΔA 等于系统的最大功，该条件下亥姆霍兹函数可作为系统做功的能力的判据；

（4）由等温、等容时 $dA \leqslant \delta W'$ 可知，等温、等容且可逆时 ΔA 等于系统的最大的非体积功，该条件下亥姆霍兹函数可作为系统做非体积功能力的判据；

（5）由等温、非体积功为零时 $dA \leqslant \delta W_{体}$ 可知，等温、非体积功为零且可逆时 ΔA 等于系统的最大体积功，该条件下亥姆霍兹函数可作为系统做体积功的能力的判据；

（6）等温、等容且非体积功为零时 $dA \leqslant 0$，可作为系统可逆与否的判据；

（7）亥姆霍兹函数 A 定义为组合函数，本身没有物理意义，等温、可逆时它的变化量等于总功，等温、等容且可逆时它的变化量等于非体积功。

3.8.2 吉布斯函数及其判据

热力学第一定律：$dU=\delta Q+\delta W$ （W：所有功）

热力学第二定律：$dS \geqslant \delta Q/T_{环}$ ${>不可逆 \atop =可\ \ 逆}$

由热力学第一定律和热力学第二定律结合得

$$dU \leqslant T_{环}\,dS+\delta W \quad {<不可逆 \atop =可\ \ 逆}$$

等温过程 $T_{系}=T_{环}$，T 为系统的温度时下标可以忽略，则等温、等压过程

$$dU \leqslant TdS-p\,dV+\delta W' \quad {<不可逆 \atop =可\ \ 逆}$$

$$d(U+pV-TS)=d(H-TS) \leqslant \delta W' \quad {<不可逆 \atop =可\ \ 逆}$$

定义：$G \overset{\text{def}}{=\!=} H-TS$，称为吉布斯函数。有

$$dG \leqslant \delta W' \quad {<不可逆 \atop =可\ \ 逆} \quad （等温、等压） \tag{3.8.3a}$$

$$\Delta G \leqslant W' \quad {<不可逆 \atop =可\ \ 逆} \quad （等温、等压） \tag{3.8.3b}$$

由以上推理可知，在等温、等压条件下，ΔG 只能小于、等于非体积功，即可逆时等于

非体积功，不可逆时小于非体积功。

当等温、等压且非体积功为零时，式(3.8.3a) 和式(3.8.3b) 为

$$\mathrm{d}G \leqslant 0 \quad \begin{matrix} <不可逆 \\ =可\quad逆 \end{matrix} \quad （等温、等压，W'=0） \tag{3.8.4a}$$

$$\Delta G \leqslant 0 \quad \begin{matrix} <不可逆 \\ =可\quad逆 \end{matrix} \quad （等温、等压，W'=0） \tag{3.8.4b}$$

式(3.8.3)、式(3.8.4) 均为吉布斯判据。上两式为在等温、等压且非体积功为零条件下的吉布斯判据，式中等号适用于可逆过程，不等号适用于自发的不可逆过程。

吉布斯函数小结：

(1) 吉布斯函数是状态函数的组合，$G=H-TS$，其单位为 J；

(2) 吉布斯函数是容量性质且具有加和性；

(3) 由等温、等压条件下 $\mathrm{d}G \leqslant \delta W'$ 可知，该条件下吉布斯函数可作为系统做非体积功能力的判据；

(4) 等温、等压且非体积功为零时，$\mathrm{d}G \leqslant 0$，该条件下吉布斯函数可作为系统可逆与否的判据；

(5) 吉布斯函数 G 定义为组合函数，本身没有物理意义，等温、等压且可逆时它的变化量等于可逆非体积功。

3.8.3 ΔA 和 ΔG 的计算

在 ΔA、ΔG 的计算应用时，根据系统不同变化的过程，概括下列三种情况：

(1) 等温过程，ΔA、ΔG 可用下式表示：

$$\Delta A = \Delta U - \Delta(TS) = \Delta U - T(S_2 - S_1)$$
$$\Delta G = \Delta H - \Delta(TS) = \Delta H - T(S_2 - S_1)$$

理想气体简单 p、V、T 变化，且等温条件时，$\Delta U = \Delta H = 0$，则 $\Delta A = \Delta G = -T\Delta S$。若等温等压可逆相变时，$\Delta H = T\Delta S$，$\Delta G = 0$。

(2) 等熵过程，ΔA、ΔG 可用下式表示：

$$\Delta A = \Delta U - \Delta(TS) = \Delta U - S(T_2 - T_1)$$
$$\Delta G = \Delta H - \Delta(TS) = \Delta H - S(T_2 - T_1)$$

等熵过程为绝热可逆过程，若为理想气体简单 p、V、T 变化过程，系统的变化由 T_1 变化到 T_2，由于 $\Delta U = nC_{V,\mathrm{m}}\Delta T$，$\Delta H = nC_{p,\mathrm{m}}\Delta T$，则

$$\Delta G - \Delta A = (nC_{p,\mathrm{m}} - nC_{V,\mathrm{m}})\Delta T = nR\Delta T$$

(3) 在非等温等熵条件下，ΔA、ΔG 可用下式表示：

$$\Delta A = \Delta U - \Delta(TS) = \Delta U - (T_2 S_2 - T_1 S_1)$$
$$\Delta G = \Delta H - \Delta(TS) = \Delta H - (T_2 S_2 - T_1 S_1)$$
$$S_2 = S_1 + \Delta S$$

其中 S_1 可以基于热力学基础数据得到，ΔS 由前述的熵计算方法得到。

例题 3.8.1 1mol H_2（理想气体），$C_{V,\mathrm{m}} = \dfrac{5}{2}R$，求在 298K、101.325kPa 下，压缩至 1013.25kPa 过程的 ΔA、ΔG。$S_\mathrm{m}^\ominus[H_2(g), 298K] = 103.68 \mathrm{J} \cdot \mathrm{mol}^{-1} \cdot \mathrm{K}^{-1}$。

(1) 绝热可逆过程；

(2) 绝热等外压过程。

解：(1) 绝热可逆过程是等熵过程，$\Delta S = 0$

$$\boxed{\begin{array}{c}1\text{mol, }H_2\\298K,\ 101.325\text{kPa}\end{array}}\ \xrightarrow{\ \text{绝热可逆过程}\ }\ \boxed{\begin{array}{c}1\text{mol, }H_2\\T_2,\ 1013.25\text{kPa}\end{array}}$$

由理想气体绝热可逆过程方程：

$$T_2 = T_1 \left(\frac{p_2}{p_1}\right)^{\frac{\gamma-1}{\gamma}} = 575.62\text{K}$$

$$\begin{aligned}\Delta A &= \Delta U - \Delta(TS) = \Delta U - S(T_2 - T_1) = C_{V,\mathrm{m}}(T_2 - T_1) - S(T_2 - T_1)\\&= \left[\frac{5}{2} \times 8.314 \times (575.62 - 298.15) - 103.68 \times (575.62 - 298.15)\right]\text{J}\\&= -23.0\text{kJ}\end{aligned}$$

$$\begin{aligned}\Delta G &= \Delta H - \Delta(TS) = \Delta H - S(T_2 - T_1) = C_{p,\mathrm{m}}(T_2 - T_1) - S(T_2 - T_1)\\&= \left[\frac{7}{2} \times 8.314 \times (575.62 - 298.25) - 103.68 \times (575.62 - 298.15)\right]\text{J}\\&= -20.69\text{kJ}\end{aligned}$$

(2) 绝热等外压过程

$$\boxed{\begin{array}{c}1\text{mol, }H_2\\298.15K,\ 101.325\text{kPa}\end{array}}\ \xrightarrow{\ \text{绝热不可逆过程}\ }\ \boxed{\begin{array}{c}1\text{mol, }H_2\\T_2,\ 1013.25\text{kPa}\end{array}}$$

求 T_2：绝热过程 $Q = 0$，$\Delta U = W$，则

$$C_{V,\mathrm{m}}(T_2 - T_1) = -p_{\text{外}}(V_2 - V_1) = -p_{\text{外}}\left(\frac{nRT_2}{p_{\text{外}}} - \frac{nRT_1}{p_1}\right)$$

$$\frac{5}{2} \times 8.314\text{J}\cdot\text{mol}^{-1}\cdot\text{K}^{-1}(T_2 - 298.15\text{K}) = -1013.25\text{kPa}\left(\frac{1\text{mol}\times 8.314\text{J}\cdot\text{mol}^{-1}\cdot\text{K}^{-1}\times T_2}{1013.25\text{kPa}} - \right.$$

$$\left.\frac{1\text{mol}\times 8.314\text{J}\cdot\text{mol}^{-1}\cdot\text{K}^{-1}\times 298.15\text{K}}{101.325\text{kPa}}\right)\text{J}$$

解得

$$T_2 = 1064.78\text{K}$$

求 S_2：

$$\begin{aligned}S_2 &= \Delta S + S_1 = nC_{p,\mathrm{m}}\ln\frac{T_2}{T_1} + nR\ln\frac{p_1}{p_2} + S_1\\&= \left(\frac{7}{2}\times 8.314\ln\frac{1064.78}{298.15} + 8.314\ln\frac{101.325}{1013.25} + 103.68\right)\text{J}\cdot\text{K}^{-1}\\&= 121.57\text{J}\cdot\text{K}^{-1}\end{aligned}$$

$$\begin{aligned}\Delta A &= \Delta U - \Delta(TS)\\&= nC_{V,\mathrm{m}}(T_2 - T_1) - (T_2 S_2 - T_1 S_1)\\&= \left[\frac{5}{2}\times 8.314\,(1064.78 - 298.15) - (1064.78\times 121.57 - 298.15\times 103.68)\right]\text{kJ}\\&= -82.60\text{kJ}\end{aligned}$$

$$\Delta G = \Delta H - \Delta(TS) = nC_{p,\mathrm{m}}(T_2 - T_1) - (T_2 S_2 - T_1 S_1)$$

$$= \left[\frac{7}{2} \times 8.314 \ (1064.78 - 298.15) - (1064.78 \times 121.57 - 298.15 \times 103.68)\right] kJ$$

$$= -76.16 kJ$$

例题 3.8.2 1mol、$-10℃$、101.325kPa 的过冷水在 $-10℃$、101.325kPa 条件下结为冰，求此过程系统的 ΔG。已知冰在 $0℃$ 时的熔化焓为 $\Delta_{fus}H_m$（273.15K）$= 6020 J \cdot mol^{-1}$，冰的摩尔热容为 $C_{p,m}$（s）$= 37.6 J \cdot mol^{-1} \cdot K^{-1}$，水的摩尔热容为 $C_{p,m}$（l）$= 75.3 J \cdot mol^{-1} \cdot K^{-1}$。

解：

$$\Delta H = \Delta H_2 + \Delta H_3 - \Delta H_1$$
$$= -\Delta_{fus}H_m + C_{p,m}(s)(T_2 - T_1) - C_{p,m}(l)(T_2 - T_1)$$
$$= [-6020 + (37.6 - 75.3) \times (263.15 - 273.15)] J \cdot mol^{-1}$$
$$= -5643 J \cdot mol^{-1}$$

$$\Delta S = \Delta S_2 + \Delta S_3 - \Delta S_1$$
$$= \frac{-\Delta_{fus}H_m}{T_1} + nC_{p,m}(s)\ln\frac{T_2}{T_1} - nC_{p,m}(l)\ln\frac{T_2}{T_1}$$
$$= \left[\frac{-6020}{273.15} + 37.6 \times \ln\frac{263.15}{273.15} - 75.3 \times \ln\frac{263.15}{273.15}\right] J \cdot mol^{-1} \cdot K^{-1}$$
$$= -20.63 J \cdot mol^{-1} \cdot K^{-1}$$

$$\Delta G = \Delta H - T\Delta S$$
$$= -5643 - 263.15 \times (-20.63) J \cdot mol^{-1}$$
$$= -214.22 J \cdot mol^{-1}$$

第 9 节　热力学基本方程

热力学第一定律和热力学第二定律介绍了 U、H、S、A、G 五个热力学状态函数，其中 S、A、G 涉及系统变化过程方向性的判据，这些状态函数不易由实验直接测量，而 p、V、T 是易由实验测量的物理量。因此，将易测量物理量和不易测量物理量之间建立起数学关系，解决系统的状态函数的计算，从而解决化学变化过程的能量计算和过程方向性的判断。

3.9.1　热力学基本方程

由封闭系统热力学第一定律得

$$dU = \delta Q + \delta W \quad (W \text{ 为所有功})$$

当系统进行一个可逆且非体积功为零的过程时

3-7

$$\delta Q_r = T dS$$

$$\delta W_r = \delta W_{r\text{体}} = -p dV$$

将上两式代入热力学第一定律，得

$$dU = T dS - p dV \tag{3.9.1a}$$

此式为热力学基本方程之一。以此热力学基本方程为基础，根据热力学状态函数之间的关系可以进一步推出其他热力学基本方程。

由焓的定义式 $H = U + pV$，对其求导数得 $dH = dU + p dV + V dp$，将 $dU = T dS - p dV$ 代入后得

$$dH = T dS + V dp \tag{3.9.1b}$$

亥姆霍兹函数定义 $A = U - TS$，对其求导数得 $dA = dU - T dS - S dT$，将 $dU = T dS - p dV$ 代入后得

$$dA = -S dT - p dV \tag{3.9.1c}$$

吉布斯函数定义 $G = H - TS$，对其求导数得 $dG = dH - T dS - S dT$，将 $dH = T dS + V dp$ 代入后得

$$dG = -S dT + V dp \tag{3.9.1d}$$

如上四个方程统称为热力学基本方程。

在推导热力学基本方程时引入了封闭系统可逆且非体积功为零的过程，在此条件下，无论是简单 p、V、T 变化，还是相变化或化学变化均适用。但是，对于纯物质单相系统，由于有两个变量即可确定其状态，因此，热力学基本关系式应用于该系统，无论可逆与否均可以适用。

由如上四个热力学基本关系式可知 U、H、A、G 可以表示为如下函数关系式

$$U = f(S, V)$$

$$H = f(S, p)$$

$$A = f(T, V)$$

$$G = f(T, p)$$

由前述的全微分关系式，若 z 是 x、y 的连续函数 $z = f(x, y)$，则有全微分关系式

$$dz = \left(\frac{\partial z}{\partial x}\right)_y dx + \left(\frac{\partial z}{\partial y}\right)_x dy$$

以 $U = f(S, V)$ 为例，有全微分关系式

$$dU = \left(\frac{\partial U}{\partial S}\right)_V dS + \left(\frac{\partial U}{\partial V}\right)_S dV$$

将 U 的全微分关系式与热力学基本关系式 $dU = T dS - p dV$ 对应比较可得

$$\left(\frac{\partial U}{\partial S}\right)_V = T \qquad \left(\frac{\partial U}{\partial V}\right)_S = -p$$

同理，可得一些状态函数之间的关系

$$T = \left(\frac{\partial U}{\partial S}\right)_V = \left(\frac{\partial H}{\partial S}\right)_p \tag{3.9.2a}$$

$$p = -\left(\frac{\partial A}{\partial V}\right)_p = -\left(\frac{\partial U}{\partial V}\right)_S \tag{3.9.2b}$$

$$V = \left(\frac{\partial H}{\partial p}\right)_S = \left(\frac{\partial G}{\partial p}\right)_T \tag{3.9.2c}$$

$$S = -\left(\frac{\partial A}{\partial T}\right)_V = -\left(\frac{\partial G}{\partial T}\right)_p \tag{3.9.2d}$$

例题 3.9.1 已知－5℃液态苯的饱和蒸气压为 2.67kPa，有 1mol、－5℃过冷液态苯在 $p=101.325\text{kPa}$ 条件下凝固时的 $\Delta S_m = -35.46\text{J} \cdot \text{mol}^{-1} \cdot \text{K}^{-1}$，放热 9860J·mol^{-1}。求 －5℃固态苯的饱和蒸气压。设苯蒸气为理想气体。

解：

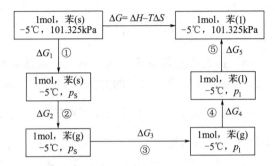

由于过程②和过程④是可逆相变化过程，$\Delta G_2 = 0$，$\Delta G_4 = 0$。

$$\Delta G_1 = V_s \ (p_s - 101.325\text{kPa})$$

$$\Delta G_5 = V_1 \ (101.325\text{kPa} - p_1)$$

$$\Delta G_1 + \Delta G_5 \approx 0$$

则，$\Delta G = \Delta G_1 + \Delta G_2 + \Delta G_3 + \Delta G_4 + \Delta G_5 = nRT\ln\dfrac{p_1}{p_s}$

$$= \left(1 \times 8.314 \times 268.15 \times \ln\frac{2.67}{p_s/\text{kPa}}\right)\text{J} \cdot \text{mol}^{-1}$$

又，$\Delta G = \Delta H - T\Delta S = (9860 - 268.15 \times 35.46)\text{J} \cdot \text{mol}^{-1} = 351.40\text{J} \cdot \text{mol}^{-1}$

所以，$p_s = 2.28\text{kPa}$

3.9.2　麦克斯韦关系式

将全微分关系式应用于热力学基本关系式可以推出熵函数与 p、V、T 之间的偏导数关系式。若 z 是 x、y 的连续函数 $z = f(x, y)$，则有全微分关系：

$$dz = \left(\frac{\partial z}{\partial x}\right)_y dx + \left(\frac{\partial z}{\partial y}\right)_x dy$$

且函数的交叉微分相等得

$$\left(\frac{\partial}{\partial y}\left(\frac{\partial z}{\partial x}\right)_y\right)_x = \left(\frac{\partial}{\partial x}\left(\frac{\partial z}{\partial y}\right)_x\right)_y$$

令

$$\left(\frac{\partial z}{\partial x}\right)_y = N \quad \left(\frac{\partial z}{\partial y}\right)_x = M \tag{3.9.3}$$

3-8

由全微分关系式 $dz = Ndx + Mdy$ 可得 $\left(\dfrac{\partial N}{\partial y}\right)_x = \left(\dfrac{\partial M}{\partial x}\right)_y$。由全微分方程与热力学基本关系式对应后可推导出如下关系式：

由 $dU = TdS - pdV$ 可得

$$\left(\frac{\partial T}{\partial V}\right)_S = -\left(\frac{\partial p}{\partial S}\right)_V \tag{3.9.4a}$$

由 $dH = TdS + Vdp$ 可得

$$\left(\frac{\partial T}{\partial p}\right)_S = \left(\frac{\partial V}{\partial S}\right)_p \tag{3.9.4b}$$

由 $dA = -SdT - pdV$ 可得

$$\left(\frac{\partial S}{\partial V}\right)_T = \left(\frac{\partial p}{\partial T}\right)_V \tag{3.9.4c}$$

由 $dG = -SdT + Vdp$ 可得

$$\left(\frac{\partial S}{\partial p}\right)_T = -\left(\frac{\partial V}{\partial T}\right)_p \tag{3.9.4d}$$

式(3.9.4a)~式(3.9.4d) 称为麦克斯韦关系式，其重要应用是建立起不易测量的物理量与可测量的物理量之间的关系，可以通过实验的方法得到一些不易测量的物理量的关系。例如，$\left(\frac{\partial S}{\partial V}\right)_T = \left(\frac{\partial p}{\partial T}\right)_V$ 这一关系式在于欲求等温条件下熵随体积的变化率，可以通过测量等容条件下压力随着温度的变化率来求得。

例题 3.9.2 某气体符合状态方程 $pV = nRT - n^2 a / V$，其中 $a = 0.417\ \mathrm{m^2 \cdot Pa \cdot mol^{-1}}$ 且为常数，求 1mol 该气体由 400K、101.3kPa 等温压缩到 1000kPa 时的 ΔS。

解： 首先求得始态和终态的体积，由 $pV^2 = nRTV - n^2 a$

解得 $V = \dfrac{nRT \pm \sqrt{n^2 R^2 T^2 - 4n^2 p}}{2p}$

$T = 400\mathrm{K}$，$p_1 = 101.3\mathrm{kPa}$ 时，$V_1 = 0.024\mathrm{m^3}$

$\qquad\qquad p_2 = 1000\mathrm{kPa}$ 时，$V_2 = 0.002\mathrm{m^3}$

气体由 400K、101.3kPa 等温压缩到 1000kPa 时的 ΔS，首先求得等温条件下单位体积变化引起的熵变的变化率：$\left(\dfrac{\partial S}{\partial V}\right)_T$

由麦克斯韦关系式可知：$\left(\dfrac{\partial S}{\partial V}\right)_T = \left(\dfrac{\partial p}{\partial T}\right)_V$

由 $p = \dfrac{nRT}{V} - \dfrac{n^2 a}{V^2}$，等容条件下对温度求导数，得 $\left(\dfrac{\partial p}{\partial T}\right)_V = \dfrac{nR}{V}$

$$\Delta S = \int_{V_1}^{V_2} \left(\frac{\partial S}{\partial V}\right)_T dV = \int_{V_1}^{V_2} \frac{nR}{V} dV = nR \ln \frac{V_2}{V_1}$$

将 $V_1 = 0.024\mathrm{m^3}$，$V_2 = 0.002\mathrm{m^3}$ 代入得

$$\Delta S = \left(1 \times 8.314 \times \ln \frac{0.002}{0.024}\right) \mathrm{J \cdot K^{-1}} = -20.66\mathrm{J \cdot K^{-1}}$$

3.9.3 其他重要关系式

由状态函数 $U = f(S, V)$ 的函数关系，可以得到 U 的全微分：

$$dU = \left(\frac{\partial U}{\partial S}\right)_V dS + \left(\frac{\partial U}{\partial V}\right)_S dV$$

3-9

由热力学基本关系式 $dU = TdS - pdV$，与上式对比可得：

$$T = \left(\frac{\partial U}{\partial S}\right)_V \qquad p = -\left(\frac{\partial U}{\partial V}\right)_S \tag{3.9.5a}$$

由状态函数 $H=f(S,p)$ 的函数关系，可以得到 H 的全微分：

$$dH=\left(\frac{\partial H}{\partial S}\right)_p dS+\left(\frac{\partial H}{\partial p}\right)_S dp$$

由热力学基本关系式 $dH=TdS+Vdp$，与上式对比可得：

$$T=\left(\frac{\partial H}{\partial S}\right)_p \quad V=\left(\frac{\partial H}{\partial p}\right)_S \tag{3.9.5b}$$

同理可得：

$$S=-\left(\frac{\partial A}{\partial T}\right)_V \quad p=-\left(\frac{\partial A}{\partial V}\right)_T \tag{3.9.5c}$$

$$S=-\left(\frac{\partial G}{\partial T}\right)_p \quad V=\left(\frac{\partial G}{\partial p}\right)_T \tag{3.9.5d}$$

如上关系式具有重要实际应用意义，例如，理想气体等温条件下，压力由 $p_1 \rightarrow p_2$ 的变化引起的吉布斯函数的变化，可采用如上公式进行计算：

$$\Delta G=\int_{p_1}^{p_2}\left(\frac{\partial G}{\partial p}\right)_T dp=\int_{p_1}^{p_2}Vdp=\int_{p_1}^{p_2}\frac{nRT}{p}dp=nRT\ln\frac{p_2}{p_1}$$

3-10

3.9.4 熵的其他特性关系式

由等容摩尔热容的定义式 $C_{V,m}=\left(\frac{\partial U}{\partial T}\right)_V$ 关联前面推出的 $T=\left(\frac{\partial U}{\partial S}\right)_V$，可得：

$$C_{V,m}=\left(\frac{\partial U}{\partial T}\right)_V=\left(\frac{\partial U}{\partial S}\frac{\partial S}{\partial T}\right)_V=T\left(\frac{\partial S}{\partial T}\right)_V$$

由此可得不满足麦克斯韦关系式的等容条件下熵函数随着温度的变化率：

$$\left(\frac{\partial S}{\partial T}\right)_V=\frac{nC_{V,m}}{T} \tag{3.9.6a}$$

同理由下式

$$C_{p,m}=\left(\frac{\partial H}{\partial T}\right)_p=\left(\frac{\partial H}{\partial S}\frac{\partial S}{\partial T}\right)_p=T\left(\frac{\partial S}{\partial T}\right)_p$$

可得到等压条件下熵函数随着温度的变化率：

$$\left(\frac{\partial S}{\partial T}\right)_p=\frac{nC_{p,m}}{T} \tag{3.9.6b}$$

3.9.5 三变量偏微分关系式

以 $U=f(T,V)$ 为例，全微分关系为

$$dU=\left(\frac{\partial U}{\partial T}\right)_V dT+\left(\frac{\partial U}{\partial V}\right)_T dV$$

等 U 时有 $dU=0$，上式在等温下除以 dV，可以得到

$$\left(\frac{\partial U}{\partial T}\right)_V\left(\frac{\partial T}{\partial V}\right)_U+\left(\frac{\partial U}{\partial V}\right)_T=0$$

$$\left(\frac{\partial U}{\partial T}\right)_V \left(\frac{\partial T}{\partial V}\right)_U = -\left(\frac{\partial U}{\partial V}\right)_T$$

进一步推导出

$$\left(\frac{\partial U}{\partial V}\right)_T \left(\frac{\partial V}{\partial T}\right)_U \left(\frac{\partial T}{\partial U}\right)_V = -1 \tag{3.9.7}$$

例题 3.9.3 证明实际气体的 p、V、T 变化过程：

$$\Delta H = \int_{T_1}^{T_2} nC_{p,\mathrm{m}} \mathrm{d}T + \int_{p_1}^{p_2}\left[V - T\left(\frac{\partial V}{\partial T}\right)_p\right]\mathrm{d}p$$

证明： 由 $H = H(T,p)$ 的全微分方程，可得

$$\mathrm{d}H = \left(\frac{\partial H}{\partial T}\right)_p \mathrm{d}T + \left(\frac{\partial H}{\partial p}\right)_T \mathrm{d}p$$

又由式 $\left(\dfrac{\partial H}{\partial T}\right)_p = nC_{p,\mathrm{m}}$

及式 (3.9.1b) $\mathrm{d}H = T\mathrm{d}S + V\mathrm{d}p$，等号两边在等温条件下除 ∂p，得

$$\left(\frac{\partial H}{\partial p}\right)_T = T\left(\frac{\partial S}{\partial p}\right)_T + V$$

上式代入麦克斯韦关系式，得

$$\left(\frac{\partial H}{\partial p}\right)_T = -T\left(\frac{\partial V}{\partial T}\right)_p + V$$

将 $\left(\dfrac{\partial H}{\partial T}\right)_p$ 和 $\left(\dfrac{\partial H}{\partial p}\right)_T$ 代入 $\mathrm{d}H$ 的全微分方程，得

$$\mathrm{d}H = nC_{p,\mathrm{m}}\mathrm{d}T + \left[-T\left(\frac{\partial V}{\partial T}\right)_p + V\right]\mathrm{d}p$$

温度从 $T_1 \rightarrow T_2$，压力从 $p_1 \rightarrow p_2$ 对上式积分，得

$$\Delta H = \int_{T_1}^{T_2} nC_{p,\mathrm{m}}\mathrm{d}T + \int_{p_1}^{p_2}\left[-T\left(\frac{\partial V}{\partial T}\right)_p + V\right]\mathrm{d}p$$

第 10 节　热力学基本方程在纯物质两相平衡中的应用

热力学基本关系式在纯物质两相平衡中的应用，可以推导出纯物质两相平衡时温度和压力之间的关系方程。

3.10.1　克拉贝龙方程

在温度 T 及对应的平衡压力条件下，1mol 纯物质 A 在 α、β 两相之间达成平衡，其中 α、β 是任意相态，有相平衡式：

$$\mathrm{A}(\alpha) \rightleftharpoons \mathrm{A}(\beta)$$

则有吉布斯函数相等

$$G_{\mathrm{m}}(\alpha) = G_{\mathrm{m}}(\beta) \tag{3.10.1a}$$

当温度 T 及平衡压力分别改变了 $\mathrm{d}T$、$\mathrm{d}p$，即在 $T+\mathrm{d}T$，$p+\mathrm{d}p$ 条件下，α、β 两相之间重新达成平衡，则

$$G_{\mathrm{m}}(\alpha)+\mathrm{d}G_{\mathrm{m}}(\alpha)=G_{\mathrm{m}}(\beta)+\mathrm{d}G_{\mathrm{m}}(\beta)$$

此时，有

$$\mathrm{d}G_{\mathrm{m}}(\alpha)=\mathrm{d}G_{\mathrm{m}}(\beta) \tag{3.10.1b}$$

将热力学基本关系式 $\mathrm{d}G=-S\mathrm{d}T+V\mathrm{d}p$ 代入式（3.10.1b）得

$$-S_{\mathrm{m}}(\alpha)\mathrm{d}T+V_{\mathrm{m}}(\alpha)\mathrm{d}p=-S_{\mathrm{m}}(\beta)\mathrm{d}T+V_{\mathrm{m}}(\beta)\mathrm{d}p$$

α 和 β 两相变化过程的熵变和体积变化分别为

$$\Delta_{\alpha\rightarrow\beta}S_{\mathrm{m}}=S_{\mathrm{m}}(\beta)-S_{\mathrm{m}}(\alpha)$$

$$\Delta_{\alpha\rightarrow\beta}V_{\mathrm{m}}=V_{\mathrm{m}}(\beta)-V_{\mathrm{m}}(\alpha)$$

则可导出

$$\frac{\mathrm{d}p}{\mathrm{d}T}=\frac{\Delta_{\alpha\rightarrow\beta}S_{\mathrm{m}}}{\Delta_{\alpha\rightarrow\beta}V_{\mathrm{m}}} \tag{3.10.2a}$$

纯物质两相平衡时的 $\Delta_{相变}S_{\mathrm{m}}=\dfrac{\Delta_{相变}H_{\mathrm{m}}}{T}$，代入上式得

$$\frac{\mathrm{d}p}{\mathrm{d}T}=\frac{\Delta_{相变}H_{\mathrm{m}}}{T\Delta_{相变}V_{\mathrm{m}}} \tag{3.10.2b}$$

式中，$\Delta_{相变}H_{\mathrm{m}}$ 为纯物质的摩尔相变焓；$\Delta_{相变}V_{\mathrm{m}}$ 为纯物质的摩尔体积变化。

式（3.10.2b）称为克拉贝龙方程，适合于纯物质的任何两相平衡。

3.10.2　克劳修斯-克拉贝龙方程

若系统是由凝聚态变化到气态时：

$$A(s\ 或\ l)\rightleftharpoons A(g)$$

由克拉贝龙方程 $\dfrac{\mathrm{d}p}{\mathrm{d}T}=\dfrac{\Delta_{相变}H_{\mathrm{m}}}{T\Delta_{相变}V_{\mathrm{m}}}$ 进一步推导，摩尔体积变化 $\Delta V_{\mathrm{m}}=V_{\mathrm{m}}(g)-V_{\mathrm{m}}(s\ 或\ l)\approx$

$V_{\mathrm{m}}(g)$，并且假设气相物质行为符合理想气体状态方程，将 $V_{\mathrm{m}}(g)=\dfrac{RT}{p}$ 代入式（3.10.2b），

则该相变过程的克拉贝龙方程为

$$\frac{\mathrm{d}\ln p}{\mathrm{d}T}=\frac{\Delta_{相变}H_{\mathrm{m}}}{RT^{2}} \tag{3.10.3}$$

式（3.10.3）称为克劳修斯-克拉贝龙微分方程。式中 $\Delta_{相变}H_{\mathrm{m}}$ 为蒸发焓（或升华焓），该式适用于气-液（或气-固）两相平衡。若某物质发生 $l\rightarrow g$ 相变化时，可由克劳修斯-克拉贝龙方程给出 T 对应平衡压力 p 之间的关系，即温度 T 对应的饱和蒸气压之间的关系。

对克劳修斯-克拉贝龙的微分方程求积分得出克劳修斯-克拉贝龙的积分方程（假设 $\Delta_{\mathrm{vap}}H_{\mathrm{m}}$ 为一常数）

$$\ln\frac{p_{2}}{p_{1}}=-\frac{\Delta_{\mathrm{vap}}H_{\mathrm{m}}}{R}\left(\frac{1}{T_{2}}-\frac{1}{T_{1}}\right) \tag{3.10.4}$$

若已知 $\Delta_{\mathrm{vap}}H_{\mathrm{m}}$ 及温度 T_{1} 对应的平衡压力 p_{1}，可由式（3.10.4）求得其他温度 T 下的平衡压力 p。

例题 3.10.1 已知液态苯的正常沸点为 353.15K，摩尔蒸发焓为 $\Delta_{vap}H_m^{\ominus}=30.77kJ\cdot mol^{-1}$，求 373.15K 时苯的饱和蒸气压。

解： 设 $\Delta_{vap}H_m^{\ominus}$ 为常数，则由克劳修斯-克拉贝龙方程得

$$\ln\frac{p_2}{p_1}=-\frac{\Delta_{vap}H_m}{R}\left(\frac{1}{T_2}-\frac{1}{T_1}\right)$$

$$\ln\frac{p_2/kPa}{101.325}=-\frac{30.77\times10^3}{8.314}\times\left(\frac{1}{373.15}-\frac{1}{363.15}\right)$$

解得 $p_2=177.69kPa$

习 题

1. 某热机的高温热源和低温热源温度分别为 538.15K、313.15K，试计算此热机最大的效率。若此热机从高温热源吸热 200kJ，则其最少可向低温热源放热多少？

2. 1mol 理想气体于等温下分别经过（1）可逆膨胀过程和（2）真空膨胀过程体积膨胀至原来的 5 倍，分别求系统和环境的熵变，并判断过程的可逆性。

3. 1mol 理想气体，从始态 300.15K、$10dm^3$，经下列不同过程等温膨胀至 $50dm^3$，计算各过程的 Q、W、ΔU、ΔH 和 ΔS。

（1）可逆膨胀；（2）真空膨胀；（3）对抗等外压 50kPa 膨胀。

4. 1mol 单原子理想气体，从始态 $p_1=202.65kPa$、$T_1=273.15K$，沿着 $p/V=$ 常数的途径可逆变化到终态为 $p_2=405.30kPa$，计算该过程的 ΔU、ΔH、ΔS。

5. 1mol 理想气体，温度为 300.15K，压力为 506.6kPa，在等温下反抗 202.6kPa 的外压进行膨胀至终态压力 202.6kPa。试求该过程的 Q、W、ΔU、ΔH、ΔS 和 ΔG。

6. 有 2mol 双原子理想气体，已知 $C_{V,m}=2.5R$，从始态 473.15K、200kPa，经绝热可逆压缩至 400kPa 后，再向真空膨胀至 200kPa。求全过程的 ΔU、ΔH、ΔS。

7. 有 2mol 单原子理想气体，已知 $C_{V,m}=1.5R$，从始态 273.15K、100kPa，变到终态 298.15K、1000kPa。计算该过程的熵变。

8. 在带有隔板的绝热容器中，分别放 0.2kg、283.15K 的水与 0.4kg、313.15K 的水，抽掉隔板将其进行混合。求混合过程的熵变。设水的平均质量定压热容为 $4.18kJ\cdot kg^{-1}\cdot K^{-1}$。

9. 有 2mol 液态甲苯，在其沸点 383.15K 时蒸发为气体，其汽化热为 $33.30kJ\cdot mol^{-1}$，计算该过程的 Q、W、ΔU、ΔH、ΔS、ΔA 和 ΔG。

10. 有 1mol 过冷水，从始态 253.15K、101.325kPa，变成等温、等压下的冰，求该过程的 ΔS。已知水和冰在 253.15～273.15K 内的平均摩尔定压热容分别为：$C_{p,m}(H_2O,\,l)=75.3J\cdot mol^{-1}\cdot K^{-1}$，$C_{p,m}(H_2O,\,s)=37.7J\cdot mol^{-1}\cdot K^{-1}$；273.15K、101.325kPa 下冰的 $\Delta_{fus}H_m(H_2O,\,s)=5.90kJ\cdot mol^{-1}$。

11. 已知液态双原子分子 A_2 在 60℃时的饱和蒸气压为 $0.5p^{\ominus}$，摩尔蒸发焓为 $35.0\,kJ\cdot mol^{-1}$。今在 $p^{\ominus}$ 及沸点温度 T_b 下，先将 1mol 液态 A_2 向真空容器中蒸发为等温、等压的 1mol A_2 蒸气，再恒温可逆膨胀至 $p=50kPa$ 的终态。计算过程的 W、ΔU、ΔH、ΔS、ΔG。设蒸气可视为理想气体，液体体积可以忽略，且摩尔蒸发热与温度无关。

12. 已知 298.15K、$p^{\ominus}$ 条件下，C（石墨）和 C（金刚石）的热力学数据及密度如下表：

项目	$\Delta_r H_m^{\ominus}/kJ\cdot mol^{-1}$	$S_m^{\ominus}/J\cdot mol^{-1}\cdot K^{-1}$	$\rho/kg\cdot m^{-3}$
C（石墨）	−393.51	5.71	2260
C（金刚石）	−395.40	2.45	3513

(1) 计算 298.15K，$p^{\ominus}$ 条件下，C（石墨）→C（金刚石）的 $\Delta_{\mathrm{trs}}G_{\mathrm{m}}^{\ominus}$，并判断在该条件下，哪种晶型稳定？

(2) 在 298.15K 条件下，能否将稳定晶型变成不稳定晶型？若可能，计算至少需要的压强？

13. 将始态为 25℃、101.325kPa 的 1mol H_2O（l），加热至 110℃ 及 p^{*}（110℃ 水的饱和蒸气压）的 H_2O（g），该过程的 $\Delta H = 46.65\mathrm{kJ} \cdot \mathrm{mol}^{-1}$；继续绝热可逆膨胀至终态压力为 $\dfrac{1}{2}p^{*}$。已知水在 100℃、101.325kPa 时的 $\Delta_{\mathrm{vap}}H_{\mathrm{m}} = 40.67\mathrm{kJ} \cdot \mathrm{mol}^{-1}$（可视为常数），$H_2O$（l）和 H_2O（g）的等压摩尔热容分别为 $C_{p,\mathrm{m}}[H_2O(l)] = 75.29\mathrm{J} \cdot \mathrm{mol}^{-1} \cdot \mathrm{K}^{-1}$，$C_{p,\mathrm{m}}[H_2O(g)] = 33.58\mathrm{J} \cdot \mathrm{mol}^{-1} \cdot \mathrm{K}^{-1}$，液态水在 25℃、101.325kPa 时的摩尔熵 $S_{\mathrm{m}} = 69.91\mathrm{J} \cdot \mathrm{mol}^{-1} \cdot \mathrm{K}^{-1}$。（题中气体可视为理想气体）

(1) 计算 H_2O 110℃ 时的饱和蒸气压 p^{*}；

(2) 计算由始态到终态的 ΔH、ΔS、ΔG；

(3) 如上计算的 ΔG 是否可用作反应进行方向的判据？简述理由。

14. 在 800.15K、100kPa 下，生石膏的脱水反应为

$$CaSO_4 \cdot 2H_2O(s) = CaSO_4(s) + 2H_2O(g)$$

试计算该反应进度为 1mol 时的 $\Delta_{\mathrm{r}}H_{\mathrm{m}}$、$\Delta_{\mathrm{r}}S_{\mathrm{m}}$ 和 $\Delta_{\mathrm{r}}G_{\mathrm{m}}$。已知各物质在 298.15K、100kPa 的热力学数据如下：

物质	$\Delta_{\mathrm{r}}H_{\mathrm{m}}$/ kJ · mol^{-1}	S_{m}/ J · mol^{-1} · K^{-1}	$C_{p,\mathrm{m}}$/J · mol^{-1} · K^{-1}
$CaSO_4 \cdot 2H_2O(s)$	−2021.12	193.97	186.20
$CaSO_4(s)$	−1432.68	106.70	99.60
$H_2O(g)$	−241.82	188.83	33.58
$H_2O(l)$	−285.83	69.91	75.29

常压下，373.15K 时，H_2O（l）的汽化焓为 40.67 kJ · mol^{-1}。

15. 在催化剂作用下，可实现下列加氢反应：

$$C_2H_2(g) + 2H_2(g) \longrightarrow C_2H_6(g)$$

已知 298.15K、标准压力下，相关热力学数据如下：

项目	$C_2H_2(g)$	$H_2(g)$	$C_2H_6(g)$
$S_{\mathrm{m}}^{\ominus}$/J · mol^{-1} · K^{-1}	200.94	130.68	229.60
$\Delta_{\mathrm{r}}H_{\mathrm{m}}^{\ominus}$/kJ · mol^{-1}	226.73	0	−84.68

(1) 计算如上反应的 $\Delta_{\mathrm{r}}S_{\mathrm{m}}^{\ominus}$；

(2) 若该反应的 $\Delta_{\mathrm{r}}C_{p,\mathrm{m}}^{\ominus} \approx 0$，计算该反应 400K 时的 $\Delta_{\mathrm{r}}G_{\mathrm{m}}^{\ominus}$。

16. 证明：

(1) $\left(\dfrac{\partial U}{\partial V}\right)_T = T\left(\dfrac{\partial p}{\partial T}\right)_V - p$；

(2) $\left(\dfrac{\partial H}{\partial p}\right)_T = -T\left(\dfrac{\partial V}{\partial T}\right)_p + V$；

(3) 分别证明理想气体和满足 $pV_{\mathrm{m}} = RT + ap$（$a$ 为大于零的常数）的气体：$\left(\dfrac{\partial U}{\partial V}\right)_T = ?$ 及 $\left(\dfrac{\partial H}{\partial p}\right)_T = ?$

17. 证明：对理想气体 $\dfrac{\left(\dfrac{\partial U}{\partial V}\right)_S \left(\dfrac{\partial H}{\partial p}\right)_S}{\left(\dfrac{\partial U}{\partial S}\right)_V} = -nR$。

18. 某气体满足状态方程 $pV_m = RT + ap$（a 为大于零的常数），试证明该气体经节流膨胀后的温度变化。

19. 某气体的状态方程为 $\left(p + \dfrac{a}{V_m^2}\right)V_m = RT$。

(1) 推导该气体的 $\left(\dfrac{\partial S}{\partial V}\right)_T$；

(2) 推导 1mol 该气体等温时体积由 V_1 膨胀至 V_2 时的 ΔS。

20. 推导焦耳-汤姆孙系数 $\mu_{J\text{-}T} = \dfrac{1}{C_{p,m}}\left\{ T\left(\dfrac{\partial V_m}{\partial T}\right)_p - V_m \right\}$。

重点难点讲解

第四章

多组分系统热力学

含有两个或两个以上组分的系统称为多组分系统（multi－component system）。根据构成系统的相数多少，多组分系统又可分为多组分单相（均相）系统和多组分多相（非均相）系统。

多组分多相系统可以拆分成若干个单相系统，这是多组分系统热力学研究的基础。通常将多组分单相系统分为混合物和溶液，其研究方法有所不同。混合物是由两种或两种以上组分组成的系统，对混合物中的各组分不区分溶剂和溶质。混合物有气态混合物、液态混合物和固态混合物。在热力学研究中，对混合物中任意组分选用同一标准态加以研究。溶液也是由两种或两种以上组分组成的系统，对溶液中的各组分则区分溶剂和溶质，通常情况下，将其中含量多的称为溶剂，含量较少的称为溶质。对于溶液只有液态溶液和固态溶液，没有气态溶液。在热力学研究中，对溶剂和溶质的处理选用不同的标准态和不同的方法。当溶液中的溶质含量很少时，又把它称为稀溶液。混合物和溶液实质上没有什么不同，都是由多组分物质在原子或分子水平上均匀分散的单相系统。对于溶液按溶质的导电性不同又分为电解质溶液和非电解质溶液。本章主要讨论混合气体、液态混合物和非电解质溶液。电解质溶液将在后面的章节中讨论。

对于多组分系统，除了用温度、压力及体积来描述它们的状态外，还要标明它们的组成。对混合物中任意组分 B 或溶液中溶质 B 的含量常用的组成表示方法有：

（1）物质 B 的摩尔分数（mole fraction of B）：

$$x_B(y_B) = \frac{n_B}{n_{总}}$$

即 B 的物质的量 n_B 在混合物或溶液的总物质的量 $n_{总}$ 中所占的分数。

（2）物质 B 的质量分数（mass fraction of B）：

$$w_B = \frac{m_B}{m_{总}}$$

即 B 的质量 m_B 在混合物或溶液的总质量 $m_{总}$ 中所占的分数。

（3）溶质 B 的物质的量浓度（amount-of-substance concentration of B）：

$$c_B = \frac{n_B}{V}$$

即 B 的物质的量 n_B 除以溶液的体积 V。

（4）溶质 B 的质量摩尔浓度（molality of B）：

$$b_B = \frac{n_B}{m_A}$$

即 B 的物质的量 n_B 除以溶剂 A 的质量 m_A。

第 1 节　偏摩尔量

在热力学基本原理中，主要介绍了单组分系统或组成不变的系统，已知系统的两个变量即可确定系统的状态。然而，对两种或两种以上物质组成的多组分系统，物质的量 n_B 也是表征系统状态或性质的变量。因此，对于多组分系统的热力学函数表示式中要包含物质的量 n_B。

在多组分系统中，有两个重要的物理量即偏摩尔量和化学势，这也是本章要重点讨论的内容。前面所述的摩尔量是指每摩尔物质对系统相应广度量的贡献。在一定温度、压力下，单组分均相系统的摩尔量均为定值；多组分均相系统的摩尔量则不一定是定值，且对于任一广度性质 X 也不能简单地由各组分的摩尔量求得：$X_m \neq \sum x_B X_{m,B}$。为了求取多组分系统的摩尔量，就需要引入一个新的物理量——偏摩尔量（partial molar quantities）。

4.1.1　偏摩尔量的定义

在 298.15K、101.325kPa 下，水和乙醇的摩尔体积分别为 18.07cm³·mol⁻¹ 和 46.18cm³·mol⁻¹。保持混合前总体积等于 100cm³，将水（A）和乙醇（B）按不同比例混合，实验数据列于表 4-1。

4-1

表 4-1　298.15K、101.325kPa 下不同组成的水-乙醇混合物的体积

x_B	混合前体积		混合后总体积 V /cm³	$(V - V_B^* - V_A^*)$/cm³
	V_A^* / cm³	V_B^* / cm³		
0.0526	87.70	12.30	98.84	1.16
0.1125	76.02	23.98	97.71	2.29
0.1812	64.90	35.10	96.81	3.19
0.2611	54.31	45.69	96.40	3.60
0.3549	44.21	55.79	96.37	3.63
0.4667	34.57	65.43	96.59	3.41
0.6023	25.35	74.65	97.00	3.00
0.7700	16.53	83.47	97.63	2.37
0.9829	8.09	91.91	98.53	1.47

从表 4-1 中可以看出，由于水分子和乙醇分子的相互作用，混合前、后的总体积并不相同，且其差值随组成而改变。这说明混合物的总体积不仅与两组分的特性有关，也与混合物的物质的量有关。其他广度性质，如 U、H、A、G、S 等也有类似的情况。

设 X 为多组分均相系统的任一广度性质，X 可表示为温度、压力和各组分物质的量的

函数

$$X = X(T, p, n_B, n_C, n_D, \cdots) \tag{4.1.1}$$

对上式进行全微分，得

$$dX = \left(\frac{\partial X}{\partial T}\right)_{p, n_B, n_C} dT + \left(\frac{\partial X}{\partial p}\right)_{T, n_B, n_C} dp + \sum_B \left(\frac{\partial X}{\partial n_B}\right)_{T, p, n_C} dn_B \tag{4.1.2}$$

式中，n_C 为除组分 B 以外其他组分的物质的量；$(\partial X / \partial n_B)_{T, p, n_C}$ 称为组分 B 的偏摩尔量，用 X_B 表示。

即定义

$$X_B \stackrel{\text{def}}{=} \left(\frac{\partial X}{\partial n_B}\right)_{T, p, n_C} \tag{4.1.3}$$

根据该定义，可以写出多组分均相系统中组分 B 的各种偏摩尔量，例如

偏摩尔体积：$V_B = (\partial V / \partial n_B)_{T, p, n_C}$ 偏摩尔热力学能：$U_B = (\partial U / \partial n_B)_{T, p, n_C}$

偏摩尔焓：$H_B = (\partial H / \partial n_B)_{T, p, n_C}$ 偏摩尔亥姆霍兹函数：$A_B = (\partial A / \partial n_B)_{T, p, n_C}$

偏摩尔熵：$S_B = (\partial S / \partial n_B)_{T, p, n_C}$ 偏摩尔吉布斯函数：$G_B = (\partial G / \partial n_B)_{T, p, n_C}$

4.1.2 偏摩尔量的物理意义

偏摩尔量和摩尔量都是强度性质。两者的主要区别在于：在一定温度、压力下，纯物质 B 的摩尔量是一个常量；而在通常情况下，多组分系统中组分 B 的偏摩尔量不是一个常量，它不仅与组分 B 的性质有关，还与系统的组成有关。

将偏摩尔量的定义代入式(4.1.2)，得

$$dX = \left(\frac{\partial X}{\partial T}\right)_{p, n_B} dT + \left(\frac{\partial X}{\partial p}\right)_{T, n_B} dp + \sum_B X_B dn_B \tag{4.1.4}$$

在一定温度、压力下，若保持组成不变，则各组分的 X_B 为定值，将式(4.1.4) 积分得

$$X = \sum_B n_B X_B \tag{4.1.5}$$

式(4.1.5) 表明，在一定的温度、压力和组成下，多组分均相系统的任一广度量等于各组分偏摩尔量与其物质的量的乘积之和。上式两边同除以总物质的量 $\left(n = \sum_B n_B\right)$，得系统在该组成下的摩尔量

$$X_m = \sum_B x_B X_B \tag{4.1.6}$$

式(4.1.6) 说明了偏摩尔量 X_B 的物理意义，即在一定的温度、压力和组成下，单位物质的量的组分 B 对系统广度量 X 的贡献。通常情况下，$X_m \neq \sum_B x_B X_{m, B}^*$。

由于 X_B 是组成 x_B 的函数，显然 X_m 也是组成 x_B 的函数。仍以上述的水-乙醇系统为例，由表 4-1 中的数据可以得到 298.15K、101.325kPa 下水-乙醇混合物的 V_m-x_B 曲线。为方便比较，图 4-1 中同时绘出了 $x_A V_{m, A}^* + x_B V_{m, B}^*$ 随 x_B 的变化曲线。从图 4-1 中可以清晰地看出：V_m 是一条由 $V_{m, A}^*$ 至 $V_{m, B}^*$ 向下弯曲的曲线；而由于 $V_{m, A}^*$ 和 $V_{m, B}^*$ 在一定温度、压力下均为常数，$x_A V_{m, A}^* + x_B V_{m, B}^*$ 是一条由 $V_{m, A}^*$ 至 $V_{m, B}^*$ 的直线。显然，$V_m \neq x_A V_{m, A}^* + x_B V_{m, B}^*$，两者的差值随组成改变，组成越接近某一纯组分，两者的差值越小，直至为零。

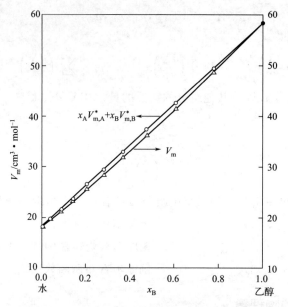

图 4-1 不同组成水-乙醇混合物的摩尔体积

4.1.3 不同组分同一偏摩尔量之间的关系——吉布斯-杜亥姆方程

由 $V_m = x_A V_A + x_B V_B$ 可知，组成等于 x_B 时两组分的偏摩尔体积 V_A 和 V_B 的值就是曲线 V_m-x_B 在 x_B 点的切线与两纯组分轴的交点。显然，V_A 和 V_B 均随 x_B 改变而改变。当 $x_B \rightarrow 0$ 时，$V_m \rightarrow V_A$，$V_A \rightarrow V_{m,A}^*$，还原为纯水系统；当 $x_B \rightarrow 1$ 时，$V_m \rightarrow V_B$，$V_B \rightarrow V_{m,B}^*$，还原为纯乙醇系统。当 x_B 逐渐增大时，x_B 点所对应的切线的斜率也逐渐增大。因此，V_B 逐渐增大而 V_A 逐渐减小。这种偏摩尔量变化之间的定量关系可以用吉布斯-杜亥姆方程描述。

在等温等压条件下，对式（4.1.5）进行微分，得

$$\mathrm{d}X = \sum_B n_B \mathrm{d}X_B + \sum_B X_B \mathrm{d}n_B$$

由 $\mathrm{d}X = \sum_B X_B \mathrm{d}n_B$，有

$$\sum_B n_B \mathrm{d}X_B = 0 \qquad (4.1.7)$$

$$\sum_B x_B \mathrm{d}X_B = 0 \qquad (4.1.8)$$

式（4.1.7）和式（4.1.8）均称为吉布斯-杜亥姆方程（Gibbs-Duhem equation）。

吉布斯-杜亥姆方程描述了在一定温度、压力下，多组分均相系统中各组分的同一偏摩尔量随组成变化时的相互制约关系。以二组分系统各组分偏摩尔体积随组成的变化为例

$$x_A \mathrm{d}V_A = -x_B \mathrm{d}V_B$$

当两个组分的偏摩尔体积随组成变化时，如果一组分的偏摩尔体积增大，则另一组分的偏摩尔体积必然减少，且增大和减少的比例与两组分的摩尔分数之比成反比。

4.1.4 同一组分不同偏摩尔量之间的关系

将焓的定义 $H = U + pV$ 代入偏摩尔焓定义式，有

$$H_B = (\partial H / \partial n_B)_{T,p,n_C} = (\partial U / \partial n_B)_{T,p,n_C} + p(\partial V / \partial n_B)_{T,p,n_C} = U_B + pV_B$$

同理可以证明：$A_B = U_B - TS_B$，$G_B = H_B - TS_B$，$(\partial G_B / \partial T)_{p,n_B} = -S_B$，$(\partial G_B / \partial p)_{T,n_B} = V_B$ 等。

显然，同一组分不同偏摩尔量之间的关系与其相对应的热力学量（或摩尔量）之间的关系相同。换言之，只要将以前所学过的热力学关系式中的广度量换成相对应的偏摩尔量，等式仍然成立。如将吉布斯-亥姆霍兹方程中的 G 和 H 换成相应的偏摩尔量 G_B 和 H_B，等式仍然成立，即 $\left[\dfrac{\partial (G_B / T)}{\partial T}\right]_p = -\dfrac{H_B}{T^2}$。

第 2 节　化学势和化学势判据

4.2.1 化学势的定义

4-2

多组分均相系统中，状态函数 U、H、A、G 等均是各自特征变量和各组分物质的量的函数，其全微分式可表示为

$$dU = \left(\frac{\partial U}{\partial S}\right)_{V,n_B} dS + \left(\frac{\partial U}{\partial V}\right)_{S,n_B} dV + \sum_B \left(\frac{\partial U}{\partial n_B}\right)_{S,V,n_C} dn_B = TdS - pdV + \sum_B \left(\frac{\partial U}{\partial n_B}\right)_{S,V,n_C} dn_B$$

$$\text{(4.2.1a)}$$

$$dH = \left(\frac{\partial H}{\partial S}\right)_{p,n_B} dS + \left(\frac{\partial H}{\partial p}\right)_{S,n_B} dp + \sum_B \left(\frac{\partial H}{\partial n_B}\right)_{S,p,n_C} dn_B = TdS + Vdp + \sum_B \left(\frac{\partial H}{\partial n_B}\right)_{S,p,n_C} dn_B$$

$$\text{(4.2.1b)}$$

$$dA = \left(\frac{\partial A}{\partial T}\right)_{V,n_B} dT + \left(\frac{\partial A}{\partial V}\right)_{T,n_B} dV + \sum_B \left(\frac{\partial A}{\partial n_B}\right)_{T,V,n_C} dn_B = -SdT - pdV + \sum_B \left(\frac{\partial A}{\partial n_B}\right)_{T,V,n_C} dn_B$$

$$\text{(4.2.1c)}$$

$$dG = \left(\frac{\partial G}{\partial T}\right)_{p,n_B} dT + \left(\frac{\partial G}{\partial p}\right)_{T,n_B} dp + \sum_B \left(\frac{\partial G}{\partial n_B}\right)_{T,p,n_C} dn_B = -SdT + Vdp + \sum_B \left(\frac{\partial G}{\partial n_B}\right)_{T,p,n_C} dn_B$$

$$\text{(4.2.1d)}$$

根据 $A = G - pV$，可以得到 dA 的另一种表达式

$$dA = dG - d(pV) = -SdT - pdV + \sum_B \left(\frac{\partial G}{\partial n_B}\right)_{T,p,n_C} dn_B$$

同理可得

$$dU = TdS - pdV + \sum_B \left(\frac{\partial G}{\partial n_B}\right)_{T,p,n_C} dn_B$$

$$dH = TdS + Vdp + \sum_B \left(\frac{\partial G}{\partial n_B}\right)_{T,p,n_C} dn_B$$

将各状态函数对应系数相比较，可得

$$\left(\frac{\partial U}{\partial n_B}\right)_{S,V,n_C} = \left(\frac{\partial H}{\partial n_B}\right)_{S,p,n_C} = \left(\frac{\partial A}{\partial n_B}\right)_{T,V,n_C} = \left(\frac{\partial G}{\partial n_B}\right)_{T,p,n_C}$$

定义

$$\mu_B \stackrel{\text{def}}{=} \left(\frac{\partial G}{\partial n_B}\right)_{T,p,n_C} = \left(\frac{\partial A}{\partial n_B}\right)_{T,V,n_C} = \left(\frac{\partial H}{\partial n_B}\right)_{S,p,n_C} = \left(\frac{\partial U}{\partial n_B}\right)_{S,V,n_C} \tag{4.2.2}$$

该强度性质称作组分 B 的化学势（chemical potential）。需要注意的是，式（4.2.2）中的四个偏导数中只有 $\left(\frac{\partial G}{\partial n_B}\right)_{T,p,n_C}$ 是偏摩尔量。

4.2.2 化学势判据

将式（4.2.2）中化学势的定义分别代入式（2.2.1）热力学基本方程中，得

$$dU = TdS - pdV + \sum_B \mu_B dn_B \tag{4.2.3a}$$

$$dH = TdS + Vdp + \sum_B \mu_B dn_B \tag{4.2.3b}$$

$$dA = -SdT - pdV + \sum_B \mu_B dn_B \tag{4.2.3c}$$

$$dG = -SdT + Vdp + \sum_B \mu_B dn_B \tag{4.2.3d}$$

这是一组适用于多组分均相系统（封闭系统或敞开系统均可）且无其他功过程的热力学基本方程。在封闭系统中，组分物质的量的变化源于系统内部的化学反应。

由式（4.2.3）即可以得到适用于多组分均相系统的统一判据

$$\sum_B \mu_B dn_B \leqslant 0 \quad \begin{matrix} < \text{自发} \\ = \text{平衡} \end{matrix} \tag{4.2.4}$$

称为化学势判据。式（4.2.4）适用于下列四种情况

$$dT = 0, dp = 0, \delta W' = 0$$
$$dT = 0, dV = 0, \delta W' = 0$$
$$dS = 0, dp = 0, \delta W' = 0$$
$$dS = 0, dV = 0, \delta W' = 0$$

多组分多相系统中的每一相均可视为一个开放的均相子系统。将多组分均相系统热力学基本方程［式（4.2.4）］应用于任一相 α，有

$$dU(\alpha) = TdS(\alpha) - pdV(\alpha) + \sum_B \mu_B(\alpha)dn_B(\alpha) \tag{4.2.5a}$$

$$dH(\alpha) = TdS(\alpha) + V(\alpha)dp + \sum_B \mu_B(\alpha)dn_B(\alpha) \tag{4.2.5b}$$

$$dA(\alpha) = -S(\alpha)dT - pdV(\alpha) + \sum_B \mu_B(\alpha)dn_B(\alpha) \tag{4.2.5c}$$

$$dG(\alpha) = -S(\alpha)dT + V(\alpha)dp + \sum_B \mu_B(\alpha)dn_B(\alpha) \tag{4.2.5d}$$

当系统处于热平衡和力平衡时，各相的强度性质 T、p 均相同。对系统内的所有相加和

$$dU = \sum_\alpha dU(\alpha) = TdS - pdV + \sum_\alpha \sum_B \mu_B(\alpha)dn_B(\alpha) \tag{4.2.6a}$$

$$dH = \sum_\alpha dH(\alpha) = TdS + Vdp + \sum_\alpha \sum_B \mu_B(\alpha)dn_B(\alpha) \tag{4.2.6b}$$

$$dA = \sum_{\alpha} dA(\alpha) = -SdT - pdV + \sum_{\alpha} \sum_{B} \mu_B(\alpha) dn_B(\alpha) \qquad (4.2.6c)$$

$$dG = \sum_{\alpha} dG(\alpha) = -SdT + Vdp + \sum_{\alpha} \sum_{B} \mu_B(\alpha) dn_B(\alpha) \qquad (4.2.6d)$$

式中，$S = \sum_{\alpha} S(\alpha)$，$V = \sum_{\alpha} V(\alpha)$，分别为系统的总熵和总体积。

式（4.2.6）是一组更普遍适用的多组分多相系统热力学基本方程，适用于封闭或开放多组分多相系统的无其他功过程，包括 $p\text{-}V\text{-}T$ 变化、相变化和化学变化过程。由式（4.2.6）可得多组分多相系统的化学势判据

$$\sum_{\alpha} \sum_{B} \mu_B(\alpha) \, dn_B(\alpha) \leqslant 0 \qquad \begin{array}{l} < 自发 \\ = 平衡 \end{array} \qquad (4.2.7)$$

式（4.2.7）适用于下列四种情况

$$dT = 0, dp = 0, \delta W' = 0$$
$$dT = 0, dV = 0, \delta W' = 0$$
$$dS = 0, dp = 0, \delta W' = 0$$
$$dS = 0, dV = 0, \delta W' = 0$$

（1）相变过程与化学势　设一定温度、压力下，多组分无其他功封闭系统内有 α、β 两相共存。假设无限小量的组分 B 由 α 相转移到 β 相，则 $-dn_B(\alpha) = dn_B(\beta) > 0$，此过程的吉布斯函数变为

$$dG_{T,p} = \mu_B(\alpha) dn_B(\alpha) + \mu_B(\beta) dn_B(\beta) = [\mu_B(\beta) - \mu_B(\alpha)] dn_B(\beta)$$

若此相变过程能够自发进行，则 $dG_{T,p} < 0$，即 $\mu_B(\alpha) > \mu_B(\beta)$。由此可见，对于相变过程，物质 B 总是从化学势高的相向化学势低的相转移。当物质 B 在两相中的化学势相等时，达到相平衡。

（2）化学变化与化学势　设均相反应 $2A \rightleftharpoons B$ 在等温、等压下进行。假设有无限小量的反应物 A 反应生成了产物 B，则 $-dn_A = 2dn_B > 0$，此过程的吉布斯函数变为

$$dG_{T,p} = \mu_A dn_A + \mu_B dn_B = (\mu_B - 2\mu_A) dn_B$$

当 $2\mu_A > \mu_B$ 时，$dG_{T,p} < 0$，反应自发进行；当 $2\mu_A = \mu_B$ 时，$dG_{T,p} = 0$，反应达到平衡。

在化学反应平衡一章中，将对化学反应过程进行更全面深入的讨论。

第3节　气体的化学势

4.3.1　气体的标准化学势

化学势 μ_B 是以能量为单位的特性函数（G，A，H，U）对组分 B 的偏微分，如式（4.2.1a）～式（4.2.1d）所示。能量函数的绝对值无法确定，这就要求在化学势的计算中选择一个共同的能量基准。

在化学热力学中，选择标准压力下，即 $p^\ominus = 100\text{kPa}$ 且具有理想气体性质的纯气体作为气体的标准态（standard state）。标准态下的偏摩尔吉布斯函数称为气体的标准化学势，用符号 $\mu^\ominus(g)$ 表示。

需要说明的是：① 不论是理想气体还是实际气体，纯气体还是混合气体，其标准态是

一致的，均规定为标准压力下具有理想气体性质的纯气体；② 气体的化学势不仅是压力的函数，也是温度的函数。气体标准态对温度没有限定，所以气体的标准化学势 $\mu^{\ominus}(g)$ 是温度的函数。

4.3.2 纯理想气体的化学势

纯理想气体与标准态下的理想气体仅仅是压力不同，所以纯理想气体 B 在温度 T、压力 p 下的化学势 μ^* 可设计如下过程求算：

$$
\text{B}(\text{pg},p^{\ominus}) \xrightarrow{\mathrm{d}T=0} \text{B}(\text{pg},p)
$$
$$
\mu^{\ominus} \qquad\qquad\qquad \mu^*
$$

对于纯气体 B，偏摩尔量 G_B 等于它的摩尔量 G_m，已知 $\left(\dfrac{\partial \mu}{\partial p}\right)_T = V_m$，因此有

$$
\Delta \mu^* = \int_{\mu^{\ominus}}^{\mu^*} \mathrm{d}\mu^* = \int_{\mu^{\ominus}}^{\mu^*} \mathrm{d}G_m = \int_{p^{\ominus}}^{p} V_m \mathrm{d}p = RT \int_{p^{\ominus}}^{p} \mathrm{d}\ln p = RT \ln\left(\frac{p}{p^{\ominus}}\right)
$$

所以

$$
\mu^*(T,p) = \mu^{\ominus}(T) + RT \ln\left(\frac{p}{p^{\ominus}}\right) \tag{4.3.1}
$$

式中，μ^* 是纯理想气体的化学势，是温度、压力的函数；$\mu^{\ominus}$ 是气体的标准化学势，由于是在给定的标准压力条件下，所以只是温度的函数。

4.3.3 混合理想气体的化学势

由于理想气体分子之间无相互作用，故在相同温度 T 下，理想气体混合物中分压 $p_B = p$ 的组分 B 等同于压力 p 下的纯理想气体 B；$p_B = p^{\ominus}$ 的组分 B 所处的状态也等同于气体的标准态；组分 B 在总压 p 下的偏摩尔体积与相同压力下的纯 B 摩尔体积也是相等的，$V_B = V_{m,B}^* = RT/p$。所以，理想气体混合物中组分 B 在温度 T、分压 p_B 下的化学势 μ_B 只需用 B 的分压 p_B 代替式(4.3.1) 中的压力 p，按下式计算即可：

$$
\mu_B = \mu^{\ominus}(T) + RT \ln\left(\frac{p_B}{p^{\ominus}}\right) \tag{4.3.2}
$$

4.3.4 纯实际气体的化学势

当 $p \rightarrow 0$ 时，分子间相互作用可以忽略，实际气体可看作理想气体。所以，纯实际气体 B 在温度 T、压力 p 下的化学势 $\mu^*(g)$ 可设计如下过程求算：

$$
\mu^* = \mu^{\ominus} + \Delta\mu = \mu^{\ominus} + \sum_{i=1}^{3} \Delta\mu_i
$$

对于纯气体 B，其偏摩尔量 G_B 即是它的摩尔量 G_m，因此

$$\Delta\mu_1 = \int_{p^\ominus}^p V_{m,B}^*(pg)\,dp = RT\ln\left(\frac{p}{p^\ominus}\right)$$

$$\Delta\mu_2 = \int_p^0 V_{m,B}^*(pg)\,dp$$

$$\Delta\mu_3 = \int_0^p V_{m,B}^*(g)\,dp$$

所以

$$\mu^*(T,p) = \mu^\ominus(T) + RT\ln\left(\frac{p}{p^\ominus}\right) + \int_0^p \left[V_{m,B}^*(g) - V_{m,B}^*(pg)\right]dp$$

$$= \mu^\ominus(T) + RT\ln\left(\frac{p}{p^\ominus}\right) + \int_0^p \left[V_{m,B}^*(g) - \frac{RT}{p}\right]dp \tag{4.3.3}$$

式中，μ^* 是纯实际气体的化学势，是温度、压力的函数；$\mu^\ominus$ 是气体的标准化学势，由于是在给定的标准压力条件下，所以只是温度的函数。

4.3.5 混合实际气体的化学势

实际气体混合物中组分 B 在温度 T、分压 p_B 下的化学势 $\mu_B(g)$ 可按照类似的方法，设计如下过程求算：

$$\mu_B = \mu_B^\ominus + \Delta\mu_B = \mu_B^\ominus + \sum_{i=1}^3 \Delta\mu_i$$

$$\Delta\mu_{B,1} = RT\ln\left(\frac{p_B}{p^\ominus}\right)$$

$$\Delta\mu_{B,2} = \int_p^0 V_B(pg)\,dp = \int_p^0 V_{m,B}^*(pg)\,dp$$

$$\Delta\mu_{B,3} = \int_0^p V_B(g)\,dp$$

$$\mu_B = \mu_B^\ominus + RT\ln\left(\frac{p_B}{p^\ominus}\right) + \int_0^p \left[V_B(g) - V_{m,B}^*(pg)\right]dp$$

$$= \mu_B^\ominus + RT\ln\left(\frac{p_B}{p^\ominus}\right) + \int_0^p \left[V_B(g) - \frac{RT}{p}\right]dp \tag{4.3.4}$$

式(4.3.4) 是适用于任何气体的普遍化公式。当应用于纯实际气体时，$p_B = p$，$V_B(g) = V_{m,B}^*(g)$，还原为式(4.3.3)；当应用于理想气体混合物时，$V_B(g) = V_{m,B}^*(pg) = RT/p$，还原为式(4.3.2)；当应用于纯理想气体时，$p_B = p$，$V_B(g) = V_{m,B}^*(pg) = RT/p$，还原为式(4.3.1)。

4.3.6 逸度与逸度因子

根据式(4.3.4)，求算实际气体混合物中组分 B 的化学势 μ_B，必须先要已知组分 B 的偏

摩尔体积 V_B 的表达式。V_B 的计算相当复杂，计算公式也不统一，给 μ_B 的计算和应用带来很大不便。为了使实际气体化学势的计算公式在形式上与较简单的理想气体的表达式相统一，最简便的方法是引入一个校正因子，把实际气体对理想气体的偏差完全放到对压力的校正上，该校正因子称为逸度因子或逸度系数（fugacity coefficient），用 φ 表示。

定义气体混合物中组分 B 的逸度因子 φ_B 为在温度 T、总压 p 下满足如下方程的物理量

$$\mu_B = \mu_B^{\ominus} + RT \ln \frac{\varphi_B p_B}{p^{\ominus}} \qquad (4.3.5)$$

逸度因子的量纲为 1。

气体混合物中组分 B 的分压 p_B 与其逸度因子 φ_B 的乘积称为组分 B 的逸度（fugacity），用符号 $\widetilde{p}_B$ 表示，即

$$\widetilde{p}_B \stackrel{\text{def}}{=} \varphi_B p_B$$

逸度与压力具有相同的量纲。

逸度也称为有效压力（effective pressure）。对于理想气体，由于分子间无相互作用，其压力百分之百有效，逸度因子等于 1。所以，纯理想气体的逸度就是它的压力，$\widetilde{p} = p$；理想气体混合物中某组分的逸度就是该组分的分压，$\widetilde{p}_B = p_B$。

将逸度定义代入式(4.3.5)，可得实际气体化学势计算公式

$$\mu_B = \mu_B^{\ominus} + RT \ln\left(\frac{\widetilde{p}_B}{p^{\ominus}}\right) \qquad (4.3.6)$$

该表达式在形式上与理想气体化学势计算公式完全一致，只是用逸度代替了压力。比较式(4.3.6) 和式(4.3.4)，可得逸度因子表达式

$$\varphi_B = \frac{\widetilde{p}_B}{p_B} = \exp\int_0^p \left[\frac{V_B(g)}{RT} - \frac{1}{p}\right] dp \qquad (4.3.7)$$

（1）纯实际气体逸度计算　　逸度的计算也就是逸度因子的计算。对于纯实际气体，$p_B = p$，$V_B(g) = V_{m,B}^*(g)$，式(4.3.7) 简化为

$$\varphi = \exp\int_0^p \left[\frac{V_{m,B}^*(g)}{RT} - \frac{1}{p}\right] dp$$

取对数，得

$$\ln\varphi = \int_0^p \left[\frac{V_{m,B}^*(g)}{RT} - \frac{1}{p}\right] dp \qquad (4.3.8)$$

对于纯实际气体，根据不同压力下摩尔体积的实验数据，就可以通过数值积分，求得其在任一压力下的逸度因子 φ。这种方法需要大量的摩尔体积数据，使其应用受到很大限制。

对应状态法是工程上估算逸度因子的常用方法。根据压缩因子的定义，摩尔体积可表达为 $V_{m,B}^*(g) = \dfrac{ZRT}{p}$。将其代入式(4.3.8)，得

$$\ln\varphi = \int_0^p (Z-1) \frac{dp}{p}$$

将 $p = p_r p_c$ 代入上式，有

$$\ln\varphi = \int_0^{p_r} (Z-1) \frac{dp_r}{p_r} \qquad (4.3.9)$$

式（4.3.9）表明，气体的逸度因子仅由压缩因子和对比压力两个共性因素决定。根据对应状态原理，不同气体在相同的对比温度 T_r 和对比压力 p_r 下（即对应状态下）具有大致相同的压缩因子。根据式（4.3.9），其逸度因子也必然大致相同。普遍化逸度因子图（如图 4-2 所示），亦称牛顿（Newton）图，正是根据这一原理由普遍化压缩因子图演化而来。

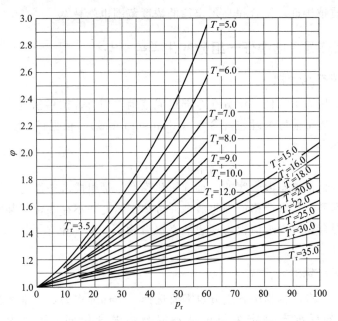

图 4-2 普遍化逸度因子图（牛顿图）

（2）实际气体混合物逸度计算 在实际气体混合物中，各组分不同分子间的相互作用与纯组分同类分子间的相互作用不同，所以纯气体的逸度因子与其在混合物中的逸度因子并不相同。

对式（4.3.7）取对数，得

$$\ln\varphi_B = \int_0^p \left[\frac{V_B(g)}{RT} - \frac{1}{p} \right] dp \tag{4.3.10}$$

由于 V_B 的计算非常复杂，使 φ_B 的求算很困难。

路易斯-兰德尔（Lewis-Randall）提出了一个解决实际气体混合物逸度计算的近似方案：组分 B 的逸度 $\widetilde{p}_B$ 等于其摩尔分数 y_B 与同温、同压下纯气体 B 逸度 $\widetilde{p}_B^*$ 的乘积

$$\widetilde{p}_B = \widetilde{p}_B^* y_B$$

该式称为路易斯-兰德尔逸度规则。路易斯-兰德尔逸度规则解决了气体混合物中组分逸度计算的问题。但这一规则显然是近似的，压力越高，偏差越大。在含极性组分体系中偏差也往往较大。

第 4 节　液态混合物中各组分的化学势

4-3

4.4.1　拉乌尔定律

蒸气压是液态混合物和溶液的一个重要性质。1886 年，拉乌尔（F. M. Raoult）在研究稀溶液性质时，从大量实验数据中归纳得出：在一定的温度、压力下，稀溶液中溶剂 A 的蒸气压等于其摩尔分数与同温、同压下纯溶剂饱和蒸气压的乘积。该经验定律称为拉乌尔

定律（Raoult's law），其数学表达式为

$$p_A = p_A^* x_A \quad (x_A \rightarrow 1) \tag{4.4.1}$$

式中，p_A、p_A^* 和 x_A 分别为溶剂 A 的蒸气压、饱和蒸气压和摩尔分数。

拉乌尔定律描述的是所有稀溶液的溶剂蒸气压的共性。溶液浓度越低，该定律越准确；溶质与溶剂的性质越接近，符合拉乌尔定律的浓度范围也就越宽。

4.4.2 理想液态混合物中任一组分的化学势

4.4.2.1 理想液态混合物

将一定温度、压力下，任一组分在全部组成范围内均符合拉乌尔定律的液态混合物称为理想液态混合物，通常简称为理想混合物（ideal solutions）。根据该定义，理想液态混合物中任一组分 B 的蒸气压为

$$p_B = p_B^* x_B \quad (0 \leqslant x_B \leqslant 1) \tag{4.4.2}$$

理想液态混合物是液态混合物的一种理想化模型，是组成液态混合物所有组分的性质无限接近时的极限模型。尽管严格的理想液态混合物实际上并不存在，但某些性质非常接近的物质构成的液体混合物可以近似视为理想液态混合物，如邻二甲苯-间二甲苯混合物、苯-甲苯混合物等。

4.4.2.2 液态混合物的标准态

与气体一样，液态混合物中各组分也需要选择一个标准作为热力学计算的参考态。液态混合物中组分 B 的标准态规定为与该液态混合物温度相同、压力为标准压力（$p^\ominus = 100\text{kPa}$）下的纯液体 B，其化学势记为 $\mu_{B(l)}^\ominus$，称为组分 B 的标准化学势。

4.4.2.3 理想液态混合物中任一组分的化学势

在一定温度 T、压力 p 下，理想液态混合物与气相达成平衡时，任一组分 B 在液相中的化学势 $\mu_{B(l)}$ 等于它在气相中的化学势 $\mu_{B(g)}$，即

$$\mu_{B(l)} = \mu_{B(g)}$$

通常液态混合物的蒸气压不高，所以平衡气相可以近似看作理想气体混合物。根据式（4.3.2），组分 B 在气相中的化学势并结合拉乌尔定律，得

$$\mu_{B(g)} = \mu_{B(g)}^\ominus + RT\ln\left(\frac{p_B}{p^\ominus}\right)$$

$$= \mu_{B(g)}^\ominus + RT\ln\left(\frac{p_B^* x_B}{p^\ominus}\right)$$

$$= \mu_{B(g)}^\ominus + RT\ln\left(\frac{p_B^*}{p^\ominus}\right) + RT\ln x_B$$

所以

$$\mu_{B(l)} = \mu_{B(g)}^\ominus + RT\ln\left(\frac{p_B^*}{p^\ominus}\right) + RT\ln x_B \tag{4.4.3}$$

式（4.4.3）中 $\mu_{B(g)}^\ominus + RT\ln(p_B^*/p^\ominus)$ 项是 $x_B = 1$ 时组分 B 的化学势，即纯液体 B 在相同温度 T、压力 p 下的化学势，用符号 $\mu_{B(l)}^*$ 表示，则

$$\mu_{B(l)}^* = \mu_{B(g)}^\ominus + RT\ln\left(\frac{p_B^*}{p^\ominus}\right) \tag{4.4.4}$$

将式(4.4.4)代入式(4.4.3)中，得

$$\mu_{B(l)} = \mu_{B(l)}^* + RT\ln x_B \qquad (4.4.5)$$

对于一定温度下的纯液体 B，有 $\mathrm{d}\mu_{B(l)}^* = V_{m,B(l)}^* \mathrm{d}p$，所以相同温度 T、压力 p 下纯液体 B 的化学势

$$\mu_{B(l)}^* = \mu_{B(l)}^{\ominus} + \int_{p^{\ominus}}^{p} V_{m,B(l)}^* \mathrm{d}p \qquad (4.4.6)$$

将上式代入式(4.4.5)，得

$$\mu_{B(l)} = \mu_{B(l)}^{\ominus} + RT\ln x_B + \int_{p^{\ominus}}^{p} V_{m,B(l)}^* \mathrm{d}p \qquad (4.4.7)$$

当 p 与 $p^{\ominus}$ 相差不大时，上式中的积分项可以忽略不计，则有

$$\mu_{B(l)} = \mu_{B(l)}^{\ominus} + RT\ln x_B \qquad (4.4.8)$$

式中，$\mu_{B(l)}$ 是液态混合物中组分 B 的化学势，是温度、压力的函数；$\mu_{B(l)}^{\ominus}$ 是液态混合物中组分 B 的标准化学势，因为是在标准压力条件下，所以只是温度的函数。

4.4.3 理想液态混合物的混合性质

液态混合物的混合性质（the thermodynamics of mixing）是指在等温、等压条件下，由纯组分混合，得到液态混合物的混合过程中，各种热力学性质的改变。

设 X 是液态混合物的任一广度性质，则 X 的混合性质可以用如下通式表示：

$$\Delta_{mix}X = \sum_B n_B X_B - \sum_B n_B X_{m,B}^* \qquad (4.4.9)$$

下面分别讨论理想液态混合物的几个重要混合性质。

4.4.3.1 混合体积 $\Delta_{mix}V$

理想液态混合物任一组分 B 的偏摩尔体积

$$V_B = \left(\frac{\partial \mu_{B(l)}}{\partial p}\right)_{T,x_B} = \left[\frac{\partial(\mu_{B(l)}^* + RT\ln x_B)}{\partial p}\right]_{T,x_B} = \left(\frac{\partial \mu_{B(l)}^*}{\partial p}\right)_{T,x_B} = V_{m,B}^*$$

所以

$$\Delta_{mix}V = \sum_B n_B V_B - \sum_B n_B V_{m,B}^* = 0 \qquad (4.4.10)$$

即在等温、等压条件下，由纯组分到液态混合物的混合过程是一个等体积过程。

4.4.3.2 混合焓 $\Delta_{mix}H$

根据理想液态混合物中任一组分 B 的化学势表达式(4.4.5)有

$$\frac{\mu_{B(l)}}{T} = \frac{\mu_{B(l)}^*}{T} + R\ln x_B$$

在等压且组成不变条件下，对上式求偏微分，得

$$\left(\frac{\partial(\mu_{B(l)}/T)}{\partial T}\right)_{p,x_B} = \left(\frac{\partial(\mu_{B(l)}^*/T)}{\partial T}\right)_{p,x_B}$$

根据吉布斯-亥姆霍兹方程，有

$$H_B = H_{m,B}^*$$

所以

$$\Delta_{mix}H = \sum_B n_B H_B - \sum_B n_B H_{m,B}^* = 0 \qquad (4.4.11)$$

即在等温等压条件下，由纯组分到液态混合物的混合过程是一个熵变为零的过程。由于该过程是在等压过程中完成的，所以该过程没有热效应。

4.4.3.3　混合熵 $\Delta_{mix}S$

由热力学函数关系式可知：

$$S_B = -\left(\frac{\partial G_B}{\partial T}\right)_{p,x_B}$$

将理想液态混合物任一组分 B 的化学势代入，则偏摩尔熵为

$$
\begin{aligned}
S_B &= -\left(\frac{\partial G_B}{\partial T}\right)_{p,x_B} = -\left(\frac{\partial \mu_{B(l)}}{\partial T}\right)_{p,x_B} = -\left(\frac{\partial(\mu_{B(l)}^* + RT\ln x_B)}{\partial T}\right)_{p,x_B} \\
&= -\left(\frac{\partial \mu_{B(l)}^*}{\partial T}\right)_{p,x_B} - R\ln x_B = -\left(\frac{\partial G_{m,B}^*}{\partial T}\right)_{p,x_B} - R\ln x_B \\
&= S_{m,B}^* - R\ln x_B
\end{aligned}
$$

所以

$$\Delta_{mix}S = \sum_B n_B S_B - \sum_B n_B S_{m,B}^* = -\sum_B n_B R\ln x_B \tag{4.4.12a}$$

两边同除以 $n = \sum\limits_B n_B$，得

$$\Delta_{mix}S_m = -\sum_B x_B R\ln x_B > 0 \tag{4.4.12b}$$

即在等温等压条件下，由纯组分到液态混合物的混合过程是一个熵增的过程。

4.4.3.4　混合吉布斯函数 $\Delta_{mix}G$

$$
\begin{aligned}
\Delta_{mix}G &= \sum_B n_B G_B - \sum_B n_B G_{m,B}^* = \sum_B n_B \mu_{B(l)} - \sum_B n_B \mu_{B(l)}^* \\
&= \sum_B n_B(\mu_{B(l)}^* + RT\ln x_B) - \sum_B n_B \mu_{B(l)}^* \\
&= \sum_B n_B RT\ln x_B
\end{aligned} \tag{4.4.13a}
$$

两边同除以 $n = \sum\limits_B n_B$，得

$$\Delta_{mix}G_m = \sum_B x_B RT\ln x_B < 0 \tag{4.4.13b}$$

即在等温等压条件下，由纯组分到液态混合物的混合过程是一个吉布斯函数降低的过程。

4.4.4　实际液态混合物中任一组分的化学势

实际液态混合物中，各组分的化学势与其在理想液态混合物中的化学势并不相同。为了保持化学势表达式在形式上的统一，引入一个校正因子，把相对于理想液态混合物的偏差完全放到浓度项上来校正，该校正因子称为活度因子或活度系数（activity coefficient），校正后的浓度称为活度（activity）。

一定温度 T、压力 p 下，实际液态混合物中组分 B 的活度因子 γ_B 和活度 a_B 分别定义为满足下列方程的物理量：

$$\mu_{B(l)} = \mu_{B(l)}^* + RT\ln\gamma_B x_B \tag{4.4.14}$$

$$\mu_{B(l)} = \mu_{B(l)}^* + RT\ln a_B \tag{4.4.15}$$

显然

$$\gamma_B = a_B / x_B \tag{4.4.16}$$

活度因子的量纲为 1，活度具有与浓度相同的量纲，也称为有效浓度。当 $x_B \rightarrow 1$ 时，$\mu_{B(l)} \rightarrow \mu_{B(l)}^*$，必然有 $\lim\limits_{x_B \rightarrow 1} a_B = 1$。所以，当 $x_B \rightarrow 1$ 时，$\lim\limits_{x_B \rightarrow 1} \gamma_B = 1$。

实际液态混合物中，组分 B 的标准态仍然采用同温度、标准压力下的纯液体 B。所以，任一压力 p 下组分 B 的化学势为

$$\mu_{B(l)} = \mu_{B(l)}^{\ominus} + RT \ln a_B + \int_{p^\ominus}^{p} V_{m,B(l)}^* \, dp \tag{4.4.17}$$

常压下近似有

$$\mu_{B(l)} = \mu_{B(l)}^{\ominus} + RT \ln a_B \tag{4.4.18}$$

活度的计算本质上是活度因子的测定，有关实际液态混合物中各组分活度因子的测定方法，将在后面单独讨论。

第 5 节　溶液中各组分的化学势

4-4

4.5.1　亨利定律

1803 年，亨利（W. Henry）在研究气体在液体中的溶解行为时，从大量实验事实中发现：一定温度下，稀溶液中挥发性溶质在气相中的平衡分压与其在溶液中的浓度成正比。这一规律称为亨利定律（Henry's law）。由于溶液浓度的标度不同，亨利定律的数学表达式可以有不同的形式：

$$p_B = k_{x,B} x_B \qquad (x_B \rightarrow 0) \tag{4.5.1a}$$

$$p_B = k_{b,B} b_B \qquad (b_B \rightarrow 0) \tag{4.5.1b}$$

$$p_B = k_{c,B} c_B \qquad (c_B \rightarrow 0) \tag{4.5.1c}$$

式中，p_B 是挥发性溶质 B 在气相中的平衡分压；x_B、b_B 和 c_B 分别为溶质 B 的摩尔分数、质量摩尔浓度和物质的量浓度；$k_{x,B}$、$k_{b,B}$ 和 $k_{c,B}$ 分别称作溶质 B 在三种浓度标度下的亨利系数，其单位分别为 Pa、Pa·(mol·kg^{-1})$^{-1}$ 和 Pa·(mol·m^{-3})$^{-1}$。因为溶质在不同温度下的挥发度不同，所以亨利系数均是温度的函数。

亨利定律和拉乌尔定律均是仅适用于稀溶液的经验定律，溶液越稀越准确。拉乌尔定律描述的是稀溶液中溶剂浓度与其蒸气压的关系，而亨利定律描述的是稀溶液中挥发性溶质的浓度与其在气相中的分压的关系。

以二组分系统的组分蒸气压与组成的关系为例，在一定温度下，液体 A、B 以不同的摩尔比混合，组分 A、B 在气相中的平衡分压与

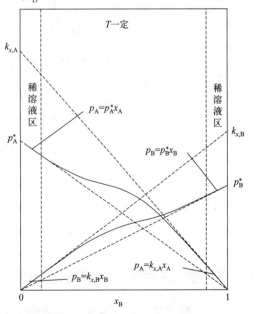

图 4-3　完全互溶二组分系统组分蒸气压与组成的关系

组成的关系如图 4-3 所示。在 A、B 蒸气分压曲线下面的两条虚直线分别代表按拉乌尔定律计算的 A、B 的平衡分压；在 A、B 蒸气分压曲线上面的两条虚直线分别代表按亨利定律计算的 A、B 的平衡分压。图 4-3 中有两个稀溶液区：在左侧稀溶液区中 A 为溶剂，A 的气相平衡分压与拉乌尔定律的计算结果相一致，B 的气相平衡分压与亨利定律的计算结果相一致；在右侧稀溶液区中 B 为溶剂，A 的气相平衡分压与亨利定律的计算结果相一致，B 的气相平衡分压与拉乌尔定律的计算结果相一致。

4.5.2　理想稀溶液中溶剂的化学势

理想稀溶液（ideal-dilute solutions）是指浓度无限接近于零的稀溶液。理想稀溶液是溶液的理想化极限模型，其浓度无限接近于零。因此，其溶剂符合拉乌尔定律，溶质符合亨利定律。

如果将与溶液成相平衡的气相视为理想气体混合物，并选择理想稀溶液中溶剂的标准态与理想液态混合物中各组分的标准态相同（即相同温度、标准压力下的纯溶剂），则理想稀溶液中溶剂的化学势计算公式必然与理想液态混合物中任一组分化学势公式相同。通常用 A 表示溶剂，以 B、C 等表示溶质，则在温度 T、压力 p 下，溶剂浓度为 x_A 的理想稀溶液中溶剂 A 的化学势为

$$\mu_{A(l)} = \mu_{A(l)}^{\ominus} + RT\ln x_A + \int_{p^{\ominus}}^{p} V_{m,A(l)}^{*}\,\mathrm{d}p \tag{4.5.2}$$

当 p 与 $p^{\ominus}$ 相差不大时，溶剂 A 的化学势近似为

$$\mu_{A(l)} = \mu_{A(l)}^{\ominus} + RT\ln x_A \tag{4.5.3}$$

通常用溶质 B 的浓度，而不是溶剂 A 的浓度来表示溶液的组成。最常用的浓度标度是质量摩尔浓度，$b_B = n_B/m_A$。x_A 与 b_B 之间的换算关系如下

$$x_A = n_A / \left(n_A + \sum_B n_B\right) = (m_A/M_A) / \left(m_A/M_A + \sum_B n_B\right)$$

$$= 1/\left(1 + M_A \sum_B n_B/m_A\right) = 1/\left(1 + M_A \sum_B b_B\right)$$

式中，m_A、M_A 分别为溶剂 A 的质量和摩尔质量。理想稀溶液中，$b_B \to 0$，所以 $M_A \sum_B b_B \ll 1$。因此

$$\ln x_A = -\ln\left(1 + M_A \sum_B b_B\right) \approx -M_A \sum_B b_B$$

将上式代入式(4.5.2)，即可得到用溶质浓度 b_B 表示的溶剂 A 的化学势

$$\mu_{A(l)} = \mu_{A(l)}^{\ominus} - RTM_A \sum_B b_B + \int_{p^{\ominus}}^{p} V_{m,A(l)}^{*}\,\mathrm{d}p \tag{4.5.4}$$

常压下积分项可以忽略，得

$$\mu_{A(l)} = \mu_{A(l)}^{\ominus} - RTM_A \sum_B b_B \tag{4.5.5}$$

4.5.3　理想稀溶液中溶质的化学势

在一定温度 T、压力 p 下，溶液中溶质（solute，记作 sol）的化学势 $\mu_{B(sol)}$ 等于平衡气相中 B 的化学势 $\mu_{B(g)}$。若将气相视作理想气体混合物，则有

$$\mu_{B(sol)} = \mu_{B(g)} = \mu_{B(g)}^{\ominus} + RT\ln\left(\frac{p_B}{p^{\ominus}}\right) = \mu_{B(g)}^{\ominus} + RT\ln\left(\frac{k_{b,B}b_B}{p^{\ominus}}\right)$$

$$= \mu_{B(g)}^{\ominus} + RT\ln\left(\frac{k_{b,B}b^{\ominus}}{p^{\ominus}}\right) + RT\ln\left(\frac{b_B}{b^{\ominus}}\right) \tag{4.5.6}$$

规定溶液中溶质的标准态为：相同温度 T、标准压力 $p^{\ominus} = 100\text{kPa}$ 和标准质量摩尔浓度 $b^{\ominus} = 1\text{mol} \cdot \text{kg}^{-1}$ 下具有理想稀溶液性质的状态。其化学势记为 $\mu_{B(sol)}^{\ominus}$，称为溶质 B 的标准化学势。当溶液的浓度等于标准质量摩尔浓度 $b^{\ominus}$ 时，溶液不再是稀溶液，当然也就不符合亨利定律。因此，该标准态并不是一个实际存在的状态，而是一个假想态。

式 (4.5.6) 中 $\mu_{B(g)}^{\ominus} + RT\ln(k_{b,B}b^{\ominus}/p^{\ominus})$ 项是溶液处于温度 T 和压力 p 下，$b_B = b^{\ominus}$ 并符合亨利定律时溶质 B 的化学势。该状态与溶质 B 的标准态仅仅是压力不同，所以溶质 B 的标准化学势可以按下式计算：

$$\mu_{B(sol)}^{\ominus} = \mu_{B(g)}^{\ominus} + RT\ln\left(\frac{k_{b,B}b^{\ominus}}{p^{\ominus}}\right) + \int_p^{p^{\ominus}} V_{B(sol)}^{\infty} \, \mathrm{d}p$$

式中，$V_{B(sol)}^{\infty}$ 是该温度下无限稀溶液中溶质 B 的偏摩尔体积。

将上式代入式 (4.5.6)，得

$$\mu_{B(sol)} = \mu_{B(sol)}^{\ominus} + RT\ln\left(\frac{b_B}{b^{\ominus}}\right) + \int_{p^{\ominus}}^{p} V_{B(sol)}^{\infty} \, \mathrm{d}p \tag{4.5.7}$$

当 p 与 $p^{\ominus}$ 相差不大时，上式可以近似为

$$\mu_{B(sol)} = \mu_{B(sol)}^{\ominus} + RT\ln\left(\frac{b_B}{b^{\ominus}}\right) \tag{4.5.8}$$

用相同的方法可以推导得到其他组成标度表示的溶质化学势表达式。用物质的量浓度 c_B 表示的溶质的化学势为

$$\mu_{B(sol)} = \mu_{c,B(sol)}^{\ominus} + RT\ln\left(\frac{c_B}{c^{\ominus}}\right) + \int_{p^{\ominus}}^{p} V_{B(sol)}^{\infty} \, \mathrm{d}p$$

$$\approx \mu_{c,B(sol)}^{\ominus} + RT\ln\left(\frac{c_B}{c^{\ominus}}\right) \tag{4.5.9}$$

式中，$\mu_{c,B(sol)}^{\ominus}$ 为用物质的量浓度表示的溶质 B 的标准化学势，其所对应的标准态为：相同温度 T、标准压力 $p^{\ominus} = 100\text{kPa}$ 下，浓度为标准物质的量浓度 $c^{\ominus} = 1\text{mol} \cdot \text{m}^{-3}$，且具有理想稀溶液性质的状态。该标准态也是一个实际上并不存在的假想态。

用摩尔分数 x_B 表示的溶质的化学势为

$$\mu_{B(sol)} = \mu_{x,B(sol)}^{\ominus} + RT\ln x_B + \int_{p^{\ominus}}^{p} V_{B(sol)}^{\infty} \, \mathrm{d}p$$

$$\approx \mu_{x,B(sol)}^{\ominus} + RT\ln x_B \tag{4.5.10}$$

式中，$\mu_{x,B(sol)}^{\ominus}$ 为用摩尔分数表示的溶质 B 的标准化学势，其所对应的标准态为相同温度 T、标准压力 $p^{\ominus} = 100\text{kPa}$ 下，$x_B = 1$ 且具有理想稀溶液性质的状态。同样，该标准态也是一个假想态。

例题 4.5.1 在常压、定温下，溶质 B 与完全不互溶的两个液体均形成理想稀溶液，并在两相间达成平衡。

试证明：溶质 B 在两液相中的质量摩尔浓度之比为一常数。

证明： 设两液相分别为 α 相和 β 相。常压下，溶质 B 在两相中的化学势分别为

$$\mu_{B(\alpha)} = \mu_{B(\alpha)}^{\ominus} + RT\ln\left(\frac{b_{B(\alpha)}}{b^{\ominus}}\right) \text{ 和 } \mu_{B(\beta)} = \mu_{B(\beta)}^{\ominus} + RT\ln\left(\frac{b_{B(\beta)}}{b^{\ominus}}\right)$$

当溶质 B 在两相间达到平衡时，两者相等

$$\mu_{B(\alpha)}^{\ominus} + RT\ln\left(\frac{b_{B(\alpha)}}{b^{\ominus}}\right) = \mu_{B(\beta)}^{\ominus} + RT\ln\left(\frac{b_{B(\beta)}}{b^{\ominus}}\right)$$

$$\ln\left(\frac{b_{B(\alpha)}}{b_{B(\beta)}}\right) = \frac{\mu_{B(\beta)}^{\ominus} - \mu_{B(\alpha)}^{\ominus}}{RT}$$

在一定温度下，$\mu_{B(\alpha)}^{\ominus}$ 和 $\mu_{B(\beta)}^{\ominus}$ 均为常数，所以溶质 B 在两液相中的质量摩尔浓度之比是一常数

$$K = \frac{b_{B(\alpha)}}{b_{B(\beta)}}$$

得证。

该规律称为能斯特（H. W. Nernst）分配定律，浓度比 K 称为分配系数。同理可证，采用物质的量浓度或摩尔分数作为组成标度时，能斯特分配定律仍然成立，则有

$$K_c = \frac{c_{B(\alpha)}}{c_{B(\beta)}}$$

$$K_x = \frac{x_{B(\alpha)}}{x_{B(\beta)}}$$

需要注意的是，上述推导中，采用的理想稀溶液溶质化学势计算公式，在压力与标准压力相差不大时，才成立。因此，溶液浓度偏离理想稀溶液越大，或者压力越高，按上述公式计算所得分配系数的偏差也将越大。

4.5.4　稀溶液的依数性

稀溶液的依数性（colligative properties）是指那些只与溶液中溶质（分子、原子和离子等）的数量有关，而与溶质的特性无关的性质，如凝固点降低、沸点升高、蒸气压下降和渗透压等。

（1）蒸气压下降　在一定温度 T 下，当液体 A 中溶入溶质 B 形成稀溶液时，A 的蒸气压

$$p_A = p_A^* x_A$$

该蒸气压与纯溶剂 A 在相同温度下的饱和蒸气压 p_A^* 的差值为

$$\Delta p_A = p_A - p_A^* = p_A^*(x_A - 1) = -p_A^* x_B < 0$$

上式说明，稀溶液中，溶剂的蒸气压低于相同温度下纯溶剂的饱和蒸气压。溶剂蒸气压下降的幅度只与溶质的摩尔分数成正比，而与溶质的种类和特性无关。

蒸气压下降是稀溶液非常重要的一个依数性。正是由于溶剂的蒸气压下降，使相同温度下溶剂 A 在气相中的化学势低于纯溶剂 A 的饱和蒸气的化学势：

$$\mu_{A(g)} = \mu_{A(g)}^{\ominus} + RT\ln\left(\frac{p_A}{p^{\ominus}}\right) < \mu_{A(g)}^{\ominus} + RT\ln\left(\frac{p_A^*}{p^{\ominus}}\right)$$

溶剂 A 的化学势低于纯液体 A 的化学势：

$$\mu_{A(l)} = \mu_{A(l)}^* + RT\ln x_A < \mu_{A(l)}^*$$

两相平衡时化学势相等，依据该原理可推导其他稀溶液的依数性。

（2）凝固点降低和沸点升高　在一定外压下，稀溶液逐渐冷却，开始析出固体时的平衡温度称为该稀溶液的凝固点；稀溶液逐渐加热，当溶剂的蒸气压等于外压时的平衡温度称为该稀溶液的沸点。

一定温度、压力下，质量摩尔浓度为 b_B 的稀溶液与固体纯溶剂 A 达到析出平衡时，有

$$\mu^*_{A(s)} = \mu_{A(l)} = \mu^\ominus_{A(l)} + RT\ln x_A$$

$$R\ln x_A = -\frac{\mu^*_{A(s)} - \mu^\ominus_{A(l)}}{T}$$

在等压条件下对上式微分，有

$$R\,d\ln(1-x_B) = -\left[\frac{\partial}{\partial T}\left(\frac{\mu^\ominus_{A(l)} - \mu^*_{A(s)}}{T}\right)\right]_p dT = \frac{1}{T^2}(H^\ominus_{A(l)} - H^*_{m,A(s)})dT$$

式中，$H^*_{m,A(s)}$ 为固体纯溶剂 A 的摩尔焓；$H^\ominus_{A(l)}$ 为溶剂 A 处于标准态时的偏摩尔焓。

在稀溶液中 $H^\ominus_{A(l)}$ 近似等于纯溶剂 A 的摩尔焓 $H^*_{m,A(l)}$，所以 $H^\ominus_{A(l)} - H^*_{m,A(s)}$ 近似等于纯溶剂 A 的摩尔熔化焓 $\Delta_{fus}H^*_{m,A}$，常压下 $\Delta_{fus}H^*_{m,A} \approx \Delta_{fus}H^\ominus_{m,A}$。对上式积分

$$R\int_0^{x_B} d\ln(1-x_B) = \int_{T_f^*}^{T_f} \frac{\Delta_{fus}H^\ominus_{m,A}}{T^2}dT$$

若温度变化不大时，可以将 $\Delta_{fus}H^\ominus_{m,A}$ 看成与温度无关的常数，得

$$R\ln(1-x_B) = -\frac{\Delta_{fus}H^\ominus_{m,A}}{T_f T_f^*}(T_f^* - T_f)$$

因为凝固点变化不大，所以 $T_f T_f^* \approx (T_f^*)^2$。可得凝固点降低值

$$\Delta T_f = T_f^* - T_f = -\frac{R(T_f^*)^2}{\Delta_{fus}H^\ominus_{m,A}}\ln(1-x_B) \qquad (4.5.11)$$

对于稀溶液 $\ln(1-x_B) \approx -M_A\sum_B b_B$，所以

$$\Delta T_f = K_f b_B \qquad (4.5.12)$$

式中，$K_f = RM_A(T_f^*)^2/\Delta_{fus}H^\ominus_{m,A}$，是一个仅与溶剂性质有关的常数，称为凝固点降低系数。

上式说明，稀溶液中，溶剂的凝固点降低值只与溶质的质量摩尔浓度成正比，而与溶质的种类和特性无关。

用相同的方法，可以推导出一定压力下稀溶液中溶剂的沸点升高公式：

$$\Delta T_b = T_b - T_b^* = K_b b_B \qquad (4.5.13)$$

$$K_b = \frac{RM_A(T_b^*)^2}{\Delta_{vap}H^\ominus_{m,A}} \qquad (4.5.14)$$

式中，T_b^* 为压力 p 下纯溶剂的沸点；T_b 为相同压力下溶液浓度为 b_B 时溶剂的沸点；$\Delta_{vap}H^\ominus_{m,A}$ 为纯溶剂 A 的标准摩尔汽化焓；K_b 是一个仅与溶剂性质有关的常数，称为沸点升高系数。

稀溶液中，溶剂的沸点升高值也只与溶质的质量摩尔浓度成正比，而与溶质的种类和特性无关。

（3）渗透压　将以液体 A 为溶剂的稀溶液和纯溶剂 A 用一个只能通过溶剂 A 分子的半透膜隔开，物质总是由高浓度的区域向低浓度的区域扩散，所以 A 分子将由纯溶剂一侧向浓度较低的溶液一侧移动，这种现象称为渗透（osmosis）。渗透使溶液一侧的液面不断升高

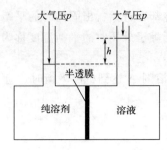

图 4-4　渗透平衡示意图

直至达到平衡，如图 4-4 所示。这种溶剂在膜两侧的平衡称为渗透平衡（osmotic equilibrium）。设达到渗透平衡时溶液的密度为 ρ，渗透膜两侧的液面差为 h，则在渗透膜两侧同一高度，溶液一侧的压力比纯溶剂一侧的压力高出 ρgh，其中 g 为重力加速度。渗透膜两侧的压力差 ρgh 称为渗透压（osmotic pressure），用 Π 表示。

渗透的根本原因是纯溶剂 A 的化学势比稀溶液中溶剂 A 的化学势高。在温度 T、外压 p 下，达到渗透平衡时，稀溶液中溶剂 A 的化学势 $\mu_{A(l)}$ 与纯溶剂 A 的化学势 $\mu_{A(l)}^{*}$ 相等。在恒温条件下 $\mu_{A(l)}^{*}$ 是一常量，而 $\mu_{A(l)}$ 是压力 p 和浓度 b_B 的函数，所以

$$\mathrm{d}\mu_{A(l)}=\left(\frac{\partial \mu_{A(l)}}{\partial p}\right)_{T,b_B}\mathrm{d}p+\left(\frac{\partial \mu_{A(l)}}{\partial b_B}\right)_{T,p}\mathrm{d}b_B=V_{m,A(l)}^{*}\mathrm{d}p+\left(\frac{\partial \mu_{A(l)}}{\partial b_B}\right)_{T,p}\mathrm{d}b_B=0$$

压力 p 和 $p^{\ominus}$ 相差不大时，$\mu_{A(l)}=\mu_{A(l)}^{\ominus}-RTM_A b_B$，代入上式，得

$$V_{m,A(l)}^{*}\mathrm{d}p-RTM_A\mathrm{d}b_B=0$$

设当浓度由 0 增加到 b_B 时，溶液的压力由 p 增加到 $p+\Pi$。对上式进行定积分，得

$$\int_{p}^{p+\Pi}V_{m,A(l)}^{*}\mathrm{d}p=RTM_A\int_{0}^{b_B}\mathrm{d}b_B$$

压力变化不大时，$V_{m,A(l)}^{*}$ 可视为常数，所以

$$V_{m,A(l)}^{*}\Pi=RTM_A b_B$$

在稀溶液条件下，溶液体积 $V\approx n_A V_{m,A(l)}^{*}$，有

$$\Pi=c_B RT \tag{4.5.15}$$

式中，$c_B=n_B/V$，是稀溶液的物质的量浓度。

该式称为范特霍夫公式（van't Hoff equation）。可以看出，在一定温度下，溶液的渗透压只与溶质的物质的量浓度成正比，而与溶质的种类和特性无关。

渗透压的测定很简单，在溶液一侧施加一额外压力使膜两侧的液面高度相等，此额外压力即为渗透压。通过渗透压的测定，可以根据下式求出高分子溶质的平均摩尔质量 M_B：

$$\Pi=c_B RT=\frac{m_B}{M_B V}RT$$

式中，m_B 为高分子溶质的质量。

溶液越稀，范特霍夫渗透压公式越准确，即

$$M_B=\lim_{m_B\to 0}\frac{m_B RT}{\Pi V}$$

所以，应该在不同浓度下测得溶液的渗透压，然后根据上式用外推法求 $m_B\to 0$ 时的 M_B，这样求得的 M_B 值更准确。

当在溶液一侧施加一个大于渗透压的额外压力时，溶液中溶剂的化学势将比纯溶剂的化学势高。因此，溶液中溶剂将通过半透膜渗向纯溶剂一侧，这种现象称为反渗透或逆向渗透（reverse osmosis）。可以利用反渗透原理进行海水淡化和工业废水处理。

从上述推导过程中可以看出，这些依数性的计算公式对理想稀溶液严格成立，对稀溶液只是近似成立。当溶液浓度增大时，计算偏差也将随之增大。

4.5.5 实际溶液中各组分的化学势

4.5.5.1 溶剂的化学势

在实际溶液中，与实际液态混合物的处理一样，也是通过引入一个校正因子来修正各组分化学势对于理想稀溶液的偏差，从而保持化学势表达式的统一。

定义相同温度 T、压力 p 下，实际溶液中溶剂 A 的活度 a_A 和活度因子 γ_A 分别为满足下列方程的物理量：

$$\mu_{A(l)} = \mu_{A(l)}^{\ominus} + RT\ln a_A + \int_{p^{\ominus}}^{p} V_{m,A(l)}^{*} \mathrm{d}p$$

$$\mu_{A(l)} = \mu_{A(l)}^{\ominus} + RT\ln \gamma_A x_A + \int_{p^{\ominus}}^{p} V_{m,A(l)}^{*} \mathrm{d}p$$

两式对比

$$\gamma_A = \frac{a_A}{x_A} \tag{4.5.16}$$

与液态混合物不同，在溶液中溶剂的浓度总是较高，活度因子作为一个比例系数，其灵敏性较差，往往难以准确描述实际溶液的非理想性。贝耶伦（Bjerrum）建议引入一个灵敏度更高的指数因子，称为渗透因子（osmotic factor），以求更加准确地描述实际溶液的非理想性。渗透因子定义如下：

$$g = \frac{\ln a_A}{\ln x_A} \tag{4.5.17}$$

渗透因子的量纲为 1。

引入渗透因子后，实际溶液中溶剂 A 的化学势为

$$\mu_{A(l)} = \mu_{A(l)}^{\ominus} + RTg\ln x_A + \int_{p^{\ominus}}^{p} V_{m,A(l)}^{*} \mathrm{d}p$$

对于稀溶液，$\ln x_A \approx -M_A \sum_B b_B$，所以溶剂 A 的渗透因子和化学势为

$$g = -\frac{\ln a_A}{M_A \sum_B b_B}$$

$$\mu_{A(l)} = \mu_{A(l)}^{\ominus} - RTgM_A \sum_B b_B + \int_{p^{\ominus}}^{p} V_{m,A(l)}^{*} \mathrm{d}p$$

4.5.5.2 溶质的化学势

一定温度、压力下，实际溶液中溶质 B 的活度 a_B 和活度因子 γ_B 分别为满足下列方程的物理量，则溶质的化学势为

$$\mu_{B(sol)} = \mu_{B(sol)}^{\ominus} + RT\ln a_B + \int_{p^{\ominus}}^{p} V_{B(sol)}^{\infty} \mathrm{d}p$$

$$\mu_{B(sol)} = \mu_{B(sol)}^{\ominus} + RT\ln \frac{\gamma_B b_B}{b^{\ominus}} + \int_{p^{\ominus}}^{p} V_{B(sol)}^{\infty} \mathrm{d}p$$

两式相比较，有

$$\gamma_B = \frac{a_B}{b_B / b^{\ominus}} \tag{4.5.18}$$

$$\lim_{\sum_B b_B \to 0} \gamma_B = 1$$

同理，用物质的量浓度 c_B 表示的实际溶液中溶质 B 的化学势，其中的活度 $a_{c,B}$ 和活度因子 γ_B 分别定义为满足下列方程的物理量：

$$\mu_{B(sol)} = \mu_{c,B(sol)}^{\ominus} + RT\ln a_{c,B} + \int_{p^{\ominus}}^{p} V_{B(sol)}^{\infty} dp$$

$$\mu_{B(sol)} = \mu_{c,B(sol)}^{\ominus} + RT\ln\frac{\gamma_B c_B}{c^{\ominus}} + \int_{p^{\ominus}}^{p} V_{B(sol)}^{\infty} dp$$

两式比较，有

$$\gamma_B = \frac{a_{c,B} c^{\ominus}}{c_B} \tag{4.5.19}$$

$$\lim_{\sum_B c_B \to 0} \gamma_B = 1$$

第 6 节　活度的测定

4.6.1　溶液中挥发性物质活度的测定

溶液中挥发性物质在气相中的平衡分压相对较高，可以通过测定其在气相中的分压来求得其活度。该方法简单易行，称作蒸气压法。溶液中溶剂和溶质的标准态不同，所以其活度与蒸气压的关系也不同。

4.6.1.1　挥发性溶剂活度的测定

在温度 T、压力 p 下，溶剂 A 的化学势和平衡气相中 A 的化学势相等，分别为

$$\mu_{A(l)} = \mu_{A(l)}^{*} + RT\ln a_A$$

$$\mu_{A(g)} = \mu_{A(g)}^{\ominus} + RT\ln\left(\frac{\widetilde{p}_A}{p^{\ominus}}\right)$$

将气相看成理想气体混合物，得

$$\mu_{A(l)}^{*} + RT\ln a_A = \mu_{A(g)}^{\ominus} + RT\ln\left(\frac{p_A}{p^{\ominus}}\right) \tag{4.6.1}$$

式中，$\mu_{A(l)}^{*} = \mu_{A(g)}^{\ominus} + RT\ln(p_A^{*}/p^{\ominus})$，是相同温度 T、压力 p 下纯溶剂 A 的化学势。将其代入式(4.6.1) 并整理，得

$$a_A = \frac{p_A}{p_A^{*}}$$

由此可见，溶液中溶剂的活度可以通过测定平衡气相中溶剂的分压和纯溶剂的饱和蒸气压来求得。

4.6.1.2　挥发性溶质活度的测定

温度 T、压力 p 下，溶液中挥发性溶质 B 的化学势和平衡气相中 B 的化学势相等，分别为

$$\mu_{B(sol)} = \mu_{B(sol)}^{\ominus} + RT\ln a_B + \int_{p^{\ominus}}^{p} V_{B(sol)}^{\infty} dp$$

$$\mu_{B(g)} = \mu_{B(g)}^{\ominus} + RT\ln\left(\frac{\widetilde{p}_B}{p^{\ominus}}\right)$$

将气相看成理想气体混合物，用 B 的分压代替其逸度，得

$$\mu_{B(sol)}^{\ominus} + RT\ln a_B + \int_{p^{\ominus}}^{p} V_{B(sol)}^{\infty} \,\mathrm{d}p = \mu_{B(g)}^{\ominus} + RT\ln\left(\frac{p_B}{p^{\ominus}}\right) \qquad (4.6.2)$$

式中，$\mu_{B(sol)}^{\ominus}$ 是溶质 B 处于标准态（温度 T、标准压力 $p^{\ominus}$、标准质量摩尔浓度 $b^{\ominus}$，且符合亨利定律）时的化学势；$\mu_{B(sol)}^{\ominus} + \int_{p^{\ominus}}^{p} V_{B(sol)}^{\infty} \,\mathrm{d}p$ 则为溶质 B 在温度 T、压力 p、质量摩尔浓度 $b_B = b^{\ominus}$ 且符合亨利定律时的化学势。

所以有

$$\mu_{B(sol)}^{\ominus} + \int_{p^{\ominus}}^{p} V_{B(sol)}^{\infty} \,\mathrm{d}p = \mu_{B(g)}^{\ominus} + RT\ln\frac{k_{b,B}b^{\ominus}}{p^{\ominus}}$$

式中，$k_{b,B}$ 为溶质 B 在相同温度 T、压力 p 下的亨利系数。

将上式代入式(4.6.2)，并整理得

$$a_B = \frac{p_B}{k_{b,B}b^{\ominus}}$$

由此可见，若已知 B 的亨利系数，则溶液中挥发性溶质 B 的活度可以通过测定平衡气相中溶质 B 的分压来求得。

4.6.2 溶液中非挥发性溶质活度的测定

一定温度压力下，溶液中溶剂和溶质的化学势分别为

$$\mu_{A(l)} = \mu_{A(l)}^{\ominus} + RT\ln a_A$$
$$\mu_{B(sol)} = \mu_{B(sol)}^{\ominus} + RT\ln a_B$$

根据式(4.1.8) 的吉布斯-杜亥姆方程，有

$$(1-x_B)\mathrm{d}\mu_{A(l)} + x_B\mathrm{d}\mu_{B(sol)} = 0$$

整理得

$$\mathrm{d}\ln a_B = -\frac{1-x_B}{x_B}\mathrm{d}\ln a_A$$

上式是求非挥发性溶质活度的基本方程。若已知不同组成时溶剂 A 的活度，即可通过对上式进行数值积分，来求得溶质 B 在不同含量时的活度。

对于非挥发性溶质，更为简单的活度测定方法是凝固点降低法。用活度代替式(4.5.11) 中的摩尔分数 x_B 并整理，得

$$\ln(1-a_B) = -\frac{\Delta_{fus}H_{m,A}^{\ominus}}{R(T_f^*)^2}\Delta T_f$$

式中，$\Delta_{fus}H_{m,A}^{\ominus}$ 为纯溶剂 A 的标准摩尔熔化焓；T_f^* 为纯溶剂 A 的凝固点。

准确配制溶液摩尔分数 x_B，只要测得凝固点降低值 ΔT_f，即可根据上式计算出溶质在 x_B 下的活度。

习 题

1. 293.15K、101.325kPa 下，$x_B = 0.3699$ 时水（A）-乙醇（B）混合物的摩尔体积等于 31.82 $\mathrm{cm}^3 \cdot \mathrm{mol}^{-1}$。

(1) 请比较混合物中水的偏摩尔体积与纯水的摩尔体积的大小，混合物中乙醇的偏摩尔体积与纯乙醇的摩尔体积

的大小。(2) 若向该混合物中添加微量水,则该混合物中水的偏摩尔体积、乙醇的偏摩尔体积将如何变化。已知:该温度、压力下水和乙醇的摩尔体积分别等于 $18.072~\mathrm{cm}^3 \cdot \mathrm{mol}^{-1}$ 和 $46.184~\mathrm{cm}^3 \cdot \mathrm{mol}^{-1}$。

2. 273.15K 下 1mol 纯理想气体,压力由 100kPa 升高到 500kPa。求其吉布斯函数的变化值。

3. 已知某气体符合状态方程:$(p+ap^2)V_m = RT$,其中 a 为常数。试导出该气体的逸度表达式和用压力表示的化学势表达式。

4. 已知苯(A)和甲苯(B)的饱和蒸气压计算公式分别为 $\lg \dfrac{p_A^*}{\mathrm{Pa}} = 9.7795 - \dfrac{1686.8}{T/\mathrm{K}}$ 和 $\lg \dfrac{p_A^*}{\mathrm{Pa}} = 10.4549 - \dfrac{247.3}{T/\mathrm{K}}$。若苯和甲苯可形成理想液态混合物,试计算:370K 下饱和蒸气压等于 100kPa 的苯-甲苯系统的液态组成 x_B 和气态组成 y_B。

5. 一定温度、压力下,向组成为 x_B、总量为 n 的 A-B 二元理想液态混合物中再加入物质的量为 n_0 的液体 B,求此过程的 ΔG 和 ΔS。

6. 298.15K 下,由均为 1mol 的 A 和 B 混合形成理想液态混合物,求混合过程的 $\Delta_{\mathrm{mix}}V$、$\Delta_{\mathrm{mix}}H$、$\Delta_{\mathrm{mix}}S$ 和 $\Delta_{\mathrm{mix}}G$。

7. 一定温度 T 和压力 p 下,向溶剂的质量为 m_A、溶质的物质的量为 n_B 的稀溶液中再加入质量为 m_A 的纯溶剂,求此过程的 ΔG。(假设该稀溶液可以看成理想稀溶液)

8. 298K 时,1mol NH_3 溶于 $10\mathrm{dm}^3$ 的三氯甲烷中,此溶液中 NH_3 的蒸气分压为 4.45kPa。同温度下,当 1mol NH_3 溶于 $10\mathrm{dm}^3$ 的水中,此溶液中 NH_3 的蒸气分压为 0.89kPa。求 NH_3 在水与三氯甲烷中的分配系数。

9. 将 10g 摩尔质量为 180g/mol 的非挥发性有机物 B 溶于 1000g 乙醇中,该溶液的沸点比纯乙醇上升了 0.0571K;再将 10g 非挥发性有机物 C 溶于等量的乙醇溶剂中,沸点升高了 0.0625K,试估算有机物 C 的摩尔质量。

10. 试比较:(1) 373.15K、101.325kPa 下水和同温、同压下水蒸气的化学势大小;(2) 374.15K、101.325kPa 下水和同温、同压下水蒸气的化学势大小;(3) 373.15K、202.650kPa 下水和同温、同压下水蒸气的化学势大小。

11. 假设在温度变化范围不大的条件下某微溶盐(B)在水中的标准摩尔溶解焓 $\Delta_{\mathrm{sol}}H_m^{\ominus}$ 可视作常数,试导出在标准压力下 B 在水中的饱和质量摩尔浓度 b_B 与温度的关系式。

12. 苯在 101.325kPa 下的沸点为 353.35K,沸点升高常数 $K_b = 2.53\mathrm{K} \cdot \mathrm{mol}^{-1} \cdot \mathrm{kg}$,已知苯的摩尔质量为 $78~\mathrm{g} \cdot \mathrm{mol}^{-1}$,求苯的摩尔汽化焓。

13. 人的血浆可视作稀溶液,310K 时,若测得人的血浆的渗透压为 775.8kPa,已知水的 $K_f = 1.86\mathrm{K} \cdot \mathrm{mol}^{-1} \cdot \mathrm{kg}$,求人的血浆在常压下的凝固点。

14. 298K 时锌汞齐中锌(B)的活度系数在 x_B 为 $0.0 \sim 0.2$ 内可按如下公式计算:
$$\gamma_B = 1 - 3.92 x_B$$
(1) 试计算 $x_B = 0.06$ 时锌汞齐中锌的活度系数和活度;
(2) 试导出锌汞齐中汞(A)的活度系数表达式,并计算 $x_B = 0.06$ 时汞的活度系数和活度。

15. 298K 时,液体 A 和 B 形成非理想溶液。已知液体 A 的饱和蒸气压为 100kPa,液体 B 的饱和蒸气压为 80kPa。当 1mol A 和 1mol B 混合后,液面上的总蒸气压为 120kPa。已知 $y_A = 0.65$,计算溶液中 A 和 B 以摩尔分数表示的活度及对应的活度因子。

重点难点讲解

4-1 偏摩尔量定义

4-2 化学势定义

4-3 拉乌尔定律

4-4 亨利定律

第五章

化学平衡

物质世界的化学反应多种多样，纷繁复杂。但是，与其他过程一样，化学反应过程也遵循基本的热力学规律。化学反应系统通常为多组分多相系统。在第四章中，讨论了多组分多相系统过程方向的化学势判据，式(4.2.7)

$$\sum_{\alpha} \sum_{B} \mu_B(\alpha) dn_B(\alpha) \leqslant 0 \quad \begin{matrix} <自发 \\ =平衡 \end{matrix}$$

以等温、等压、无其他功的均相反应为例，反应总是向着当前条件下 $\sum \mu_B dn_B < 0$ 的方向进行。

在等温、等压条件下，各组分化学势 μ_B 均是其活度 a_B 的升函数：

$$\mu_B = \mu_B^* + RT\ln a_B$$

随着反应的进行，反应物的组成减少，活度降低，化学势必然降低；产物的组成增加，活度升高，化学势必然升高。因此，随着反应进行，$\sum \mu_B dn_B$ 将逐渐趋近于零。此时，宏观上的反应物不再减少，产物不再增加，化学反应达到动态平衡。

由此可见，在一定的条件下，化学反应不仅具有方向性，而且是有限度的。反应总是向着一个平衡状态进行，这个平衡状态就是该反应在当前条件下的限度。本章的目的，就是利用热力学的基本原理研究化学反应平衡的普遍规律，探索化学反应平衡与各种反应条件的关系，得到温度、压力和反应物组成等对反应平衡的影响规律。

化学平衡理论是利用热力学基本原理，研究一定条件下化学反应过程的可能性，它是化工工艺设计、提高生产效率的基础。

第1节　化学反应的方向和限度

5.1.1　化学平衡条件

化学反应系统通常为单相或多相多组分系统，可以通过下式：

$$dG = \sum_{\alpha} \sum_{B} \mu_B(\alpha) dn_B(\alpha) \leqslant 0 \quad (dT=0, dp=0, \delta W'=0)$$

5-1

$$dA = \sum_{\alpha} \sum_{B} \mu_B(\alpha) dn_B(\alpha) \leqslant 0 \quad (dT=0 \text{、} dV=0 \text{、} \delta W'=0)$$

$$dH = \sum_{\alpha} \sum_{B} \mu_B(\alpha) dn_B(\alpha) \leqslant 0 \quad (dS=0 \text{、} dp=0 \text{、} \delta W'=0)$$

$$dU = \sum_{\alpha} \sum_{B} \mu_B(\alpha) dn_B(\alpha) \leqslant 0 \quad (dS=0 \text{、} dV=0 \text{、} \delta W'=0)$$

$$< \quad 自发$$
$$= \quad 平衡$$

判断反应进行的方向。下面以等温、等压下的均相反应为例，讨论化学反应的平衡条件。

等温、等压下的任一均相化学反应

$$0 = \sum_{B} \nu_B B$$

当反应向右进行一个微小量时，系统内各物质的量仅发生一微小变化，可以认为系统内各物质的化学势保持不变。这一微变引起的系统吉布斯函数的微量变化为

$$dG = \sum_{B} \mu_B dn_B$$

将反应进度 $d\xi = dn_B/\nu_B$ 代入上式，得

$$dG = \sum_{B} \nu_B \mu_B d\xi$$

所以，系统吉布斯函数随反应进度的变化率为

$$\left(\frac{\partial G}{\partial \xi}\right)_{T,p} = \sum_{B} \nu_B \mu_B$$

$(\partial G/\partial \xi)_{T,p}$ 表示在等温、等压条件下，进行一个微量 $d\xi$ 的化学反应，所引起的系统吉布斯函数的变化与反应进度微量 $d\xi$ 之比，即曲线 $G=f(\xi)$ 在反应进度 ξ 处的斜率，如图 5-1 所示。

$(\partial G/\partial \xi)_{T,p}$ 的物理意义是等温、等压条件下发生单位进度化学反应，所引起的系统吉布斯函数的变化，即该反应在温度 T、压力 p 和反应进度 ξ 下的摩尔反应吉布斯函数，用符号 $\Delta_r G_m$ 表示：

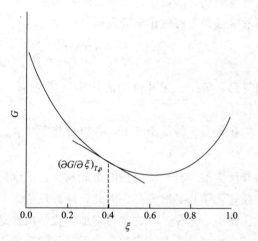

图 5-1 等温、等压下化学反应系统 G-ξ 示意图

$$\Delta_r G_m = \left(\frac{\partial G}{\partial \xi}\right)_{T,p} = \sum_{B} \nu_B \mu_B \tag{5.1.1}$$

$\Delta_r G_m$ 的大小表示系统吉布斯函数在反应进度 ξ 时的变化趋势：

（1）$(\partial G/\partial \xi)_{T,p} < 0$，表示反应在反应进度 ξ 下，继续正向进行将使系统吉布斯函数进一步降低，反应能够继续正向自发进行；

（2）$(\partial G/\partial \xi)_{T,p} > 0$，表示反应不能正向自发进行，只能逆向自发进行；

（3）$(\partial G/\partial \xi)_{T,p} = 0$，表示反应在反应进度 ξ 下，正向和逆向进行的趋势相等，反应达到平衡。换言之，化学反应的平衡条件为

$$\Delta_r G_m = \sum_{B} \nu_B \mu_B = 0 \tag{5.1.2}$$

所对应的反应进度 ξ 也就是当前条件下该反应的限度。

上述结论与吉布斯判据一致，即 $\Delta_r G_m < 0$，反应正向自发进行；$\Delta_r G_m = 0$，反应达

到平衡；$\Delta_r G_m > 0$，反应逆向自发进行。

虽然上述结论由均相系统得出，但该结论同样适用于多相系统。

例题 5.1.1　在温度 T 和标准压力 $p^{\ominus}$ 下，气体 B(g) 进行如下异构化反应：

$$B(g) \longrightarrow C(g)$$

气体可视为理想气体。证明上述反应存在反应平衡并求平衡时系统的组成。

解： 设气体 B(g) 初始物质的量为 n_0。则当气体 C(g) 的生成量为 n_C 时，气体 B(g) 的量为 $n_B = n_0 - n_C$，此时系统的吉布斯函数

$$
\begin{aligned}
G &= n_B \mu_{B(g)} + n_C \mu_{C(g)} \\
&= n_B \left(\mu_{B(g)}^{\ominus} + RT \ln \frac{p_B}{p^{\ominus}} \right) + n_C \left(\mu_{C(g)}^{\ominus} + RT \ln \frac{p_C}{p^{\ominus}} \right) \\
&= \left[(n_0 - n_C) \mu_{B(g)}^{\ominus} + n_C \mu_{C(g)}^{\ominus} \right] + RT \left[(n_0 - n_C) \ln \frac{(n_0 - n_C)}{n_0} + n_C \ln \frac{n_C}{n_0} \right]
\end{aligned}
$$

在等温、等压条件下对 G 求一阶微商，并求出一阶微商等于零时的 n_C 值：

$$
\begin{aligned}
(\partial G / \partial n_C)_{T,p} &= \mu_{C(g)}^{\ominus} - \mu_{B(g)}^{\ominus} + RT \left[-\ln \frac{n_0 - n_C}{n_0} + (n_0 - n_C) \times \frac{-1}{n_0 - n_C} + \ln \frac{n_C}{n_0} + n_C \times \frac{1}{n_C} \right] \\
&= \mu_{C(g)}^{\ominus} - \mu_{B(g)}^{\ominus} + RT \left(\ln \frac{n_C}{n_0} - \ln \frac{n_0 - n_C}{n_0} \right) \\
&= (\mu_{C(g)}^{\ominus} - \mu_{B(g)}^{\ominus}) + RT \ln \frac{n_C}{n_0 - n_C} = 0
\end{aligned}
$$

$$\frac{n_C}{n_0 - n_C} = e^{-(\mu_{C(g)}^{\ominus} - \mu_{B(g)}^{\ominus})/(RT)}$$

$$n_C = \frac{n_0}{1 + e^{(\mu_{C(g)}^{\ominus} - \mu_{B(g)}^{\ominus})/(RT)}} < n_0$$

这说明，在气体 B(g) 没有完全转化为 C(g) 之前，系统的吉布斯函数 G 存在一个极值点。对 G 求二阶微商

$$\left(\frac{\partial^2 G}{\partial n_C^2} \right)_{T,p} = RT \left(\frac{1}{n_C} + \frac{1}{n_0 - n_C} \right) > 0$$

说明该极值为极小值，即该反应在反应物完全转化为产物之前存在化学平衡，系统的平衡组成为

$$x_C = \frac{n_C}{n_0} = \frac{1}{1 + e^{(\mu_{C(g)}^{\ominus} - \mu_{B(g)}^{\ominus})/(RT)}}$$

在例题 5.1.1 的讨论中，证明了气体 B(g) 在完全转化为 C(g) 之前，系统吉布斯函数 G 存在一个极小值，而不是从 $n_B \mu_{B(g)}$ 至 $n_C \mu_{C(g)}$ 线性下降的。从吉布斯函数的表达式中很容易发现，非线性是由 $RT \left[(n_0 - n_C) \ln \frac{(n_0 - n_C)}{n_0} + n_C \ln \frac{n_C}{n_0} \right]$ 项引起的，而该项恰好是理想气体 B(g) 和 C(g) 的混合吉布斯函数：

$$
\begin{aligned}
\Delta_{mix} G &= (n_B \mu_{B(g)} + n_C \mu_{C(g)}) - (n_B \mu_{B(g)}^* + n_C \mu_{C(g)}^*) \\
&= (n_B \mu_{B(g)} + n_C \mu_{C(g)}) - (n_B \mu_{B(g)}^{\ominus} + n_C \mu_{C(g)}^{\ominus}) \\
&= RT \left[(n_0 - n_C) \ln \frac{(n_0 - n_C)}{n_0} + n_C \ln \frac{n_C}{n_0} \right] < 0
\end{aligned}
$$

可见，由于反应物和产物相互混合，使系统吉布斯函数小于各反应物和产物分别处于纯态时的吉布斯函数之和，正是混合效应带来了化学反应平衡，即化学反应存在一定的限度。

反应物和产物之间的自发混合在均相反应系统中是必然的，但在有些非均相反应系统中却不尽然。如在某些固体化合物的分解反应过程中，反应物和产物之间并不会发生均相混合，各物质的浓度不随反应进行而改变。这类反应在等温、等压条件下是一条直线，其斜率 $(\partial G/\partial \xi)_{T,p}$ 为一常数。

5.1.2 化学反应等温方程与标准平衡常数

等温、等压且非体积功为零的系统中，任一反应

$$0 = \sum_{B} \nu_B B$$

的摩尔反应吉布斯函数可按下式计算：

$$\Delta_r G_m = \sum_{B} \nu_B \mu_B \tag{5.1.3}$$

p 与 $p^\ominus$ 相差不大时，任一组分 B 在温度 T 下的化学势可以用如下通式表示：

$$\mu_B = \mu_B^\ominus + RT \ln a_B \tag{5.1.4}$$

式中，a_B 和 $\mu_B^\ominus$ 分别为组分 B 的活度和标准化学势。

将式（5.1.4）代入式（5.1.3），得

$$\Delta_r G_m = \sum_{B} \nu_B \mu_B^\ominus + \sum_{B} \nu_B RT \ln a_B \tag{5.1.5a}$$

等式右侧第一项 $\sum\limits_{B} \nu_B \mu_B^\ominus$ 是各组分的活度均等于 1，即各个反应物和产物均处于反应温度 T 下各自的标准态时，该反应的摩尔反应吉布斯函数，称为该反应在温度 T 时的标准摩尔反应吉布斯函数，用 $\Delta_r G_m^\ominus$ 表示

$$\Delta_r G_m^\ominus = \sum_{B} \nu_B \mu_B^\ominus \tag{5.1.6}$$

式（5.1.5a）可以改写为

$$\Delta_r G_m = \Delta_r G_m^\ominus + RT \ln \prod_{B} a_B^{\nu_B} \tag{5.1.5b}$$

式中，$\prod\limits_{B} a_B^{\nu_B}$ 称作活度商，通常用符号 Q_a 表示，即

$$Q_a = \prod_{B} a_B^{\nu_B}$$

式（5.1.5b）可以表示为

$$\Delta_r G_m = \Delta_r G_m^\ominus + RT \ln Q_a \tag{5.1.5c}$$

根据化学反应的平衡条件

$$\Delta_r G_m = \sum_{B} \nu_B \mu_B = 0$$

当达到化学反应平衡时，有

$$\Delta_r G_m^\ominus = -RT \ln Q_a^{eq} \tag{5.1.7}$$

标准摩尔反应吉布斯函数 $\Delta_r G_m^\ominus$ 取决于温度，在一定温度下，标准摩尔反应吉布斯函数 $\Delta_r G_m^\ominus$ 有确定值。所以，平衡活度商 Q_p^{eq} 也只是温度的函数，而与反应压力和组成无关，在一定温度下为一常数。将该常数定义为化学反应的标准平衡常数，用符号 $K^\ominus$ 表示

$$K^{\ominus} = \prod_{B} (a_B^{eq})^{\nu_B} = e^{-\Delta_r G_m^{\ominus}/(RT)} \tag{5.1.8}$$

$K^{\ominus}$ 既反映了反应物和产物平衡活度之间的关系，又与标准摩尔反应吉布斯函数密切相关。$K^{\ominus}$ 越大，产物的平衡活度也越大，反应向右进行的程度也越高；$K^{\ominus}$ 越小，产物的平衡活度也越小，反应向右进行的程度就越低。所以，$K^{\ominus}$ 代表了化学反应能够进行的程度。

与标准摩尔反应吉布斯函数一样，化学反应平衡常数必须与化学反应计量式一一对应。同一反应，化学反应计量式的写法不同，则平衡常数的表达式和值不同。如一氧化碳氧化可以按如下两种不同方式书写

$$CO(g) + \frac{1}{2}O_2(g) \rightleftharpoons CO_2(g) \tag{1}$$

$$2CO(g) + O_2(g) \rightleftharpoons 2CO_2(g) \tag{2}$$

因为

$$\Delta_r G_{m,2}^{\ominus} = 2\Delta_r G_{m,1}^{\ominus}$$

所以

$$K_2^{\ominus} = (K_1^{\ominus})^2$$

从平衡常数的定义也可以得出相同的结论

$$K_2^{\ominus} = \frac{(p_{CO_2}/p^{\ominus})^2}{(p_{CO}/p^{\ominus})^2(p_{O_2}/p^{\ominus})} = \left[\frac{p_{CO_2}/p^{\ominus}}{(p_{CO}/p^{\ominus})(p_{O_2}/p^{\ominus})^{1/2}}\right]^2 = (K_1^{\ominus})^2$$

将标准平衡常数的定义代入式(5.1.5c)，有

$$\Delta_r G_m = RT \ln Q_a/K^{\ominus} \tag{5.1.5d}$$

式(5.1.5a)、式(5.1.5b)、式(5.1.5c) 和式(5.1.5d) 均称为化学反应等温方程。已知温度 T 时反应系统中各组分的标准化学势 $\mu_B^{\ominus}$（或该反应的标准摩尔反应吉布斯函数 $\Delta_r G_m^{\ominus}$）和活度 a_B，即可求出该反应的标准平衡常数 $K^{\ominus}$ 和活度商 Q_a，按如下方法判断当前条件下反应的方向：

$Q_a < K^{\ominus}$ 时，则 $\Delta_r G_m < 0$，反应正向自发进行；

$Q_a = K^{\ominus}$ 时，则 $\Delta_r G_m = 0$，反应达到平衡；

$Q_a > K^{\ominus}$ 时，则 $\Delta_r G_m > 0$，反应逆向自发进行。

在上述推导过程中所使用的化学势表达式通式（$\mu_B = \mu_B^{\ominus} + RT \ln a_B$）适用于任何气体、纯凝聚态物质、理想液态混合物、理想稀溶液、常压或压力与标准压力相差不大时的实际液态混合物和溶液，所以标准平衡常数定义式(5.1.8) 和化学反应等温方程（5.1.5）普遍适用于常压或压力与标准压力相差不大条件下的任何化学反应。需要注意的是，对于不同反应系统，活度 a_B 的意义不同。

（1）对于气体，$a_B = \tilde{p}_B/p^{\ominus}$，其中 $\tilde{p}_B$ 是气体 B 的逸度。在低压下，气体可以视为理想气体，$\tilde{p}_B = p_B$，$a_B = p_B/p^{\ominus}$。

（2）对于液态混合物中的任何组分或溶液中的溶剂，$a_B = \gamma_B x_B$。理想液态混合物中任一组分或理想稀溶液中的溶剂，其活度就是浓度，即 $a_B = x_B$。

（3）对于溶液中的溶质，根据标准化学势 $\mu_B^{\ominus}$ 所采用的标准态不同，活度也不同，即 $a_B = \gamma_B b_B/b^{\ominus}$ 或 $a_B = y_B c_B/c^{\ominus}$。对于理想稀溶液：$a_B = b_B/b^{\ominus}$ 或 $a_B = c_B/c^{\ominus}$。

（4）对于纯凝聚态物质，由于压力对化学势影响很小，常压下的纯凝聚态物质的化学势可认为近似等于其标准化学势。因此，可认为常压下纯凝聚态物质的活度 $a_B = 1$。

第 2 节　各种反应类型的化学平衡

5.2.1　理想气体化学平衡

在等温、等压下的理想气体（用 pg 表示）反应

$$0 = \sum_{B} \nu_B B(pg)$$

中任一组分 B 的活度

$$a_B = \frac{p_B}{p^{\ominus}}$$

根据式(5.1.5) 和式(5.1.8)，理想气体反应的等温方程和标准平衡常数分别为

$$\Delta_r G_m = \Delta_r G_m^{\ominus} + RT\ln\prod_B\left(\frac{p_B}{p^{\ominus}}\right)^{\nu_B} = \Delta_r G_m^{\ominus} + RT\ln J_p \tag{5.2.1}$$

$$K^{\ominus} = \prod_B\left(\frac{p_B^{eq}}{p^{\ominus}}\right)^{\nu_B} = e^{-\Delta_r G_m^{\ominus}/(RT)} \tag{5.2.2}$$

式中，$\Delta_r G_m^{\ominus} = \sum_B \nu_B \mu_B^{\ominus}(g)$；$J_p = \prod_B\left(\frac{p_B}{p^{\ominus}}\right)^{\nu_B}$，称作压力商。

将标准压力分离，理想气体反应标准平衡常数可以改写为

$$K^{\ominus} = \prod_B(p_B^{eq})^{\nu_B}(p^{\ominus})^{-\sum\nu_B} = K_p(p^{\ominus})^{-\sum\nu_B}$$

通常将

$$K_p = \prod_B(p_B^{eq})^{\nu_B}$$

称作经验平衡常数。因为标准压力 $p^{\ominus}$ 是一个常数，可见经验平衡常数 K_p 也只是温度的函数，在一定温度下 K_p 也是常数。

值得注意的是，K_p 的单位为 $Pa^{\sum\nu_B}$，而 $K^{\ominus}$ 的量纲为 1，当 $\sum\nu_B = 0$ 时，两者在量值上相等；当 $\sum\nu_B \neq 0$ 时，两者不仅单位不同，在数值上也不相等。

5.2.2　有纯凝聚态物质参加的理想气体化学平衡

设有纯凝聚态（纯固体或纯液体，用 cd 表示）物质参加的理想气体反应

$$0 = \sum_{B(pg)} \nu_{B(g)} B(pg) + \sum_{B(cd)} \nu_{B(cd)} B(cd)$$

该反应的平衡条件为

$$\Delta_r G_m = \sum_{B(pg)} \nu_{B(pg)} \mu_{B(pg)} + \sum_{B(cd)} \nu_{B(cd)} \mu_{B(cd)} = 0$$

其中，气体组分 B(pg) 的化学势

$$\mu_{B(pg)} = \mu^{\ominus}(g) + RT\ln\left(\frac{p_B}{p^{\ominus}}\right)$$

纯凝聚态物质 B(cd) 的化学势

$$\mu_{B(cd)} = \mu_{B(cd)}^{\ominus} + RT\ln a_{B(cd)}$$

根据式(5.1.5) 和式(5.1.8)，一定温度 T 和压力 p 下，该反应的等温方程和标准平衡

常数分别为

$$\Delta_r G_m = \Delta_r G_m^{\ominus} + RT \left[\ln \prod_{B(pg)} (p_{B(pg)}/p^{\ominus})^{\nu_{B(pg)}} + \ln \prod_{B(cd)} (a_{B(cd)})^{\nu_{B(cd)}} \right] \tag{5.2.3}$$

和

$$K^{\ominus} = \prod_{B(pg)} (p_{B(pg)}^{eq}/p^{\ominus})^{\nu_{B(pg)}} \prod_{B(cd)} (a_{B(cd)}^{eq})^{\nu_{B(cd)}} = e^{-\Delta_r G_m^{\ominus}/(RT)} \tag{5.2.4}$$

其中

$$\Delta_r G_m^{\ominus} = \sum_{B(g)} \nu_{B(g)} \mu_{B(g)}^{\ominus} + \sum_{B(cd)} \nu_{B(cd)} \mu_{B(cd)}^{\ominus} \tag{5.2.5}$$

如前所述，纯凝聚态物质 B 的标准态规定为"温度 T、标准压力 $p^{\ominus} = 100\text{kPa}$ 下的纯物质 B"，常压下其活度 $a_{B(cd)} = 1$。所以，纯凝聚态物质活度商 $\prod_{B(cd)} (a_{B(cd)})^{\nu_{B(cd)}} = 1$，等温方程式(5.2.3) 和标准平衡常数式(5.2.4) 可以简化为

$$\Delta_r G_m = \Delta_r G_m^{\ominus} + RT \ln \prod_{B(pg)} \left(\frac{p_{B(pg)}}{p^{\ominus}} \right)^{\nu_{B(pg)}} \tag{5.2.6}$$

和

$$K^{\ominus} = \prod_{B(pg)} \left(\frac{p_{B(pg)}^{eq}}{p^{\ominus}} \right)^{\nu_{B(pg)}} = K_p (p^{\ominus})^{-\sum \nu_{B(pg)}} \tag{5.2.7}$$

一些盐类化合物的热分解是这类反应的典型代表。例如碳酸钙的分解反应：

$$\text{CaCO}_3(\text{s}) =\!=\!= \text{CaO}(\text{s}) + \text{CO}_2(\text{g})$$

$$K^{\ominus} = \frac{p_{CO_2}}{p^{\ominus}}$$

在一定温度 T 下，$\text{CaCO}_3(\text{s})$ 达到分解平衡时，CO_2 的压力称作 $\text{CaCO}_3(\text{s})$ 的分解压力。当分解压力等于标准压力时的平衡温度称作该化合物的分解温度。若分解产物中不止一种气体产物，则所有气体产物的总压称作分解压力。如氨基甲酸铵的分解反应

$$\text{NH}_2\text{COONH}_4(\text{s}) =\!=\!= 2\text{NH}_3(\text{g}) + \text{CO}_2(\text{g})$$

$$K^{\ominus} = \left(\frac{p_{NH_3}}{p^{\ominus}} \right)^2 \frac{p_{CO_2}}{p^{\ominus}}$$

氨基甲酸铵的分解压力是指氨气和二氧化碳的分压之和

$$p_{dec} = p_{NH_3} + p_{CO_2}$$

若反应初始时，系统内没有氨气和二氧化碳气体，分解后系统中的氨气和二氧化碳气体均来自氨基甲酸铵的分解。这时，$p_{NH_3} = \frac{2}{3} p_{dec}$，$p_{CO_2} = \frac{1}{3} p_{dec}$，平衡常数可以用分解压力表示为

$$K^{\ominus} = \frac{4}{27} \left(\frac{p_{dec}}{p^{\ominus}} \right)^3$$

对于有纯凝聚态物质参加的理想气体反应体系：

(1) 由于在常压下纯凝聚态物质的活度等于 1，标准平衡常数的表达式(5.2.7) 中仅包括参加反应的理想气体 B (pg) 的分压。但是，标准平衡常数定义式(5.2.4) 中的标准摩尔反应吉布斯函数 $\Delta_r G_m^{\ominus}$ 应包含所有参加反应的物质，包括理想气体 B(pg) 和纯凝聚态物质 B(cd)，当用标准热力学函数计算标准平衡常数时，$\Delta_r G_m^{\ominus}$ 应按照式(5.2.5) 计算。

(2) 式(5.2.6) 和式(5.2.7) 仅适用于有纯凝聚态物质参加的理想气体反应。若有固溶体

（即固体溶液，固溶体的概念将在相平衡一章中介绍）或溶液生成，则纯凝聚态物质的化学势与所形成的固溶体或溶液的活度有关，式(5.2.3)中纯凝聚态物质的活度商项不能忽略。

5.2.3 实际气体的化学平衡

低压下的实际气体通常可以按理想气体近似处理。但当压力较高时，实际气体与理想气体的差别不能忽略，压力越高差别越明显。

在等温、等压条件下，实际气体反应

$$0 = \sum_{B} \nu_B B(g)$$

的平衡条件为

$$\Delta_r G_m = \sum_{B} \nu_B \mu_{B(g)} = 0$$

实际气体的化学势可表示为

$$\mu_{B(g)} = \mu_B^{\ominus}(g) + RT \ln\left(\frac{\widetilde{p}_B}{p^{\ominus}}\right)$$

其活度

$$a_B = \frac{\widetilde{p}_B}{p^{\ominus}}$$

式中，$\widetilde{p}_B$ 为组分 B 的逸度。

根据通式(5.1.5)和式(5.1.8)，实际气体反应的等温方程和标准平衡常数可分别表示为

$$\Delta_r G_m = \Delta_r G_m^{\ominus} + RT \ln \prod_{B}\left(\frac{\widetilde{p}_B}{p^{\ominus}}\right)^{\nu_B} \tag{5.2.8a}$$

和

$$K^{\ominus} = \prod_{B}\left(\frac{\widetilde{p}_B^{\,eq}}{p^{\ominus}}\right)^{\nu_B} = e^{-\Delta_r G_m^{\ominus}/(RT)} \tag{5.2.9a}$$

其中

$$\Delta_r G_m^{\ominus} = \sum_{B} \nu_B \mu_B^{\ominus}(g)$$

无论是理想气体还是实际气体，其标准态都是标准压力下的纯理想气体。所以，一定温度下，实际气体反应的标准平衡常数也为定值。

因为 $\widetilde{p}_B = p_B \varphi_B$，所以等温方程和标准平衡常数可以分别表示为

$$\Delta_r G_m = \Delta_r G_m^{\ominus} + RT \ln \prod_{B}\left(\frac{p_B \varphi_B}{p^{\ominus}}\right)^{\nu_B} \tag{5.2.8b}$$

和

$$K^{\ominus} = \prod_{B}\left(\frac{p_B^{\,eq}}{p^{\ominus}}\right)^{\nu_B} \prod_{B}(\varphi_B^{\,eq})^{\nu_B} \tag{5.2.9b}$$

式中，φ_B 为组分 B 在指定条件下的逸度因子。

令 $K_p^{\ominus} = \prod_{B}\left(\frac{p_B^{\,eq}}{p^{\ominus}}\right)^{\nu_B}$，$K_{\varphi} = \prod_{B}(\varphi_B^{\,eq})^{\nu_B}$，则

$$K^{\ominus} = K_p^{\ominus} K_{\varphi} \tag{5.2.9c}$$

对于理想气体和低压下的实际气体，$\varphi_B = 1$，所以

$$K^\ominus = K_p^\ominus = \prod_B \left(\frac{p_B^{eq}}{p^\ominus} \right)^{\nu_B}$$

对于较高压力下的实际气体反应，$K_\varphi \neq 1$，所以 $K^\ominus \neq K_p^\ominus$。由于逸度因子 φ_B 既是温度的函数也是总压的函数，所以 K_φ 也是温度和总压的函数。因此，对于较高压力下的实际气体反应，$K_p^\ominus$ 不仅与温度有关，也与系统总压有关。

由于逸度因子 φ_B 既是温度的函数也是总压的函数，故在较高压力下，通过实验的方法测定实际气体反应的标准平衡常数是非常困难的。但是，标准平衡常数只是温度的函数。同一实际气体反应，当反应温度一定时，不论反应在高压下进行还是在低压下进行，其标准平衡常数是相同的。所以，通常实际气体反应的标准平衡常数可以在较低的压力条件下测得，而在较高压力下应用。

对于实际气体反应，也曾使用过经验平衡常数

$$K_{\widetilde{p}} = \prod_B (\widetilde{p}_B^{eq})^{\nu_B}$$

其单位为 $\text{Pa}^{\Sigma\nu_B}$。基于逸度的经验平衡常数和标准平衡常数之间的关系如下：

$$K_{\widetilde{p}} = K^\ominus (p^\ominus)^{\Sigma\nu_B}$$

5.2.4 液态混合物中的化学平衡

一定温度 T、压力 p 下，液态混合物中化学反应

$$0 = \sum_B \nu_B B$$

的平衡条件为

$$\Delta_r G_m = \sum_B \nu_B \mu_B = 0$$

液态混合物中任一组分 B 的化学势可表示为

$$\mu_B = \mu_B^\ominus + RT\ln a_B + \int_{p^\ominus}^p V_{m,B}^* dp \tag{5.2.10}$$

式中，a_B 为组分 B 的活度；$V_{m,B}^*$ 为纯液体 B 的摩尔体积。

各组分的标准态为相同温度、标准压力下的纯液体。

高压下，$\int_{p^\ominus}^p V_{m,B}^* dp$ 项不能忽略，化学势的表达式比较复杂，且其形式与化学势通式 [式(5.1.4)]不同。这里我们仅讨论常压下液态混合物中的化学平衡。

常压或压力 p 与 $p^\ominus$ 相差不大时，$\int_{p^\ominus}^p V_{m,B}^* dp$ 可以忽略，式(5.2.10) 简化为

$$\mu_B = \mu_B^\ominus + RT\ln a_B$$

根据通式(5.1.5) 和式(5.1.8)，液态混合物中化学反应的等温方程和标准平衡常数可分别表示为

$$\Delta_r G_m = \Delta_r G_m^\ominus + RT\ln\prod_B a_B^{\nu_B} \tag{5.2.11}$$

和

$$K^\ominus = \prod_B (a_B^{eq})^{\nu_B} = e^{-\Delta_r G_m^\ominus/(RT)} \tag{5.2.12a}$$

其中

$$\Delta_r G_m^\ominus = \sum_B \nu_B \mu_B^\ominus$$

因为 $a_B = \gamma_B x_B$，所以标准平衡常数还可以表示为

$$K^\ominus = \prod_B (x_B^{eq})^{\nu_B} \prod_B (\gamma_B^{eq})^{\nu_B} \qquad (5.2.12b)$$

式中，γ_B 为组分 B 在指定条件下的活度因子。

对于理想液态混合物中的反应，$\gamma_B = 1$，所以

$$K^\ominus = \prod_B (x_B^{eq})^{\nu_B}$$

实际上，液态反应系统中极少有理想的，接近理想液态混合物的情况也非常少见。对于实际液态混合物，$\gamma_B \neq 1$。

5.2.5 溶液中的化学平衡

溶液中的化学反应可以表示为如下通式：

$$0 = \nu_A A + \sum_B \nu_B B$$

反应的平衡条件为

$$\Delta_r G_m = \nu_A \mu_A + \sum_B \nu_B \mu_B = 0$$

其中，A 表示溶剂，B 表示任一溶质。若 $\nu_A = 0$，则表示溶剂不参与反应，只起分散介质的作用，化学反应仅在溶质间进行；若 $\nu_A < 0$，则表示溶剂为反应物；若 $\nu_A > 0$，则表示反应过程中有溶剂生成。

常压或压力 p 与 $p^\ominus$ 相差不大时，溶剂 A 和溶质 B 的化学势分别为

$$\mu_A = \mu_A^\ominus + RT \ln a_A$$

和

$$\mu_B = \mu_B^\ominus + RT \ln a_B$$

根据通式(5.1.5) 和式(5.1.8)，反应等温方程和标准平衡常数分别为

$$\Delta_r G_m = \Delta_r G_m^\ominus + RT \ln(a_A^{\nu_A} \prod_B a_B^{\nu_B}) \qquad (5.2.13)$$

和

$$K^\ominus = (a_A^{eq})^{\nu_A} \prod_B (a_B^{eq})^{\nu_B} = e^{-\Delta_r G_m^\ominus / (RT)} \qquad (5.2.14a)$$

其中，标准摩尔反应吉布斯函数

$$\Delta_r G_m^\ominus = \nu_A \mu_A^\ominus + \sum_B \nu_B \mu_B^\ominus$$

值得注意的是，这里溶剂 A 和溶质 B 所取的标准态并不相同。溶剂 A 的标准态是"相同温度、标准压力下的纯溶剂 A"，而溶质 B 的标准态是"相同温度、标准压力下，质量摩尔浓度 $b_B = b^\ominus = 1 \text{mol} \cdot \text{kg}^{-1}$，且符合享利定律的溶质 B"的假想态。

对于稀溶液，溶剂 A 的活度 $a_A = e^{-\varphi M_A \sum_B b_B}$，溶质 B 的活度 $a_B = \gamma_B b_B / b^\ominus$，标准平衡常数可以表示为

$$K^\ominus = e^{-\nu_A \varphi^{eq} M_A \sum_B b_B^{eq}} \prod_B \left(\frac{\gamma_B^{eq} b_B^{eq}}{b^\ominus}\right)^{\nu_B} \qquad (5.2.14b)$$

式中，φ 为溶剂 A 的逸度因子；γ_B 为溶质 B 的活度因子。

对于 $\sum\limits_B b_B^{eq}$ 足够小的稀溶液中的化学反应，$\mathrm{e}^{-\nu_A \varphi^{eq} M_A \sum\limits_B b_B^{eq}} \approx 1$，所以

$$K^\ominus = \prod_B \left(\frac{\gamma_B^{eq} b_B^{eq}}{b^\ominus} \right)^{\nu_B}$$

对于理想稀溶液中的化学反应，$\varphi = 1$，$\gamma_B = 1$，且 $\sum\limits_B b_B^{eq}$ 足够小，$\mathrm{e}^{-\nu_A \varphi^{eq} M_A \sum\limits_B b_B^{eq}} \approx 1$，所以

$$K^\ominus = \prod_B \left(\frac{b_B^{eq}}{b^\ominus} \right)^{\nu_B}$$

基于质量摩尔浓度的经验平衡常数

$$K_b = \prod_B (b_B^{eq})^{\nu_B}$$

其单位为 $(\mathrm{mol \cdot kg^{-1}})^{\sum \nu_B}$。标准平衡常数 $K^\ominus$ 和基于质量摩尔浓度的经验平衡常数 K_b 之间的关系为

$$K^\ominus = K_b (b^\ominus)^{-\sum \nu_B}$$

当 $\sum \nu_B \neq 0$ 时，两者单位不同，但在量值上是相等的；当 $\sum \nu_B = 0$ 时，$K^\ominus = K_b$。

溶液中溶质的浓度还可以用浓度 c_B 表示。常压下溶质的化学势可以表示为

$$\mu_{c,B} = \mu_{c,B}^\ominus + RT \ln \left(\frac{c_B}{c^\ominus} \right)$$

这里，溶质 B 的标准态取"温度 T、标准压力下，$c_B = c^\ominus = 1 \mathrm{mol \cdot dm^{-3}}$ 且具有理想稀溶液性质的状态"。相应地，基于浓度的标准平衡常数和经验平衡常数分别为

$$K_c^\ominus = \prod_B \left(\frac{c_B^{eq}}{c^\ominus} \right)^{\nu_B}$$

$$K_c = \prod_B (c_B^{eq})^{\nu_B}$$

两者的关系为，$K_c^\ominus = K_c (c^\ominus)^{-\sum \nu_B}$。其中，$K_c$ 的单位为 $(\mathrm{mol \cdot m^{-3}})^{\sum \nu_B}$；$K_c^\ominus$ 的量纲为 1；当 $\sum \nu_B = 0$ 时，两者相等。

第3节　化学反应平衡常数的确定和应用

化学反应平衡常数反映了化学反应的限度，是反应转化率和产率等化学平衡计算中不可或缺的物理量。根据标准平衡常数的定义

$$K^\ominus = \prod_B (a_B^{eq})^{\nu_B} = \mathrm{e}^{-\Delta_r G_m^\ominus / (RT)}$$

平衡常数一方面反映了反应物和产物平衡活度之间的关系，另一方面又与标准摩尔反应吉布斯函数相关联。这正好为平衡常数的确定提供了两条可能的途径：①实验测定；②热力学计算。

5.3.1　化学反应平衡常数的实验测定

化学反应平衡常数的实验测定是通过测定反应物和产物的活度，然后通过公式

$$K^\ominus = \prod_B (a_B^{eq})^{\nu_B}$$

计算得到反应平衡常数。化学反应系统多种多样，纷繁复杂，平衡常数的测定是一项专业性很强的复杂工程。这里仅做一些概要性的介绍。

首先，在平衡常数的测定过程中，要确定反应已经达到平衡。判别标准是反应系统内所有物质的浓度或分压不再随时间而改变。这一点对一些反应速率很慢的反应尤其值得注意。标准平衡常数只是温度的函数，而与反应物的初始浓度无关。所以，可以通过设计不同反应物初始浓度，来检验系统是否真正达到了反应平衡。其次，在测定过程中不能外加影响反应平衡的分析试剂。为了提高反应速率，缩短达到反应平衡的时间，可加入催化剂。催化剂并不会影响反应平衡常数。

实验测定方法主要分为物理方法和化学方法两种。

物理方法，即通过测量与浓度相关的物理量，间接地测定反应物和产物的平衡浓度。如系统的折射率、电导（率）、旋光度、吸光度、pH 值、压力或体积等。物理方法的特点是可以实时在线测量，不会破坏反应平衡。

化学方法，即采用化学分析的方法测定反应系统中各种物质的平衡浓度。化学分析需要外加各种分析试剂，会因造成平衡移动而产生实验误差。所以，常需要采取适当的措施降低平衡移动的速度，从而使误差减到最小。如将反应系统骤然冷却，然后在低温下进行化学分析。在低温条件下，平衡移动速度慢，受分析试剂影响较小。对于溶液中的反应，可以通过加入大量溶剂，利用冲淡效应来降低平衡移动速度。对于催化反应，可以通过移除催化剂来降低平衡移动的速度。

标准平衡常数只与温度有关，而与压力或反应物浓度无关。在较低压力下，气体可以近似视作理想气体，其逸度因子趋近于 1，所以气相反应的平衡常数在低压下更容易测准确。当然，低压实验对实验设备要求较高。与此相似，在极稀溶液中，溶质的活度约等于浓度，所以，溶液中的反应平衡常数在低浓度下更容易测准确。而在低压或低浓度下测定的明显缺点是反应速率慢，通常达到反应平衡所需要的时间较长。

化学反应种类繁多，采用哪种测定方法应视具体情况来定。

5.3.2 标准平衡常数的热力学计算

对于化学反应平衡常数的实验测定并非简单易行。而且，并非所有反应的平衡常数都能够通过实验来直接测定。因此，可以通过化学反应的标准摩尔反应吉布斯函数 $\Delta_r G_m^\ominus$ 来计算平衡常数

$$\Delta_r G_m^\ominus = -RT\ln K^\ominus$$

该方法是确定反应标准平衡常数 $K^\ominus$ 简单易行的有效途径。

一定温度下化学反应

$$0 = \sum_B \nu_B B$$

的标准摩尔吉布斯函数 $\Delta_r G_m^\ominus$ 常采用以下方法求算：

（1）利用相同温度 T 下化学反应的标准摩尔反应焓 $\Delta_r H_m^\ominus$ 和标准摩尔反应熵 $\Delta_r S_m^\ominus$，按如下等温式计算 $\Delta_r G_m^\ominus$：

$$\Delta_r G_m^\ominus = \Delta_r H_m^\ominus - T\Delta_r S_m^\ominus$$

其中，标准摩尔反应焓 $\Delta_r H_m^\ominus$ 可以由相同温度 T 下反应物和生成物的标准摩尔生成焓 $\Delta_f H_m^\ominus(B)$ 或标准摩尔燃烧焓 $\Delta_c H_m^\ominus(B)$ 计算

$$\Delta_r H_m^{\ominus} = \sum_B \nu_B \Delta_f H_m^{\ominus}(B)$$

$$\Delta_r H_m^{\ominus} = -\sum_B \nu_B \Delta_c H_m^{\ominus}(B)$$

不同温度下的标准摩尔反应焓可以通过式(2.5.10) 计算

$$\Delta_r H_m(T) = \Delta_r H_m(298.15K) + \int_{298.15K}^{T} \Delta_r C_{p,m} dT$$

标准摩尔反应熵 $\Delta_r S_m^{\ominus}$ 可以通过相同温度 T 下反应物和生成物的标准摩尔熵 $S_m^{\ominus}(B)$ 计算

$$\Delta_r S_m^{\ominus} = \sum_B \nu_B S_m^{\ominus}(B)$$

若在温度变化范围内，反应物及产物均不发生相变，则不同温度下的标准摩尔反应熵可以由式(3.7.5) 计算

$$\Delta_r S_m^{\ominus}(T) = \Delta_r S_m^{\ominus}(298.15K) + \int_{298.15K}^{T} \frac{\Delta_r C_{p,m}^{\ominus}}{T} dT$$

（2）利用标准摩尔生成吉布斯函数计算 $\Delta_r G_m^{\ominus}$。一定温度下，由各自处于标准压力下的热力学稳定单质生成化学计量数 $\nu_B = 1$ 的相同温度、标准压力下的 B 的摩尔反应吉布斯函数，即物质 B 的标准摩尔生成吉布斯函数，用符号 $\Delta_f G_m^{\ominus}(B)$ 表示。显然，标准压力下的热力学稳定单质的标准摩尔生成吉布斯函数等于零。与由标准摩尔生成焓 $\Delta_f H_m^{\ominus}(B)$ 计算标准摩尔反应焓 $\Delta_r H_m^{\ominus}$ 相似，标准摩尔反应吉布斯函数 $\Delta_r G_m^{\ominus}$ 可以由相同温度 T 下反应物和生成物的标准摩尔生成吉布斯函数 $\Delta_f G_m^{\ominus}(B)$ 按下式计算：

$$\Delta_r G_m^{\ominus} = \sum_B \nu_B \Delta_f G_m^{\ominus}(B)$$

不同温度下的标准摩尔反应吉布斯函数可以通过吉布斯-亥姆霍兹方程计算

$$\frac{d(\Delta_r G_m^{\ominus}/T)}{dT} = -\frac{\Delta_r H_m^{\ominus}}{T^2}$$

例题 5.3.1 反应 $C_4H_8(g) \Longrightarrow C_4H_6(g) + H_2(g)$ 中各组分的标准热力学数据如下表：

组分	$\Delta_f H_m^{\ominus}(298.15K)/kJ \cdot mol^{-1}$	$S_m^{\ominus}(298.15K)/J \cdot mol^{-1} \cdot K^{-1}$
$H_2(g)$	0	130.6
$C_4H_6(g)$	110.06	278.5
$C_4H_8(g)$	-0.125	305.3

试计算该反应在 298.15K 下的标准平衡常数。

解：

$$\Delta_r H_m^{\ominus} = \sum_B \nu_B \Delta_f H_m^{\ominus}(B) = 110.185kJ \cdot mol^{-1}$$

$$\Delta_r S_m^{\ominus} = \sum_B \nu_B S_m^{\ominus}(B) = 103.8kJ \cdot mol^{-1} \cdot K^{-1}$$

$$\Delta_r G_m^{\ominus} = \Delta_r H_m^{\ominus} - T\Delta_r S_m^{\ominus} = 79.237kJ \cdot mol^{-1}$$

$$K^{\ominus} = e^{-\Delta_r G_m^{\ominus}/(RT)} = e^{-\frac{79.237 \times 10^3}{8.314 \times 298.15}} = 1.31 \times 10^{-14}$$

5.3.3 化学反应平衡转化率的计算

化学反应平衡转化率是指，当反应达平衡时，某一反应物 B 的转化量占起始量的百分数。

$$\text{反应物 B 的平衡转化率} = \frac{\text{B 物质的转化量}}{\text{B 物质的起始量}} \times 100\%$$

平衡转化率也称作最大转化率或理论转化率。平衡转化率是从反应物消耗的角度来表示反应进行的限度。当多于一种反应物时，若不同反应物的初始浓度等于其化学计量数之比，则它们的转化率相同；否则，它们的转化率并不相同。

在化学平衡计算中，还经常用到最大产率这一术语。最大产率是指化学反应达平衡时，某一产物的生成量与按化学反应计量式计算的理论生成量之比，因此也称作平衡产率。最大产率是从产物的角度表示反应进行的限度。显然，与转化率不同，无论反应物的初始浓度是否等于其化学计量数之比，不同产物的平衡产率是一致的。

已知化学反应平衡常数或标准摩尔反应吉布斯函数，就可以根据不同的投料情况计算平衡转化率或最大产率，反之亦然。

例题 5.3.2 乙烯是非常重要的化学原料，乙烷裂解是生产乙烯的重要反应。乙烷在 1000K 和 150kPa 条件下按下式裂解：

$$CH_3CH_3(g) \Longrightarrow CH_2CH_2(g) + H_2(g)$$

已知该反应在 1000K 下的标准平衡常数 $K^{\ominus} = 0.898$，试计算乙烷的平衡转化率（各组分均可视为理想气体）。

解： 设乙烷的初始投料量为 n，乙烷的平衡转化率为 x。

$$CH_3CH_3(g) \Longrightarrow CH_2CH_2(g) + H_2(g)$$

初始物质的量	n	0	0
平衡时物质的量 n_B	$(1-x)n$	xn	xn
平衡时压力 p_B	$\dfrac{1-x}{1+x}p$	$\dfrac{x}{1+x}p$	$\dfrac{x}{1+x}p$

$$K^{\ominus} = \frac{\left(\dfrac{x}{1+x} \times \dfrac{p}{p^{\ominus}}\right)\left(\dfrac{x}{1+x} \times \dfrac{p}{p^{\ominus}}\right)}{\dfrac{1-x}{1+x} \times \dfrac{p}{p^{\ominus}}} = \frac{x^2}{(1+x)(1-x)} \times \frac{p}{p^{\ominus}}$$

将 $K^{\ominus} = 0.898$，$p = 150\text{kPa}$ 和 $p^{\ominus} = 100\text{kPa}$ 代入上式并整理，得

$$1.5x^2/(1-x^2) = 0.898$$

解得

$$x = 61.2\%$$

例题 5.3.3 酯化反应

$$C_2H_5OH(l) + CH_3COOH(l) \Longrightarrow CH_3COOC_2H_5(l) + H_2O(l)$$

的标准平衡常数 $K^{\ominus}(298.15K) = 4.0$，各组分的活度因子均等于 1。试求：298.15K 下，反应物配比 $n_{C_2H_5OH}/n_{CH_3COOH} = 2$ 时乙醇的平衡转化率和乙酸乙酯的最大产率。

解： 设 $C_2H_5OH(l)$ 初始投料量为 n，平衡转化率为 x。

$$C_2H_5OH(l) + CH_3COOH(l) \Longrightarrow CH_3COOC_2H_5(l) + H_2O(l)$$

初始物质的量 n	n	$0.5n$	0	0
平衡时物质的量 n_B	$(1-x)n$	$(0.5-x)n$	xn	xn
平衡时摩尔分数 x_B	$(1-x)/1.5$	$(0.5-x)/1.5$	$x/1.5$	$x/1.5$

$$K^{\ominus} = \prod_{B}(x_B\gamma_B)^{\nu_B} = \frac{\dfrac{x}{1.5} \times \dfrac{x}{1.5}}{\dfrac{(1-x)}{1.5} \times \dfrac{(0.5-x)}{1.5}} = \frac{x^2}{(1-x)(0.5-x)} = 4.0$$

解得 $x = 42.3\%$（另一解 $x = 1.577$，不合理）

乙酸乙酯的最大产率：$x/0.5 = 84.6\%$。

第4节 温度对化学反应平衡常数的影响

化学反应平衡常数是温度的函数，由公式 $\Delta_r G_m^{\ominus} = -RT\ln K^{\ominus}$ 可知，标准平衡常数 $K^{\ominus}$ 可通过标准热力学函数计算。然而，标准热力学函数表（如标准摩尔生成焓 $\Delta_f H_m^{\ominus}$、标准摩尔燃烧焓 $\Delta_c H_m^{\ominus}$、标准摩尔熵 $S_m^{\ominus}$ 和标准摩尔生成吉布斯函数 $\Delta_f G_m^{\ominus}$ 等）只有 298.15K 下的值，故通过标准热力学函数只能得到 298.15K 下的标准平衡常数。通常，在实际生产过程中，反应并非在 298.15K 下进行。因此，找到标准平衡常数与温度的关系，从理论上计算不同温度下的平衡常数，了解温度对化学反应平衡常数的影响，在生产实际应用中具有现实的指导意义。

5.4.1 范特霍夫方程

吉布斯-亥姆霍兹方程描述了吉布斯函数与温度的关系

$$\left[\frac{\partial(G/T)}{\partial T}\right]_p = -\frac{H}{T^2}$$

在标准压力下，将吉布斯-亥姆霍兹方程应用于化学反应，得

$$\left[\frac{\partial(\Delta_r G_m^{\ominus}/T)}{\partial T}\right]_p = -\frac{\Delta_r H_m^{\ominus}}{T^2}$$

式中，$\Delta_r H_m^{\ominus}$ 是标准摩尔反应焓。

将标准平衡常数与标准摩尔反应吉布斯函数关系式

$$\ln K^{\ominus} = -\frac{\Delta_r G_m^{\ominus}}{RT}$$

代入上式并整理后，得

$$\left(\frac{\partial \ln K^{\ominus}}{\partial T}\right)_p = \frac{\Delta_r H_m^{\ominus}}{RT^2} \tag{5.4.1}$$

该式称作范特霍夫（van't Hoff）方程，它反映了标准平衡常数随反应温度的变化关系。

由范特霍夫方程可知，某一化学反应的标准平衡常数随反应温度的变化趋势与其标准摩尔反应焓 $\Delta_r H_m^{\ominus}$ 有关。对于放热反应，$\Delta_r H_m^{\ominus} < 0$，提高反应温度，标准平衡常数降低，平衡将向反应物方向移动，平衡转化率降低；对于吸热反应，$\Delta_r H_m^{\ominus} > 0$，提高反应温度，标准平衡常数将增大，平衡将向生成产物的方向移动，有利于提高平衡转化率；当 $\Delta_r H_m^{\ominus} = 0$ 时，标准平衡常数不随反应温度变化，改变温度对平衡转化率没有影响。

5.4.2 不同温度下平衡常数的计算

范特霍夫方程的积分形式依赖于标准摩尔反应焓 $\Delta_r H_m^{\ominus}$ 与反应温度的关系。

5-3

（1）$\Delta_r H_m^{\ominus}$ 是温度的函数 $\Delta_r H_m^{\ominus}$ 随反应温度的变化关系用基尔霍夫公式描述：

$$d\Delta_r H_m^{\ominus} = \Delta_r C_{p,m}^{\ominus} dT$$

式中，$\Delta_r C_{p,m}^{\ominus} = \sum_B \nu_B C_{p,m}^{\ominus}(B)$，是产物与反应物的标准热容差。

通常，物质的 $C_{p,m}^{\ominus}(B)$ 均是温度的函数，所以 $\Delta_r C_{p,m}^{\ominus}$ 本身也是温度的函数。标准热容与温度的关系一般采用多项式类的经验模型表示，其中较常用的如：

$$C_{p,m}^{\ominus} = a + bT + cT^2$$

式中，a、b、c 是与物性有关的经验参数，由实验数据拟合得到。

这类经验模型的特点是计算较准确，但应用温度范围较窄。使用时，要特别注意经验参数所适用的温度范围。将以上热容表达式代入基尔霍夫公式并积分，得

$$\Delta_r H_m^{\ominus} = \Delta a T + \frac{1}{2}\Delta b T^2 + \frac{1}{3}\Delta c T^3 + \Delta H_0$$

式中，H_0 为积分常数；$\Delta a = \sum_B \nu_B a(B)$；$\Delta b = \sum_B \nu_B b(B)$；$\Delta c = \sum_B \nu_B c(B)$。

将该标准摩尔反应焓表达式代入范特霍夫方程，得

$$\left(\frac{\partial \ln K^{\ominus}}{\partial T}\right)_p = \frac{1}{R}\left(\frac{\Delta a}{T} + \frac{1}{2}\Delta b + \frac{1}{3}\Delta c T + \frac{\Delta H_0}{T^2}\right)$$

在等压条件下对上式进行不定积分，得标准平衡常数与温度的关系式：

$$\ln K^{\ominus} = \frac{1}{R}\left(\Delta a \ln T + \frac{1}{2}\Delta b T + \frac{1}{6}\Delta c T^2 - \frac{\Delta H_0}{T}\right) + K_0 \tag{5.4.2}$$

式中，K_0 为积分常数，可以由任一已知温度 T 下的标准平衡常数求得。

在热力学基本原理中曾经讨论过：理想气体的标准热容是与温度无关的常数，可以用如下通式表示

$$C_{p,m}^{\ominus} = a$$

对于单分子理想气体，$a = \frac{5}{2}R$；对于双分子理想气体，$a = \frac{7}{2}R$。所以，对于理想气体，式（5.4.2）可以简化为

$$\ln K^{\ominus} = \frac{1}{R}\left(\Delta a \ln T - \frac{\Delta H_0}{T}\right) + K_0 \tag{5.4.3}$$

（2）$\Delta_r H_m^{\ominus}$ 是与温度无关的常数 根据基尔霍夫公式，当 $\Delta_r C_{p,m}^{\ominus} = 0$ 时，标准摩尔反应焓 $\Delta_r H_m^{\ominus}$ 是一常数，与温度无关。只有少数反应，如反应物和产物的性质非常接近的异构化反应等，是 $\Delta_r C_{p,m}^{\ominus} = 0$ 的反应。

通常，在计算精度要求不是很高，温度变化范围又不是很大的情况下，可以将 $\Delta_r H_m^{\ominus}$ 近似看作与温度无关的常数。这时范特霍夫方程的积分形式较为简单：

不定积分式

$$\ln K^{\ominus} = -\frac{\Delta_r H_m^{\ominus}}{RT} + K_0 \tag{5.4.4}$$

定积分式

$$\ln K^{\ominus} = \ln K^{\ominus}(T_0) - \frac{\Delta_r H_m^{\ominus}}{R}\left(\frac{1}{T} - \frac{1}{T_0}\right) \tag{5.4.5}$$

式中，K_0 为积分常数；$K^{\ominus}(T_0)$ 为温度 T_0 下的标准平衡常数。

式（5.4.4）和式（5.4.5）是计算不同温度下化学反应平衡常数的常用公式。由式

（5.4.4）可知，$\ln K^{\ominus}$ 和 $1/T$ 是线性关系。已知一组（$K_i^{\ominus}$，T_i）数据，可以通过线性拟合，求得标准摩尔反应焓 $\Delta_r H_m^{\ominus}$ 和积分常数 K_0，进而求得任一温度 T 下的标准平衡常数 $K^{\ominus}$，这也是在温度变化范围不是很大的情况下测定摩尔反应焓的一种常用方法。定积分式（5.4.5）则更适宜于已知标准摩尔反应焓 $\Delta_r H_m^{\ominus}$ 和一个温度 T_0 下的标准平衡常数 $K^{\ominus}(T_0)$，求取其他温度 T 下平衡常数 $K^{\ominus}$ 的情况。

例题 5.4.1 某化学反应的标准平衡常数（$K^{\ominus}$）与反应温度（T）的关系如下：

$$\ln K^{\ominus} = 4.814 - \frac{2059}{T/K}$$

试求：该反应在 25℃下的标准摩尔反应熵（$\Delta_r S_m^{\ominus}$）。

解： 根据范特霍夫方程

$$\frac{d\ln K^{\ominus}}{dT} = \frac{\Delta_r H_m^{\ominus}}{RT^2}$$

而

$$\frac{d\ln K^{\ominus}}{dT} = \frac{2059K}{T^2}$$

所以

$$\Delta_r H_m^{\ominus} = 2059K \times R = 17.12 kJ \cdot mol^{-1}$$

25℃时：

$$\Delta_r G_m^{\ominus} = -RT\ln K^{\ominus}$$

$$= -8.314 J \cdot mol^{-1} \cdot K^{-1} \times 298.15K \times (4.814 - \frac{2059}{298.15}) = 5.185 kJ \cdot mol^{-1}$$

$$\Delta_r S_m^{\ominus} = (\Delta_r H_m^{\ominus} - \Delta_r G_m^{\ominus})/T = 40.03 J \cdot mol^{-1} \cdot K^{-1}$$

第 5 节　其他因素对平衡转化率的影响

任一化学反应的平衡条件为

$$\sum_B \nu_B \mu_B = 0$$

即

$$\sum_B \nu_B (\mu_B^{\ominus} + RT\ln a_B^{eq}) = 0$$

$$\Delta_r G_m^{\ominus} = -RT\ln K^{\ominus} = -RT\ln \Pi (a_B^{eq})^{\nu_B}$$

式中，$\Delta_r G_m^{\ominus} = \sum_B \nu_B \mu_B^{\ominus}$，是该反应在温度 T 下的标准摩尔反应吉布斯函数。

当反应温度发生改变时，标准化学势 $\mu_B^{\ominus}$ 发生变化，所以，温度影响标准平衡常数 $K^{\ominus}$。还有一些因素，如压力、惰性气体等虽然不会影响标准平衡常数 $K^{\ominus}$，但会影响各组分的活度 a_B，进而影响化学势 μ_B，也能造成平衡组成的移动。

本节将以理想气体反应为例，讨论压力、惰性气体等因素对反应系统平衡组成的影响。

5.5.1　压力对平衡转化率的影响

一定温度 T、总压力 p 下的化学反应标准平衡常数可表示为

$$K^{\ominus} = \prod_{B}(a_B)^{\nu_B} = \prod_{B(cd)}(a_{B(cd)})^{\nu_{B(cd)}} \prod_{B(g)}(\tilde{p}_{B(g)}/p^{\ominus})^{\nu_{B(g)}}$$

式中，B(cd) 和 B(g) 分别为参加反应的凝聚态物质和气态物质。

用 y_B 表示气相的平衡组成，将气体近似视作理想气体，则有

$$K^{\ominus} = \prod_{B(cd)}(a_{B(cd)})^{\nu_{B(cd)}} \prod_{B(g)}(p/p^{\ominus})^{\nu_{B(g)}} \prod_{B(g)}(y_{B(g)})^{\nu_{B(g)}} \qquad (5.5.1)$$

一定温度下 $K^{\ominus}$ 是常数，其值不受压力影响。压力对凝聚态物质的活度影响甚微，$\prod_{B(cd)}(a_{B(cd)})^{\nu_{B(cd)}}$ 项可视作常数，所以：

（1）当 $\sum \nu_{B(g)} = 0$，即生成的气态产物的物质的量等于消耗掉的气态反应物的物质的量时，$\prod_{B(g)}(p/p^{\ominus})^{\nu_{B(g)}} = 1$，改变反应总压力 p 对系统的气相平衡组成 $y_{B(g)}$ 没有影响；

（2）当 $\sum \nu_{B(g)} > 0$，即生成的气态产物的物质的量大于消耗掉的气态反应物的物质的量时，提高总压力 p，$\prod_{B(g)}(p/p^{\ominus})^{\nu_{B(g)}}$ 项升高，$\prod_{B(g)}(y_{B(g)})^{\nu_{B(g)}}$ 项降低，平衡组成向反应物方向移动，平衡转化率降低；

（3）当 $\sum \nu_{B(g)} < 0$，即消耗掉的气态反应物的物质的量大于生成的气态产物的物质的量时，提高总压力 p，$\prod_{B(g)}(p/p^{\ominus})^{\nu_{B(g)}}$ 项降低，$\prod_{B(g)}(y_{B(g)})^{\nu_{B(g)}}$ 项升高，平衡组成向生成产物方向移动，平衡转化率升高。

总之，压力对只有凝聚态物质参加的化学反应平衡没有影响。对于有气体参加的化学反应，提高反应压力，平衡将向气体物质的量减少的方向移动；反之，降低反应压力，平衡将向气体物质的量增加的方向移动。

例题 5.5.1 在温度 T 和标准压力 $p^{\ominus}$ 下，有 50.2% $N_2O_4(g)$ 分解为 $NO_2(g)$。$N_2O_4(g)$ 和 $NO_2(g)$ 均可视为理想气体。若将压力提高至原来的 10 倍，试计算 $N_2O_4(g)$ 的分解分数。

解： 设 N_2O_4 的初始物质的量为 n，N_2O_4 的平衡分解分数为 α。

$$N_2O_4(g) \rightleftharpoons 2NO_2(g)$$

初始物质的量	n	0
平衡时物质的量 n_B	$(1-\alpha)n$	$2\alpha n$
平衡时分压 p_B	$\dfrac{1-\alpha}{1+\alpha}p$	$\dfrac{2\alpha}{1+\alpha}p$

$$K^{\ominus} = \frac{\left(\dfrac{p_{NO_2}}{p^{\ominus}}\right)^2}{\dfrac{p_{N_2O_4}}{p^{\ominus}}} = \frac{\left(\dfrac{2\alpha}{1+\alpha} \times \dfrac{p}{p^{\ominus}}\right)^2}{\dfrac{1-\alpha}{1+\alpha} \times \dfrac{p}{p^{\ominus}}} = \frac{4\alpha^2}{1-\alpha^2} \times \frac{p}{p^{\ominus}}$$

在 $p^{\ominus}$ 下，N_2O_4 的平衡分解分数为 0.502，所以

$$K^{\ominus} = \frac{4 \times 0.502^2}{1-0.502^2} \times \frac{p}{p^{\ominus}} = 1.35$$

当压力提高至 $10p^{\ominus}$ 时

$$\frac{4\alpha^2}{1-\alpha^2} \times \frac{10p^{\ominus}}{p^{\ominus}} = \frac{40\alpha^2}{1-\alpha^2} = 1.35$$

解得

$$\alpha = 0.18$$

当压力由 $p^{\ominus}$ 提高至 $10p^{\ominus}$ 时，N_2O_4 的分解分数由 0.502 降到了 0.18，气体总物质的量减少，平衡向反应物方向移动。

5.5.2 惰性气体对平衡转化率的影响

这里所说的惰性气体是指系统中不参加反应的气体。惰性气体的存在并不会影响反应的标准平衡常数 $K^{\ominus}$，对凝聚态物质 B(cd) 的活度也没有影响，故惰性气体对凝聚态物质间化学反应平衡没有影响。但是，对于非等容系统，惰性气体能够影响参加反应的气相组分 B(g) 的分压，并最终影响反应的平衡组成。

等温 T、等压 p 下化学反应的标准平衡常数为

$$K^{\ominus} = \prod_{B(cd)} (a_{B(cd)})^{\nu_{B(cd)}} \prod_{B(g)} (\widetilde{p}_{B(g)} / p^{\ominus})^{\nu_{B(g)}}$$

将参加反应的气态组分 B(g) 视作理想气体，则

$$K^{\ominus} = \prod_{B(cd)} (a_{B(cd)})^{\nu_{B(cd)}} \prod_{B(g)} \left(\frac{n_{B(g)}}{n_{tol}} p / p^{\ominus}\right)^{\nu_{B(g)}}$$

$$= \prod_{B(cd)} (a_{B(cd)})^{\nu_{B(cd)}} \left(\frac{1}{n_{tol}} p / p^{\ominus}\right)^{\sum \nu_{B(g)}} \prod_{B(g)} (n_{B(g)})^{\nu_{B(g)}} \tag{5.5.2}$$

式中，$n_{tol} = \sum_{B(g)} n_{B(g)} + n_0$，是系统中气体的总物质的量；$n_0$ 是惰性气体的物质的量。

由于平衡常数只是温度的函数，所以，

（1）当 $\sum \nu_{B(g)} = 0$ 时，$\left(\frac{1}{n_{tol}} p / p^{\ominus}\right)^{\sum \nu_{B(g)}} = 1$，向系统中加入惰性气体不影响 $\prod_{B(g)}$ $(n_{B(g)})^{\nu_{B(g)}}$ 的值，对平衡转化率没有影响；

（2）当 $\sum \nu_{B(g)} > 0$ 时，向系统中加入惰性气体，则 n_{tol} 增大，$\left(\frac{1}{n_{tol}} p / p^{\ominus}\right)^{\sum \nu_{B(g)}}$ 项升高，$\prod_{B(g)} (n_{B(g)})^{\nu_{B(g)}}$ 项降低，即平衡向生成产物方向移动，平衡转化率提高；

（3）当 $\sum \nu_{B(g)} < 0$ 时，向系统中加入惰性气体，则 n_{tol} 增大，$\left(\frac{1}{n_{tol}} p / p^{\ominus}\right)^{\sum \nu_{B(g)}}$ 项降低，$\prod_{B(g)} (n_{B(g)})^{\nu_{B(g)}}$ 项升高，即平衡向反应物方向移动，平衡转化率降低。

显然，引入惰性气体与降低系统总压对平衡转化率的影响趋势相同。这是因为两者均起到了降低反应气相组分分压的效果。

例题 5.5.2 在 873K、标准压力下，乙苯脱氢生成苯乙烯反应的标准平衡常数 $K^{\ominus} = 0.178$。求在该温度、压力下：（1）乙苯的最大转化率；（2）原料中乙苯和水蒸气的比例为 1：9 时乙苯的最大转化率。

解：设乙苯的初始量为 1mol，最大转化率为 x。

$$C_6H_5-C_2H_5(g) \rule{1.2cm}{0.4pt} C_6H_5-C_2H_3(g) + H_2(g)$$

	$C_6H_5-C_2H_5(g)$	$C_6H_5-C_2H_3(g)$	$H_2(g)$
初始物质的量 n	1mol	0	0
平衡时物质的量 n_B	$(1-x)$mol	x mol	x mol

（1）纯乙苯原料（无水）：$n_{tol} = (1+x)$ mol，所以

$$K^{\ominus} = \frac{\left(\dfrac{x}{1+x} \times \dfrac{p}{p^{\ominus}}\right)^2}{\dfrac{1-x}{1+x} \times \dfrac{p}{p^{\ominus}}} = \frac{x^2}{1-x^2} = 0.178$$

解得 $x = 0.389$

（2）原料中 n（乙苯）：n（水蒸气）$= 1:9$，$n_{tol} = (10+x)$ mol，所以

$$K^{\ominus} = \frac{\left(\dfrac{x}{10+x} \times \dfrac{p}{p^{\ominus}}\right)^2}{\dfrac{1-x}{10+x} \times \dfrac{p}{p^{\ominus}}} = \frac{x^2}{(10+x)(1-x)} = 0.178$$

解得 $x = 0.728$

5-4

5.5.3 投料比对平衡转化率的影响

反应物的初始浓度比（即投料比）虽然不会影响反应平衡常数，但可以影响反应物的转化率和产物的平衡分数。以一定温度 T、压力 p 下气相反应

$$CH_3Cl(g) + H_2O(g) \Longrightarrow CH_3OH(g) + HCl(g)$$

为例，讨论反应物的初始浓度比对平衡转化率和产物平衡分数的影响。

设反应物 $CH_3Cl(g)$ 的初始量为 n_0，$H_2O(g)$ 的初始量为 rn_0，即 $CH_3Cl(g)$ 和 H_2O（g）的初始浓度比为 $1:r$；$CH_3Cl(g)$ 的平衡转化率为 x。

$$CH_3Cl(g) \quad + \quad H_2O(g) \quad \Longrightarrow \quad CH_3OH(g) \quad + \quad HCl(g)$$

初始物质的量 $\qquad n_0 \qquad\qquad rn_0 \qquad\qquad 0 \qquad\qquad 0$

平衡时物质的量 $\quad (1-x)n_0 \qquad (r-x)n_0 \qquad xn_0 \qquad\qquad xn_0$

平衡系统的总物质的量：$n_{tol} = (1+r)n_0$

$$K^{\ominus} = \frac{\left[\dfrac{xn_0}{(1+r)n_0} \times \dfrac{p}{p^{\ominus}}\right]^2}{\left[\dfrac{(1-x)n_0}{(1+r)n_0} \times \dfrac{p}{p^{\ominus}}\right]\left[\dfrac{(r-x)n_0}{(1+r)n_0} \times \dfrac{p}{p^{\ominus}}\right]} = \frac{x^2}{(1-x)(r-x)}$$

在一定温度下标准平衡常数是一定值。由上式可知：当 r 增大时，$1/(r-x)$ 降低，$x^2/(1-x)$ 升高，即 x 升高；反之，当 r 降低时，$1/(r-x)$ 升高，$x^2/(1-x)$ 降低，即 x 降低。说明，提高 $H_2O(g)$ 的投料量，有利于提高 $CH_3Cl(g)$ 的平衡转化率，而 $H_2O(g)$ 的转化率（x/r）降低。

将产物 $CH_3OH(g)$ 的平衡分数 $y = x/(1+r)$，代入上式，得

$$K^{\ominus} = \frac{(1+r)^2 y^2}{[1-(1+r)y][r-(1+r)y]}$$

$$y^2 = K^{\ominus}\left[\frac{r}{(1+r)^2} - y + y^2\right]$$

对 r 求导，得

$$2y\frac{dy}{dr} = K^{\ominus}\left[\frac{1}{(1+r)^2} - \frac{2r}{(1+r)^3} - \frac{dy}{dr} + 2y\frac{dy}{dr}\right]$$

令 $dy/dr=0$，则

$$\frac{1}{(1+r)^2}=\frac{2r}{(1+r)^3}$$

解得 $r=1$。即当 $CH_3Cl(g)$ 和 $H_2O(g)$ 的初始浓度比为 $1:1$ 时，产物的平衡分数取最大值。这一比值恰好等于两种反应物的化学计量数之比。

可以证明，对于任一理想气体反应

$$a A(g)+b B(g)\Longleftrightarrow P(g)$$

若反应物的初始浓度比等于其化学计量数之比，即 $n_0(A)/n_0(B)=a/b$，则反应达到平衡时，产物的平衡分数最高。

第6节 同时平衡

5.6.1 同时反应

到目前为止，我们所讨论的对象都是单个反应。在实际化工生产中，往往有多个反应同时进行。特别是石油裂解和烃加工过程中，由于原料的复杂性，可能同时存在几十、上百个反应。如石油裂解过程中，既有 C—H 键的断裂，也有 C—C 键的断裂，既有双键的生成，也有双键的打开，且这些反应还可能发生在不同原料分子的不同位置上。这些反应同时存在于同一个反应系统中，两两之间或有共同组分，或没有共同组分。没有共同组分的反应之间相互影响较弱，有共同组分的反应之间则相互影响较强。将同一反应系统中由一个或几个共同组分联系起来的多个反应称为同时反应。同时，反应系统的化学平衡称为同时平衡。

以用天然气为原料制氢为例。反应系统中同时进行如下反应：

$$CH_4(g)+H_2O(g)\Longrightarrow CO(g)+3H_2(g) \tag{1}$$

$$CH_4(g)+2H_2O(g)\Longrightarrow CO_2(g)+4H_2(g) \tag{2}$$

$$CO(g)+H_2O(g)\Longrightarrow CO_2(g)+H_2(g) \tag{3}$$

$$CH_4(g)+CO_2(g)\Longrightarrow 2CO(g)+2H_2(g) \tag{4}$$

$CH_4(g)$ 同时参加了反应（1）、（2）和（4），$H_2O(g)$ 同时参加了反应（1）、（2）和（3），$CO(g)$ 同时参加了反应（1）、（3）和（4），$CO_2(g)$ 同时参加了反应（2）、（3）和（4），而 $H_2(g)$ 同时参加了反应（1）、（2）、（3）和（4）。

处理同时反应的平衡问题时，首先要确定哪些反应是相互独立反应，即相互之间没有线性组合关系的一组反应。上面4个反应之间存在以下线性关系：

$$反应(2)=反应(1)+反应(3)$$
$$反应(4)=反应(1)-反应(3)$$

所以，这4个反应中只有（1）和（3）是相互独立反应。

同时反应的存在并不会影响每个反应的标准平衡常数。每个独立的反应均有自己独立的平衡常数表达式。但应注意的是，在同一反应系统中，任何一个组分，无论参加了几个化学反应，均只能有一个浓度或分压。

例题 5.6.1 以 CH_3OH 为原料制备 CH_3Cl 时，可能同时发生 CH_3OH 的脱水缩聚反应：

（1）$CH_3OH(g)+HCl(g)\Longrightarrow CH_3Cl(g)+H_2O(g)$

(2) $2CH_3OH(g) \Longrightarrow (CH_3)_2O(g) + H_2O(g)$

已知上述反应在600K下的标准平衡常数分别为 $K_1^\ominus = 649.4$，$K_2^\ominus = 10.6$。按 $n[CH_3OH(g)] : n[HCl(g)] = 1 : 1$ 配制反应原料。试计算 $CH_3OH(g)$ 的平衡转化率，以及 $CH_3Cl(g)$ 和 $(CH_3)_2O(g)$ 的最大产率。

解：设 $CH_3OH(g)$ 和 $HCl(g)$ 的初始物质的量均为 1mol，$CH_3Cl(g)$ 和 $(CH_3)_2O(g)$ 的最大产率分别为 x 和 y。

$$CH_3OH(g) + HCl(g) \Longrightarrow CH_3Cl(g) + H_2O(g)$$

平衡时物质的量 n_B/mol $1-x-2y$ $1-x$ x $x+y$

$$2CH_3OH(g) \Longrightarrow (CH_3)_2O(g) + H_2O(g)$$

平衡时物质的量 n_B/mol $1-x-2y$ y $x+y$

$$K_1^\ominus = \frac{x(x+y)}{(1-x-2y)(1-x)} = 649.4$$

$$K_2^\ominus = \frac{y(x+y)}{(1-x-2y)^2} = 10.6$$

两个方程联立求解得 $x = 0.952$，$y = 0.009$

$CH_3OH(g)$ 的平衡转化率为 $x + 2y = 0.970$

5.6.2 偶合反应

系统中同时发生两个化学反应，若存在某一组分既是一个反应的产物同时也是另一个反应的反应物，则称这两个反应是偶合反应。显然，偶合反应是同时反应的一种。偶合反应的一个特点是，一个反应能够显著影响另一个反应的平衡，甚至能使原本宏观上不能进行的反应成为可能。

以乙苯脱氢制苯乙烯为例：

$$C_8H_{10}(g) \Longrightarrow C_8H_8(g) + H_2(g) \tag{1}$$

反应（1）在298.15K下的标准平衡常数 $K_1^\ominus = 2.70 \times 10^{-15}$，$\Delta_r G_{m,1}^\ominus > 0$。根据吉布斯判据，该反应在298.15K标准状态下是不能进行的。但当向反应系统中加入氧气，使氧气和氢气发生如下反应：

$$2H_2(g) + O_2(g) \Longrightarrow 2H_2O(g) \tag{2}$$

反应（2）在298.15K下的标准平衡常数 $K_2^\ominus = 1.59 \times 10^{80}$，$\Delta_r G_{m,2}^\ominus \ll 0$。该反应的标准平衡常数非常大，几乎能将反应（1）生成的 $H_2(g)$ 完全转化为 $H_2O(g)$。

这里 $H_2(g)$ 既是反应（1）的产物也是反应（2）的反应物，两者构成了偶合反应。反应（1）和反应（2）的偶合，使反应（1）的平衡不断向右移动，几乎使乙苯完全转化为目的产物苯乙烯。

将反应（1）+0.5×反应（2），得

$$C_8H_{10}(g) + 0.5O_2(g) \Longrightarrow C_8H_8(g) + H_2O(g) \tag{3}$$

反应（3）可以看成反应（1）和反应（2）偶合的结果，该反应的标准平衡常数 $K_3^\ominus = K_1^\ominus (K_2^\ominus)^{1/2} = 3.40 \times 10^{25}$，$\Delta_r G_{m,3}^\ominus = \Delta_r G_{m,1}^\ominus + 0.5\Delta_r G_{m,2}^\ominus < 0$。可见，$\Delta_r G_{m,3}^\ominus < 0$ 是由于反应（2）的标准摩尔反应吉布斯函数 $\Delta_r G_{m,2}^\ominus$ 远远小于零所致。

偶合反应在实际化工生产工艺过程设计和新合成路线的设计中均有广泛的应用。

习题

1. 化学反应 $0 = \sum\limits_{B} \nu_B B$ 的平衡条件 $\sum\limits_{B} \nu_B \mu_B = 0$ 适用于下列哪些过程？为什么？

(1) 等温等压过程；

(2) 等温等容过程；

(3) 等温等熵过程；

(4) 等压等容过程；

(5) 等压等熵过程。

2. 一定温度、压力下，组分 B 在 α 相中的化学势小于它在 β 相中的化学势，组分 B 在 α 相中的浓度大于它在 β 相中的浓度。试问组分 B 在两相间的迁移趋势，为什么？

3. 分析并完成下表（选择"向左"、"向右"或"不变"）：

反应类型	平衡移动方向		
	升高温度(总压不变)	加入惰性气体 (温度、总压不变)	升高总压 (温度不变)
$\sum \nu_{B(g)} > 0$ 的放热反应			
$\sum \nu_{B(g)} = 0$ 的放热反应			
$\sum \nu_{B(g)} < 0$ 的放热反应			
$\sum \nu_{B(g)} > 0$ 的吸热反应			

4. 某物质 A 的分解反应如下：

$$A(s) = 2B(g) + C(g)$$

在 298K 时，该反应的标准平衡常数 $K^{\ominus} = 2.39 \times 10^{-4}$，已知该过程的 $\Delta_r G_m^{\ominus} = a - b(T/K) \mathrm{kJ \cdot mol^{-1}}$。

已知上述反应中的各物质在 298K 时数据如下：

物质	$\Delta_f H_m^{\ominus}/\mathrm{kJ \cdot mol^{-1}}$	$C_{p,m}/\mathrm{J \cdot mol^{-1} \cdot K^{-1}}$
A	−648.62	107.23
B	−46.11	35.06
C	−393.51	37.11

(1) 计算 298K 下物质 A 的分解压力；

(2) 计算 a 和 b；

(3) 计算该反应在 308K 时的分解压力。

5. 在合成氨生产中，为了将水煤气中 CO 加水蒸气转化为 H_2，需进行变换反应：

$$CO(g) + H_2O(g) = CO_2(g) + H_2(g)$$

原料气的组成（体积分数）：36％CO，35.5％ H_2，5.5％ CO_2，23％N_2。H_2 的转化反应在 550℃ 下进行，反应平衡常数 $K = 3.56$。若要求转化后干气体（水蒸气除外）中 CO 含量不得超过 2％，问每反应 1 立方米原料气需消耗若干立方米的水蒸气。

6. 甲烷、水蒸气为 1：5 的混合气体，在 600℃、101.325kPa 下通过催化剂生产氢气。求平衡组成。反应如下：

$$CH_4 + H_2O = CO + 3H_2 \quad K_1^{\ominus} = 0.589$$

$$CO + H_2O = CO_2 + H_2 \quad K_2^{\ominus} = 2.21$$

7. 在 383K 条件下用空气干燥 $Ag_2CO_3(s)$，试计算空气中 CO_2 的分压在什么范围内才能使 $Ag_2CO_3(s)$ 不发生下列分解反应：

$$Ag_2CO_3(s) \Longrightarrow Ag_2O(s) + CO_2(g)$$

相关标准热力学数据如下：

物质	$S_m^\ominus(298.15K)/J \cdot mol^{-1} \cdot K^{-1}$	$\Delta_f H_m^\ominus(298.15K)/kJ \cdot mol^{-1}$	$\bar{C}_{p,m}^\ominus/J \cdot mol^{-1} \cdot K^{-1}$
$Ag_2CO_3(s)$	167.36	−501.7	108.8
$Ag_2O(s)$	121.75	−29.08	68.6
$CO_2(g)$	213.80	−393.46	40.2

8. 求反应 $C_2H_4(g) + H_2(g) \Longrightarrow C_2H_6(g)$ 在 673.15K 下的标准平衡常数。

已知相关组分标准热力学数据如下：

物质	$\Delta_f H_m^\ominus(298.15K)/kJ \cdot mol^{-1}$	$S_m^\ominus(298.15K)/J \cdot mol^{-1} \cdot K^{-1}$
$C_2H_4(g)$	52.28	219.4
$H_2(g)$	0	130.6
$C_2H_6(g)$	−84.67	229.5

$\Delta_r C_{m,p}^\ominus/J \cdot mol^{-1} \cdot K^{-1} = -28.38 + 0.0310\,T/K$。

9. 常压下 PCl_5 的分解反应 $PCl_5(g) \Longrightarrow PCl_3(g) + Cl_2(g)$ 在 473K 和 573K 时的分解率分别为 48.5% 和 97.0%。求在此温度范围内该反应的平均标准摩尔反应焓。

10. 某学生将 $PCl_5(g)$ 置于密闭容器中测定反应 $PCl_5(g) \Longrightarrow PCl_3(g) + Cl_2(g)$ 的平衡常数。在 523K、101.325kPa 下，测得平衡混合物的密度为 $2.695g \cdot dm^{-3}$。试求该反应在 523K 下的标准平衡常数。

11. 在 873K、101.325kPa 下，反应 $CO(g) + H_2O(g) \Longrightarrow CO_2(g) + H_2(g)$ 达到平衡。(1) 将压力提高到原来的 10 倍，若各组分均可视为理想气体，平衡有无变化？(2) 将压力提高到原来的 500 倍，若各组分的逸度系数分别为 $\varphi(CO_2) = 1.09$，$\varphi(H_2) = 1.10$，$\varphi(CO) = 1.23$，$\varphi(H_2O) = 0.77$，平衡将向哪个方向移动？

12. 在一定温度 T 下，一定量的气体 $AB(g)$ 按 $AB(g) \Longrightarrow A(g) + B(g)$ 分解。当系统压力为 101.325kPa、体积为 $1dm^3$ 时，解离度为 0.5。试求在下列各种情况下的解离度：

(1) 降低系统总压直至体积增加至 $2dm^3$；

(2) 通入惰性气体 $N_2(g)$ 使体积增至 $2dm^3$，而系统压力仍维持在 101.325kPa；

(3) 通入惰性气体 N_2 (g) 使系统压力增加至 $2 \times 101.325kPa$，而体积仍维持在 $1dm^3$；

(4) 通入气体 A (g) 使系统压力增加至 $2 \times 101.325kPa$，而体积仍维持在 $1dm^3$。

13. 在 298.15K 下，下列每两种盐 $Na_2HPO_4 \cdot 12H_2O(s)$-$Na_2HPO_4 \cdot 7H_2O(s)$、$Na_2HPO_4 \cdot 7H_2O(s)$-$Na_2HPO_4 \cdot 2H_2O(s)$ 和 $Na_2HPO_4 \cdot 2H_2O(s)$-$Na_2HPO_4(s)$ 平衡共存的水蒸气压力分别为 $0.02514 \times 101.325kPa$、$0.0191 \times 101.325kPa$ 和 $0.0129 \times 101.325kPa$；纯水的饱和蒸气压为 $0.313 \times 101.325kPa$。试问在 298.15K 下，空气湿度在什么范围内才能使 $Na_2HPO_4 \cdot 7H_2O(s)$ 既不风化（即失去水分）也不潮解（即吸收水分）？（注：空气湿度即空气中水蒸气的分压与该温度下纯水饱和蒸气压之比。）

14. (1) 某反应在 723K 附近，温度每升高 1K，标准平衡常数增加 1%，试问该反应在 723K 附近的平均标准摩尔反应焓为多少？

(2) 若该反应在 298.15K 下的标准摩尔反应吉布斯函数数据有 1kJ 的误差，则标准平衡常数的相对误差为多少？

15. 环己烷和甲基环戊烷之间的异构化反应 $C_6H_{12}(l) \Longrightarrow C_5H_9CH_3$ (l) 的标准平衡常数与温度的关系

如下：

$$\ln K^{\ominus} = \frac{(4.814 - 17120)\, \text{J} \cdot \text{mol}^{-1}}{RT}$$

试求：298.15K 时，该异构化反应的标准摩尔反应熵。

16. 已知某反应的 $\Delta_r G_m^{\ominus}/\text{J} \cdot \text{mol}^{-1} = -528858 - 22.73\,(T/\text{K})\ln(T/\text{K}) + 438.1\,(T/\text{K})$。

(1) 计算 2000K 时的 $K^{\ominus}$ 和 $\Delta_r H_m^{\ominus}$；

(2) 导出 $\Delta_r S_m^{\ominus}$ 与温度 T 的关系式。

17. 已知反应 $NiO(s) + CO(g) \Longrightarrow Ni(s) + CO_2(g)$

$K^{\ominus}(936\text{K}) = 4.54 \times 10^3$，$K^{\ominus}(1027\text{K}) = 2.55 \times 10^3$，若在此温度范围内 $\Delta_r C_{p,m} = 0$。

(1) 求此反应在 1000K 时的 $\Delta_r G_m^{\ominus}$、$\Delta_r H_m^{\ominus}$ 和 $\Delta_r S_m^{\ominus}$；

(2) 若产物中的镍与某金属生成固溶体（合金），当反应在 1000K 达平衡时 $p(CO_2)/p(CO) = 1.05 \times 10^3$，求固溶体中镍的活度，并指出所选镍的标准态。

18. 合成氨反应 $\frac{1}{2}N_2(g) + \frac{3}{2}H_2(g) \Longrightarrow NH_3(g)$，在催化剂作用下，在 723K、100kPa 下进行。反应达平衡时，测得反应的平衡常数 $K^{\ominus} = 0.0067$。已知纯 $H_2(g)$、纯 $N_2(g)$ 及纯 $NH_3(g)$ 在 723K、3×10^4 kPa 时的 $K_{\varphi} = 0.75$。设该反应的混合气体在室温以上，压力不超过 200kPa 时可近似视作理想气体。

(1) 该反应在 723K、100kPa 时的平衡常数 $K_p^{\ominus}$ 为多少？

(2) 该反应在 723K、3×10^4 kPa 时的平衡常数 $K_p^{\ominus}$ 为多少？

19. 473K 时，在真空反应容器内加入一定量的 A(g) 物质，发生如下反应：

$$2A(g) \Longrightarrow 2B(g) + C(g)$$

总压为 101.325kPa 时，A(g) 的平衡分压为 64.848kPa。假设气体可视为理想气体，反应的 $\Delta_r C_{p,m} = 0$。

(1) 计算 473K 的 $K^{\ominus}$。

(2) 在 473K 附近，每增加 1K，$K^{\ominus}$ 增加 1.5%，计算 $\Delta_r H_m^{\ominus}$、$\Delta_r S_m^{\ominus}$。

(3) 计算该反应在 573K 时的 $K^{\ominus}$ 和 $\Delta_r G_m^{\ominus}$。

20. 理想气体反应 $2A(g) \longrightarrow B(g)$，已知：

物质	$\Delta_f H_m^{\ominus}(298\text{K})/\text{kJ} \cdot \text{mol}^{-1}$	$S_m^{\ominus}(298\text{K})/\text{J} \cdot \text{mol}^{-1} \cdot \text{K}^{-1}$	$C_{p,m}/\text{J} \cdot \text{mol}^{-1} \cdot \text{K}^{-1}$
A(g)	35	250	38
B(g)	10	300	76

(1) 计算该反应 300K 时的 $\Delta_r G_m^{\ominus}$；

(2) 在 300K、100kPa 下，现有 A 和 B 的气体混合物，其中 A 的摩尔分数为 0.5，判断反应的方向；

(3) 若反应向第（2）问中结果相反的方向进行，则在其他条件不变时，改变压力，压力应控制在什么范围？

(4) 在 300K、100kPa 下，向平衡的系统中加入惰性气体，平衡将如何移动？

重点难点讲解

5-1 化学反应限度

5-2 G 与反应进度关系

5-3 平衡常数与温度的关系

5-4 反应物配比对转化率影响

第六章

相平衡

相平衡（phase equilibrium）是研究多相、多组分系统的状态与温度、压力及浓度等系统变量间关系的一门科学。相平衡的研究具有非常重要的实际意义。例如在化工生产或研究中常常采用蒸馏、结晶、萃取等方法对物质进行分离、提纯，这些过程中均涉及物质在不同相之间的转移或平衡的问题，都与相平衡原理紧密相关。而在金属冶炼时通常需要对材料的结构、组成等进行控制以获得具有不同性能的金属、合金等材料，其中同样也涉及相变化的问题。因此，在处理这些问题时需要利用相平衡相关的知识进行分析、处理。此外，在通常的日常生活中也会遇到诸如水的结冰或蒸发等很多与相平衡相关的现象。总之，无论是在进行科学研究、工业生产还是日常生活中，都或多或少地会涉及与相平衡有关的知识，因此掌握相平衡知识是非常必要的。

第 1 节　基本概念及相律

6.1.1　相图

相图（phase diagram）是通过图形的方式来描述系统的状态如何随温度、压力、浓度等变量的改变而变化的关系曲线，或者说，相图是描述相平衡系统中组成与温度、压力之间关系的图形。根据系统中纯物质种类的不同，相图可分为单组分系统相图及多组分系统相图。对于系统中只有一种物质的单组分系统来说，相图比较简单；而含有多种物质的多组分系统，相图较单组分复杂得多。多组分系统的相图包括二组分、三组分等系统的相图，在本章中将重点介绍二组分系统的相关知识。

6.1.2　相及相数

物理化学中将系统内物理、化学性质完全相同的部分称为一个相（phase）。通常一种固体为一个相，如 $CaCO_3$ 和 CaO 固态混合物中 $CaCO_3$ 和 CaO 固体各为一个相，但固溶体是不同物质以分子或原子形式均匀分散而成的固态系统，因此一种固溶体为一个相。对于液态混合系统来说，根据系统中各组分间相互溶解程度可以是一个相或多个相，如完全互溶的水和乙醇混合后为一个相，而由相互溶解度很小的水和氯仿构成的混合系统，在通常情况下为两个相。对于气态混合物，由于一般情况下不同气体间均能无限混合，因此通常无论多少种气体混合在一起均为一个相，如空气等。大多数情况下，相与相之间有着明显的分界面，如水和冰等。

系统中所包含的相的数目称为相数（number of phases），用"P"表示，如上述$CaCO_3$和CaO固体的混合物，其相数为2，即$P=2$；而乙醇溶于水所形成的乙醇溶液，其相数为1，即$P=1$。

6.1.3　物种及物种数

系统由不同物质所构成，而系统中的物质可以是一种也可以是多种。构成系统的每种物质称为系统的物种（species），物种的数目即为该系统的物种数（number of species），以"S"表示。如乙醇水溶液中是由乙醇和水构成，则物种数$S=2$。物种可以是单质、化合物，也可以是溶液中的离子等。

6.1.4　自由度及自由度数

自由度（degree of freedom）是在维持系统相数、相态不变的条件下可以独立改变的强度性质物理量，也称系统的独立变量。系统自由度的数目即为系统的自由度数（variance），用"F"表示。

系统的独立变量是系统在某一区域或范围内可以独立变化的强度性质。例如在一个密闭容器中充满液态水，如以水作为研究对象，在一定的范围内独立改变系统的温度T或压力p时可保持系统中液态水的相态不变，因此该系统的自由度数为$F=2$（温度和压力）。如果密闭容器中未完全充满水，平衡时系统为液态水和水蒸气所构成的系统。由式（3.10.2b）的克拉贝龙方程可知，系统的T及p只有一个变量可以独立改变，则此时系统的自由度数为$F=1$（温度或压力）。如在水的气-液平衡系统中加入乙醇构成乙醇水溶液的气-液平衡系统，由于系统的状态与加入乙醇的量有关，因此描述系统状态的变量除温度T和压力p外，还有溶液的组成x_B。但这三个变量并非都可以任意改变，根据拉乌尔定律，当系统中两个变量（如T、x_B）确定后第三个变量（p）也就随之确定，因此该系统的自由度数为$F=2$。

从上面的分析可以发现，系统的自由度数与系统中的物种数及相数有关：系统的相数增加会导致自由度数减少，而系统中物种数的增加则使系统的自由度数增加。它们之间的定量关系可以通过相律进行描述。

6-1

6.1.5　相律

相律是研究多相平衡系统的基础，是描述平衡系统中相数、独立组分数与自由度数之间相互关系的一般规律。通过相律可以对多相、多组分平衡系统中的独立变量数（自由度数）进行分析计算。所谓平衡系统是指系统处于热力学上的平衡状态（简称平衡态），即系统的各种物理、化学性质均不随时间而发生改变的状态，包括热平衡、力平衡、相平衡及化学平衡四大平衡。热平衡、力平衡是指系统中各部分的温度、压力相同；化学平衡则是在系统所处的条件下系统中发生的化学反应达到了平衡状态；而相平衡是指系统中相间的传质过程达到平衡，即同一组分在各相中的化学势相等，各相间没有净的物质转移发生。相律研究的正是处于热力学平衡态时系统的自由度数与相数、独立组分数之间的一般关系，简而言之，相律告诉我们如何通过系统的相数及独立组分数来计算系统的自由度数。

假设一热力学平衡系统由 S 种物种均匀分散在 P 个相中所构成，各相的组成可用质量分数（w_B）或摩尔分数（x_B）表示。由于同一相中各组分之间应满足 $\sum w_B = 1$ 或 $\sum x_B = 1$，于是确定一个相的组成需要（$S-1$）个组成变量，而由 P 个相构成的系统则需要 $P(S-1)$ 个变量来描述系统的组成。在忽略电场、磁场及重力场等外力场影响的条件下，描述系统状态的总变量数为：

$$P(S-1)+2$$

式中，"2"代表温度和压力两个变量（据热平衡及力平衡条件，系统中各部分的温度及压力相同）。

上式所表示的变量并非系统的独立变量，根据相平衡条件，相平衡时系统中任一组分在各相中的化学势相等，即：

$$\mu_B(\alpha) = \mu_B(\beta) = \mu_B(\gamma) = \cdots = \mu_B(P)$$

上式中每一个等号都建立了一个物种在两个相中组成间的相互关系。对于一个物种来说，这种关系共有（$P-1$）个，而对 S 种物种分布于 P 个相中的系统，则共有 $S(P-1)$ 个关系式。假设系统中还存在 R 个独立的化学平衡及 R' 个浓度限制条件，则根据自由度的定义，系统的自由度数为：

$$F = 系统的总变量数 - 变量间的关系式数$$
$$= P(S-1)+2-S(P-1)-R-R'$$
$$= S-P-R-R'+2$$

令 $C = S-R-R'$，C 称为独立组分数（number of independent components），是描述系统中各相组成所需的最小物种数。于是

$$F = C-P+2 \tag{6.1.1}$$

式（6.1.1）称为相律（phase rule），是由吉布斯首先导出的，它表示在只受温度及压力影响的多相、多组分平衡系统中，系统的自由度数等于系统的独立组分数减去相数加2。

在使用相律时有几点需要说明：

① 在上面相律的推导中曾假定 S 种物种均匀分散在系统中的每一个相中，但实际上是否所有物质都分散在每一相中并不影响相律的表达形式。如系统中某一相中不含有某种组分，虽然描述系统的总变量数减少了一个，但在相应的相平衡关系式中也减少了一个物质在两相间化学势相等的变量关系式，因此系统的自由度数不变。由此类推，无论一个或多个相中不含有多少种组分，式（6.1.1）相律的表达式仍然成立。

② 式（6.1.1）中的"2"是在假定影响系统的外界因素只有温度和压力，且系统中各部分的温度及压力均相等的条件下得到的。如系统中温度（或压力）保持恒定，则式（6.1.1）变为

$$F' = C-P+1$$

F' 是在温度（或压力）恒定条件下的自由度，也称为条件自由度。如系统中除温度和压力外，还有其他外界因素（如电场、磁场等）也会对系统的状态产生影响，则相应的相律表达式应为：

$$F = C-P+n \tag{6.1.2}$$

式中，n 为包括温度、压力在内的所有影响系统状态的外界因素，因此式（6.1.2）是更

为普遍化的相律表达形式。

③ 浓度限制条件（R'）是指在同一相中的物种间存在的浓度（组成）关系，物种在不同相中的浓度关系不能作为浓度限制条件。如由过量固体 NH_4Cl 分解而形成的 $NH_4Cl(s)$、$HCl(g)$ 及 $NH_3(g)$ 的系统中，$HCl(g)$、$NH_3(g)$ 间必然满足 $n_{HCl} = n_{NH_3}$，因此在该系统中除化学平衡 $[NH_4Cl(s) \longleftrightarrow HCl(g) + NH_3(g)]$ 外还有浓度限制条件，系统的独立组分数为 $C = S - R - R' = 3 - 1 - 1 = 1$。而对于由过量固体 $CaCO_3$ 分解而形成 $CaCO_3(s)$、$CaO(s)$ 及 $CO_2(g)$ 的系统，系统中的 $CaO(s)$ 及 $CO_2(g)$ 同样满足 $n_{CaO} = n_{CO_2}$，由于 $CaO(s)$ 及 $CO_2(g)$ 分别属于固、气两相中，不能作为浓度限制条件，因此系统中只有一个化学平衡条件 $[CaCO_3(s) \longleftrightarrow CaO(s) + CO_2(g)]$，系统的独立组分数为 $C = S - R - R' = 3 - 1 = 2$。

④ R 是指系统中独立的化学平衡条件，例如系统中可能同时存在下列化学反应：

$$CO(g) + H_2O(g) =\!=\!= CO_2(g) + H_2(g) \tag{1}$$

$$CO(g) + \frac{1}{2}O_2(g) =\!=\!= CO_2(g) \tag{2}$$

$$H_2(g) + \frac{1}{2}O_2(g) =\!=\!= H_2O(g) \tag{3}$$

由于反应(2)＝反应(1)＋反应(3)，三个化学反应中只有两个化学反应是完全独立的，因此系统中独立的化学平衡条件为 2，即 $R = 2$。

Ⅰ. 单组分系统的相平衡

单组分系统（one-component system）是指由一种物质所构成的系统。根据相律可知，系统的自由度数为 $F = C - P + 2 = 3 - P$。由于系统最少相数为 $P_{min} = 1$，因此系统的最大自由度数 $F_{max} = 2$，即系统中有两个可以独立改变的物理量 T、p，于是系统的状态可以通过双变量平面图形来描述。

第 2 节 单组分系统的相图

6.2.1 单组分系统两相平衡的边界条件

在一定温度及压力下，若物质 B 在 α、β 两相中达到平衡，根据化学势判据，两相中 B 的化学势相等，即

$$\mu_B(\alpha) = \mu_B(\beta)$$

式中，$\mu_B(\alpha)$、$\mu_B(\beta)$ 是物质 B 分别在 α、β 相的化学势，均为温度 T 及压力 p 的函数。

当温度或压力改变时，物质就会在两相间发生转移，只有在新的温度、压力条件下当物质在两相中的化学势相等时才又建立起新的两相平衡。根据相律，纯物质两相平衡时系统的自由度数 $F = 1$，即系统温度确定时，压力也确定。而温度和压力间的关系则遵从式 (3.10.2b) 和式 (3.10.3) 所示的克拉贝龙方程和克劳修斯-克拉贝龙方程，即

$$\frac{\mathrm{d}p}{\mathrm{d}T} = \frac{\Delta_{\alpha\to\beta}H_{\mathrm{m}}}{T\Delta_{\alpha\to\beta}V_{\mathrm{m}}}$$

$$\frac{\mathrm{d}\ln p}{\mathrm{d}T} = \frac{\Delta_{相变}H_{\mathrm{m}}}{RT^2}$$

上式就是纯物质在两相平衡时的边界条件。

6.2.2 单组分系统的相图

通常情况下（压力小于 2000 个大气压，即 20MPa），水以液态水、固态冰及水蒸气三种相态存在，其相图如图 6-1 所示，由三条线、一个点及三个面构成。

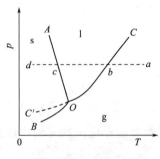

图 6-1 中 OA、OB、OC 三条线均为两相平衡的边界线，线上任何一点均为两相平衡系统，而曲线上任意点切线的斜率满足克拉贝龙方程。根据相律可知，处于三条线上的系统，其自由度数 $F=1$，即系统中只有一个可以独立改变的物理量，因此如指定了温度，则系统的压力随之确定，反之亦然。OA 线为水与冰的两相平衡线，也称冰的融化曲线；但该曲线不能无限向上延伸，因为当压力很大时会有不同结构的冰形成而使相图变得较为复杂。OB 线为冰与水蒸气的两相平衡线，或称冰的升华曲线。OC 线则为水与水蒸气的两相平衡线，也称水的饱和蒸气压曲线。与 OA 线一样，OC 线也不能任意向上延长（终止于水的临界点），因为在临界点附近液-气界面将消失。

图 6-1 水的相图

OA、OB、OC 三条曲线将平面分成了三个面，分别为液态水（l）、冰（s）、水蒸气（g）的单相区。在各单相区内，温度及压力均可在一定范围内"随意"改变，只有当温度及压力同时确定时，系统才有确定的状态。

O 点是 OA、OB、OC 三条曲线的交点，称为三相点（triple point）。O 点时系统为水蒸气、水及冰三相共存，其自由度数 $F=0$，此时系统的所有物理量均有确定的数值。水的三相点温度、压力分别为 $T=273.16\mathrm{K}$、$p=610.62\mathrm{Pa}$。需要注意的是，水的三相点与冰点不同，水的三相点是在气相为自身蒸气（水蒸气，压力 $p=610.62\mathrm{Pa}$）时水的凝固点，而水的冰点是在 $p=101325\mathrm{Pa}$ 时饱和了空气的水与冰两相共存时的温度。水的冰点比三相点温度低 0.01K，这是由于一方面水中溶解了空气后导致其凝固点降低，另一方面压力从 610.62Pa 增加到 101325Pa 也会使水的凝固点降低。这两方面原因共同作用的结果导致水的冰点比其三相点温度低 0.01K。

对于单组分系统，温度、压力确定时系统的状态即确定。当条件（温度或压力）改变时，系统的状态发生相应变化，而通过相图则可以清楚地了解系统的变化特征。如在恒压条件下将系统点处于 a 的水蒸气冷却，系统的变化在图 6-1 中可表示为 a→d 的水平直线。系统在到达 b 点前一直保持气体的状态，即 a→b 为气体的恒压降温过程。到达 b 点时，系统中开始出现液态水，此时系统进入气-液两相平衡状态，温度保持不变；当系统离开 b 点时，所有的水蒸气全部转化为液态水，于是系统进入水的液态单相区；b→c 为液态水的降温过程，降温到 c 点时系统中开始出现固态冰，此时系统为固-液两相平衡状态，温度不变。当系统离开 c 点时，所有的液态水全部转化成固态冰，并进入固态冰的单相降温区（c→d）。

根据图 6-1 水的相图可知，当系统从某一单相区变化到两相平衡区（OA、OB、OC 线）

时，应有新相产生。但在某些特定条件下进行实验时，当系统进入两相区时可能观察不到新相产生，如压力一定时将超纯水降温，在温度到达相图中固-液平衡点时系统中只有液态水并没有固态冰产生，而且这种状态会在一定的温度范围内存在，将处于这种状态的水称为过冷水。过冷水是一种处于亚稳态的水，关于亚稳态的知识将在胶体及界面化学中介绍。图 6-1 中 OC' 线即为过冷水的气-液平衡线，它是水的气-液平衡线的延长线。

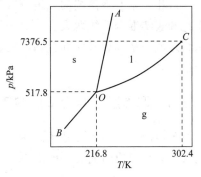

图 6-2 为 CO_2 的相图，各区的相态已在图中标出。比较图 6-1 和图 6-2 可以看到，CO_2 的相图与水的相图具有大致相同的图形，图中各点、线、面也具有相同的物理意义；两者的区别主要在于两个相图中固-液平衡线（固体熔化线）的斜率不同，水的相图中固体熔化线的斜率为负值，而在 CO_2 相图中固体熔化线的斜率为正值，即

图 6-2 CO_2 的相图

$$\left(\frac{\mathrm{d}p}{\mathrm{d}T}\right)_{H_2O} < 0$$

$$\left(\frac{\mathrm{d}p}{\mathrm{d}T}\right)_{CO_2} > 0$$

这种差异可通过克拉贝龙方程进行理解：冰融化成水是一个吸热及体积减小的过程，即 $\Delta_{s \to l} H(H_2O) > 0$、$\Delta_{s \to l} V(H_2O) < 0$；而 CO_2 固体熔化为 CO_2 液体是吸热及体积增大的过程，即 $\Delta_{s \to l} H(CO_2) > 0$、$\Delta_{s \to l} V(CO_2) > 0$。需要指出的是，图 6-2 所示的相图是更加普遍的单组分相图形式。

Ⅱ. 两组分系统的相图

二组分系统（two-component system）是由两种物质所构成的系统。根据相律可知，系统的自由度数 $F = 4 - P$。由于系统中最少应有一个相，系统的最大自由度数 $F_{max} = 3$，因此需要三个物理量才能确定系统的状态，这三个物理量通常为温度、压力及组成。由此可知，完整的二组分系统相图必须是由三个坐标变量所构成的三维立体图形。通常为了使相图更加简单，在描述二组分系统的相变规律时大都采用保持一个物理量不变的条件下来研究另外两个变量之间的关系，这样就可使二组分系统的相图由三维相图简化成双变量系统的平面相图。而根据所研究变量的相互关系，二组分系统的平面相图可分为压力-组成（$p\text{-}x$）图、温度-组成（$T\text{-}x$）图及温度-压力（$T\text{-}p$）图三种，其中 $p\text{-}x$ 及 $T\text{-}x$ 图为更常使用的相图。

在二组分系统中，由于两个组分的性质不同，可以形成完全互溶、部分互溶及完全不溶三种系统。而在某些条件下，组分间还有可能发生反应生成稳定或不稳定的化合物等，因此二组分系统相图的类型很多，本章只介绍其中一些具有代表性的典型相图。在解决实际问题中可能会遇到一些更复杂的相图，但是大多数情况下那些复杂相图均可看成是不同类型简单相图的组合，因此在处理问题时可将复杂相图分解成若干简单的相图，再分别对各个简单相图进行分析，最后完成对复杂相图的分析。下面就一些典型的相图进行分类介绍。

第3节　液相完全互溶系统的二组分气-液平衡相图

液相完全互溶系统的二组分气-液平衡系统相图，根据液相组分的性质可分为理想混合系统和真实混合系统两大类。对于气相部分，由于在压力不太大的情况下真实气态系统均可认为近似服从理想气体混合物的性质，因此在本节所涉及的气相部分均按照理想气态混合系统进行处理。

6.3.1　理想液态混合系统的气-液平衡系统

理想液态混合系统是系统中的任意组分均遵从拉乌尔定律的液态混合系统，系统的温度、压力与组成间的关系可由克拉贝龙方程及拉乌尔定律进行计算。

6.3.1.1　p-x 图

p-x 图即压力-组成图，是指在温度一定时描述系统中气相总压与组成间相互关系的相图。一定温度 T 时，对由 A、B 二组分所构成的处于气-液平衡的理想液态混合系统，根据拉乌尔定律，气相中 A、B 组分的分压 p_A、p_B 分别为

$$p_A = p_A^* x_A$$

$$p_B = p_B^* x_B$$

式中，x_A、x_B 分别为液相中 A、B 组分的摩尔分数；p_A^*、p_B^* 分别为温度 T 时 A、B 纯组分的饱和蒸气压。

系统中气相总压 p 为

$$p = p_A + p_B = p_A^* + (p_B^* - p_A^*)x_B \tag{6.3.1}$$

式（6.3.1）描述了气-液平衡系统中气相压力与液相组成之间的关系。由式（6.3.1）可知，在二组分理想混合气-液平衡系统中，气相的总压总是介于两种纯组分的饱和蒸气压之间，若 $p_A^* < p_B^*$，则 $p_A^* < p < p_B^*$。

对于理想气态混合物，根据道尔顿分压定律有

$$p_B = p y_B$$

式中，y_B 为 B 组分在气相的摩尔分数。

因此

$$p = \frac{p_B}{y_B}$$

联合式（6.3.1）整理得

$$p = \frac{p_A^* p_B^*}{p_B^* + (p_A^* - p_B^*)y_B} \tag{6.3.2}$$

式（6.3.2）即为气相的总压与气相组成的关系。

将式（6.3.1）的压力与液相组成的关系及式（6.3.2）所示的压力与气相组成的关系画在以组成 x 为横坐标、压力 p 为纵坐标的同一张图中，即可得到二组分气-液平衡的压力-组成图（p-x 图，如图 6-3 所示）。图 6-3 中表示压力与液相组成关系的曲线称为液相线（图 6-3 中上方的线），而表示压力与气相组成关系的曲线称为气相线（图 6-3 中下方的线）。从图 6-3 中可以清楚地看到，理想液态混合系统 p-x 图中的液相线为直线，气相线为曲线。

在一定温度下当二组分理想液态混合系统中达气-液平衡时，根据拉乌尔定律及道尔顿

分压定律有

$$\frac{y_B}{x_B} = \frac{p_B^*}{p} \qquad (6.3.3)$$

式中，y_B、x_B 分别为系统中气相、液相的组成。

若 $p_B^* > p$，则 $y_B > x_B$，即在二组分气-液平衡系统中饱和蒸气压高的组分（易挥发组分）B 在气相中的组成大于其在液相中的组成。因此在二组分气-液平衡的 p-x 图中，气相线比液相线更靠近二组分中易挥发组分的一侧，或者说气相线处于液相线的右下方。

图 6-3 中气相线和液相线将平面分为三个区域：气相线下方的区域为气相的单相区，液相线上方为液相单相区，介于液相线及气相线中间的区域则为

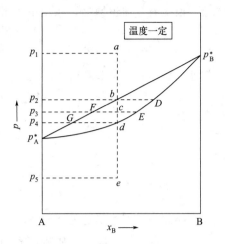

图 6-3 二组分理想液态混合系统
压力-组成图

气、液共存的两相区。从相律 $F' = C - P + 1$（系统的温度不变）可知，单相区中的任何二组分系统其条件自由度数 $F' = 2$，表明处于该区域中的二组分系统有两个可以独立变化的物理量（压力及组成），因此需要压力及组成两个变量都确定时才能确定系统的状态；同理，对处于两相平衡区域的系统来说，根据相律，其条件自由度数 $F' = 1$，即系统只有一个可以独立变化的物理量（压力或组成），因此只需要一个变量就能确定系统的状态，如系统的组成确定则系统的压力也随之确定，反之亦然。

当系统的温度、压力及组成都确定时，二组分理想液态混合系统具有确定状态，若条件发生变化，则系统的状态也将随之发生变化，系统的变化情况可以通过对其相图进行分析而了解。如温度一定时将压力、组成分别为 p_1、x_M 的液态混合物（图 6-3 中 a 点，称为系统点），在温度及组成不变时系统的压力从 p_1 降低到 p_5，系统的变化如图 6-3 中 $a \rightarrow e$。在该降压过程中，系统的变化情况如下：$a \rightarrow b$ 时，系统处于液相的单相区内，系统为液相的压力从 $p_1 \rightarrow p_2$ 的减压过程，没有发生相变化。b 是气-液平衡线上的一点，因此到达 b 点时，系统中开始有气泡产生，此时的系统为气-液两相平衡，液相的组成为液相线上的 b 点组成，气相（产生的第一个气泡）组成则为相同压力下对应的气相线上 D 点的组成。b、D 两点均称为相点，连接两个平衡相点之间的直线 bD 称为结线。随着系统压力的继续降低，$b \rightarrow d$ 变化时系统中液相不断向气相转化，气、液两相分别沿气相线 $D \rightarrow d$ 及液相线 $b \rightarrow G$ 变化；当系统将要离开 d 点时，系统中的液体即将消失，最后消失液相的状态由 G 点所确定。随着压力的进一步降低，系统离开 d 点进入气相的单相区，$d \rightarrow e$ 为气相压力逐渐减小（$p_4 \rightarrow p_5$）的过程。

6.3.1.2 杠杆规则

从上面的分析可知，在两相平衡区内系统发生变化时（如图 6-3 中 $b \rightarrow D$）伴随着物质在两相中转移，两相的组成及物质的量都在不断地发生变化。但这些变化是在遵循一定规则下进行的，这个规则就是杠杆规则，它阐述了处于两相平衡区域内的任意系统中两相组成及物质的量之间的定量关系。

假定系统为图 6-3 中处于两相平衡区中的 c 点（物质的量为 n，系统的组成为 X_A），气、液两相物质的量分别为 n_g、n_l。气、液两相的组成（y_A、x_A）可由图 6-3 中 E、F 点

读出。根据质量守恒原理，系统中 A 组分的物质的量等于其在气、液两相中 A 物质的量之和，即

$$nX_A = n_g y_A + n_1 x_A$$

因为 $n = n_g + n_1$，代入上式

$$(n_g + n_1) X_A = n_g y_A + n_1 x_A$$

整理后得

$$n_1(X_A - x_A) = n_g(y_A - X_A)$$

或

$$\frac{n_1}{n_g} = \frac{y_A - X_A}{X_A - x_A} \tag{6.3.4}$$

式(6.3.4)即为描述处于气-液平衡时两相之间量的定量关系式。若将图 6-3 中的 EF 看作以 c 点为支点，E、F 为两个端点的杠杆，则式(6.3.4)满足力学中的杠杆原理，因此式(6.3.4)也称为两相平衡系统的杠杆规则（lever rule）。杠杆规则可适用于任何处于两相平衡的系统，如气-固系统、液-固系统及液-液系统等。

6.3.1.3 T-x 图

T-x 图是描述压力一定时系统温度与组成的关系图。T-x 图可以通过测量二组分系统的沸点及平衡时气、液两相的组成得到。图 6-4 为 A、B 二组分理想液态混合系统的 T-x 示意图。

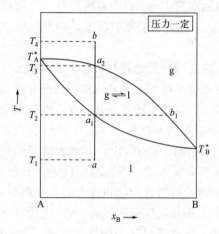

图 6-4 二组分理想液态混合系统温度-组成图

与 p-x 图相同，T-x 图中的两条曲线分别为气相线及液相线：图 6-4 中上方的曲线为气相线，下方的曲线为液相线。从式(6.3.3)可知，饱和蒸气压较大的低沸点物质在气相的摩尔分数比它在液相的摩尔分数较大，因此图 6-4 中气相线比液相线更靠近低沸点组分 B。图 6-4 中三个区域分别为气相区、液相区及气-液两相平衡区。与 p-x 图不同的是，T-x 图中上方区域为气相区而下方区域为液相区。需要注意的是，T-x 图中的液相线及气相线均为曲线，而 p-x 图中的气相线为曲线但液相线却是一条直线。

若在一定压力下将组成为 X_B、温度 T_1 的二组分液态混合物（图 6-4 中 a 点）加热。$a \rightarrow a_1$ 时，系统为液态混合物的升温过程，系统温度逐渐从 T_1 升高至 T_2。当升温直至 T_2 时，系统到达液相线上的 a_1 点，液体开始沸腾并产生第一个气泡，因此液相线也称为泡点（bubbling point）线。反之，若将系统在 b 时恒压降温，当系统到达气相线上的 a_2 时，系统中则会产生第一滴液体，因此气相线也称为露点（dew point）线。达 a_1 时产生的第一个气泡的气相组成可从相同温度 T_2 时对应的气相线上的点 b_1 读出。如继续升温，系统中的液体将逐渐向气相转化（$a_1 \rightarrow a_2$），a_2 时液相物质将全部转化为气相并由此进入气相的单相升温过程。与前面 p-x 图的分析相同，系统在两相区内变化时（$a_1 \rightarrow a_2$），气、液两相分别沿气相线、液相线变化，两相的组成及物质的量遵从杠杆规则。

需要说明的是，p-x 图和 T-x 图仅仅是描述同一系统相变化关系的两种形式，如测得不同温度下的 p-x 关系后，以压力 p、组成 x、温度 T 为坐标可绘制一张系统完整的三维

相图，而 $p\text{-}x$ 图及 $T\text{-}x$ 图则是在某一温度或压力时三维相图的一个截面。

6.3.1.4 蒸馏及精馏

将液态混合物通过一次部分汽化再冷凝来提纯物质的方法称为蒸馏。而经过多次蒸馏，即液态混合物经过多次部分汽化、冷凝而提纯物质的方法则称为精馏（destillation）。无论是蒸馏还是精馏，都是利用了相平衡中性质不同的两种物质在达到气-液平衡时气、液两相中组成不同的原理。下面结合图 6-5 进行说明。

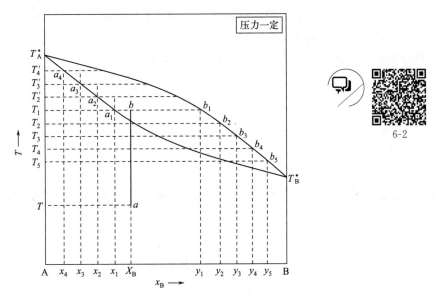

图 6-5 蒸馏、精馏原理示意图

将温度、压力及组成为 T、p 及 X_B 的系统 a 在恒压条件下升温至 T_1（图 6-5 中 b），系统中液态混合物部分汽化，平衡气（b_1）、液（a_1）两相的组成分别为 y_1、x_1。很明显 $y_1 > X_B$、$x_1 < X_B$，因此将两相分离后的气相 b_1 中 B 的含量比原混合物 a 中 B 的含量更高，而液相 a_1 中则含有比原混合物更多的 A 组分。很明显，通过上述的一次简单蒸馏可分别得到 A 或 B 含量更高的两种混合物，但通常不能获得高纯的 A、B 物质。若要获得 A、B 纯物质或者要使混合物中的 A、B 得到更好的分离，则需要将液态混合物进行多次蒸馏，即将上述分离过程重复多次进行。如将加热升温至 T_1 发生部分汽化的气、液相分开后，把 B 组分含量较高的气相 b_1 降温至 T_2 使部分液体析出，平衡气相 b_2 的组成为 y_2。分离气、液相后，再将气相 b_2 降温至 T_3，经部分冷凝后得到组成为 y_3 的气相 b_3。进一步重复上面步骤，将分离后的气相阶段性降温至 T_4、T_5、…，可得到组成为 y_4、y_5、…的气相 b_4、b_5、…。显然，$y_1 < y_2 < y_3 < y_4 < y_5 < \cdots$，即每经过一次汽化→冷凝过程都会使气相中低沸点物 B 的含量得以提高，因此在经过多次的汽化→冷凝后便可得到纯 B。相反，如将通过加热升温至 T_1 时部分汽化的气、液相分开后，把 A 组分含量较高的液相 a_1 阶段性升温至 T_2'、T_3'、T_4'、…，可得到组成为 x_2、x_3、x_4、…的液相 a_2、a_3、a_4、…，最后便可得到纯 A 物质。在工业上，上述的精馏过程通常是通过设计相应的精馏塔来完成的。

6.3.2 真实液态混合系统的气-液平衡系统

在实际混合系统中只有那些结构及性质非常相似的二组分混合系统才具有与图 6-3 和图

6-4 相似的气-液平衡相图。大多数情况下的液态混合系统，特别是那些分子间存在强相互作用力的液态混合系统，由于其行为偏离拉乌尔定律，即 $p_A \neq p_A^* x_A$，因此其气-液平衡相图与图 6-3 和图 6-4 存在较大的差异，本节将对这类系统的相图进行介绍。

真实液态混合系统的气-液平衡相图按照其偏离拉乌尔定律的程度可分为一般偏差（偏差较小）及较大偏差（偏差较大）两大类。

6.3.2.1 一般偏差的二组分气-液平衡系统

一般偏差是指混合系统的行为与拉乌尔定律存在偏差，但平衡时其气相总压介于相同温度时两纯组分的饱和蒸气压之间的系统。当液态混合系统中各组分气相的平衡分压大于按拉乌尔定律的计算值时，称为一般正偏差系统，即

$$p_A > p_A^* x_A$$
$$p_B > p_B^* x_B$$
$$p_A^* < p < p_B^*$$

式中，p、p_A、p_B 分别为平衡气相的总压及 A、B 的分压；p_A^*、p_B^* 为 A、B 纯组分的饱和蒸气压。

当液态混合系统中气相的平衡分压小于按拉乌尔定律的计算值时，称为一般负偏差系统，即

$$p_A < p_A^* x_A$$
$$p_B < p_B^* x_B$$
$$p_A^* < p < p_B^*$$

图 6-6、图 6-7 为一般正偏差及一般负偏差的二组分气-液平衡系统的 p-x 图。图中上、下两条曲线分别是液相线和气相线，它们将相图分为三个区域，各区域的稳定相态已在图中标出。与图 6-3 理想液态混合系统 p-x 图不同，具有一般正或负偏差的 p-x 图中液相线不再是直线，而是一条略向上或向下弯曲的曲线。

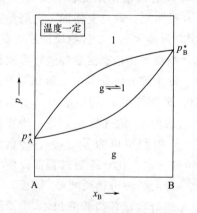

图 6-6 一般正偏差二组分系统的
压力-组成图

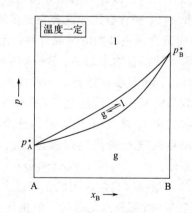

图 6-7 一般负偏差二组分系统的
压力-组成图

图 6-8、图 6-9 为一般偏差二组分气-液平衡系统的 T-x 图。与 p-x 图相反，T-x 图中上、下两条曲线分别为气相线和液相线，而气相线上方区域及液相线以下的区域分别为气、液两相的单相区。相图分析可参照图 6-4 进行。

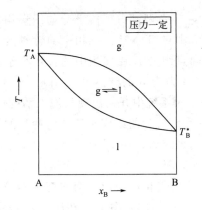

图 6-8 一般正偏差二组分气-液平衡系统的
温度-组成图

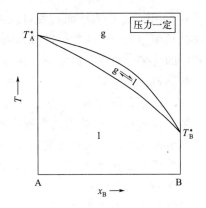

图 6-9 一般负偏差二组分气-液平衡系统的
温度-组成图

6.3.2.2 较大偏差的二组分气-液平衡系统

具有较大偏差的二组分气-液平衡系统，由于偏离拉乌尔定律较大，系统中平衡气相的总压 p 不再满足关系 $p_A^* < p < p_B^*$，而是在相应的 p-x 图、T-x 图中出现极值。图 6-10 为具有较大正偏差的二组分气-液平衡系统的相图，其中（a）为 p-x 图，（b）为 T-x 图。在 p-x 图中出现极大值，即 $p > p_A^*$、$p > p_B^*$。由于液相的蒸气压越高其沸点就越低，因此在对应的 T-x 图中出现极小值，即 $T_b < T_A^*$、$T_b < T_B^*$。

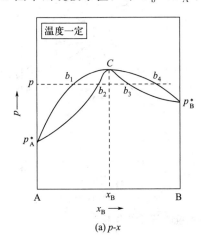

(a) p-x

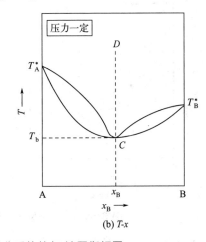

(b) T-x

图 6-10 较大正偏差二组分系统的气-液平衡相图

T-x 图中的最低点 C 点对应的温度（T_b）是液态混合物沸腾的最低温度，称为最低恒沸点（minimum azeotropic point）。具有最低恒沸点组成的混合物称为最低恒沸混合物（minimum boiling point azeotrope），简称最低恒沸物。从图 6-10（b）可以很清楚地看到，相图中气相线和液相线在最低恒沸点 C 处相切，最低恒沸点液态混合物汽化时其气相与液相组成相同。C 点时，系统的组成一定，独立组分数 $C = 2 - 1 = 1$，在压力一定时，根据相律，最低恒沸点时系统的自由度数 $F' = C - P + 1 = 1 - 2 + 1 = 0$，因此系统中所有物理量均具有确定值，最低恒沸物的组成一定。利用最低恒沸物的这种特性，通常在定量分析时将其作为标准溶液使用。但需要注意，最低恒沸物是混合物而不是化合物，当系统压力改变时恒沸物的组成也要随之发生变化。

在图 6-10 中，过 C 点作垂直线可以将相图分为左、右两部分，两部分的图形均与一般偏差系统的相图相似。图中左边部分，两相平衡时低沸点组分 B 在气相中的含量大于它在平衡液相中的含量；而在右边部分，两相平衡时低沸点组分 B 在气相中的含量小于它在平衡液相中的含量。若温度、压力恒定，在温度为 T、压力为 p 的纯 A 中 [图 6-10(a) 中 p] 逐渐加入 B，b_1 前系统为 A、B 液态混合物；到达 b_1 时系统中开始出现气泡，系统进入气-液两相平衡区；在 $b_1 \rightarrow b_2$ 范围内系统为气-液两相平衡，各相的组成不变，但两相的相对量在不断地发生变化（遵从杠杆规则）；继续加入 B，当系统离开 b_2 时液相消失，$b_2 \rightarrow b_3$ 区间内系统成为单相气态混合物；b_3 时系统中又开始出现液滴，并在 $b_3 \rightarrow b_4$ 内维持气-液两相平衡状态；随着 B 的进一步加入，系统离开 b_4 后，系统中气相消失而成为液态单相 A、B 混合系统。若将与恒沸混合物组成相同的气态混合物 [图 6-10(b) 中 D] 在压力恒定时降温，则系统的变化为气相 $\rightarrow$ 气-液两相平衡 $\rightarrow$ 液相的变化过程，即 C 点时系统从气相混合物转变成组成相同的液相混合物。

与具有较大正偏差系统的相图相反，在具有较大负偏差的二组分气-液平衡系统的 p-x 图中出现极小值，即 $p < p_A^*$、$p < p_A^*$；而相应的 T-x 图中则出现极大值，即 $T_b > T_A^*$、$T_b > T_B^*$。其相图如图 6-11 所示，其中（a）为 p-x 图，（b）为 T-x 图。T-x 图中 C 点称为最高恒沸点（maximum azeotropic point），此时的液态混合物为最高恒沸物（maximum boiling point azeotrope）。相图的分析与图 6-10 相同，不再赘述。

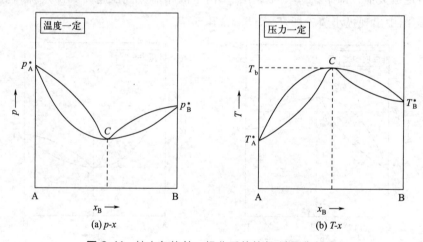

图 6-11 较大负偏差二组分系统的气-液平衡相图

需要注意的是，在将具有最大偏差（正偏差或负偏差）的系统进行精馏分离时，不可能同时得到纯 A 和纯 B。如将位于恒沸点（C 点）左边的系统进行精馏时只能得到纯 A 及恒沸点混合物，而将位于恒沸点（C 点）右边的系统进行精馏时只能得到纯 B 及恒沸点混合物。

第 4 节　液相部分互溶及完全不互溶二组分系统相图

6.4.1　液相部分互溶的液-液平衡系统

在一定温度下将性质相差较大的两种液态组分 A、B 混合时，两组分间只能部分溶解，所形成的液态系统则称为部分互溶的双液系统。

图 6-12 为部分互溶双液系统的液-液平衡相图。图中 DO 及 EO 线分别为 B 在 A 中和 A 在 B 中的溶解度曲线，两条曲线在 O 点交汇形成"帽形"曲线，帽形区外的系统为单相液态混合系统，而帽形区内为两相平衡共存系统。如在温度 T_1、压力 p 时向纯 A 中逐渐加入 B，开始阶段由于加入 B 的量较小，B 能在 A 中完全溶解，系统为 B 溶于 A 的单相系统（图中 a 点左侧部分）；之后，进一步加入 B 到 a 点时，由于受到 B 在 A 中的溶解度限制，系统中开始出现 A 溶于 B 的新相，此时系统成为液-液两相平衡共存系统，两相的组成分别由平衡共存两相 a、a_1 读出；随着 B 的进一步加入，在 $a \rightarrow a_1$ 范围内系统均为两相共存，两相组成不变，但两相的量将随着 B 的增加逐渐发生改变，其变化遵从杠杆原理；达到 a_1 后如继续加入 B，由于系统中大量存在的 B 可以完全溶解 A，于是系统转变为 A 完全溶于 B 的单相系统（a_1 右侧）。

处于帽形区内的系统由平衡共存的两相构成，平衡共存的两相称为共轭溶液，其组成分别由 DO、EO 线上相应的点如 a、a_1 读出。系统温度改变时，由于 A、B 间相互溶解度的变化，共轭两相的组成也会发生变化。如图 6-12 中处于帽形区内的系统温度从 T_1 升高时，共轭两相的组成分别由 $a \rightarrow b \rightarrow c \rightarrow d$、$a_1 \rightarrow b_1 \rightarrow c_1 \rightarrow d_1$ 变化；当系统温度升高到 T_2 时两液相组成相同，即 O 点的组成。O 点为两条溶解度曲线在高温时的相交点，也称为最高会溶点（upper critical solution），因此图 6-12 也称为具有最高会溶点的二组分部分互溶的液-液平衡相图，属于这类相图的系统有己烷-硝基苯等。最高会溶点所对应的温度（T_2）称为系统的最高会溶温度（upper critical solution temperature）。若系统温度高于 T_2 时，A、B 组分能以任意比例混溶。应当注意，系统的最高会溶温度与压力有关，压力改变时系统的最高会溶温度也要发生变化。相同压力时不同系统最高会溶温度的高低则反映了系统中二组分间相互溶解能力的大小，最高会溶温度越低表明二组分间的相互溶解能力越大，反之最高会溶温度越高则二组分间相互溶解能力越小。

二组分部分互溶液-液平衡系统，除图 6-12 所示具有最高会溶点的相图外，还有具有最低会溶点及同时具有最高、最低会溶点等类型的相图，如图 6-13 所示。

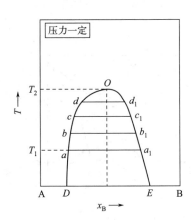
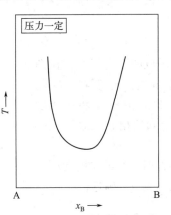
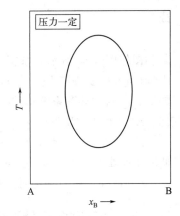

图 6-12 具有最高会溶点二组分部分互溶液-液平衡相图

图 6-13 具有最低会溶点及同时具有最高会溶点、最低会溶点二组分部分互溶液-液平衡相图

6.4.2 液相部分互溶的气-液平衡系统

图 6-14 为液相部分互溶二组分系统的气-液平衡相图，各区域的平衡相态已在图中标

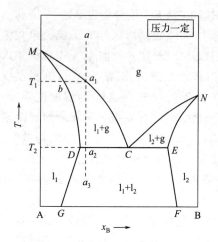

图 6-14 气相组成介于两液相组成间的液相部分互溶二组分系统气-液平衡相图

出，其中 l_1、l_2 分别代表 B 溶于 A 及 A 溶于 B 的溶液；曲线 MC、NC 是 l_1、l_2 分别与气相平衡共存的气相线，也称为 A、B 物质的沸点降低曲线，曲线 MD、NE 则是 l_1、l_2 分别与气相平衡共存的液相线。

如将图 6-14 中组成为 a 的系统降温，在温度 T_1（a_1 点）时系统中开始有液体产生，液相组成由相同温度时液相线上的 b 点确定；当系统继续降温，从 a_1 →a_2 时，系统中平衡共存的气相及液相组成分别沿气相线 a_1→C 及液相线 b→D 变化；系统降温至 T_2（a_2 点）时，系统中开始产生新的液相 l_2，即

$$g \longrightarrow l_1 + l_2$$

此时系统为 l_1、l_2 及气相三相共存系统，直线 DE 称为三相线（triple line），位于三相线上的系统中各相的组成均由 D、E、C 点读出。根据相律，处于三相线上系统的自由度数 $F' = C - P + 1 = 2 - 3 + 1 = 0$，系统中所有的物理量均确定，此时系统的温度 T_2 称为三相点温度。之后系统继续降温时，离开 a_2 时系统中的气相消失而进入 l_1、l_2 两相平衡区。从 a_2→a_3，系统温度进一步降低，l_1、l_2 两相分别沿 D→G、E→F 变化，并遵从杠杆规则。

图 6-14 是气相组成介于两液相组成之间的二组分液相部分互溶系统的气-液平衡相图，即

$$(x_B)_1 < y_B < (x_B)_2$$

$(x_B)_1$、y_B、$(x_B)_2$ 分别为 l_1、g、l_2 三相的组成。

若系统中气相组成位于两液相组成的一侧，即

$$(x_B)_1 < y_B, (x_B)_2 < y_B$$

或

$$(x_B)_1 > y_B, (x_B)_2 > y_B$$

其相图如图 6-15 所示。系统中各区域的平衡相态已在图中标出，DCE 为三相线。如将系统组成介于 C、D 间的 l_1、l_2 两相共存系统加热至 T_1 时，液相 l_1 将按线段比 = EC : CD 的比例转化为气体 g 和液相 l_2，即

$$l_1 \longrightarrow g + l_2$$

此时系统处于三相平衡，根据相律此时系统的自由度 $F' = C - P + 1 = 0$，压力一定时三相点温度 T_1 确定。

6.4.3 液相完全不互溶的气-液平衡系统

如果两种液体组分的性质相差很大时，它们之间的相互溶解度很小，可近似认为两组分之间完全不能溶解，如苯-水、氯苯-水等。两种这样的组分混合所构成的系统称为完全不互溶二组分系统，其典型的气-液平衡相图如图 6-16 所示，各区域的平衡相态已在图中

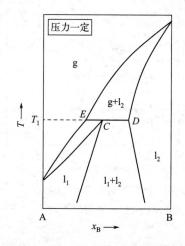

图 6-15 气相组成位于两液相组成一侧的液相部分互溶二组分系统气-液平衡相图

标出，CED 为三相线，所对应的温度为系统的共沸点温度。由于液相完全不互溶，混合系统的气相压力 p 等于相同温度时各组分单独存在时的饱和蒸气压 p_A^*、p_B^* 之和，即 $p = p_A^* + p_B^*$，因此系统的共沸点较 A、B 纯物质的沸点均低。

完全不互溶二组分系统具有较低的共沸点温度，此类系统最重要用途之一就是蒸汽蒸馏。所谓蒸汽蒸馏（steam distillation）就是利用完全不互溶二组分系统的共沸点温度低于任一纯组分沸点温度的特点，在较低温度下将混合物蒸发而进行物质提纯的方法。如对水和氯苯所构成的系统，由于系统的共沸点比水和氯苯均低，因此可在一定压力下将水导入氯苯后，使系统在更低温度时沸腾，此时水和氯苯将同时馏出。由于水和氯苯互不相溶，将蒸汽冷凝后即可通过简单分离而得到氯苯。

蒸汽蒸馏的最大优点是可将互不相溶的混合组分在较低温度时蒸发，这样一方面可节约能源，另一方面也避免了某些有机物在高温可能发生的分解反应。

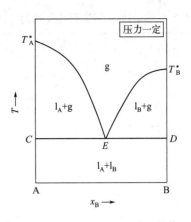

图 6-16 液相完全不互溶二组分系统气-液平衡相图

第 5 节　固相完全不互溶的二组分固-液平衡系统相图

二组分固-液平衡系统，也称为二组分凝聚系统。由于系统中不涉及气相，而外压对凝聚相物质的性质影响很小，因此大多数情况下在讨论二组分固-液平衡相图时可近似认为压力对系统的状态没有影响。根据相律，系统的自由度 $F' = C - P + 1 = 3 - P$，系统的最大自由度数 $F'_{max} = 2$，即系统有两个可以独立改变的物理量。

由于固相及液相中二组分均存在完全互溶、部分互溶及完全不互溶三种情况，同时在系统温度较高时组分间还可能发生化学反应生成新物质等，因此二组分固-液平衡相图种类繁多，相图也比较复杂。但学会了对基本相图的分析后，就可将那些复杂相图进行"分块"处理，进而对复杂相图进行分析。本节主要介绍固-液系统中一些比较典型的简单相图。

6.5.1　相图的绘制

相图的绘制就是通过实验测定系统中表征各相状态的物理量如温度、压力、组成等，并将这些物理量的关系绘制成图的过程。常用绘制方法有溶解度法和热分析法两种。

6.5.1.1　溶解度法

溶解度法是通过测量不同温度时固-液平衡系统中液相组成而绘制相图的方法，通常水-盐系统的相图大都采用这种方法得到。表 6-1 中列出了不同温度下达固-液平衡时 $(NH_4)_2SO_4$ 水溶液的组成数据。以溶液中 $(NH_4)_2SO_4$ 的组成为横坐标、温度为纵坐标，将表 6-1 的数据作图即可得到如图 6-17 所示的 H_2O-$(NH_4)_2SO_4$ 二组分系统的相图。

表 6-1　不同温度下达固-液平衡时（NH₄）₂SO₄ 在水中的溶解度

温度 T/K	溶解度 /g·(100g[①])⁻¹	固相	温度 T/K	溶解度 /g·(100g[①])⁻¹	固相
254	38.4	冰,（NH₄）₂SO₄	313	44.8	（NH₄）₂SO₄
255	37.5	冰	323	45.8	（NH₄）₂SO₄
262	28.6	冰	333	46.8	（NH₄）₂SO₄
268	16.7	冰	343	47.8	（NH₄）₂SO₄
273	41.4	（NH₄）₂SO₄	353	48.8	（NH₄）₂SO₄
283	42.2	（NH₄）₂SO₄	363	49.8	（NH₄）₂SO₄
293	43.0	（NH₄）₂SO₄	373	50.8	（NH₄）₂SO₄
303	43.8	（NH₄）₂SO₄	382	51.8	（NH₄）₂SO₄

① 指 100g 水。

图 6-17 中 FC 为水的冰点降低曲线，CG 为（NH₄）₂SO₄ 在水中的饱和溶解度曲线，DCE 为三相线，各区的相态已在图中标出。G 点是在 101325Pa 下（NH₄）₂SO₄ 饱和水溶液存在的最高温度，在更高温度时系统中液相将消失而成为水蒸气和固态（NH₄）₂SO₄。当然，G 点的位置与系统的压力有关，压力增大时 G 点将终止于更高的温度。

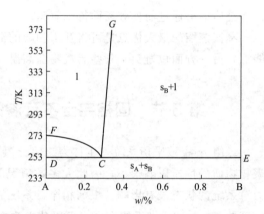

图 6-17　H₂O-（NH₄）₂SO₄ 系统的相图

6.5.1.2　热分析法

热分析法（thermal analysis）是在压力恒定的条件下，将系统进行缓慢冷却或加热，记录过程中系统温度随时间的变化关系而绘制相图的方法，这种方法特别适用于固态熔融系统。下面以 Bi-Cd 二组分系统为例进行说明。

实验时，通常先将不同组成的 Bi-Cd 固态混合物加热熔化成液体，在压力一定时，将熔融态 Bi-Cd 系统缓慢冷却，记录不同时间时系统的温度，得到如图 6-18（a）所示的曲线。这种描述系统降温过程中温度与时间的关系曲线称为步冷曲线（colling curve）。图 6-18 中曲线 a 为纯 Bi 的步冷曲线，根据相律，系统的自由度数 $F'=C-P+1=2-P$。当温度高于 Bi 的凝固点（$a→a_1$）时，系统为纯 Bi 的液体单相，自由度数 $F'=1$，因此系统的温度逐渐降低。当系统温度降至 Bi 的凝固点 a_1 时，开始出现固态 Bi，此时系统为固-液共存的两相平衡系统。根据相律，此时系统的自由度数 $F'=0$，因此系统的温度保持恒定，在步冷曲线中出现水平线段（平台）。当 Bi 完全变成固态 Bi 后，系统的自由度数 $F'=1$，系统温度降低。若系统中只有金属 Cd 时，其步冷曲线与 a 相似，只是在曲线中出现平台的温度是对应于金属 Cd 的熔点［见图 6-18（a）中曲线 e］。

当系统为 Bi、Cd 两种金属的混合物时，根据相律，系统的自由度数 $F'=C-P+1=3-P$，步冷曲线如图 6-18（a）中曲线 b、c、d。当系统中 Cd 的质量分数小于 0.4 时，步冷曲线具有曲线 b 的形式。在溶液降温的最初阶段 $b→b_1$，系统为单相液态混合物，自由度

数 $F'=2$，系统的温度随着时间的增加而逐渐降低。温度降到 b_1 时，溶液中 Bi 达到饱和并开始析出，成为固态 Bi 和液态熔融物的两相平衡系统，自由度数 $F'=1$，系统温度继续降低。但由于析出金属 Bi 后放出凝固热使系统降温速率减小，因此步冷曲线在 b_1 点出现转折。继续冷却时，由于 Bi 的不断析出液相中 Cd 的含量不断增加，到 b_2 时液相中 Cd 的浓度也达到饱和状态并开始从熔融物中析出，系统成为固态 Bi、Cd 及液态熔融物三相平衡共存。根据相律此时系统的自由度数 $F'=0$，因此系统的温度保持不变，在步冷曲线中出现水平线段。这种三相平衡共存的状态一直维持到系统中液体完全转变为固体。当系统中的液相消失后，系统成为固态 Bi 与固态 Cd 两相共存，此时系统的自由度数 $F'=1$，系统的温度进一步下降。若系统中 Cd 的质量分数大于 0.4 时，步冷曲线具有曲线 d 的形式。曲线 d 与曲线 b 相似，只是在降温过程中先达到饱和的是金属 Cd，因此在 d_1 时先析出的是固体 Cd。

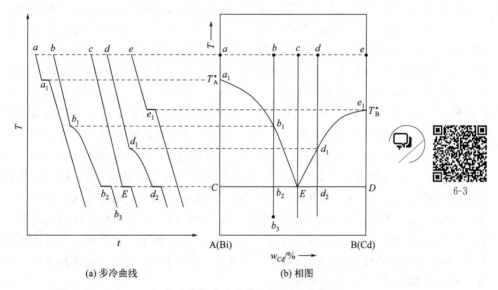

（a）步冷曲线　　　　（b）相图

图 6-18　Bi-Cd 二组分系统的步冷曲线及固-液平衡相图

若系统中 Cd 的质量分数为 0.4 时，其步冷曲线为图 6-18（a）中曲线 c。与曲线 b、d 不同，当 Cd 的质量分数为 0.4 的液态熔融物冷却到达 E 时，液相中 Bi、Cd 同时达到饱和并开始析出固态金属 Bi、Cd。此时系统为固态 Bi、Cd 及液态熔融物三相共存，系统的自由度数 $F'=0$，因此系统温度保持不变，在步冷曲线中出现平台。当液体完全凝固后系统温度才继续下降。

在测得不同组成系统的步冷曲线后，将步冷曲线中的相平衡点（出现转折及平台）的温度绘制在以温度与组成为坐标的图中即可得到如图 6-18（b）所示的二组分固-液平衡相图。

6.5.2　具有简单低共熔点的二组分固-液平衡系统

具有简单低共熔点的二组分系统是指二组分系统的共熔点温度比系统中任何一种纯固体组分的熔点温度都低的系统。图 6-17 及图 6-18（b）均为具有简单低共熔点的二组分固-液平衡相图，下面以图 6-18（b）的相图为例对这类相图进行分析。图 6-18（b）中 $ACDB$ 区域为固态 Bi 和固态 Cd 共存的两相区，a_1Ee_1 以上的区域为液相区，a_1CE 为固态 Bi 与液相平衡共存的两相区，e_1ED 为固态 Cd 与液相平衡共存的两相区。a_1E 为 Bi 的熔点降低曲线，e_1E 为 Cd 的熔点降低曲线。E 点是 a_1E 与 e_1E 的交点，此时系统为固体 Bi、Cd 和液相三相共存，因此 E 点也称为固态 Bi、Cd 和液相共存的三相点。如将与 E 点组成相同的固态 Bi、Cd 混合物加热，在 E 点时系统中 Bi、Cd 将同时熔化，因此 E 点也称为 Bi、Cd 的共熔点，其对应的温度则称为 Bi、Cd 的共熔点温度。由于 E 点的温度比纯 Bi、Cd 的熔点均低，因此 E 点也称为 Bi、Cd 二组分系统的最低共熔点（minimum eulectic point）。图 6-18 (b) 这类具有最低共熔点温度的二组分固-液系统的相图则称为具有简单低共熔点的二组分固-液平衡相图。应当注意，虽然 E 点系统中固、液两相的组成相同，但两相中的物质均为混合物，也称低共熔点混合物（minimum melting point eulectics）。CED 为三相线，根据相律，处于三相线上系统的自由度数 $F'=C-P+1=0$，因此系统具有确定的状态，各相均具有确定的组成，其组成分别由三相线的两个端点 C、D 以及 E 点所确定。

在组成不变时改变系统温度或在温度恒定时改变系统组成，系统的变化在相图中可通过一条垂直于横坐标或一条平行于横坐标的直线描述。如将组成为 b 的系统降温，系统的变化为图 6-18 中的直线 $b \rightarrow b_3$。系统温度高于 b_1 温度时，系统为液相的单相降温过程，在步冷曲线为一平滑曲线。到达 b_1 点时溶液中 Bi 达到饱和并开始从液相中析出，$b_1 \rightarrow b_2$ 过程中系统为固态 Bi 与液相共存的两相平衡系统。从相律可知 $b_1 \rightarrow b_2$ 过程中系统的自由度数 $F'=C-P+1=1$，即系统中有一个可以变化的物理量，温度持续下降，液相组成随着系统温度的降低沿 $b_1 \rightarrow E$ 变化。系统降温至 b_2 时，液相中 Cd 也达到饱和并开始析出，此时系统成为固态 Bi、Cd 及液相共存的三相平衡系统，根据相律系统的自由度数 $F'=C-P+1=0$，因此系统的温度保持不变，在步冷曲线中出现平台。系统温度低于 b_2 时，液相部分完全凝固，系统成为固态 Bi、Cd 两相共存（$b_2 \rightarrow b_3$），系统的自由度数 $F'=C-P+1=1$，系统温度又开始下降。若将组成为 c 的系统降温，在 $c \rightarrow E$ 内系统为单相液体的均匀降温过程。到达 E 时液相中 Bi、Cd 同时达到饱和并开始析出，系统处于三相平衡，其自由度数 $F'=C-P+1=0$，因此系统的温度保持不变，在步冷曲线中出现平台。上述两种系统变化所对应的步冷曲线分别为图 6-18 (a) 的曲线 b 和 c。

6.5.3　形成化合物的二组分固-液平衡系统

形成化合物系统是指在 A、B 所构成的二组分系统中，在某一温度及压力时会有新的化合物生成的系统。根据所生成新化合物的稳定性又可将这类系统分为生成稳定化合物及生成不稳定化合物两类。

6.5.3.1　生成稳定化合物系统

如系统中生成的新化合物在其熔点时能稳定存在，即在化合物熔化前后固、液两相为同一物质，这类系统称为生成稳定化合物系统，其典型的相图如图 6-19 所示。如果以 HC 为界线可将相图分为左、右两部分，于是该相图可看成是由左边为 A 和 C、右边为 C 和 B 的两个具有最低共熔点的相图所构成，相图的分析则可参照前面具有最低共熔点的相图的分析方法进行。E_1、E_2 分别为 A、C 及 B、C 两个二组分系统的低共熔点，H 点对应的温度 T_1 为化合物 C 的熔点。如将组成为 a 的系统降温，在 H 点以前系统为液相的均匀降温过程。H 点时，系统中的 A、B 发生反应生成固态 C，即

$$A(l)+B(l) \longrightarrow C(s)$$

根据相律，H 点系统的自由度数 $F'=C-P+1=0$，此时系统的温度保持恒定。之后，当

A、B完全转换为C时，系统成为固态化合物C的单组分系统，于是系统的温度将继续降低。

图6-19代表系统中只有一种稳定化合物生成的二组分系统的相图，属于这类系统的有 $CuCl\text{-}FeCl_3$、$Au\text{-}Fe$（$1:2$）、苯-苯酚等。但在有些情况下，系统中两组分之间可以形成多个稳定的中间化合物，如硫酸-水、氯化铁-水等系统。对于这类系统相图的分析，正如前面提到的，可以采用"分块"处理的方法，即将相图分解为多个具有简单低共熔点相图后进行分析即可。

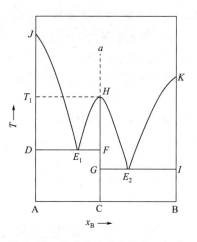

图6-19 生成稳定化合物的二组分系统固-液平衡相图

6.5.3.2 生成不稳定化合物系统

若系统中生成的新化合物在其熔点温度以下即发生分解，这类系统则称为生成不稳定化合物系统。图6-20为生成一种不稳定化合物的二组分系统的典型相图和步冷曲线，各区的平衡相态已在图中标出。图6-20（a）中 MD、EN、ED 分别为固体A、B、C与液相平衡共存的液相线，亦称固体A、B、C的熔点曲线。如将化合物C加热，在到达C的熔点之前化合物C即发生分解反应生成固体B及液相1，即

$$C(s) \longrightarrow B(s) + l$$

分解反应发生的温度，即 H 点所对应的温度，也称为化合物C的转熔温度。

若将组成为 b 的溶液降温，在 b_1 点前（$b \to b_1$）系统为液体的单相降温过程。到达 b_1 点时开始有固体 $B(s_B)$ 析出，继续降温时系统中不断有固体B析出，液相组成沿 $b_1 \to E$ 曲线变化。当系统达 H 点时，系统中发生反应生成新化合物C，根据相律此时系统的自由度数 $F' = 0$，因此系统的温度保持不变。当液相及固体B完全转化为化合物C后，系统成为固体C的单相降温过程。上述过程的步冷曲线见图6-20（b）中的曲线 b。

如将系统组成介于 E、H 之间的溶液 a 进行冷却降温，在 a_1 时系统中开始析出固体

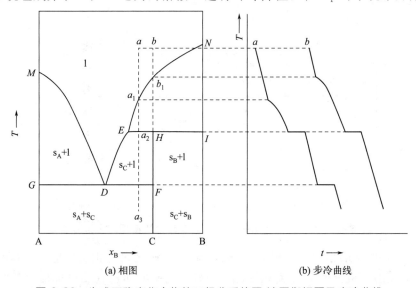

(a) 相图　　　　　　　　　　　　(b) 步冷曲线

图6-20 生成不稳定化合物的二组分系统固-液平衡相图及步冷曲线

B；a_2 时系统中固体 B 与溶液间发生反应生成新化合物 C，此时系统为三相平衡共存，$F'=0$，系统的温度保持不变。与 b 不同的是，a_2 时当所有的固体 B 完全反应后系统中仍有溶液存在，系统成为固体 C(s_C) 与溶液 l 平衡的两相共存系统（$a_2 \rightarrow a_3$）。根据相律，此时系统的自由度数 $F'=1$，系统温度降低。至 a_3 时开始析出固体 A(s_A)，系统为 s_A、s_C、l 平衡共存的三相平衡系统，$F'=0$，系统温度不变。当液体全部凝结为固体后，系统成为 s_A、s_C 两相共存，温度继续下降。上述过程的步冷曲线如图 6-20（b）中曲线 a 所示。

图 6-20 的相图也仅仅是生成一种不稳定化合物最为简单的形式，在有些情况下两组分之间可能有多种不稳定化合物生成，如 NaI-H_2O 系统。对于这类系统，相图的分析仍可采用将相图"分块"的方式处理。

第 6 节　固相部分及完全互溶的二组分固-液平衡系统相图

与液态混合物相似，若固态混合物中的不同组分间是以原子、分子或离子大小均匀分散而形成的混合系统，则系统称为固溶体或固态互溶混合物。不同组分间相互溶解的程度取决于各组分的性质如晶形、粒子的大小等，通常性质越相近的组分越易于形成固溶体。若不同组分之间只能在一定的组成范围内形成固溶体，则由它们所构成的系统称为部分互溶系统；若不同组分在全部浓度范围内均能形成固溶体，则称为完全互溶系统。需要说明的是，本节中所讨论的相图是建立在液相完全互溶的基础上的。

6.6.1　固相部分互溶的二组分固-液平衡系统

与液相部分互溶的气-液平衡系统情况相似，固相部分互溶系统的相图可根据液相与固相组成的关系分为两类，相图如图 6-21(a) 及图 6-22(a) 所示。

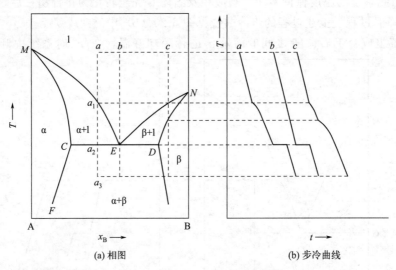

(a) 相图　　　　　　　　(b) 步冷曲线

图 6-21　固相部分互溶的二组分系统固-液平衡相图及步冷曲线

图 6-21（a）所示的相图是液相组成介于两固相组成之间的相图，也称为具有最低共熔点的固相部分互溶二组分固-液平衡相图。图中各区的平衡相已在图中标出，其中 α 为 B 溶于 A 中所形成的固溶体，β 为 A 溶于 B 中所形成的固溶体。MC、ND 分别为 A、B 的熔点

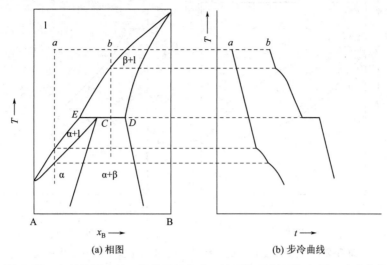

图 6-22　有转熔温度的二组分固相部分互溶系统固-液平衡相图及步冷曲线

曲线，ME、NE 为 α、β 固相与液相 l 的两相平衡线，也称为 A、B 的凝固点曲线。E 点为 ME、NE 的交点，称为系统的最低共熔点。CED 为三相线，此时系统为固体 α、β 及液相 l 三相共存，所对应的温度为系统的三相点温度，也称系统的最低共熔点温度。根据相律，处于三相线上系统的自由度数 $F'=0$，因此系统具有确定的状态，即系统温度、组成确定，各相组成分别由三相线的两个端点 C、D 及 E 点确定。

如将组成为 a 的液态混合系统冷却，在 a_1 点前（$a \rightarrow a_1$）系统为液体的单相降温过程。在 a_1 时系统中开始形成组成为 α 的固溶体，系统由此进入固-液两相平衡。由于凝固热的放出，相应步冷曲线中出现转折［图 6-21(b)］。在 $a_1 \rightarrow a_2$ 范围内，系统为两相平衡，固、液两相的组成分别沿 MC、ME 变化，并遵从杠杆规则。a_2 时开始析出 β 固溶体，系统成为 α、β 固体及液相 l 三相平衡，系统的自由度数 $F'=0$，系统的状态确定，在步冷曲线中出现平台。系统离开 a_2 继续降温时，液相消失，成为 α、β 两相平衡系统的降温过程。上述过程的步冷曲线见图 6-21（b）曲线 a 所示。如将系统组成分别为 b、c 的液态混合物降温，相应的步冷曲线如图 6-21（b）曲线 b、c 所示。

图 6-22 代表系统中液相组成位于两个固相组成一侧时的相图，也称为具有转熔温度的固-液平衡相图。各区域的稳定相态已在图中标出。将组成分别为 a、b 的液态混合物降温冷却，其步冷曲线如图 6-22（b）曲线 a、b 所示。对相图的进一步分析，可参照图 6-21 相关部分进行。

6.6.2　固相完全互溶的二组分固-液平衡相图

如果构成系统的两个组分在固相能以任意比例混溶，则称为固相完全互溶系统，其典型的固-液平衡相图如图 6-23 所示。图中上面的曲线为液相线或凝固点曲线，下面的曲线为固相线或熔点曲线，各区域的平衡相态已在图中标出。

如将系统点为 a 的液态混合物冷却，达 a_1 时系统中开始有固相（固溶体）析出，固相的组成由 b_1 确定。$a_1 \rightarrow a_2$，系统中不断析出固溶体，固、液两相的组成分别沿 $b_1 \rightarrow a_2$、$a_1 \rightarrow b_2$ 变化。系统离开 a_2 继续降温时，液相消失，系统变为固相的单相降温，最后消失液体的组成则由液相线上的 b_2 确定。过程的步冷曲线见图 6-23（b）。

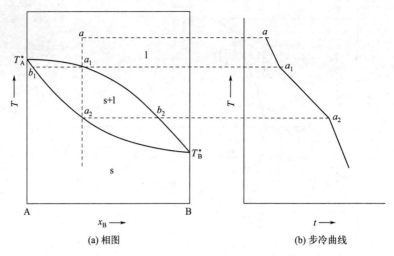

(a) 相图   (b) 步冷曲线

图 6-23　固相完全互溶的二组分系统固-液平衡相图及步冷曲线

图 6-23 所示相图的特点是固溶体的熔点介于二纯组分 A、B 固体的熔点之间。除此之外，固态完全互溶的二组分系统固-液平衡相图还有具有最低共熔点和最高共熔点两类相图，如图 6-24 所示，与液相完全互溶的气-液平衡相图相似，因此这里不再对相图进行分析，请读者自行分析。

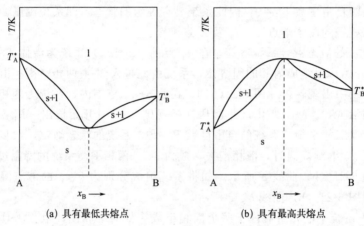

(a) 具有最低共熔点   (b) 具有最高共熔点

图 6-24　具有最低共熔点和最高共熔点的固相完全互溶二组分系统固-液平衡相图

6.6.3　区域熔炼

6-4

区域熔炼（zone refining）是一种用于制备高纯度金属或半导体等固体材料的方法，其基本原理与前面所介绍的精馏技术相似，是利用在固体溶液冷却时固、液两相组成不同而将物质纯化的技术。

图 6-25 是区域熔炼的示意图。在进行区域熔炼提纯时，先将待提纯的固体样品置于高温管式炉中，通过可移动的加热环加热将样品熔化，之后将加热环从管式炉左端向右端缓慢移动。加热环移动时，已熔化的固体将重新凝固，若杂质的熔点较低，从图 6-23 的固-液平衡相图可知，重新凝固的固相中杂质的含量比原先固体中更少，而液相中将含有更高的杂质

![区域熔炼示意图]
加热环

图 6-25　区域熔炼示意图

浓度。随着加热环的移动，样品杂质逐渐向加热环移动的方向富集。当加热环移动到管式炉的最右端后，再回到起始端重新加热。如此这般，加热环每移动一次均将使高温炉中左端固体的杂质浓度得到降低，经过多次反复的加热熔化过程即可使固体材料得以提纯。

Ⅲ. 三组分系统的相图[*]

对于三组分系统（three-component system），$C=3$，根据相律，$F=C-P+2=5-P$，系统的最大自由度数 $F_{max}=4$，因此要完整地表示系统的相图需要四维坐标图。为了简化处理，通常在压力及温度恒定时讨论三组分系统的相图，此时系统的自由度数 $F''=2$，于是三组分系统的相图就可以通过平面图形进行描述。注意在该部分以后所给出的三组分平面相图中，均为温度及压力一定的条件下的相图。如需要讨论温度或压力的影响，可将不同温度或压力下的相图叠加后进行讨论。

第 7 节　三组分系统液-液平衡相图

三组分系统液-液平衡相图是三组分系统中最简单的相图。根据系统中液体组分性质的不同，三组分系统可以形成一对、两对及三对组分间完全互溶、部分互溶及完全不互溶的混合系统，而在某些条件下组分间还有可能发生反应生成稳定或不稳定的化合物等，因此其相图的类型很多。本节只介绍一些简单的、具有代表性的典型相图类型。

6.7.1　三组分系统的坐标表示法

温度、压力一定时，三组分系统的相图通常采用等边三角形（有时也用直角三角形）来表示，如图 6-26 所示。三角形的三个顶点分别代表 A、B、C 三种组分的纯物质，而三角形每条边上的点则表示一个二组分系统，如 AB 线上的点表示系统是由组分 A 和 B 构成的一个二组分系统。三角形内的任何一点均代表一个三组分系统，其组成可通过从该点作平行于三条边的平行线求得。如对图 6-26 中的系统点 P，过 P 点分别作平行于三角形各边的平行线与三条边分别交于 a、b、c 三点，三点的组成 x_a、x_b、x_c 即为系统 P 的组成。

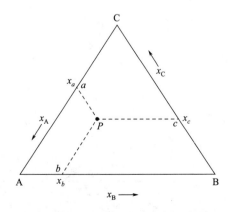

图 6-26　三组分系统组成表示法

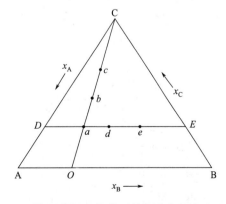

图 6-27　三组分系统组成表示法

以等边三角形表示的三组分系统相图通常具有以下特点：

（1）位于过三角形顶点的任意直线上的不同系统中，除顶点组分外的其他两组分的含量（组成）之比为定值。如图 6-27 中 OC 线上的 a、b、c 三个系统中 A、B 两组分的含量之比相同，即

$$\frac{x_A(a)}{x_B(a)} = \frac{x_A(b)}{x_B(b)} = \frac{x_A(c)}{x_B(c)}$$

式中，$x_A(a)$、$x_A(b)$、$x_A(c)$ 分别为系统 a、b、c 中 A 组分的含量；$x_B(a)$、$x_B(b)$、$x_B(c)$ 分别为系统 a、b、c 中 B 组分的含量。

从上面的结论可以推出：如在一个三组分系统中加入或减少某组分时，系统将沿着加入或减少组分纯物质的顶点坐标与三组分系统点的连线或其延长线上变化。如在图 6-27 的系统 a 中逐渐加入组分 C 时，系统将在 aC 线上沿 $a \to b \to c$ 的方向变化；相反，如在系统 c 中逐渐减少 C 组分时，系统将在 Cc 线的延长线上沿 $c \to b \to a$ 的方向变化。

（2）处于平行于三角形某边直线上的不同系统中，顶角组分的含量相同。如图 6-27 中位于平行于 AB 边的 DE 线上的三个系统 a、d、e 中 C 组分的含量 $x_C(a)$、$x_C(d)$、$x_C(e)$ 相同，即 $x_C(a) = x_C(d) = x_C(e)$。

（3）将任意两个三组分系统混合后，形成的新系统必然位于混合前两个三组分系统的系统点连线上，且三点之间服从杠杆原理。如将图 6-27 中 a、e 两系统混合，则混合后的系统必然位于 a、e 连线上。假设混合后的系统为 d，则有

$$m_a \times \overline{ad} = m_e \times \overline{de}$$

式中，m_a、m_e 分别为系统 a、e 的质量。

由此可以推证，任意三个三组分系统混合后的新系统必然处于由混合前的三个系统点连线所构成的三角形内，且混合后系统点可通过杠杆规则求得。

6.7.2 部分互溶的三组分系统液-液平衡相图

在三组分系统中，如三个组分的性质不同，则各组分之间的相互溶解度也各不相同。若在一定温度及压力下构成三组分系统的各组分均能以任意比例混溶，则系统称为完全互溶的三组分系统。这类系统由于只有一个相存在，因此只需要在图 6-26 的三角坐标相图中确定系统的组成即可确定系统的状态。但通常三组分完全互溶的情况很少，大多数情况下三组分之间并非完全互溶，各组分之间可能是一对、两对及三对间只能部分互溶，这些系统的典型相图见图 6-28～图 6-30。

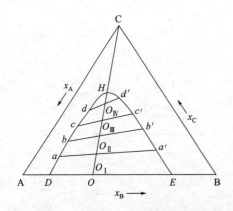

图 6-28 一对部分互溶的三组分系统相图

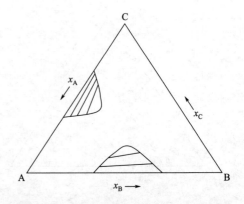

图 6-29 两对部分互溶的三组分系统相图

图 6-28 为温度、压力一定时只有一对部分互溶的三组分系统的液-液平衡相图，其中 A 和 C 及 B 和 C 均能以任意比例混溶，但 A、B 二组分只在一定范围内互溶。图中 DH 是 B 在 A 中的溶解度随着 C 加入的变化曲线，EH 是 A 在 B 中的溶解度随着 C 加入的变化曲线。H 点为 DH 与 EH 的交点，称为会溶点或临界点。DHE 线将相图分为两个部分，帽形区外的部分为单相区，帽形区内的部分为两相共存区。如在纯 A 中逐渐加入 B，在 D 点以左的部分 B 能在 A 中完全溶解形成单相系统。D 点时 B 在 A 中的溶解达到饱和，进一步加入 B 将使溶液产生分层而形成两相平衡系统，两相分别为 B 溶于 A 及 A 溶于 B 的饱和溶液。$D \rightarrow E$ 时，系统为两相平衡共存，也称为共轭相。根据相律，两相平衡共存时系统自由度数 $F'' = C - P = 0$，因此系统的状态确定，共轭两相的组成分别由 D、E 两点读出。继续加入 B，当系统到达 E 点时，系统中的 A 能全部溶于 B 中形成 A 溶于 B 的饱和单相溶液，而 E 点右侧区域均为 A 溶于 B 的不饱和单相溶液系统。

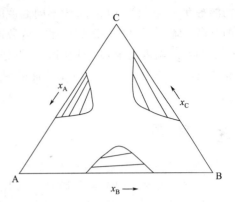

图 6-30 三对部分互溶的三组分系统相图

若在由 A、B 所形成的两相系统如图 6-28 中 O 点逐渐加入 C，系统点将沿 $O \rightarrow C$ 变化，系统中的两相则分别沿 $D \rightarrow H$ 及 $E \rightarrow H$ 变化。如系统点由 O 点变化至 O_I 时，共轭两相的相点分别由 D、E 点变化至 a、a' 点，由于组分 C 在共轭两相中的溶解度不同，因此共轭相点的连接线 aa' 与三角坐标的底边并不一定平行。同理当系统点变化至 O_{II}、O_{III}、O_{IV} 时，共轭两相的连接线 bb'、cc'、dd' 均不平行于三角坐标的底边。由于 C 的加入会引起 A、B 间的相互溶解度增加，因此随着 C 的不断加入系统中共轭两相的相点逐渐靠近，即两相连接线逐渐变短，但共轭两相间仍遵从杠杆原理。H 点时，系统中两相的组成相同，共轭两相的相点合二为一，系统成为单一的液相，进一步加入 C 时系统将在单相区内沿 $H \rightarrow C$ 变化。

对于系统中有两对或三对部分互溶的三组分系统，其液-液平衡相图见图 6-29 及图 6-30。与只有一对组分部分互溶的相图相似，图 6-29 及图 6-30 中的每个帽形区内的部分均代表一个两相平衡系统，而帽形区外的部分则为单相系统。有关相图的进一步分析，读者可参照图 6-28 的方法自己进行。

上面简单介绍了三组分系统的液-液平衡相图，这些相图均是在温度、压力恒定条件下的相图形式。若要讨论温度或压力的影响，则需要将不同温度或压力下的相图进行叠加。一般来说，由于压力对凝聚相系统的影响较小，在压力变化不大的条件下可以近似认为其液-液平衡相图没有变化，但通常温度的变化会对系统的相图产生较大的影响。对如图 6-28 所示一对部分互溶的三组分系统来说，假设 A、B 间的相互溶解度随系统温度的升高而增大，系统的温度-组成关系可将不同温度下的液-液平衡相图叠加得到如图 6-31 所示的相图。图中 DO''、EO'' 分别为 B 在 A 中的溶解度及 A 在 B 中的溶解度随温度的变化曲线，DOE、$D'O'E'$ 表示不同温度下 A、B 间

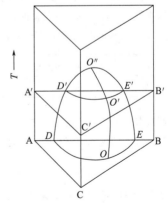

图 6-31 一对液体部分互溶的三组分系统的温度-组成图

的溶解度曲线，O、O'、O''为不同温度时的会熔点。从图 6-31 中可以看到，随着系统温度的升高系统中两相共存区域即帽形区域逐渐变小，平衡共存的两相逐渐靠近，最后合为一点 O''。当系统温度高于 O'' 温度时，三组分均能以任意比例混溶。若取图 6-31 中某温度时的截面如 ABC、$A'B'C'$ 等，每一个截面的图形都表示一定温度时三组分系统的相图。

 习 题

1. 试求下列系统的组分数及自由度数：

（1）K_2SO_4 和 $NaNO_3$ 溶于水中形成的不饱和溶液；

（2）K_2SO_4 和 $NaNO_3$ 溶于水中形成的饱和溶液；

（3）饱和 K_2SO_4 溶液与水蒸气的平衡系统；

（4）在真空容器中放入 NH_4Cl 固体，使之分解为 NH_3（g）和 HCl（g）达平衡；

（5）在含有 HCl（g）的容器中放入 NH_4Cl 固体，使之分解为 NH_3（g）和 HCl（g）达平衡；

（6）将 NH_3（g）和 HCl（g）通入真空容器中反应生成 NH_4Cl（s）达平衡；

（7）高温时，将固体碳和氧化锌放入真空反应器中发生如下反应：

$$ZnO(s) + C(s) \Longrightarrow Zn(g) + CO(g)$$

$$2CO(g) \Longrightarrow CO_2(g) + C(s)$$

（8）在真空容器中按照物质的量之比为 $n_C : n_{O_2} = 3 : 1$ 放入 C（s）和 O_2（g），已知系统中存在如下化学反应：

$$2C(s) + O_2(g) \Longrightarrow 2CO(g)$$

$$C(s) + O_2(g) \Longrightarrow CO_2(g)$$

$$2CO(g) + O_2(g) \Longrightarrow 2CO_2(g)$$

2. 101.325kPa 时，化合物 M 在水中可形成四种稳定的水合物 $M \cdot mH_2O(s)$（$m = 1, 2, 4, 6$）。根据相律说明该压力时，与 M 的水溶液及冰平衡共存的固态水合物最多可能有几种。

3. 已知 20℃ 时纯苯和纯甲苯的饱和蒸气压分别为 $p_苯 = 9.96kPa$，$p_{甲苯} = 2.97kPa$。假设苯和甲苯可形成理想液态混合物，$\Delta_{vap}H_m^{\ominus}(苯) = 30.03kJ \cdot mol^{-1}$，$\Delta_{vap}H_m^{\ominus}(甲苯) = 33.87kJ \cdot mol^{-1}$。假定 $\Delta_{vap}H_m^{\ominus}$（苯）、$\Delta_{vap}H_m^{\ominus}$（甲苯）不随温度变化，气体可视为理想气体。

（1）计算苯、甲苯的正常沸点；

（2）将含有 1mol 苯和 9mol 甲苯的液态混合物置于带活塞的真空汽缸内，此时活塞上的外压很大。若逐渐减小外压，计算刚出现气体时气相的组成。

4. 下表为水的蒸气压随温度变化的数据：

T/K	273.15	293.15	313.15	333.15	353.15	373.15
p/Pa	646.11	2377.40	7406.74	20132.46	48862.83	107840.30

用作图法求出水的饱和蒸气压与温度的关系式。

5. 若 Hg 的饱和蒸气压遵从下述关系：

$$\ln(\frac{p}{Pa}) = 29.14 - \frac{7664}{T/K} - 0.848\ln(T/K)$$

计算 30℃ 时 Hg 的摩尔蒸发焓及蒸气的平衡压力。

6. 下图为碳的相图，根据相图回答下列问题。

（1）指出图中 OA、OB、OC 线及 O 点的意义。

（2）若在 $p = 1.0 \times 10^7 kPa$ 时将金刚石加热，叙述系统的变化情况。

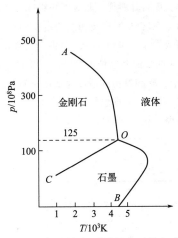

7. 标准压力下，测得乙醇和乙酸乙酯混合系统在不同温度时的组成如下表：

$t/℃$	77.15	75.0	72.6	71.6	72.8	76.4	78.3
$x_{乙醇}(l)$	0	0.10	0.24	0.46	0.71	0.94	1.00
$y_{乙醇}(g)$	0	0.16	0.30	0.46	0.60	0.88	1.00

（1）根据表中数据绘出乙醇和乙酸乙酯混合系统的 T-x 图；

（2）根据相图说明将组成为 $x_{乙醇}(l)=0.80$ 的乙醇、乙酸乙酯混合液体进行精馏可否得到乙酸乙酯纯物？

8. 采用沸点仪测得101325Pa下，A、B二组分系统的沸点 T 与气-液平衡时两相组成数据如下：

$T/℃$	溶液 1		溶液 2	
	气相组成 y_B	液相组成 x_B	气相组成 y_B	液相组成 x_B
81	—	—	1	1
78	0	0	0.85	0.97
75	0.1	0.02	0.76	0.95
72	0.2	0.04	0.68	0.93
70	0.26	0.08	0.65	0.92
68	0.31	0.12	0.62	0.91
65	0.38	0.2	0.57	0.85
63	0.48	0.48	0.48	0.48

（1）根据实验数据绘出该 A、B 二组分系统气-液平衡相图的示意图，标明各相区的稳定相态和自由度数；

（2）将组成为 $x_B=0.85$，物质的量为 $n=10\text{mol}$ 的系统升温至温度 $T=70.0℃$，达气-液平衡时指明气、液相的组成，并计算该系统中气、液两相物质的量 n_g、n_l。

9. 某有机物 A 与水完全不溶。已知 101325Pa 时 A 的沸点为 429K，水的摩尔汽化焓为 $\Delta_{vap}H_m=40.668\text{kJ}\cdot\text{mol}^{-1}$，且不随温度变化。计算：

（1）368K 时水的饱和蒸气压；

（2）101325Pa，有机物 A 与水的二组分系统在 368K 共沸时平衡蒸气的组成。

10. A、B 二组分可形成完全不互溶双液系统，其正常沸点分别为 $100℃$、$90℃$。标准压力下，将 $x_B=$

0.6 的 A、B 混合物加热至 60℃时 A、B 同时沸腾，此时气相组成为 $y_B=0.6$。

(1) 画出标准压力下 A、B 二组分系统气-液平衡相图的示意图；

(2) 若将物质的量为 10mol、组成为 $y_B=0.8$ 的 A、B 混合气体冷却，计算最多可得到纯 B 的量。

11. 308.15K 时，测得 $x_{氯仿}=0.4$ 的乙醇和氯仿混合物的平衡蒸气总压为 34291Pa，气相中氯仿的摩尔分数 $y_{氯仿}=0.7446$。计算该混合物中乙醇和氯仿的活度及活度系数。已知 308.15K 时，乙醇、氯仿的饱和蒸气压分别为 13706Pa、39343Pa，假定蒸气为理想气体。

12. 下表列出了 Cu-Sb 二组分凝聚系统不同组成时的凝固点：

$w(Sb)/\%$	0	10	20	25	35	45	55	60	70	75	80	85	90	100
温度/℃	1084	1008	870	775	684	690	650	620	540	500	521	540	575	630

画出 Cu-Sb 二组分系统的相图，说明图中各区及点、线的意义。

13. 物质 A 的固体、液体的蒸气压与温度的关系可分别用下式表示：

固体：$\lg(p/\text{Pa})=11.454-\dfrac{1864.8}{T/\text{K}}$

液体：$\lg(p/\text{Pa})=9.870-\dfrac{1453}{T/\text{K}}$

计算物质 A 的摩尔熔化焓及三相点温度。

14. Bi 和 Pb 系统的相图如下所示。

(1) 标明图中各区域的相数、相态及自由度数；

(2) 画出将系统点分别为 a、b、c 的 Bi-Pb 混合物冷却时的步冷曲线。

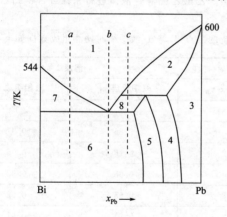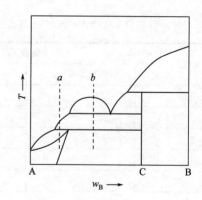

15. 下图是 A、B 二组分凝聚系统的相图。

(1) 标出各区及三相线上的稳定相；

(2) 画出从系统点为 a、b 两点降温时的步冷曲线，并说明过程的相态变化。

重点难点讲解

6-1　相律

6-2　精馏原理

6-3　步冷曲线

6-4　区域熔炼

第七章

统计热力学初步

统计热力学（statistical thermodynamics）和经典热力学一样，都是研究由大量粒子构成的宏观平衡系统。这里所说的粒子是指分子、原子、离子和电子等量子力学上的微观粒子，简称"子"。因此，宏观物质系统等价于量子力学上的粒子系统。

经典热力学的基础是热力学三定律。热力学三定律源于人类实践经验的归纳和总结，所以，经典热力学对于物质系统宏观性质的描述是经验性的，不能与构成宏观系统的微观粒子的结构和性质相关联。然而，物质系统的宏观性质是微观粒子运动的外在表现，微观粒子的结构和性质与系统的宏观性质存在着必然的联系。发现并描述微观粒子的结构和性质与系统宏观性质之间的联系，从而由物质的微观结构出发，了解其宏观性质正是统计热力学的任务。

统计热力学用统计的方法研究物质系统的宏观热力学性质。构成宏观物质系统的粒子数目通常非常多（$>10^{23}$ 数量级），且每个粒子的运动状态瞬息万变，要想详尽地描述每一个粒子在任一时刻的运动状态是不现实的。统计热力学认为，宏观热力学性质是构成系统的大量微观粒子运动状态的统计平均结果。统计热力学借用量子力学对微观粒子运动规律的研究成果，应用统计方法，实现了系统宏观性质与微观粒子性质的关联，得到了一系列普遍性的规律和原理。同时，也印证了经典热力学的正确性。可以说，统计热力学是架在系统微观性质和宏观性质之间的桥梁，与经典热力学相比，是更高层次上的科学抽象。

统计热力学中根据粒子的可分辨性，将粒子分为可别粒子和全同粒子。对无法区分的同类粒子，当粒子在固定位置附近运动时，则可以通过对位置进行编号来对粒子加以分辨。所以可别粒子亦称定域子，全同粒子亦称离域子。气体或液体（液晶除外）中同类粒子无规则运动，彼此无法分辨，属于全同粒子或离域子系统；晶体中的原子只能在固定位置附近振动，属于可别粒子或定域子系统。

根据粒子间的相互作用，将粒子系统分为独立子系统和相依子系统。粒子间无相互作用的，粒子系统称为独立子系统；粒子间有相互作用的，粒子系统则称为相依子系统。纯粹的独立子系统是不存在的，它是一种理论上的抽象，就像理想气体一样。通常，将粒子之间相互作用很弱且可以忽略不计的粒子系统近似看成独立子系统，将粒子之间相互作用不可以忽略的粒子系统称为相依子系统。显然，理想气体属于独立子系统，而实际气体则属于相依子系统。

对于独立子系统，热力学能 U 是系统内部所有粒子能量的总和

$$U = \sum_{i=1}^{N} \varepsilon_i \tag{7.0.1}$$

对于相依子系统，则还包括总相互作用能 U_I（是 N 个粒子 $3N$ 个位置坐标的函数）

$$U = \sum_{i=1}^{N} \varepsilon_i + U_I(x_1, y_1, z_1, \cdots, x_N, y_N, z_N) \tag{7.0.2}$$

式中，N 是总子数；ε_i 是第 i 个粒子的能量。

本章初步介绍统计热力学的基础知识，着重讨论独立离域子系统。

第 1 节　粒子的微观运动

7-1

7.1.1　粒子的运动状态

如果忽略各种运动形式之间的耦合，粒子的运动可以分解为平动（translational motion）、转动（rotaional motion）、振动（vibrational motion）、电子运动（e）和核自旋运动（n）等五种独立运动形式，粒子的能量等于各种运动能之和：

$$\varepsilon = \varepsilon_t + \varepsilon_r + \varepsilon_v + \varepsilon_e + \varepsilon_n \tag{7.1.1}$$

7.1.1.1　平动

平动是粒子在空间中的位移。粒子在三维空间中的平动用三维平动子模型描述。设质量为 m 的粒子在长、宽、高分别为 a、b、c 的三维势箱中运动，箱内势能为 0，箱面及箱外势能趋于无穷大。由量子力学可得三维平动子的平动能

$$\varepsilon_t = \frac{h^2}{8m}\left(\frac{n_x^2}{a^2} + \frac{n_y^2}{b^2} + \frac{n_z^2}{c^2}\right) \quad (n_x, n_y, n_z = 1, 2, 3, \cdots) \tag{7.1.2}$$

式中，n_x、n_y 和 n_z 分别为 x 轴、y 轴和 z 轴方向上的平动量子数，其取值为 1，2，3 等正整数；$h = 6.626 \times 10^{-34}$ J·s，称为普朗克常量。

若该三维势箱为正方体，即 $a = b = c$，则

$$\varepsilon_t = \frac{h^2}{8mV^{2/3}}(n_x^2 + n_y^2 + n_z^2) \quad (n_x, n_y, n_z = 1, 2, 3, \cdots) \tag{7.1.3}$$

式中，V 为三维势箱的体积。

任一可能的量子数组合（n_x，n_y，n_z）称为量子态，简称态，用 $\Psi(n_x, n_y, n_z)$ 或 Ψ_{n_x, n_y, n_z} 表示，其中 $\Psi_{1,1,1}$ 称为基态。由于量子数只能取正整数，平动能的数值并不是连续的，而是离散的，这种离散化的现象称为量子化，这些离散值称为平动能级，其中基态（$\Psi_{1,1,1}$）所对应的能量最低，称为基态能级。由式（7.1.3）可知，多个不同的量子态可能对应于同一能级，如量子态 $\Psi_{2,1,1}$、$\Psi_{1,2,1}$ 和 $\Psi_{1,1,2}$ 均对应于能级 $\varepsilon_t = \frac{3h^2}{4mV^{2/3}}$，这种现象称为能级的简并。对应于多个量子态的能级称为简并能级，所对应的量子态的数目称为该能级的简并度，用 g_t 表示。立方势箱中，除基态能级以外的大多数平动能级均为简并能级。

相邻平动能级之间的能量差很小，如第一激发态与基态间的能量差 $\Delta \varepsilon_t = \varepsilon_{t,1} - \varepsilon_{t,0}$ 约等于 $10^{-19}kT$ 数量级，其中 k 是玻耳兹曼常数，等于 1.381×10^{-23} J·K^{-1}。因此，平动子很

容易从基态能级受激跃迁到其他能级。

7.1.1.2 转动

转动是作用于粒子质心上的净角动量产生的旋转运动。单原子分子没有净角动量，不存在转动；非线性多原子分子的转动可以分解为环绕 3 个相互垂直方向上的分量；线性多原子分子在绕轴线方向上没有净角动量，其转动可以分解为垂直于绕轴线且相互垂直的两个方向上的分量。

双原子分子的转动用刚性转子模型描述。设两个原子的质量分别为 m_1 和 m_2，原子间距 r 保持不变，由量子力学可得其转动能

$$\varepsilon_r = \frac{h^2}{8\pi^2 I} J(J+1) \quad (J = 0,1,2,3,\cdots) \tag{7.1.4}$$

式中，转动惯量 $I = \mu r^2$，折合质量 $\mu = \dfrac{m_1 m_2}{m_1 + m_2}$；$J$ 为转动量子数，取值为 0，1，2 等正整数。

转动能也是量子化的，除基态能级外其他能级均为简并能级，其简并度

$$g_{r,J} = 2J + 1 \tag{7.1.5}$$

其基态能级 $\varepsilon_0 = 0$，相邻转动能级间的能量差 $\Delta\varepsilon_r \approx 10^{-2}kT$，远远大于相邻平动能级间的能量差。

7.1.1.3 振动

振动是指分子中原子相对位置的周期性变化。单原子分子没有振动，双原子分子只有伸缩振动，多原子分子中既存在伸缩振动也存在弯曲振动。

线性分子的振动可用一维谐振子模型描述。以双原子分子为例，由量子力学可得其振动能

$$\varepsilon_v = (v+1/2)h\nu \quad (v = 0,1,2,3,\cdots) \tag{7.1.6}$$

式中，ν 是振动频率；v 称为振动量子数。

振动能也是量子化的，其基态能级 $\varepsilon_0 = \dfrac{h\nu}{2}$。振动能级均为非简并能级（$g_v = 1$），相邻能级间的能量差 $\Delta\varepsilon_v \approx 10kT$。

7.1.1.4 电子运动和核自旋运动

电子运动的能级差较大，约等于 $100kT$ 数量级。对多数物质，在温度不太高的情况下，分子中的电子一般处于基态。电子运动能级是简并能级。确定物质的基态能级简并度 $g_{e,0}$ 为定值，但不同物质的 $g_{e,0}$ 值不同。

核自旋运动的能级差更大，通常情况下，核自旋运动总是处于基态。与电子运动相似，核自旋运动能级也都是简并的，确定物质的核自旋运动基态能级简并度 $g_{n,0}$ 为定值。

7.1.2 状态分布和能级分布

由 N 个独立子构成的热力学平衡系统，宏观上，其热力学能 U 等状态函数均有确定值；微观上，某一时刻每个粒子却可能处于不同的量子态，具有不同的能量。N 个粒子在各个量子态上的分布称为状态分布。每一种状态分布代表粒子系统的一种可能的微观状态，简称微态。N 个粒子在各个能级上的分布称为能级分布，用 D 表示。能级分布必须满足

$$N = \sum_i n_i \tag{7.1.7}$$

$$U = \sum_i n_i \varepsilon_i \tag{7.1.8}$$

式中，n_i 是具有能量 ε_i 的粒子数，称为能级 i 上的分布数。

N、U、V 确定的粒子系统存在多种可能的状态分布和能级分布。例如，由 3 个一维谐振子组成的 $U = \dfrac{9h\nu}{2}$ 的定域子系统。如表 7-1 所示，该系统有 10 种可能的状态分布；3 种可能的能级分布，能级分布数分别为 $\{n_0, n_1, n_2, n_3\} = \{0, 3, 0, 0\}$、$\{2, 0, 0, 1\}$ 和 $\{1, 1, 1, 0\}$。可见，一种能级分布可能对应多种状态分布。如能级分布 Ⅱ，$\{2, 0, 0, 1\}$ 对应 3 种状态分布；能级分布 Ⅲ，$\{1, 1, 1, 0\}$ 对应 6 种状态分布。一种能级分布所对应的状态分布的数量，称为该能级分布的微观状态数，用 W_D 表示。三种能级分布的微观状态数分别为：$W_{\mathrm{I}} = 1$，$W_{\mathrm{II}} = 3$，$W_{\mathrm{III}} = 6$。

表 7-1　3 个一维谐振子定点振动（分别用 A、 B、 C 标识）的组合方式

状态分布	ε_i				能级分布（D）
	$\varepsilon_0 = h\nu/2$	$\varepsilon_1 = 3\varepsilon_0$	$\varepsilon_2 = 5\varepsilon_0$	$\varepsilon_3 = 7\varepsilon_0$	
1	ABC				Ⅰ：$n_i = \{0, 3, 0, 0\}$
2	AB			C	
3	AC			B	Ⅱ：$n_i = \{2, 0, 0, 1\}$
4	BC			A	
5	A	B	C		
6	A	C	B		
7	B	A	C		Ⅲ：$n_i = \{1, 1, 1, 0\}$
8	B	C	A		
9	C	A	B		
10	C	B	A		

7.1.3　独立子系统能级分布 D 的微观状态数 W_D

7-2

7.1.3.1　定域子系统

设有 N、U、V 确定的独立可别粒子系统，i 能级的能量为 ε_i，简并度为 g_i，能级分布数为 n_i。

若 $g_i = 1$，$n_i = 1$，即各个能级都是非简并的，N 个粒子分布在 N 个不同的能级上。显然，该能级分布的微观状态数

$$W_D = N \times (N-1) \times (N-2) \times \cdots \times 2 \times 1 = N!$$

若 $g_i = 1$，$n_i > 1$。由于分布在同一能级 ε_i 上 n_i 个粒子的任何互换并不会引起系统量子态的变化，粒子（排列数为 $n_i!$）对应于系统的同一微态。考虑所有能级，则

$$W_D = \frac{N!}{n_1! \; n_2! \; \cdots n_i!} = \frac{N!}{\prod\limits_i n_i!}$$

若 $g_i > 1$，$n_i > 1$，即能级 ε_i 具有 g_i 个不同的量子态。这时，分布在能级 ε_i 上的每个粒子都有 g_i 种选择，n_i 个粒子可以有 $g_i^{n_i}$ 种分布方式。也就是说，简并能级 ε_i 上的 n_i 个粒子将使能级分布的微观状态数增加 $g_i^{n_i}$ 倍。考虑所有简并能级，则

$$W_D = \frac{N!}{\prod_i n_i!} g_1^{n_1} g_2^{n_2} \cdots g_i^{n_i} = N! \prod_i \frac{g_i^{n_i}}{n_i!} \tag{7.1.9}$$

7.1.3.2 离域子系统

当能级均为非简并能级（即 $g_i = 1$）时，若能级分布 D 的任一能级分布数 $n_i = 1$，由于每个能级上的粒子都只有一种量子态，故分布的微观状态数 W_D 等于 1。即使能级分布数 $n_i > 1$，由于能级 ε_i 上 n_i 个粒子彼此不可分辨，其分布方式也只能有一种，微观状态数 W_D 仍然等于 1。

当 $g_i > 1$ 时，能级 ε_i 对应 g_i 种量子态。假设分布在能级 ε_i 上的粒子数 n_i 不受限制，n_i 个粒子在 g_i 个不同量子态上的分布方式相当于 n_i 个粒子与 $g_i - 1$ 个隔板的全排列，共 $(n_i + g_i - 1)!$ 种。由于 n_i 个全同粒子不可分辨，$g_i - 1$ 个相同的隔板也不可分辨，所以能级 ε_i 上 n_i 个粒子的微观状态数为 $\dfrac{(n_i + g_i - 1)!}{n_i! (g_i - 1)!}$。考虑所有能级，则能级分布微观状态数

$$W_D = \prod_i \frac{(n_i + g_i - 1)!}{n_i! (g_i - 1)!} \tag{7.1.10}$$

当 $g_i = 1$ 时，上式还原为 $W_D = 1$。

当温度不太低时，离域子系统的平动能级往往都是高度简并的，$g_i \gg n_i$，上式可以简化为

$$W_D \approx \prod_i \frac{g_i^{n_i}}{n_i!} \tag{7.1.11}$$

7.1.4 等概率假设

所有能级分布微观状态数之和构成了系统的总微观状态数，简称总微态数，用 Ω 表示

$$\Omega = \sum_D W_D \tag{7.1.12}$$

N、U、V 确定的粒子系统，可能的能级分布 D 及其微观状态数 W_D 是确定的，系统的总微观状态数 Ω 也是确定的。也就是说，Ω 是 N、U、V 的函数

$$\Omega = \Omega(N, U, V)$$

因此，可将总微观状态数 Ω 视为粒子系统的状态函数。

统计热力学假设：对于 N、U、V 确定的粒子系统，每种微观状态出现的数学概率相等，均等于总微观状态数的倒数

$$P = \frac{1}{\Omega} \tag{7.1.13}$$

该假设称为等概率假设，是统计热力学的基本假设。统计热力学认为在任意短的观测时间（$\Delta t_{\min} \to 0$）内，粒子系统将经历所有可能的微观状态，系统的宏观热力学性质正是所有这

些可能微观状态统计平均的结果，而每一种微观状态在统计平均中的贡献是相等的。等概率假设的正确性无法证明，但它显然是合理的，因为我们找不到任何理由怀疑两种微观状态出现的数学概率会不相同。

7.1.5 最概然分布和撷取最大项原理

根据等概率假设，N、U、V 确定的粒子系统中，每一种能级分布 D 出现的数学概率 P_D 等于其微观状态数 W_D 与总微观状态数 Ω 之比，即

$$P_D = \frac{W_D}{\Omega} \tag{7.1.14}$$

显然，各种能级分布出现的数学概率之比等于其微观状态数之比。因此，微观状态数 W_D 也称为能级分布 D 的热力学概率。可以证明，N、U、V 确定的系统中，一定存在一种热力学概率最大的分布方式，称为最概然分布或最可几分布，记为 $W_{\max}$，其能级分布数记为 $n_1^*, n_2^*, \cdots, n_i^*$。

下面用一个简单的例子讨论 W_D 的分布特点。设有 N 个定域子全部分布在简并度等于 2 的同一能级上。根据式（7.1.9）和式（7.1.12），系统总微观状态数

$$\Omega = \sum_D \left(N! \prod_i \frac{g_i^{n_i}}{n_i!} \right) = N! \prod_i \frac{g_i^{n_i}}{n_i!} = \frac{N! g_i^{n_i}}{n_i!} = 2^N \tag{7.1.15}$$

总微观状态数中包括了 N 个粒子在两个量子态上的所有不同分布方式。设两个量子态上分布的粒子数分别为 M 和 $N-M$，任一分布的微观状态数

$$W_D = \frac{N!}{M!(N-M)!} \tag{7.1.16}$$

共有 $N+1$ 种分布（$M=0,1,2,\cdots,N$）。其中，当 $M=N/2$ 时 W_D 最大，为系统的最概然分布；绝对值 $|M-N/2|$ 越大，W_D 越小，即偏离最概然分布越大。显然，W_D 呈中间高两边低的对称性分布，极大值即最概然分布的微观状态数

$$W_{\max} = \frac{N!}{(N/2)!(N/2)!} \tag{7.1.17}$$

N 分别取 10、20 和 50 时，系统总微观状态数、最概然分布微观状态数和热力学概率等数据列于表 7-2。从表中数据可以得出：

（1）系统的总微观状态数 Ω、最概然分布（$M/N=0.5$）微观状态数 $W_{\max}$、其他分布微观状态数 W_D 均随 N 增大而激增，Ω 增速最快，$W_{\max}$ 次之，W_D 又次之。当 N 由 10 增加至 50 时，Ω 和 $W_{\max}$ 分别由 1024 和 252 激增至约 1.13×10^{15} 和 1.26×10^{14}。与此同时，分布 $M/N=0.4$ 和 0.6 的微观状态数均由 210 激增至 4.71×10^{13}，其 W_D 增速显然比 Ω 和 $W_{\max}$ 慢。

（2）最概然分布和其他分布的数学概率（$P_{\max}$ 和 P_D）均随 N 增大而降低，P_D 的降速明显快于 $P_{\max}$。由于 $W_{\max}$ 的增速略低于 Ω，使 $P_{\max}$ 随 N 增大由 0.246 下降至 0.112，与此同时 W_D 增速慢于 $W_{\max}$，使分布 $M/N=0.4$ 和 0.6 的 P_D 由 0.205 降至 0.042，W_D 曲线随 N 的增大呈更加"尖锐化"。

（3）$\ln W_{\max}/\ln \Omega$ 之比随 N 的增大而升高。当 N 由 10 升高至 50 时，$\ln W_{\max}/\ln \Omega$ 由 0.80 升高至 0.94。可以预见，随着 N 的不断增大，$\ln W_{\max}/\ln \Omega$ 将逐渐趋近于 1。

表 7-2　N 取 10、 20 和 50 时，系统总微观状态数、最概然分布微观状态数及其热力学概率

N	Ω	W_D/P_D			$\ln W_{max}/\ln \Omega$
		$M/N = 0.4$	$M/N = 0.5$	$M/N = 0.6$	
10	1024	210/0.205	252/0.246	210/0.205	0.798
20	1048576	167960/0.120	184756/0.176	167960/0.120	0.875
50	1.1259×10^{15}	$4.7129 \times 10^{13}/0.042$	$1.2641 \times 10^{14}/0.112$	$4.7129 \times 10^{13}/0.042$	0.937

将斯特林（Stirling）公式

$$\ln n! = \ln[(2\pi n)^{1/2}(n/e)^n]$$

代入式(7.1.17)，得

$$\ln W_{max} = \ln 2^N - \ln[(N\pi/2)^{1/2} = \ln \Omega - \ln(N\pi/2)^{1/2} \tag{7.1.18}$$

当 $N = 10^{23}$ 时，$\ln(N\pi/2)^{1/2} \approx 26.71$，与 $\ln \Omega \approx 6.93 \times 10^{22}$ 相比完全可以忽略，所以

$$\lim_{N \to \infty}(\ln W_{max}/\ln \Omega) = 1 \tag{7.1.19}$$

该式表明：当 N 足够大时，$\ln W_{max}$ 完全可以代替 $\ln \Omega$，而其他分布对 $\ln \Omega$ 的贡献完全可以忽略不计。统计热力学在研究系统平衡态问题时，总是用 $\ln W_{max}$ 代替 $\ln \Omega$，称为撷取最大项原理。

第 2 节　玻耳兹曼分布定律

7.2.1　玻耳兹曼熵定理

熵 S 是描述系统混乱度的函数，系统的混乱度越高，熵值越大。从统计热力学的角度来说，总微观状态数 Ω 越大，系统可能的分布方式越多，系统的混乱度也就越高。所以，系统的总微观状态数 Ω 和熵 S 之间一定存在着密切的联系。

如果将一 N、U、V 确定的封闭系统分成（N_1，U_1，V_1）和（N_2，U_2，V_2）两部分，由于熵 S 是广度性质具有加和性，所以系统的总熵值必然等于两部分的熵值之和

$$S = S_1 + S_2$$

而系统的总微观状态数则等于两部分的总微观状态数之积

$$\Omega = \Omega_1 \Omega_2$$

上式两边取对数，得

$$\ln \Omega = \ln \Omega_1 + \ln \Omega_2$$

据此，玻耳兹曼（Boltzmann）认为系统的熵值应与系统总微观状态数的对数成正比

$$S = k \ln \Omega \tag{7.2.1}$$

式中比例常数 k 称为玻耳兹曼常数，等于 1.38×10^{-23} J·K^{-1}（将在理想气体状态方程的证明中推得）。式(7.2.1) 称为玻耳兹曼熵定理。

当系统的粒子数足够大时（约 10^{24}），根据撷取最大项原理可以忽略其他分布对 $\ln \Omega$ 的贡献，用 $\ln W_{max}$ 代替 $\ln \Omega$，所以

$$S \approx k \ln W_{max} \tag{7.2.2}$$

也就是说，当 N 足够大时只要求出最概然分布的能级分布数 $n_1^*, n_2^*, \cdots, n_i^*$，就可以计算

出最概然分布微观状态数 $W_{\max}$，进而求出系统的熵 S。

玻耳兹曼熵定理在统计热力学中的地位非常重要，它与约束条件

$$\begin{cases} N = \sum_i n_i \\ U = \sum_i n_i \varepsilon_i \end{cases}$$

一起构成了连接系统微观性质和宏观性质，解决全部热力学性质的纽带。

7.2.2　玻耳兹曼分布定律

求最概然分布数 $n_1^*, n_2^*, \cdots, n_i^*$，也就是求 W_D 的极值条件。对于 N、U、V 确定的独立子系统，最概然分布数 $n_1^*, n_2^*, \cdots, n_i^*$ 应同时满足：

$$\mathrm{dln}W_D = 0$$

和约束条件

$$\begin{cases} g_1 = N - \sum_i n_i = 0 \\ g_2 = U - \sum_i n_i \varepsilon_i = 0 \end{cases}$$

7-3

用待定因子 α 和 β 分别乘以约束条件 g_1 和 g_2 构造新的函数

$$F = \ln W_D + \alpha g_1 + \beta g_2$$

将能级分布微观状态数 W_D 的计算公式(7.1.9) 或式(7.1.11) 代入上式，并结合玻耳兹曼熵定理，应用拉格朗日待定因子法（见附录7），即可由方程组

$$\begin{cases} \partial(\ln W_D + \alpha g_1 + \beta g_2)/\partial n_i = 0 \quad (i = 1, 2, \cdots) & (7.2.3) \\ g_1 = \sum n_i - N = 0 & (7.2.4) \\ g_2 = \sum n_i \varepsilon_i - U = 0 & (7.2.5) \end{cases}$$

求得最概然分布数 n_i^* 及待定因子 α 和 β（具体求算过程见附录7）：

$$n_i^* = g_i \mathrm{e}^\alpha \mathrm{e}^{\beta \varepsilon_i} \tag{7.2.6a}$$

$$\mathrm{e}^\alpha = N / \left(\sum g_i \mathrm{e}^{\beta \varepsilon_i} \right) \tag{7.2.7}$$

$$\beta = -1/(kT) \tag{7.2.8}$$

将式(7.2.7) 和式(7.2.8) 代入式(7.2.6a)，最概然分布数亦可表示为

$$n_i^* = \frac{N}{\sum_j g_j \mathrm{e}^{-\varepsilon_j/(kT)}} g_i \mathrm{e}^{-\varepsilon_i/(kT)} \tag{7.2.6b}$$

式中，$\mathrm{e}^{-\varepsilon_i/(kT)}$ 项称为能级 i 的玻耳兹曼因子。

式(7.2.6) 称为玻耳兹曼分布定律，它定量地描述了最概然分布的能级分布数 n_i^*。因此，最概然分布也被称为玻耳兹曼分布，最概然分布的微观状态数也可用 W_B 表示。

7.2.3　配分函数 q 的定义及其物理意义

定义配分函数

$$q \stackrel{\mathrm{def}}{=} \sum_i g_i \mathrm{e}^{-\varepsilon_i/(kT)} \tag{7.2.9}$$

配分函数也可以按量子态加和定义

$$q \stackrel{\text{def}}{=} \sum_j e^{-\varepsilon_j/(kT)} \tag{7.2.10}$$

这里的 i 代表能级，j 代表量子态。式(7.2.9) 和式(7.2.10) 是等价的，式(7.2.10) 在能级简并度 g_i 求算困难时更加适用。

将式(7.2.9) 代入式(7.2.6b)，则最概然分布数 n_i^* 可表示为

$$n_i^* = \frac{N}{q} g_i e^{-\varepsilon_i/(kT)} \tag{7.2.6c}$$

任一能级的最概然分布数 n_i^* 在系统总粒子数中所占的分数为

$$\frac{n_i^*}{N} = \frac{g_i e^{-\varepsilon_i/(kT)}}{q} \tag{7.2.11}$$

任意两个能级（i 和 j）上的最概然分布数之比

$$\frac{n_i^*}{n_j^*} = \frac{g_i e^{-\varepsilon_i/(kT)}}{g_j e^{-\varepsilon_j/(kT)}} \tag{7.2.12}$$

由以上两式可见：任一能级 i 上的最概然分布数 n_i^* 与总粒子数 N 之比等于配分函数 q 中第 i 项所占的分数；任意两个能级上的最概然分布数 n_i^* 和 n_j^* 之比等于 q 中相应两项之比。也就是说，能级 i 容纳粒子的能力正比于该能级简并度 g_i 和玻耳兹曼因子 $e^{-\varepsilon_i/(kT)}$ 的乘积。这也是将 q 称为配分函数的原因。

某一能级的简并度越高，其容纳粒子的能力越强。可以将 g_i 看成能级 i 的容量，$g_i e^{-\varepsilon_i/(kT)}$ 看成能级 i 的有效容量，$e^{-\varepsilon_i/(kT)}$ 则相当于折扣因子，配分函数则可以看成所有能级有效容量之和。

7.2.4 配分函数的析因子性

独立子系统中，任一运动能级 i 的能量 ε_i 等于五种独立运动能的代数和

$$\varepsilon_i = \varepsilon_{t,i} + \varepsilon_{r,i} + \varepsilon_{v,i} + \varepsilon_{e,i} + \varepsilon_{n,i} \tag{7.2.13}$$

能级简并度 g_i 等于各独立运动能级简并度的连乘积

$$g_i = g_{t,i} g_{r,i} g_{v,i} g_{e,i} g_{n,i} \tag{7.2.14}$$

将式(7.2.13) 和式(7.2.14) 代入配分函数定义式，则配分函数 q 可以分解为五种独立运动配分函数的连乘积

$$q = q_t q_r q_v q_e q_n \tag{7.2.15}$$

其中

$$q_t = \sum_i g_{t,i} e^{-\varepsilon_{t,i}/(kT)} \tag{7.2.16a}$$

$$q_r = \sum_i g_{r,i} e^{-\varepsilon_{r,i}/(kT)} \tag{7.2.16b}$$

$$q_v = \sum_i g_{v,i} e^{-\varepsilon_{v,i}/(kT)} \tag{7.2.16c}$$

$$q_e = \sum_i g_{e,i} e^{-\varepsilon_{e,i}/(kT)} \tag{7.2.16d}$$

$$q_n = \sum_i g_{n,i} e^{-\varepsilon_{n,i}/(kT)} \tag{7.2.16e}$$

分别称为平动、转动、振动、电子运动和核自旋运动配分函数，分子配分函数 q 也被称为全配分函数，式(7.2.15)体现了配分函数的析因子性质。

7.2.5 能量零点的选择及其对配分函数的影响

能量的绝对值无法确定，需要选择一个参考点。统计热力学通常规定：以基态能级作为能量参考点。按此规定，则各运动形式基态能级的能量等于零，这样既避免了能级能量出现负值，也使配分函数的计算公式得到了最大程度的简化。

以基态能级能量 ε_0 为能量零点的任一能级 i 的能量记作 ε_i^0，用 ε_i^0 表达的配分函数记作 q^0，则

$$\varepsilon_i^0 = \varepsilon_i - \varepsilon_0 \tag{7.2.17}$$

$$q^0 = \sum_i g_i \mathrm{e}^{-\varepsilon_i^0/(kT)} = g_0 + g_1 \mathrm{e}^{-\varepsilon_1^0/(kT)} + g_2 \mathrm{e}^{-\varepsilon_2^0/(kT)} + \cdots \tag{7.2.18}$$

显然，q^0 与 q 的关系为

$$q^0 = q \mathrm{e}^{-\varepsilon_0/(kT)} \tag{7.2.19}$$

相应地

$$q_t^0 = q_t \mathrm{e}^{-\varepsilon_{t,0}/(kT)} \approx q_t \quad (\varepsilon_{t,0} \approx 0) \tag{7.2.20a}$$

$$q_r^0 = q_r \mathrm{e}^{-\varepsilon_{r,0}/(kT)} \approx q_r \quad (\varepsilon_{r,0} \approx 0) \tag{7.2.20b}$$

$$q_v^0 = q_v \mathrm{e}^{-\varepsilon_{v,0}/(kT)} \tag{7.2.20c}$$

$$q_e^0 = q_e \mathrm{e}^{-\varepsilon_{e,0}/(kT)} \tag{7.2.20d}$$

$$q_n^0 = q_n \mathrm{e}^{-\varepsilon_{n,0}/(kT)} \tag{7.2.20e}$$

因为 $\varepsilon_{t,0} \approx 0$，$\varepsilon_{r,0} = 0$，所以选择基态能级能量为能量零点对平动和转动配分函数的值没有影响；$\varepsilon_{v,0} = h\nu/2 \approx 10kT$，$q^0$ 和 q_v 之间的差别不能忽略；$\varepsilon_{e,0}$ 和 $\varepsilon_{n,0}$ 远大于 $10kT$，选择基态能级能量为能量零点，对电子运动和核运动配分函数的值有明显影响。

由式(7.2.19)可知，q^0 相当于从 q 的各加和项中提取出公因子 $\mathrm{e}^{-\varepsilon_0/(kT)}$ 后的结果，能量零点的选择会影响配分函数 q 的值，但并不影响各能级有效容量在 q 中所占的分数。因此，能量零点的选择并不影响玻耳兹曼分布各能级分布数 n_i^* 的计算结果。

第3节 配分函数的计算

7.3.1 平动配分函数

平动的能级简并度没有统一的计算公式，故在计算平动配分函数时宜采用式(7.2.10)。将三维平动子的能级公式 [式(7.1.2)]代入式(7.2.10)，得平动配分函数

$$
\begin{aligned}
q_t &= \sum_{\substack{j \\ (量子态)}} \mathrm{e}^{-\varepsilon_{t,j}/(kT)} = \sum_{n_x, n_y, n_z} \exp\left[\frac{h^2}{8mkT}\left(\frac{n_x^2}{a^2} + \frac{n_y^2}{b^2} + \frac{n_z^2}{c^2}\right)\right] \\
&= \sum_{n_x=1}^{\infty} \exp\left(\frac{h^2}{8mkTa^2}n_x^2\right) \sum_{n_y=1}^{\infty} \exp\left(\frac{h^2}{8mkTb^2}n_y^2\right) \sum_{n_z=1}^{\infty} \exp\left(\frac{h^2}{8mkTc^2}n_z^2\right) \\
&= q_{t,x} q_{t,y} q_{t,z}
\end{aligned}
\tag{7.3.1}
$$

式中，$q_{t,x}$、$q_{t,y}$、$q_{t,z}$ 分别为三个坐标方向上的平动配分函数。

在配分函数的计算中 kT 是一个非常重要的参考值。当粒子的能级间隔 $\Delta\varepsilon\ll kT$ 时，能级能量可以近似看成连续变化，配分函数定义式中的加和可以用积分代替；反之，当 $\Delta\varepsilon\gg kT$ 时，配分函数只需取加和中的第一项，即 $q^0=g_0$，其他项均可忽略不计。通常 $\dfrac{h^2}{8ma^2}\ll kT$，所以式(7.3.1) 中的加和可以用积分代替。根据积分公式

$$\int_0^\infty e^{-ax^2}\,dx=\frac{1}{2}\sqrt{\frac{\pi}{a}}$$

可得

$$q_{t,x}\approx\int_1^\infty\exp\left(-\frac{h^2}{8mkTa^2}n_x^2\right)dn_x\approx\int_0^\infty\exp\left(-\frac{h^2}{8mkTa^2}n_x^2\right)dn_x=\sqrt{\frac{2\pi mkT}{h^2}}\,a$$

所以

$$q_t=q_{t,x}q_{t,y}q_{t,z}=\left(\frac{2\pi mkT}{h^2}\right)^{3/2}abc$$

令三维势箱的体积 $V=a\times b\times c$，则

$$q_t=\left(\frac{2\pi mkT}{h^2}\right)^{3/2}V \tag{7.3.2}$$

平动基态能级能量约等于 0，根据式(7.2.20)，有

$$q_t^0\approx\left(\frac{2\pi mkT}{h^2}\right)^{3/2}V \tag{7.3.3}$$

上式表明，平动配分函数是 m、T、V 的函数。平动配分函数的值非常大。如在 $T=300K$、$V=10^{-6}\,m^3$ 条件下氩气分子的平动配分函数 $q_t\approx2.5\times10^{26}$，说明常温、常压下绝大多数氩气分子处于高激发态。

7.3.2 双原子分子的转动配分函数

将线性刚性转子的能级公式 [式(7.1.4)]和简并度计算公式 [式(7.1.5)]代入配分函数定义式 [式(7.2.9)]，得转动配分函数

$$q_r=\sum_{J=0}^\infty(2J+1)\exp\left[-\frac{h^2}{8\pi^2IkT}J(J+1)\right] \tag{7.3.4}$$

定义

$$\Theta_r\overset{\text{def}}{=}\frac{h^2}{8\pi^2Ik} \tag{7.3.5}$$

式中，Θ_r 具有温度的量纲，称为转动特征温度。

转动特征温度的值与刚性转子的转动惯量成反比。分子的转动特征温度可以从光谱数据求得。常见双原子分子的转动特征温度列于表 7-3。

表 7-3 常见双原子分子的转动惯量和转动特征温度

分子	H$_2$	N$_2$	O$_2$	CO	NO	HCl	HBr	HI
$I\times10^{40}$/g·cm^2	0.459	13.9	19.3	14.5	16.4	2.66	3.31	4.31
Θ_r/K	85.4	2.68	2.07	2.77	2.42	15.2	12.1	9.0

从表 7-3 中数据可以看出，大多数分子（除 H_2 以外）的转动特征温度都远小于室温。所以，常温下，式(7.3.4) 中的加和可以用积分代替

$$q_r \approx \int_0^\infty (2J+1) e^{-J(J+1)\Theta_r/T} dJ$$

令 $y = J(J+1)$，$dy = (2J+1)dJ$，代入上式，得

$$q_r = \int_0^\infty e^{-y\Theta_r/T} dy = \frac{T}{\Theta_r} \qquad (7.3.6)$$

上述推导过程中，并没有区分同核双原子分子和异核双原子分子。事实上，上式仅适用于异核双原子分子。异核双原子分子在空间中旋转 360° 才能完全复原，也就是说 360° 内只有一个不可分辨的几何位置。而同核双原子分子，由于原子的不可分辨性，在空间中旋转 180° 即可复原，旋转 360° 将出现 2 个不可分辨的几何位置，使得转动量子数 J 只能取 0，2，4，6，…或 1，3，5，7，…，使得式(7.3.6) 中的加和项减少一半。所以，同核双原子分子的转动配分函数

$$q_r = \frac{T}{2\Theta_r} \qquad (7.3.7)$$

分子在空间中转动 360° 复原的次数称为分子的对称数，用 σ 表示。显然，分子的配分函数与其对称数 σ 成反比。所以，转动配分函数的通用计算公式如下：

$$q_r = \frac{T}{\sigma\Theta_r} = \frac{8\pi^2 IkT}{\sigma h^2} \qquad (7.3.8)$$

转动基态能级能量等于 0，根据式(7.2.20)，有

$$q_r^0 = \frac{T}{\sigma\Theta_r} = \frac{8\pi^2 IkT}{\sigma h^2} \qquad (7.3.9)$$

转动配分函数是原子质量、原子间距和温度的函数。与平动配分函数相比，转动配分函数要小得多。如 $T = 298K$ 时 N_2 的转动特征温度 $\Theta_r \approx 2.89K$，转动配分函数 $q_r \approx 51.5$。

7.3.3 振动配分函数

以基态能级能量为能量零点的一维谐振子能级公式可表示为

$$\varepsilon_v^0 = \varepsilon_v - \varepsilon_{v,0} = \left(v + \frac{1}{2}\right)h\nu - \frac{1}{2}h\nu = v h\nu \qquad (7.3.10)$$

一维谐振子的振动能级均是非简并的，将上式代入式(7.2.9)，得

$$q_v^0 = \sum_{v=0}^\infty e^{-v h\nu/(kT)} = 1 + e^{-h\nu/(kT)} + e^{-2h\nu/(kT)} + \cdots = \frac{1}{1 - e^{-h\nu/(kT)}} \qquad (7.3.11)$$

式中，$h\nu/k$ 项具有温度的量纲，称为振动特征温度，用符号 Θ_v 表示。

$$\Theta_v \overset{\text{def}}{=} \frac{h\nu}{k} \qquad (7.3.12)$$

振动特征温度与一维谐振子的振动频率成正比。

一维谐振子的基态能级能量 $\varepsilon_{v,0} = \frac{1}{2}h\nu \approx 10kT$，所以 $q_v^0 \neq q_v$。根据式(7.2.20)，有

$$q_v = e^{-h\nu/(2kT)} \frac{1}{1 - e^{-h\nu/(kT)}} = \frac{1}{e^{h\nu/(2kT)} - e^{-h\nu/(2kT)}} \qquad (7.3.13)$$

与平动配分函数和转动配分函数相比，振动配分函数小得多。如 $T=298\text{K}$ 时，N_2 的振动特征温度 $\Theta_v=3390\text{K}$，振动配分函数 $q_v\approx0.00339$，$q_v^0\approx1.00001$。

7.3.4　电子运动和核自旋运动配分函数

电子运动和核自旋运动的能级间隔 $\Delta\varepsilon\gg kT$，在计算其配分函数时，第二项及以后各项均可忽略不计。根据配分函数的定义式(7.2.18)和式(7.2.19)，有

$$q_e=g_{e,0}\,\text{e}^{-\varepsilon_{e,0}/(kT)} \tag{7.3.14}$$

$$q_e^0=g_{e,0} \tag{7.3.15}$$

$$q_n=g_{n,0}\,\text{e}^{-\varepsilon_{n,0}/(kT)} \tag{7.3.16}$$

$$q_n^0=g_{n,0} \tag{7.3.17}$$

尽管不同分子的电子运动和核自旋运动的基态能级能量及其简并度并不相同，但对于指定物质，$\varepsilon_{e,0}$、$\varepsilon_{n,0}$、$g_{e,0}$ 和 $g_{n,0}$ 都是常数，所以 q_e、q_e^0、q_n 和 q_n^0 也均为常数。

第4节　独立子系统热力学函数的统计热力学表达式及其应用举例

7.4.1　独立离域子系统热力学函数的统计热力学表达式

用最概然分布数 $n_i^*=\dfrac{N}{q}g_i\text{e}^{-\varepsilon_i/(kT)}$ 代替式(7.1.11)中的 n_i，即可得到独立离域子系统最概然分布的微观状态数

$$W_B(\text{离})=\prod_i\frac{g_i^{n_i^*}}{n_i^*!} \tag{7.4.1}$$

根据玻耳兹曼熵定理和撷取最大项原理，离域子系统的熵

$$S_{\text{离}}\approx k\ln W_B(\text{离})=k\sum_i(n_i^*\ln g_i-\ln n_i^*!)$$

当 n_i^* 足够大时，根据斯特林公式，$\ln n_i^*!=n_i^*\ln n_i^*-n_i^*$，有

$$S_{\text{离}}=k\sum_i(n_i^*\ln g_i-n_i^*\ln n_i^*+n_i^*)$$

$$=k\sum_i\left[n_i^*\ln g_i-n_i^*\ln\left(\frac{N}{q}g_i\text{e}^{-\varepsilon_i/(kT)}\right)+n_i^*\right]$$

$$=k\sum_i\left[\left(n_i^*\ln\frac{q}{N}+\frac{n_i^*\varepsilon_i}{kT}\right)+n_i^*\right]$$

式中，$\sum_i n_i^*=N$，$\sum_i n_i^*\varepsilon_i=U$，所以

$$S_{\text{离}}=k\left(N\ln\frac{q}{N}+\frac{U}{kT}+N\right)=k\ln\frac{q^N}{N!}+\frac{U}{T} \tag{7.4.2}$$

由亥姆霍兹函数的定义，有

$$A_{\text{离}}=U_{\text{离}}-TS_{\text{离}}=-kT\ln\frac{q^N}{N!} \tag{7.4.3}$$

该式是以 N、T、V 为特征变量的特性函数，由此可以推导得其他热力学函数。例如，根据热力学基本方程 $\text{d}A=-S\text{d}T-p\text{d}V$，可得 $p=-(\partial A/\partial V)_T$ 和 $S=-(\partial A/\partial T)_V$；再由定义

式 $U=A+TS$、$H=U+pV$ 和 $G=A+pV$，即可以推得其他热力学函数。推导过程比较简单，不再详述，推导结果列于表 7-4。

表 7-4　热力学函数的统计热力学表达式

热力学函数		离域子系统	定域子系统
热力学第一定律 导出函数	p	$NkT\left(\dfrac{\partial\ln q}{\partial V}\right)_T$	$NkT\left(\dfrac{\partial\ln q}{\partial V}\right)_T$
	U	$NkT^2\left(\dfrac{\partial\ln q}{\partial T}\right)_V$	$NkT^2\left(\dfrac{\partial\ln q}{\partial T}\right)_V$
	H	$NkT^2\left(\dfrac{\partial\ln q}{\partial T}\right)_V+NkT\left(\dfrac{\partial\ln q}{\partial V}\right)_T V$	$NkT^2\left(\dfrac{\partial\ln q}{\partial T}\right)_V+NkT\left(\dfrac{\partial\ln q}{\partial V}\right)_T V$
热力学第二定律 导出函数	S	$k\ln\dfrac{q^N}{N!}+NkT\left(\dfrac{\partial\ln q}{\partial T}\right)_V$	$Nk\ln q+NkT\left(\dfrac{\partial\ln q}{\partial T}\right)_V$
	A	$-kT\ln\dfrac{q^N}{N!}$	$-NkT\ln q$
	G	$-kT\ln\dfrac{q^N}{N!}+NkT\left(\dfrac{\partial\ln q}{\partial V}\right)_T V$	$-NkT\ln q+NkT\left(\dfrac{\partial\ln q}{\partial V}\right)_T V$

7.4.2　独立定域子系统热力学函数的统计热力学表达式

用玻耳兹曼分布能级分布数 n_i^* 代替式(7.1.9) 中的 n_i，即可得到独立定域子系统玻耳兹曼分布微观状态数

$$W_B(\text{定})=N!\,\prod_i\frac{g_i^{n_i^*}}{n_i^*!} \tag{7.4.4}$$

上式与离域子系统最概然分布微观状态数 $W_B(\text{离})$ 计算公式〔式(7.4.1)〕仅差一个因子 $N!$，所以定域子系统的熵

$$S_{\text{定}}\approx k\ln W_B(\text{定})=k\ln N!\,+k\ln\frac{q^N}{N!}+\frac{U}{T}=k\ln q^N+\frac{U}{T} \tag{7.4.5}$$

所以

$$A_{\text{定}}=U_{\text{定}}-TS_{\text{定}}=-k\ln q^N \tag{7.4.6}$$

和离域子系统一样，有了该特性函数就可以很方便地推得其他热力学函数，在此不再赘述，仅将推导结果同列于表 7-4。

从表 7-4 中可以看出：①对于由热力学第一定律导出的函数 U、H 等，定域子系统和离域子系统的统计热力学表达式完全相同；②对于由热力学第二定律导出的函数 S、A、G 等，定域子系统和离域子系统的表达式在 q^N 项上相差一个等同性修正因子 $1/N!$。

可见，只要知道配分函数 q，就可以计算出 U、H、S、A、G 等热力学函数的值，由它们则可以进一步求出其他任何热力学性质，如 $C_V=(\partial U/\partial T)_V$，$C_p=(\partial H/\partial T)_p$ 等。因此，如果将玻耳兹曼熵定理比作是连接系统微观性质和宏观性质的隐形纽带，配分函数 q 则是直接连接两者的桥梁。

7.4.3 应用举例

经典热力学的理想气体就是统计热力学的独立离域子系统。理想气体可分为单原子和双原子理想气体。其全配分函数分别为

单原子理想气体：$q = q_t q_e q_n$

双原子理想气体：$q = q_t q_r q_v q_e q_n$

7-5

7.4.3.1 理想气体状态方程的推导

以双原子理想气体为例。如表 7-4 所列，独立离域子系统的压力

$$p = NkT \left(\frac{\partial \ln q}{\partial V} \right)_T$$

$$= NkT \left[\left(\frac{\partial \ln q_t}{\partial V} \right)_T + \left(\frac{\partial \ln q_r}{\partial V} \right)_T + \left(\frac{\partial \ln q_v}{\partial V} \right)_T + \left(\frac{\partial \ln q_e}{\partial V} \right)_T + \left(\frac{\partial \ln q_n}{\partial V} \right)_T \right]$$

平动、转动、振动、电子运动和核自旋运动配分函数分别如式(7.3.2)、式(7.3.8)、式(7.3.13)、式(7.3.14) 和式(7.3.16) 所示，其中只有平动配分函数 q_t 是体积 V 的函数，所以

$$p = NkT \left\{ \frac{\partial}{\partial V} \ln \left[\left(\frac{2\pi mkT}{h^2} \right)^{3/2} V \right] \right\}_T = NkT \left(\frac{\partial \ln V}{\partial V} \right)_T = \frac{NkT}{V}$$

即

$$pV = NkT = nLkT$$

式中，L 是阿伏加德罗常数。

与理想气体状态方程（$pV = nRT$）相比：$Lk = R$。

理想气体状态方程是经典热力学中的经验方程，统计热力学从理论上证明了该方程的正确性，同时也证明了玻耳兹曼常数：

$$k = R/L = 1.38 \times 10^{-23} \text{J} \cdot \text{K}^{-1}$$

7.4.3.2 理想气体的热力学能

（1）能量零点的选择对热力学函数的影响　将 U 表达式（见表 7-4）中的 q 用 q^0 代替，则以 ε_0 为能量基准的热力学能表达式

$$U^0 = NkT^2 \left(\frac{\partial \ln q^0}{\partial T} \right)_V \tag{7.4.7}$$

将式(7.2.19) 代入上式，得 U^0 与 U 的关系如下

$$U^0 = NkT^2 \left(\frac{\partial \ln q}{\partial T} \right)_V + NkT^2 \left[\frac{\partial \ln e^{-\varepsilon_0/(kT)}}{\partial T} \right]_V = U - N\varepsilon_0$$

式中，$N\varepsilon_0$ 是 N 个粒子处于基态时系统的总能量，通常用符号 U_0 表示，$U_0 = N\varepsilon_0$。所以

$$U^0 = U - U_0 \tag{7.4.8a}$$

同理可以证明

$$H^0 = H - U_0 \quad A^0 = A - U_0 \quad G^0 = G - U_0 \tag{7.4.8b}$$

根据定义

$$S^0 = \frac{H^0 - G^0}{T} = \frac{H - G}{T} = S$$

其他非以能量为单位的热力学量，如

$$C_V^0 = \left(\frac{\partial U^0}{\partial T}\right)_V = \left(\frac{\partial U}{\partial T}\right)_V = C_V$$

$$p^0 = -\left(\frac{\partial A^0}{\partial V}\right)_T = -\left(\frac{\partial A}{\partial V}\right)_T = p$$

总之，能量零点的选择对 U、H、A、G 等以能量为单位的热力学函数有影响，相差一个 U_0 项；对 S、C_V、p 等不以能量为单位的热力学函数没有影响。

（2）理想气体的热力学能 由于基态能级能量 ε_0 的绝对值无法确定，U 的绝对值是无法确定的。用 q^0 代替热力学能表达式（见表 7-4）中的 q，则以基态能级能量为基准的热力学能

$$U^0 = NkT^2 \left(\frac{\partial \ln q^0}{\partial T}\right)_V$$

根据配分函数的析因子性质，有

$$\ln q^0 = \ln q_t^0 + \ln q_r^0 + \ln q_v^0 + \ln q_e^0 + \ln q_n^0 \tag{7.4.9}$$

则可将 U^0 分解为各运动形式独立贡献项的代数和

$$U^0 = NkT^2 \left(\frac{\partial \ln q_t^0}{\partial T}\right)_V + NkT^2 \left(\frac{\partial \ln q_r^0}{\partial T}\right)_V + NkT^2 \left(\frac{\partial \ln q_v^0}{\partial T}\right)_V$$

$$+ NkT^2 \left(\frac{\partial \ln q_e^0}{\partial T}\right)_V + NkT^2 \left(\frac{\partial \ln q_n^0}{\partial T}\right)_V$$

$$= U_t^0 + U_r^0 + U_v^0 + U_e^0 + U_n^0 \tag{7.4.10}$$

上式中各独立贡献项依次称为平动（t）、转动（r）、振动（v）、电子运动（e）和核自旋运动（n）热力学能。同理，其他广度性质，如 H、S、G 等也具有加和性，也可以分解为各运动形式独立贡献项的代数和。

可见，配分函数的析因子性质与系统广度性质的加和性是一致的。需要特别注意的是，除平动以外，其他运动形式属于分子内运动，与分子所处的空间位置无关，也就是与粒子的等同性无关。因此，对于离域子系统，将 S、A 和 G 表达式中的等同性修正因子 $1/N!$ 归到平动项中。

分别将平动、转动、振动、电子运动和核自旋运动配分函数代入式(7.4.7)，得

$$U_t^0 = NkT^2 \frac{\partial}{\partial T} \ln \left[\left(\frac{2\pi mkT}{h^2}\right)^{3/2} V\right]_V = \frac{3}{2} NkT \tag{7.4.11}$$

$$U_r^0 = NkT^2 \left(\frac{\partial}{\partial T} \ln \frac{8\pi^2 IkT}{h^2 \sigma}\right)_V = NkT \tag{7.4.12}$$

$$U_v^0 = NkT^2 \left(\frac{\partial}{\partial T} \ln \frac{1}{1 - e^{-\Theta_v/T}}\right)_V = \frac{Nk\Theta_v}{e^{\Theta_v/T} - 1} = \begin{cases} 0 & (\text{常温下}, \Theta_v \gg T) \\ NkT & (\text{高温下}, \Theta_v < T) \end{cases} \tag{7.4.13}$$

$$U_e^0 = NkT^2 \left(\frac{\partial \ln g_{e,0}}{\partial T}\right)_V = 0 \tag{7.4.14}$$

$$U_n^0 = NkT^2 \left(\frac{\partial \ln g_{n,0}}{\partial T}\right)_V = 0 \tag{7.4.15}$$

因此，单原子理想气体的摩尔热力学能

$$U_m^0(\text{单}) = U_{t,m}^0 + U_{e,m}^0 + U_{n,m}^0 = \frac{3}{2}RT \tag{7.4.16}$$

双原子理想气体的摩尔热力学能

$$U_m^0(\text{双}) = U_{m,t}^0 + U_{m,r}^0 + U_{m,v}^0 + U_{m,e}^0 + U_{m,n}^0 = \begin{cases} \dfrac{5}{2}RT & (\text{常温}) \\ \dfrac{7}{2}RT & (\text{高温}) \end{cases} \tag{7.4.17}$$

由此可知，虽然热力学能 U 的绝对值无法确定，但以基态能级能量 ε_0 为基准的热力学能 U^0 是有确定值的。

7.4.3.3 理想气体的摩尔定容热容

根据摩尔热容的定义

$$C_{V,m} = \left(\frac{\partial U_m}{\partial T} \right)_V = \left[\frac{\partial (U_m^0 + U_{0,m})}{\partial T} \right]_V = \left(\frac{\partial U_m^0}{\partial T} \right)_V$$

将式(7.4.16)和式(7.4.17)分别代入上式，得单原子和双原子理想气体摩尔定容热容

$$C_{V,m}(\text{单}) = \frac{3}{2}R \tag{7.4.18}$$

$$C_{V,m}(\text{双}) = \begin{cases} \dfrac{5}{2}R & (\text{常温}) \\ \dfrac{7}{2}R & (\text{高温}) \end{cases} \tag{7.4.19}$$

7.4.3.4 理想气体的熵

能量零点的选择并不影响熵 S 的值，所以独立离域子系统的 S 可以表示为

$$S = S^0 = k \ln \frac{(q^0)^N}{N!} + \frac{U^0}{T}$$

电子运动和核自旋运动的能级差很大，在温度不是非常高的情况下，电子运动和核自旋运动总是处于基态，$q_e^0 = g_{e,0}$，$q_n^0 = g_{n,0}$。尽管对于确定物质 $g_{e,0}$ 和 $g_{n,0}$ 均为常数，但其准确数值却很难确定，特别是核自旋运动，人们对它的认识还非常有限。在一般的物理化学变化过程中，电子运动和核自旋运动对熵的贡献基本保持不变，并不会对过程熵变 ΔS 的计算产生影响。所以，统计热力学在计算熵 S 时，通常不考虑电子运动和核自旋运动的贡献，而只考虑平动、转动和振动对熵的贡献，并将三者的加和称为统计熵，即

$$S = S_t + S_r + S_v \tag{7.4.20}$$

式中各独立运动形式对统计熵 S 的贡献分别为

$$S_t = k \ln \frac{(q_t^0)^N}{N!} + \frac{U_t^0}{T} \tag{7.4.21}$$

$$S_r = Nk \ln q_r^0 + \frac{U_r^0}{T} \tag{7.4.22}$$

$$S_v = Nk \ln q_v^0 + \frac{U_v^0}{T} \tag{7.4.23}$$

统计熵的计算需要借助于物质的光谱数据，所以统计熵也称为光谱熵。为了方便区别，

将基于热力学第三定律，由量热数据计算得出的规定熵称为量热熵。

（1）平动熵 S_t 的计算　将平动配分函数 $q_t^0 = (2\pi mkT/h^2)^{3/2}V$ 和 $U_t^0 = 3NkT/2$ 代入式(7.4.21)，得

$$S_t = Nk\ln\left[\left(\frac{2\pi mkT}{h^2}\right)^{3/2}V\right] - k\ln N! + \frac{3}{2}Nk$$

$$= Nk\ln\frac{(2\pi mkT)^{3/2}V}{Nh^3} - Nk\ln N + \frac{5}{2}Nk$$

将 $N = nL$、$Nk = nR$、$m = M/L$ 和 $V = nRT/p$ 代入上式，除以 n 并整理，得摩尔平动熵

$$S_{m,t} = R\left(\frac{3}{2}\ln\frac{M}{kg \cdot mol^{-1}} + \frac{5}{2}\ln\frac{T}{K} - \ln\frac{p}{Pa} + 20.723\right) \tag{7.4.24}$$

该式是计算理想气体平动熵的常用公式，称为萨克尔-泰特洛德（Sackur-Tetrode）方程。对于单原子理想气体，平动熵就是其统计熵。

（2）转动熵 S_r 的计算　将转动配分函数 $q_r^0 = \dfrac{T}{\Theta_r\sigma}$ 和 $U_r^0 = NkT$ 代入式(7.4.22)，得

$$S_r = Nk\ln\frac{T}{\Theta_r\sigma} + Nk$$

$$S_{m,r} = R\ln\frac{T}{\Theta_r\sigma} + R \tag{7.4.25}$$

（3）振动熵 S_v 的计算　将振动配分函数 $q_v^0 = \dfrac{1}{1 - e^{-\Theta_v/T}}$ 和振动能 $U_v^0 = \dfrac{Nk\Theta_v}{e^{\Theta_v/T} - 1}$ 代入式(7.4.23)，得

$$S_v = Nk\ln\frac{1}{1 - e^{-\Theta_v/T}} + \frac{Nk\Theta_v}{T(e^{\Theta_v/T} - 1)}$$

$$S_{m,v} = R\left\{\frac{\Theta_v}{T(e^{\Theta_v/T} - 1)} - \ln(1 - e^{-\Theta_v/T})\right\} \tag{7.4.26}$$

7.4.3.5　理想气体的标准摩尔吉布斯自由能函数

用 q^0 表示的独立离域子系统吉布斯自由能函数

$$G^0 = A^0 + pV = -kT\ln\frac{(q^0)^N}{N!} + pV = -kT(N\ln q^0 - N\ln N + N) + NkT$$

$$= -NkT\ln\frac{q^0}{N}$$

根据式(7.4.8)，有

$$G = G^0 + U_0 = -NkT\ln\frac{q^0}{N} + U_0$$

因此，温度 T 下理想气体的标准摩尔吉布斯自由能函数

$$G_m^\ominus = -RT\ln\frac{(q^0)^\ominus}{N} + U_{0,m} \tag{7.4.27}$$

式中，$(q^0)^\ominus$ 是温度 T、$p = 100\text{kPa}$ 时理想气体的标准配分函数；$U_{0,m}$ 是摩尔基态能，可以看成单位物质的量的纯理想气体在 0K 时所具有的能量。

由于 $U_{0,m}$ 的绝对值无法确定，实际上 $G_m^{\ominus}$ 的绝对值无法通过式（7.4.27）计算。为此，定义标准摩尔吉布斯自由能函数如下

$$\frac{G_m^{\ominus}-U_{0,m}}{T}\overset{\text{def}}{=}-R\ln\frac{(q^0)^{\ominus}}{N} \tag{7.4.28}$$

0K 时，$H_{0,m}\approx U_{0,m}$，经常用 $H_{0,m}$ 代替 $U_{0,m}$。显然，标准摩尔吉布斯自由能函数有确定值。不同物质的标准摩尔吉布斯自由能函数值可以从热力学数据手册中查得。

7.4.3.6　理想气体的标准摩尔焓函数

用 q^0 表示的独立离域子系统的焓

$$H^0=U^0+pV=NkT^2\left(\frac{\partial\ln q^0}{\partial T}\right)_V+NkT$$

根据式（7.4.8），有

$$H=H^0+U_0=NkT^2\left(\frac{\partial\ln q^0}{\partial T}\right)_V+NkT+U_0$$

由此可得，温度 T 下理想气体的标准摩尔焓

$$H_m^{\ominus}=RT^2\left[\frac{\partial\ln(q^0)^{\ominus}}{\partial T}\right]_V+RT+U_{0,m}$$

由于 $H_m^{\ominus}$ 的绝对值无法确定，所以定义标准摩尔焓函数

$$\frac{H_m^{\ominus}-U_{0,m}}{T}\overset{\text{def}}{=}RT\left[\frac{\partial\ln(q^0)^{\ominus}}{\partial T}\right]_V+R \tag{7.4.29}$$

显然，标准摩尔焓函数有确定值，不同物质的标准摩尔焓函数值可以从热力学数据手册中查得。标准摩尔焓函数和标准摩尔吉布斯自由能函数值是表册法计算标准化学反应平衡常数的重要数据。

7.4.3.7　理想气体反应的标准平衡常数

对于温度 T 下的理想气体反应

$$0=\sum_B\nu_B B$$

标准平衡常数 $K^{\ominus}$ 与标准摩尔反应吉布斯函数 $\Delta_r G_m^{\ominus}$ 的关系如下：

$$-RT\ln K^{\ominus}=\Delta_r G_m^{\ominus}=\sum_B\nu_B G_{m,B}^{\ominus} \tag{7.4.30}$$

（1）$K^{\ominus}$ 的统计热力学表达式　根据式（7.4.27），物种 B 的标准摩尔吉布斯函数

$$G_{m,B}^{\ominus}=-RT\ln\frac{(q_B^0)^{\ominus}}{N}+U_{0,m,B} \tag{7.4.31}$$

式中，$U_{0,m,B}$ 是物质 B 在 0K、标准压力下的摩尔热力学能。

将上式代入式（7.4.30），然后等式两边同时除以 $-RT$，得

$$\ln K^{\ominus}=\sum_B\nu_B\left[\ln\frac{(q_B^0)^{\ominus}}{N_B}-\frac{U_{0,m,B}^{\ominus}}{RT}\right]=\ln\prod_B\left[\frac{(q_B^0)^{\ominus}}{N_B}\right]^{\nu_B}-\Delta_r U_{0,m}^{\ominus}/(RT)$$

上式可以重写为

$$K^{\ominus}=\prod_B\left[\frac{(q_B^0)^{\ominus}}{N_B}\right]^{\nu_B}e^{-\Delta_r U_{0,m}^{\ominus}/(RT)} \tag{7.4.32}$$

该式即理想气体反应标准平衡常数的统计热力学表达式。式中 $\Delta_r U_{0,m}^{\ominus}$ 是 0K 时的标准摩尔反应热力学能。可由焓函数和标准摩尔反应焓数据通过下式求得：

$$\Delta_r U_{0,m}^\ominus = \Delta_r H_m^\ominus - T \sum_B \nu_B \left(\frac{H_{m,B}^\ominus - H_{0,m,B}}{T} \right)$$

（2）$K^\ominus$ 的表册计算方法　式（7.4.30）中的物质 B 的标准摩尔吉布斯函数 $G_{m,B}^\ominus$ 无法直接获得，可作如下变换：

$$G_{m,B}^\ominus = (G_{m,B}^\ominus - H_{0,m,B}) - (H_{m,B}^\ominus - H_{0,m,B}) + H_{m,B}^\ominus$$

将上式代入式（7.4.30），等式两边同除以 $-RT$，整理后得

$$\ln K^\ominus = -\frac{1}{R} \sum_B \nu_B \left(\frac{G_{m,B}^\ominus - H_{0,m,B}}{T} - \frac{H_{m,B}^\ominus - H_{0,m,B}}{T} \right) - \frac{\Delta_r H_m^\ominus}{RT} \qquad (7.4.33)$$

式中标准摩尔反应焓 $\Delta_r H_m^\ominus$ 可由参加反应的物质 B 的标准摩尔生成焓 $\Delta_f H_{m,B}^\ominus$ 或标准摩尔燃烧焓 $\Delta_c H_{m,B}^\ominus$ 数据求得。只要已知参加反应的物质 B 在温度 T 时的吉布斯自由能函数和焓函数，即可由式（7.4.33）求得反应的标准平衡常数。各种物质在 298K 下的吉布斯自由能函数和焓函数数据可从热力学数据手册中查得，所以该方法也称为表册法。

 习　题

1. 已知三维平动子的能级公式

$$\varepsilon_t = \frac{h^2}{8mV^{2/3}} (n_x^2 + n_y^2 + n_z^2) \qquad (n_x, n_y, n_z = 1, 2, 3, \cdots)$$

试问：三维平动子基态和第一激发态的能级简并度分别等于多少？

2. 已知转动的能级公式 $\varepsilon_r = \frac{h^2}{8\pi^2 I} J(J+1)$ $(J = 0, 1, 2, 3, \cdots)$

试问：转动的基态能量为多少？转动的基态和第一激发态的能级简并度分别等于多少？

3. 有七个独立的可区别的粒子，分布在简并度为 1、3 和 2 的 ε_1、ε_2 和 ε_3 三个能级中，数目分别为 3、3、1，问这种分布拥有多少微观状态？

4. 当 N_2 在棱长等于 1cm 的立方空间中运动时，各种运动形式的基态与第一激发态的能级间隔分别约为：$\Delta\varepsilon_t \approx 10^{-19} kT$，$\Delta\varepsilon_r \approx 10^{-2} kT$，$\Delta\varepsilon_v \approx 10 kT$，$\Delta\varepsilon_e \approx 10^2 kT$。分别计算该四种运动形式第一激发态和基态的玻耳兹曼因子之比。

5. 已知氢气分子的质量 $m_{H_2} = 3.3474 \times 10^{-27}$ kg，证明，298.15K，101.325kPa 下氢气平动运动能级 i 的最概然分布数与能级简并度之比：$n_i^* / g_i < 10^{-5}$。

6. 运动于棱长等于 a 的立方空间中的三维平动子系统（$N > 10^{23}$）中粒子质量和温度有如下关系：

$$\frac{h^2}{8ma^2} = 0.1 kT$$

试求：态 $\Psi_{1,1,1}$ 上和态 $\Psi_{2,2,2}$ 上的分布数之比。

7. 试计算系统的熵每增加 $1J \cdot K^{-1}$，系统的总微观状态数增加多少倍？

8. 已知定域子系统符合玻耳兹曼分布，即其最概然分布数：$n_i^* = \frac{N}{q} g_i e^{-\varepsilon_i/(kT)}$。试证明：离域子系统也符合玻耳兹曼分布。

9. Cl_2 分子的振动特征温度为 810K，计算 300K 时 Cl_2 的振动第一激发态与基态的分子数之比。

10. 计算 298.15K 及 10^5 Pa 时，1mol NO 气体分子的平动配分函数 q_t、系统的平动内能 U_t 和平动熵 S_t。

11. 已知 NO 的转动惯量 $I = 16.4 \times 10^{-47}$ kg $\cdot$ m^2，计算 298.15K 时 NO 分子的转动配分函数 q_r、$U_{m,r}$ 和 $S_{m,r}$。

12. 对于独立离域子系统，证明：$H = NkT^2(\partial \ln q/\partial T)_p$。

13. 对于独立离域子系统，证明：$G = -NkT\ln(q/N)$。

14. 无结构理想气体分别在等压、等容条件下由温度 T_1 升高到 T_2，证明：两个过程熵变的关系为 $\Delta S_p = \dfrac{5}{3}\Delta S_V$。

15. 根据下表中数据，计算 298.15K 时反应

$$CH_4(g) + H_2O(g) = CO(g) + 3H_2(g)$$

的标准平衡常数。

物质	$\dfrac{(G_m^\ominus - H_0^\ominus)/(\text{J} \cdot \text{mol}^{-1})}{T/K}$	$\dfrac{(H_m^\ominus - H_0^\ominus)/(\text{J} \cdot \text{mol}^{-1})}{T/K}$	$\Delta_f H_m^\ominus/\text{kJ} \cdot \text{mol}^{-1}$
$CH_4(g)$	-152.66	33.64	-74.810
$H_2O(g)$	-155.67	33.24	-241.818
$CO(g)$	-168.52	29.09	-110.525
$H_2(g)$	-102.28	28.40	0

 重点难点讲解

7-1 粒子运动状态

7-2 状态分布

7-3 玻尔兹曼分布

7-4 能量零点选择

7-5 推导理想气体状态方程

第八章

电化学

电化学（electrochemistry）是研究电能和化学能之间相互转换及转换过程中相关现象的一门科学，是物理化学的一个重要分支。自 18 世纪中叶人们观察到某些电学现象与化学变化之间存在着一定的联系，特别是 1799 年伏打（Volta）创造了第一个原电池以来，电化学研究得到了很大的发展，并逐渐形成了较为完整的电化学研究理论及方法。电化学的研究范围几乎涉及从人们日常生活、工业生产到国防、科技等各个领域，比如手机、笔记本电脑以及航天飞机等使用的电源都是电化学的研究成果。

化学能和电能间相互转换在电化学中是通过原电池和电解池来实现的，其中将化学能转变为电能的装置称为原电池，而将电能向化学能转变的装置称为电解池。无论原电池还是电解池，工作时都离不开电解质溶液，因此电解质溶液是构成原电池或电解池不可或缺的组成部分。本章将介绍电化学的基础理论知识，包括电解质溶液、原电池及电解池三个方面的基本概念、原理和相关应用。

Ⅰ．电解质溶液理论

第 1 节　电解质溶液的导电机理及法拉第定律

8.1.1　电解质溶液的导电机理

能导电的物体称为导体（conductor），金属及石墨等都是常见的导体。根据物质的性质不同可将导体分为电子导体和离子导体两大类。通常将那些在电场作用下依靠自由电子的定向移动而导电的物质称为电子导体（electrical conductor），也称为第一类导体，如 Cu、Ag 及石墨等；而依靠离子的定向移动而导电的物质则称为离子导体（ionic conductor），也称为第二类导体，如 NaCl、$CuSO_4$ 的水溶液等。一般来说，电子导体在导电时本身不发生任何化学变化，其导电能力随温度的升高而降低；相反，离子导体在导电时会伴随着氧化还原反应的发生，其导电能力通常随温度的升高而增加。

如将两个惰性电极（该条件下自身不参与电极反应的电极，如石墨、铂等）插入含有 $CuCl_2$ 的水溶液中，并与外加电源相连接构成如图 8-1 所示的电解池。接通电源后，在电流计上可以看到有电流通过，同时在阴、阳两个电极上可以分别观察到金属 Cu 析出及 Cl_2 气体产生。此时在两个电极上发生了如下反应：

$$阳极反应： \qquad 2Cl^- \longrightarrow Cl_2 + 2e^- \tag{1}$$

$$阴极反应： \qquad Cu^{2+} + 2e^- \longrightarrow Cu \tag{2}$$

$$电解总反应： \qquad Cu^{2+} + 2Cl^- \longrightarrow Cu + Cl_2 \tag{3}$$

Cl^- 在阳极上失去电子发生氧化反应，电子通过外电路流向阴极并在阴极将 Cu^{2+} 还原为 Cu。

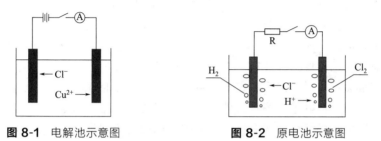

图 8-1 电解池示意图　　　　**图 8-2** 原电池示意图

如将两个分别通有 Cl_2 和 H_2 的铂电极插入稀盐酸溶液中构成如图 8-2 所示的原电池。接通外电路后，在回路中会检测到有电流通过，两个电极上分别发生如下反应：

$$阳极反应： \qquad H_2 \longrightarrow 2H^+ + 2e^- \tag{4}$$

$$阴极反应： \qquad Cl_2 + 2e^- \longrightarrow 2Cl^- \tag{5}$$

$$电池总反应： \qquad Cl_2 + H_2 \longrightarrow 2HCl \tag{6}$$

电化学中把这些在电极上进行的有电子得失的反应称为电极反应（electrode reaction），将原电池或电解池工作时的总反应称为电池反应或电解反应（cell reaction）。同时规定发生氧化反应的电极为阳极（anode），相应的电极反应为阳极反应；发生还原反应的电极为阴极（cathod），相应的电极反应为阴极反应。如上面（1）、（4）为阳极反应，（2）、（5）为阴极反应，（3）、（6）则分别为电解池、原电池的总反应。

8.1.2　法拉第定律

法拉第定律（Faraday's law）是法拉第（M. Faraday）在研究电解的基础上，于 1833 年总结出的一条电化学基本规律。它阐明了在电极上发生的氧化、还原反应与通过电极的电荷量之间的相互关系，其基本内容包括：① 电极上发生氧化、还原反应的物质的量与通过电极的电荷量成正比；② 若将多个电解池串联，则在各电解池中电极上发生反应的物质的量（含单位元电荷）相同。

对于电极反应：

$$M^{z+} + ze^- \longrightarrow M$$

z 为电极反应中转移电子的计量数。当反应进度为 ξ 时，电极反应需通入电荷的电荷量 Q 为

$$Q = n_e Le = Lez\xi \tag{8.1.1}$$

式中，Q 的单位为库仑，用 C 表示；L 为阿伏加德罗常数；e 为电子的电荷量；n_e 为电极反应转移电子的物质的量。

因 1mol 元电荷的电荷量为法拉第常数（Faraday constant，F），即

$$F = Le = 6.022 \times 10^{23} \, \text{mol}^{-1} \times 1.6022 \times 10^{-19} \text{C} = 96484.5 \text{C} \cdot \text{mol}^{-1} \approx 96500 \text{C} \cdot \text{mol}^{-1}$$

则式(8.1.1) 可写为：

$$Q = zF\xi \qquad\qquad (8.1.2\text{a})$$

根据反应进度的定义 $\xi = \dfrac{\Delta n_B}{\nu_B}$，代入式(8.1.2a) 有

$$Q = \frac{\Delta n_B z F}{\nu_B} \qquad\qquad (8.1.2\text{b})$$

式中，ν_B 及 Δn_B 为电极反应中任意物质 B 的化学计量数及物质的量的变化值。

式(8.1.2a)、式(8.1.2b) 为法拉第定律的数学表达式，它表明发生电极反应时通过电极的电荷量与电极反应的电荷数及电极反应的反应进度的乘积成正比。

由法拉第定律可知，通过分析电极反应发生前后的反应物或产物的物质的量的变化即可计算出电路中通过的电荷量。人们正是根据法拉第定律中发生电极反应的电荷量与反应中物质的量的这种定量关系，制造出了测定电荷量的装置——库仑计（coulomb meter）。最常用的库仑计有银库仑计、铜电量计等。另外，如测定了通入回路中的电量，由法拉第定律也可求出在该条件下发生电极反应的反应进度及发生反应的物质的量。

例题 8.1.1 将两个金属铂电极放入含有一定浓度的 $CuCl_2$ 溶液中构成电解池，当通入回路的电荷量为 1700C 时，计算阳极、阴极上析出 Cl_2、Cu 的物质的量及反应进度。

解：（1）若电极反应表示为

阴极反应：$Cu^{2+} + 2e^- \longrightarrow Cu(s)$

阳极反应：$2Cl^- \longrightarrow Cl_2(g) + 2e^-$

电池反应：$Cu^{2+} + 2Cl^- \longrightarrow Cu(s) + Cl_2(g)$

当通入回路的电荷量为 1700C 时，根据法拉第定律有

$$\xi = \frac{Q}{zF} = \frac{1700\text{C}}{2 \times 96500 \text{C} \cdot \text{mol}^{-1}} = 0.0088 \text{mol}$$

由 $\xi = \dfrac{\Delta n_B}{\nu_B}$ 可得，阴、阳极上析出 Cl_2、Cu 的物质的量分别为

$$n_{Cu} = \nu_{Cu}\xi = 1 \times 0.0088 \text{mol} = 0.0088 \text{mol}$$
$$n_{Cl_2} = \nu_{Cl_2}\xi = 1 \times 0.0088 \text{mol} = 0.0088 \text{mol}$$

（2）若电极反应表示为

阴极反应：$\dfrac{1}{2}Cu^{2+} + e^- \longrightarrow \dfrac{1}{2}Cu(s)$

阳极反应：$Cl^- \longrightarrow \dfrac{1}{2}Cl_2(g) + e^-$

电池反应：$\dfrac{1}{2}Cu^{2+} + Cl^- \longrightarrow \dfrac{1}{2}Cu(s) + \dfrac{1}{2}Cl_2(g)$

当通入回路的电荷量为 1700C 时，根据法拉第定律有

$$\xi = \frac{Q}{zF} = \frac{1700\text{C}}{1 \times 96500 \text{C} \cdot \text{mol}^{-1}} = 0.0176 \text{mol}$$

由 $\xi = \dfrac{\Delta n_B}{\nu_B}$ 可得阴、阳极上析出 Cl_2、Cu 的物质的量分别为

$$n_{Cu} = \nu_{Cu} \xi = \frac{1}{2} \times 0.0176 \text{mol} = 0.0088 \text{mol}$$

$$n_{Cl_2} = \nu_{Cl_2} \xi = \frac{1}{2} \times 0.0176 \text{mol} = 0.0088 \text{mol}$$

上例说明电池反应的电荷数 z 及反应进度 ξ 与反应方程的写法有关，但电极上发生反应生成的物质的量与电极反应的写法无关。

使用法拉第定律时没有条件限制，即在任何温度及压力下均适用。然而在实际电解过程中，由于电极上可能有多个电极反应同时发生，即通常在主反应发生的同时会伴随着副反应的发生，例如在水溶液中镀锌时常常会伴随着析氢副反应的发生。在这样条件下要得到一定数量的主反应物质（如锌）时，实际消耗的电荷量比按法拉第定律计算出的电荷量大，将两者之比称为电流效率，即：

$$电流效率 = \frac{按法拉第定律计算的电荷量}{实际消耗的电荷量} \times 100\%$$

第 2 节　离子的迁移数

8.2.1　离子的电迁移

溶液中正、负离子的定向移动是电解质溶液导电的先决条件，换句话说，电解质溶液的导电是溶液中正、负离子在外电场的作用下分别向两极做定向移动的结果。电解质溶液中离子在外电场作用下发生定向移动的现象称为离子的电迁移（electromigragation）。下面通过图 8-3、图 8-4 对离子的电迁移过程进行说明。

假设在两个惰性电极之间充满 1-1 型电解质溶液，并设想可以通过假想平面 AA' 及 BB' 将电解质溶液分为阴极区、中间区及阳极区三个部分，如图 8-3、图 8-4 所示。图中电解质溶液正、负离子物质的量分别用 "＋" "－" 的数量表示。如通电前各部分均含有 5mol 的正、负离子，通电一定时间后假设有 4mol 电子的电荷量通过电极。根据法拉第定律应有 4mol 正、负离子分别在阴、阳两极上发生氧化、还原反应，同时电解质溶液中也有 4mol 电荷量的离子通过 AA'、BB' 平面。由于电解质溶液的导电任务是由正、负离子共同承担，因此通过 AA'、BB' 平面的 4mol 电量为正、负离子的电荷量之和。显然，在单位时间内正、负离子通过 AA' 及 BB' 平面的数量与离子的迁移速率密切相关，下面就不同的情况进行讨论。

（1）正、负离子的迁移速率相同（$v_+ = v_-$）：这种情况下，相同时间内通过 AA'、BB' 平面的正、负离子的数量相等，因此正、负离子承担等同的导电任务，即分别有 2mol 的正、负离子通过 AA' 及 BB' 平面向阴、阳两极移动，如图 8-3 所示。对通电前、后电解质溶液的分析可以发现：通电后中间区的情况与通电前相同，正、负离子的数量没有发生变化，均为 5mol；但阴、阳极区中离子的数量发生了变化，且变化值相等，即两极区溶液中正、负离子的数量均由通电前的 5mol 降低为通电后的 3mol。

（2）正、负离子的迁移速率不同（$v_+ \neq v_-$）：在这种情况下，相同时间内正、负离子通过 AA' 及 BB' 平面的数量不同。假设正离子的迁移速率是负离子的 3 倍，即 $v_+ = 3v_-$，

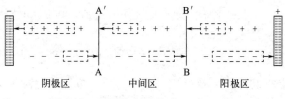

图 8-3 离子的电迁移 ($v_+ = v_-$)

则相同时间内通过 AA′及 BB′平面的正离子的量为负离子的 3 倍，即有 3mol 的正离子及 1mol 的负离子分别通过 AA′及 BB′平面向阴、阳两极移动（图 8-4）。对通电前、后电解质溶液进行分析可以发现：通电完成后中间区中正、负离子的数量与（1）中情况相同，即通电前、后未发生变化，为 5mol；但不同的是，通电完成后阴、阳两极区离子的数量不再相等，阳极区离子的数量由 5mol 降低为 2mol，阴极区离子的数量由 5mol 降低为 4mol。

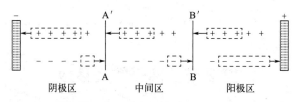

图 8-4 离子的电迁移 ($v_+ \neq v_-$)

从上面的分析可以得出如下结论：

（1）正、负离子向阴、阳两极迁移的电荷量（Q_+、Q_-）之和等于通过电解质溶液的电荷量（Q），即：

$$Q = Q_+ + Q_-$$

（2）正、负离子所迁移的电荷量与正、负离子的迁移速率密切相关，也与正、负离子迁出阴、阳两极区的物质的量密切相关，即：

$$\frac{Q_+}{Q_-} = \frac{v_+}{v_-} = \frac{\text{正离子迁出阳极区的物质的量}}{\text{负离子迁出阴极区的物质的量}}$$

虽然上面讨论的是 1-1 型电解质溶液的情形，但其变化规律同样适用于具有相同价型正、负离子所构成的电解质溶液，如 2-2 型 $CuSO_4$ 溶液。但对于正、负离子价型不同的电解质或电极本身也参加电极反应的系统来说，两极区内电解质浓度变化要复杂一些，需要针对具体情况进行分析。

8.2.2 离子的迁移数

从上面的讨论可知：电解质溶液的导电由溶液中正、负离子共同承担，每种离子承担导电任务的多少，或者说离子迁移时所运载的电荷量，与离子自身的性质有着非常密切的关系。为了表征电解质溶液中正、负离子运载电荷的能力，在电化学中引入了离子迁移数的概念。

电化学系统中某种离子迁移的电流与通过电解质溶液的总电流之比称为离子的迁移数（transport number），以符号"t"表示。对相同价型的电解质溶液有：

$$t_+ = \frac{I_+}{I_+ + I_-} = \frac{Q_+}{Q_+ + Q_-} = \frac{v_+}{v_+ + v_-} = \frac{\text{阳离子迁出阳极区的物质的量}}{\text{发生电极反应的物质的量}} \tag{8.2.1}$$

$$t_-=\frac{I_-}{I_++I_-}=\frac{Q_-}{Q_++Q_-}=\frac{v_-}{v_++v_-}=\frac{\text{阴离子迁出阴极区的物质的量}}{\text{发生电极反应的物质的量}} \quad (8.2.2)$$

显然 $t=t_++t_-=1$。

离子的迁移数是无量纲参数，其数值大小决定于离子的迁移速率，因此对离子的迁移速率产生影响的因素大都会对溶液中离子的迁移数产生影响。一般说来，离子在电场中的迁移速率与离子的本性（离子半径、离子的电荷及离子的水合程度等）、电解质溶液中溶剂的性质、溶液浓度、温度及电场强度等有关。

从物理学知识可知，外加电场的电场强度对带电粒子在电场中的运动速率影响很大。为了研究方便，在电化学中将离子在单位电场强度（$E=1V/m$）时离子的运动速率定义为该离子的电迁移率（或称淌度，ionic mobility），用"u"表示，即：

$$u_B=\frac{v_B}{E} \quad (8.2.3)$$

电迁移率的单位为 $m^2 \cdot s^{-1} \cdot V^{-1}$。表 8-1 列出了部分离子在无限稀释时的电迁移率。

表 8-1 25℃时无限稀释水溶液中离子的电迁移率

离子	$u^\infty/m^2 \cdot s^{-1} \cdot V^{-1}$	离子	$u^\infty/m^2 \cdot s^{-1} \cdot V^{-1}$
H^+	36.30	OH^-	20.52
K^+	7.62	Cl^-	7.91
Na^+	5.19	NO_3^-	7.40
Li^+	4.01	SO_4^{2-}	8.27
Ca^{2+}	6.16	Br^-	8.12

将式(8.2.3) 代入式(8.2.1)、式(8.2.2) 中，有

$$t_+=\frac{u_+}{u_++u_-} \qquad t_-=\frac{u_-}{u_++u_-} \quad (8.2.4)$$

式(8.2.4) 描述了相同价型电解质中离子的电迁移率与迁移数之间的关系。如已知离子的电迁移率可以计算出离子的迁移数，反之如测定了离子的迁移数亦可求得离子的电迁移率。值得注意的是，电场强度虽然影响溶液中离子的运动速率，但是不影响离子的迁移数的大小。

8.2.3 离子迁移数的测定

离子迁移数的测定从本质上来说是测定通入一定电荷量时所引起的离子迁移的数量。这里介绍两种通常用于测定离子迁移数的方法：①希托夫法，②界面移动法。

（1）希托夫法：希托夫（Hittorf）法是通过分析通电前、后阳极区或阴极区物质的量的变化，从而求得离子迁移数的方法。其实验装置示意图如图 8-5 所示。在玻璃管中装入浓度已知的电解质溶液，接通电源后，电解质溶液中的正、负离子分别向阴、阳两极迁移，并在电极上发生氧化、还原反应。回路中电流的大小通过可变电阻 R 调节，通过回路的电荷量由库仑

8-1

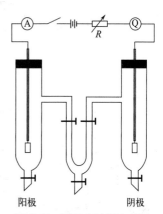

阳极　　　　阴极

图 8-5 希托夫法测定离子迁移数示意图

计 Q 测定。一段时间后，小心取出阳极或阴极部分电解质溶液，通过分析溶液中电解质的物质的量在通电前、后的变化，进而计算出正离子或负离子的迁移数。

例题 8.2.1 以铜为电极，在希托夫管中电解 $0.200\,mol \cdot dm^{-3}$ 的 $CuSO_4$ 溶液。通电一段时间后，库仑计上测得有 $0.000375\,mol$ 的电荷量通过电路，阴极部分溶液质量为 $36.434g$，其中含 $CuSO_4$ 为 $1.104g$。试求 Cu^{2+} 的迁移数。

解：电解时的电极反应为

阴极反应：$Cu^{2+} + 2e^- \longrightarrow Cu(s)$

阳极反应：$Cu(s) \longrightarrow Cu^{2+} + 2e^-$

电解过程中阴极区的 Cu^{2+} 发生还原反应生成 Cu，而溶液中 Cu^{2+} 同时向阴极迁移。通过物料衡算可知，通电后阴极区 Cu^{2+} 的物质的量为

$$n_{通电后} = n_{通电前} + n_{迁入} - n_{电解}$$

$n_{通电前}$、$n_{通电后}$ 为通电前、后阴极区 Cu^{2+} 的物质的量，$n_{迁入}$、$n_{电解}$ 分别为通电时迁入阴极区及电解反应所消耗的阴极区中 Cu^{2+} 的物质的量。假设水分子不发生迁移，则有

$$n_{通电后} = \frac{w_{CuSO_4}}{M_{CuSO_4}} = \left(\frac{1.104}{159.5}\right) mol = 6.922 \times 10^{-3}\,mol$$

$$n_{通电前} = cV = \left(0.200 \times \frac{36.434 - 1.104}{1000}\right) mol = 7.066 \times 10^{-3}\,mol$$

$$n_{电解} = \left(\frac{1}{2} \times 3.75 \times 10^{-4}\right) mol = 1.875 \times 10^{-4}\,mol$$

$$n_{迁入} = n_{通电后} - n_{通电前} + n_{电解} = \left(6.922 \times 10^{-3} - 7.066 \times 10^{-3} + \frac{1}{2} \times 3.75 \times 10^{-4}\right) mol$$

$$= 4.35 \times 10^{-5}\,mol$$

Cu^{2+} 的迁移数为

$$t_{Cu^{2+}} = \frac{n_{迁移}}{n_{电解}} = \frac{4.35 \times 10^{-5}}{1.875 \times 10^{-4}} = 0.232$$

通过希托夫法测定离子迁移数的原理简单，但一方面由于在实验测定过程中溶剂分子会伴随离子移动而发生迁移，另一方面由于浓差扩散等也可造成测量系统中各部分电解质溶液混合，会对测量结果产生影响，不容易得到非常准确的实验结果，因此通过希托夫法所测得的迁移数也通常称为表观迁移数或希托夫法迁移数。

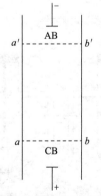

图 8-6 界面移动法测定离子迁移数示意图

（2）界面移动法：界面移动（boundary moving）法是通过直接测量电解质溶液中离子的迁移速率而获得离子迁移数的方法。该方法是将含有相同阴离子或阳离子的两种电解质溶液放入一根细管内，由于两种电解质溶液的性质差异（颜色或折射率等不同）可在液间形成明显的分界面。在外加电场的作用下，由于电解质溶液中离子发生迁移而使分界面产生移动，通过测量界面的移动距离可计算出相应离子的迁移数。

如测定电解质 AB 溶液中 A^+ 的迁移数，可在细管中分别放入浓度为 c 的电解质溶液 AB 及与 AB 具有相同阴离子 B^- 的另一种电解质溶液 CB。此时两种溶液形成如图 8-6 所示的分界面 ab。需要注意的是在选择 CB 时，C^+ 的移动速率应与

A^+ 相近并略小于 A^+。通电后，溶液中的 A^+ 及 C^+ 向阴极移动，界面 ab 亦向阴极移动。由于 C^+ 的移动速率略小于 A^+，因此测量过程中不会产生新的界面。通电一段时间后，界面移至 $a'b'$。此时向阴极迁移的 A^+ 的物质的量即为 $abb'a'$ 区间内所包含的 A^+ 的量，即

$$n_{A^+}=Vc$$

V 为 $abb'a'$ 区间细管的体积。如通过回路的电荷量为 Q，根据迁移数的定义可计算出 A^+ 的迁移数 t_{A^+}，即

$$t_{A^+}=\frac{A^+ \text{所迁移的电荷量}}{\text{通过的总电荷量}}=\frac{z_+cVF}{Q} \tag{8.2.5}$$

第3节　电解质溶液的电导、电导率及摩尔电导率

8.3.1　电导、电导率及摩尔电导率

物理学上常用电阻 R（resistance，单位为欧姆，Ω）来描述导体导电能力的大小。根据欧姆定律，电阻与导体的长度 l 成正比、与横截面 A 成反比，即

$$R=\frac{\rho l}{A}$$

式中，比例系数 ρ 称为电阻率（resistivity），是指单位长度、单位横截面导体的电阻，单位为 $\Omega \cdot m$。

在电化学中常用电导来描述电解质溶液的导电能力，电导（electric conductance）为电阻的倒数，以"G"表示，即

$$G=\frac{1}{R} \tag{8.3.1}$$

电导的单位为 S（西门子）。电阻率的倒数称为电导率（conductivity），用"κ"表示，是指单位长度、单位横截面导体的电导，单位为 $S \cdot m^{-1}$，即

$$\kappa=\frac{1}{\rho} \tag{8.3.2}$$

将式(8.3.2) 代入式(8.3.1) 有

$$G=\frac{1}{R}=\frac{A}{\rho l}=\kappa \frac{A}{l} \tag{8.3.3}$$

电解质溶液的电导率，是指在相距 1m 的两个面积为 $1m^2$ 的平行电极间充满电解质溶液时溶液的电导。电解质溶液的电导率不但与电解质的性质、温度等有关，同时还与电解质溶液的浓度有着非常密切的关系。

为便于比较不同电解质溶液的导电性质，电化学中引入了摩尔电导率的概念。摩尔电导率（molar conductivity）是将含有物质的量为 1mol 的电解质溶液放入相距 1m 的两平行电极中的电导，用"Λ_m"表示。若电解质溶液的浓度为 c，根据电导率的定义，电解质溶液的摩尔电导率为

$$\Lambda_m=\frac{\kappa}{c} \tag{8.3.4}$$

即摩尔电导率是电解质溶液的电导率与其浓度之比，单位为 $S \cdot m^2 \cdot mol^{-1}$。

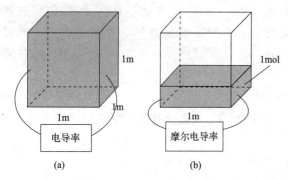

图 8-7 电导率及摩尔电导率

电解质溶液的电导率及摩尔电导率可参照图 8-7 更好地理解。电导率规定了电导池中电极的间距及电极面积，无论溶液的浓度如何均须充满电导池［图 8-7 (a)］；而摩尔电导率则是规定了电极的间距及溶液中电解质的物质的量为 1mol，因此当电解质溶液的浓度不同时溶液的体积也不相同［图 8-7 (b)］。

需要注意的是，在表示摩尔电导率 Λ_m 时应指明电解质的基本单元，如 Λ_m （CuSO$_4$）。同一种电解质溶液，若选取不同的电解质基本单元时 Λ_m 具有不同的数值，如 $\Lambda_m(CuSO_4) = 2\Lambda_m(\frac{1}{2}CuSO_4)$。

8.3.2　电解质溶液电导的测定

电导是电阻的倒数，因此电导的测定实质上就是测定电解质溶液的电阻。在物理学中导体电阻的测定常采用惠斯通（Wheastone）电桥的方法，在电化学中通常也采用相似的方法来测量电解质溶液的电导。

图 8-8 为电解质溶液电导测定的示意图。图中 AB 为均匀的滑线电阻，R_x 及 R_1 分别为待测电解质溶液的电阻及可变电阻，G 为检流计。为减小由于电极反应而引起的电解质溶液浓度变化及电极性质的改变，测量时采用一定频率的交流电为外加电源。在 R_1 上并联可变电容 C 的目的是补偿电导池的电容。接通电源后，调节滑线电阻使检流计的电流为零。此时电桥达平衡，有

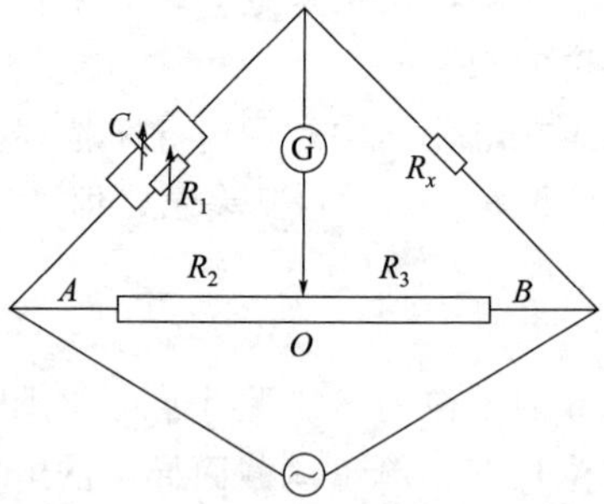

$$\frac{R_1}{R_x} = \frac{R_2}{R_3}$$

图 8-8　电解质溶液电导测定示意图

其中 R_1、R_2 及 R_3 分别为可变电阻、滑线电阻中 AO 及 BO 段的电阻。根据电导的定义，待测电解质溶液的电导、电导率为

$$G_x = \frac{1}{R_x} = \frac{R_2}{R_1 R_3}$$

$$\kappa = \frac{1}{R_x} \times \frac{l}{A} \tag{8.3.5}$$

因此，若测得电极面积 A 及电极的间距 l 即可求得电解质溶液的电导率。由于实验时测量电极的面积 A 及间距 l 较为繁琐且误差较大，而对同一电导池来说，其 A、l 均有固定的值，因此在实验中常通过测定已知电导率的电解质溶液的电导，计算出电导池的 l/A 值后，测定待测电解质溶液电导。l/A 也称为电导池系数（constant of conductivity cell），用 K_{cell} 表示，单位为 m^{-1}，即

$$K_{cell} = \frac{l}{A}$$

实验中一般用 KCl 水溶液作为标准溶液测定电导池系数，表 8-2 列出了 298.15K 时不同浓度 KCl 水溶液的电导率。

表 8-2　298.15K、标准压力下几种浓度的 KCl 水溶液的电导率

$c/\text{mol} \cdot \text{dm}^{-3}$	0.0001	0.001	0.01	0.1	1
$\kappa/\text{S} \cdot \text{m}^{-1}$	0.001487	0.0147	0.1414	1.2286	11.173

例题 8.3.1　25℃时，以某电导池分别测得 $0.01\text{mol} \cdot \text{dm}^{-3}$ KCl 及 $0.01\text{mol} \cdot \text{dm}^{-3}$ HCl 溶液的电阻分别为 150.00Ω 和 51.4Ω，试求 $0.01\text{mol} \cdot \text{dm}^{-3}$ HCl 的电导率及摩尔电导率。

解：从表 8-2 中查得 $0.01\text{mol} \cdot \text{dm}^{-3}$ KCl 溶液的电导率为 $0.1414\text{S} \cdot \text{m}^{-1}$，因此可求得电导池系数为

$$K_{\text{cell}} = \kappa_{\text{KCl}} R_{\text{KCl}} = (0.1414 \times 150)\text{m}^{-1} = 21.21\text{m}^{-1}$$

根据式（8.3.1）、式（8.3.2）及式（8.3.4）可求得 $0.01\text{mol} \cdot \text{dm}^{-3}$ HCl 溶液的电导率及摩尔电导率为

$$\kappa_{\text{HCl}} = \frac{K_{\text{cell}}}{R_{\text{HCl}}} = \frac{21.21\text{m}^{-1}}{51.4\Omega} = 0.41\text{S} \cdot \text{m}^{-1}$$

$$\Lambda_{\text{m,HCl}} = \frac{\kappa_{\text{HCl}}}{c_{\text{HCl}}} = \frac{0.41\text{S} \cdot \text{m}^{-1}}{0.01 \times 10^3\text{mol} \cdot \text{m}^{-3}} = 0.041\text{S} \cdot \text{m}^2 \cdot \text{mol}^{-1}$$

8.3.3　电解质溶液的电导率、摩尔电导率与浓度的关系

电解质溶液的导电能力可以用电导率及摩尔电导率来表征。其导电能力的强弱与溶液中自由离子的性质、数量及电荷数有关。由于强电解质在稀溶液是完全解离的，随着浓度的增大，强电解质溶液中自由离子的数量也成线性增加，因此在稀溶液范围内强电解质的电导率与溶液浓度近似成正比；但是在溶液浓度较大时，由于电解质溶液中正、负离子间的相互作用力会随着溶液浓度的增大而增加，降低了溶液中离子的移动速率，因此随着溶液浓度的增大，电导率的增加逐渐变缓，并在达到一最大值后开始下降。即强电解质溶液的电导率随着溶液浓度的变化呈现出先增大后降低的趋势。但是对弱电解质来讲，溶液中对电导率有贡献的只是弱电解质中发生解离的那部分离子。随着溶液浓度的增大，虽然弱电解质的物质的量在增加，但其解离度却逐渐降低。总的来看，溶液中离子的数量变化并不明显，因此弱电解质溶液的电导率随溶液浓度改变的变化不明显。

电解质溶液的摩尔电导率是在规定了电解质物质的量为 1mol 时的电导率，因此电解质溶液的浓度对溶液摩尔电导率的影响与电导率具有不同的规律。表 8-3 中列出了几种电解质溶液不同浓度的摩尔电导率。

根据表 8-3 中数据可以得出：①无论是强电解质溶液还是弱电解质溶液，其摩尔电导率均随着溶液浓度的降低而增加，在稀浓度范围内强电解质溶液的摩尔电导率趋近于某一确定值。②相同浓度时，不同种类电解质溶液的 Λ_{m} 随浓度的变化率不同，即 Λ_{m} 与电解质中离子电荷数有关，离子电荷数越大的电解质溶液其 Λ_{m} 变化也越大。

科尔劳施（F. Kohlrausch）根据大量的实验结果发现：在温度一定时，强电解质稀溶液的摩尔电导率 Λ_{m} 与溶液浓度的平方根 $\sqrt{c}$ 成正比，即

表 8-3　298K 时几种电解质溶液不同浓度时的摩尔电导率 Λ_m　　　　　单位：$S \cdot m^2 \cdot mol^{-1}$

电解质	$c / mol \cdot dm^{-3}$　0	0.0005	0.001	0.010	0.100	1.000
NaCl	0.012645	0.012450	0.012374	0.011851	0.010674	—
HCl	0.042616	0.042274	0.042136	0.041200	0.039132	0.03328
NaAc	0.00910	0.00892	0.00885	0.008376	0.007280	0.00491
CuSO$_4$	0.0133	—	0.1152	0.00833	0.00505	0.00293
H$_2$SO$_4$	0.04296	0.04131	0.03995	0.03364	0.02508	—
HAc	0.03907	0.00677	0.00492	0.00163	—	—

$$\Lambda_m = \Lambda_m^{\infty} - A\sqrt{c} \qquad (8.3.6)$$

式中，Λ_m^{∞} 为无限稀释时溶液的摩尔电导率，也称极限摩尔电导率（limited molar conductivity）；A 为常数。

对同一电解质溶液，温度、溶剂一定时 A 及 Λ_m^{∞} 均为定值。

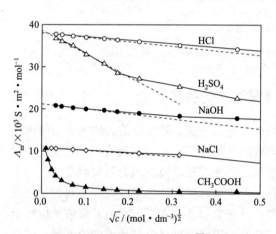

图 8-9　电解质溶液 Λ_m 与 $\sqrt{c}$ 的关系

图 8-9 为几种电解质的 Λ_m 与 $\sqrt{c}$ 的关系曲线，其中实线为实测 Λ_m，虚线为按式（8.3.6）进行计算的 Λ_m 值。从图中可以看到：①低浓度条件下，强电解质溶液的 Λ_m 与 $\sqrt{c}$ 具有较好的线性关系；②强电解质溶液的 Λ_m 实验值与理论计算值在低浓度时较好地符合，但在浓度较高时具有较大的偏差；③浓度极稀时弱电解质溶液的 Λ_m 随着溶液浓度的降低而急剧增加，其变化规律不满足式（8.3.6）的关系。这些结果进一步说明了只有在稀溶液范围内的强电解质溶液才满足式（8.3.6）的关系。图 8-9 中曲线通过外推法可求出强电解质溶液的 Λ_m^{∞}，即将图中低浓度范围的直线外延至与纵坐标相交，交点的纵坐标值即为 Λ_m^{∞}。由于溶液极稀时，弱电解质溶液的 Λ_m 随溶液浓度的减小而急剧增大，因此通常不能通过外推法计算其 Λ_m^{∞}。弱电解质溶液极限摩尔电导率的计算在有了科尔劳施离子独立运动定律后得到了圆满的解决。

8.3.4　离子的独立运动定律及无限稀释摩尔电导率

离子独立运动定律是科尔劳施根据大量的实验事实总结出来的一条经验定律。表 8-4 中列出了一些电解质的无限稀释摩尔电导率。

从表 8-4 可以看到：相同负离子的钾盐和锂盐，其无限稀释摩尔电导率之差 $\Delta\Lambda_m^{\infty}$ 相同，与负离子的性质无关；而相同正离子的氯化物和硝酸盐的无限稀释摩尔电导率之差 $\Delta\Lambda_m^{\infty}$ 也相同，与正离子的性质无关。同样，其他电解质之间也存在相同的规律，于是科尔劳施根据这些实验数据提出了离子独立运动定律。

表 8-4　298K 时一些电解质的无限稀释摩尔电导率 Λ_m^{∞}（$\Delta\Lambda_m^{\infty}$ 为两种电解质的 Λ_m^{∞} 之差）

电解质	$\Lambda_m^{\infty}/S\cdot m^2\cdot mol^{-1}$	$\Delta\Lambda_m^{\infty}/S\cdot m^2\cdot mol^{-1}$	电解质	$\Lambda_m^{\infty}/S\cdot m^2\cdot mol^{-1}$	$\Delta\Lambda_m^{\infty}/S\cdot m^2\cdot mol^{-1}$
KCl	0.015	3.5×10^{-3}	HCl	0.0426	5×10^{-4}
LiCl	0.0115		HNO$_3$	0.0421	
KClO$_4$	0.014	3.4×10^{-3}	KCl	0.0150	5×10^{-4}
LiClO$_4$	0.0106		KNO$_3$	0.0145	
KNO$_3$	0.0145	3.5×10^{-3}	LiCl	0.0115	5×10^{-4}
LiNO$_3$	0.0110		LiNO$_3$	0.0110	

科尔劳施认为，在无限稀释的电解质溶液中，每种离子的运动是独立的，不受其他离子的影响，而电解质溶液的无限稀释摩尔电导率等于电解质溶液中各种离子的无限稀释摩尔电导率之和，这就是科尔劳施离子独立运动定律（law of independent migration），简称离子独立运动定律。对于电解质溶液 $A_{\nu_+}B_{\nu_-}$，根据科尔劳施离子独立运动定律有

$$\Lambda_m^{\infty}=\nu_+\Lambda_{m,+}^{\infty}+\nu_-\Lambda_{m,-}^{\infty} \tag{8.3.7}$$

式中，$\Lambda_{m,+}^{\infty}$、$\Lambda_{m,-}^{\infty}$ 分别为无限稀释时的电解质溶液中正、负离子的摩尔电导率。

对于 1-1 型电解质，则有

$$\Lambda_m^{\infty}=\Lambda_{m,+}^{\infty}+\Lambda_{m,-}^{\infty}$$

有了科尔劳施离子独立运动定律后，就可通过强电解质的无限稀释摩尔电导率来计算弱电解质的无限稀释摩尔电导率。例如计算弱电解质 CH$_3$COOH 无限稀释的摩尔电导率，有

$$\Lambda_m^{\infty}(CH_3COOH)=\Lambda_{m,-}^{\infty}(CH_3COO^-)+\Lambda_{m,+}^{\infty}(H^+)$$
$$=\Lambda_{m,-}^{\infty}(CH_3COO^-)+\Lambda_{m,+}^{\infty}(Na^+)+\Lambda_{m,+}^{\infty}(H^+)+\Lambda_{m,-}^{\infty}(Cl^-)$$
$$-\Lambda_{m,+}^{\infty}(Na^+)-\Lambda_{m,-}^{\infty}(Cl^-)$$
$$=\Lambda_m^{\infty}(CH_3COONa)+\Lambda_m^{\infty}(HCl)-\Lambda_m^{\infty}(NaCl)$$

根据离子迁移数的定义，无限稀释电解质溶液中离子的迁移数可以看作是溶液中该离子的摩尔电导率占电解质溶液摩尔电导率的分数，即

$$t_+^{\infty}=\nu_+\frac{\Lambda_{m,+}^{\infty}}{\Lambda_m^{\infty}} \tag{8.3.8a}$$

$$t_-^{\infty}=\nu_-\frac{\Lambda_{m,-}^{\infty}}{\Lambda_m^{\infty}} \tag{8.3.8b}$$

因此，离子无限稀释的摩尔电导率可在测定无限稀释时电解质溶液中离子的迁移数后利用式（8.3.8a）、式（8.3.8b）进行计算。一般情况下对浓度不太大的强电解质溶液来说，式（8.3.8a）、式（8.3.8b）可近似适用。表 8-5 列出了部分离子的无限稀释摩尔电导率。

从表 8-5 中数据可以看到，离子的 $\Lambda_{m,+}^{\infty}$、$\Lambda_{m,-}^{\infty}$ 与离子的性质密切相关，即不同离子的极限摩尔电导率不同。同时可以看到，H$^+$ 和 OH$^-$ 具有较大的摩尔电导率，这是由于 H$^+$ 和 OH$^-$ 具有较大的电迁移率，在电场作用下具有较大的移动速率。

与电解质溶液的摩尔电导率相同，在使用离子的摩尔电导率时也必须指明离子的基本单元，如 $\Lambda_m(Ca^{2+})$ 或 $\Lambda_m(\frac{1}{2}Ca^{2+})$，两者的数值不同，$\Lambda_m(Ca^{2+})=2\Lambda_m(\frac{1}{2}Ca^{2+})$。

表 8-5　298.15K 时无限稀释水溶液中离子的摩尔电导率

阳离子	$\Lambda_{m,+}^{\infty} \times 10^{-3}/S \cdot m^2 \cdot mol^{-1}$	阴离子	$\Lambda_{m,+}^{\infty} \times 10^{-3}/S \cdot m^2 \cdot mol^{-1}$
H^+	34.96	OH^-	19.91
Li^+	3.87	F^-	5.54
Na^+	5.01	Cl^-	7.635
K^+	7.35	Br^-	7.81
Mg^{2+}	10.60	I^-	7.68
Ca^{2+}	11.90	NO_3^-	7.146
Ba^{2+}	12.72	ClO_4^-	6.73
Cu^{2+}	10.72	SO_4^{2-}	16.00
Zn^{2+}	10.56	CO_3^{2-}	13.86
NH_4^+	7.35	CH_3COO^-	4.09
Ag^+	6.19		

第 4 节　电导测定的应用

　　电解质溶液的电导是与溶液中离子的特性、量（浓度）相关的物理量，因此通过测定溶液的电导不但可以测定溶液中的离子浓度，而对有离子参与的化学反应来说，还可以通过分析反应前后溶液电导的变化对化学反应的速率、进度等进行表征，因此电导测定具有广泛的用途。下面介绍电导测定的一些应用。

8.4.1　测定水的纯度

　　由于水本身存在微弱的解离而产生 H^+ 和 OH^-：
$$H_2O \longrightarrow H^+ + OH^-$$
因此水本身有一定的电导，常温时纯水的理论计算电导率为 $5.5 \times 10^{-6} S \cdot m^{-1}$。若水中溶解了可解离出离子的物质后将导致水的电导率增加，因此通过测定水的电导可以很简单地测定水的纯度。一般来说，普通蒸馏水的电导率约为 $1 \times 10^{-3} S \cdot m^{-1}$，而采用石英蒸馏器蒸馏所得到的水的电导率可小于 $1 \times 10^{-4} S \cdot m^{-1}$。

8.4.2　计算弱电解质的解离度及解离平衡常数

　　弱电解质溶液中电解质仅部分发生解离，而溶液中只有发生解离的部分才对其摩尔电导率 Λ_m 有贡献。无限稀释的弱电解质溶液中电解质可以认为已完全电离，其无限稀释摩尔电导率 Λ_m^{∞} 等于正、负离子无限稀释的摩尔电导率之和。假设电解质溶液的浓度对离子电迁移率的影响可以忽略，则弱电解质的解离度 (α) 可近似地表示为
$$\alpha = \frac{\Lambda_m}{\Lambda_m^{\infty}}$$

其中 Λ_m^∞ 可通过式(8.3.7)计算，Λ_m 可通过电导测定求得，即 $\Lambda_m = \dfrac{\kappa}{c}$。在求得弱电解质溶液的解离度 α 后，即可求得解离平衡常数 $K^\ominus$。例如，对于浓度为 c 的弱电解质溶液 AB

$$AB \longrightarrow A^+ + B^-$$

起始浓度 c 0   0

平衡浓度 $c(1-\alpha)$ $c\alpha$ $c\alpha$

解离平衡常数 $K^\ominus$ 为

$$K^\ominus = \frac{\left(\dfrac{c\alpha}{c^\ominus}\right)^2}{(1-\alpha)\dfrac{c}{c^\ominus}} = \frac{\alpha^2}{1-\alpha} \times \frac{c}{c^\ominus}$$

8.4.3 测定难溶盐的溶解度

由于难溶盐在水中的溶解度极小，因此采用普通的滴定方法很难准确测定其溶解度，而通过电导测定的方法则可比较方便地进行测定。在测定难溶盐溶液的电导时需要考虑水的解离对溶液电导的贡献，如测定 AgBr 在水中的溶解度，需要分别测出纯水及饱和 AgBr 水溶液的电导率，从 AgBr 溶液的电导率中减去纯水的电导率才能得到 AgBr 电解质的电导率，即

$$\kappa(\text{AgBr}) = \kappa(\text{溶液}) - \kappa(\text{H}_2\text{O})$$

由于

$$\Lambda_m(\text{AgBr}) = \frac{\kappa(\text{AgBr})}{c(\text{AgBr})}$$

式中，$c(\text{AgBr})$ 为溶液中 AgBr 的浓度，单位为 $\text{mol} \cdot \text{m}^{-3}$，即难溶盐 AgBr 的溶解度。

由于 AgBr 溶液的浓度很小，其摩尔电导率可以认为与无限稀释时的摩尔电导率相同，即 $\Lambda_m(\text{AgBr}) \approx \Lambda_m^\infty(\text{AgBr})$，因此 AgBr 的溶解度为

$$c(\text{AgBr}) = \frac{\kappa(\text{AgBr})}{\Lambda_m^\infty(\text{AgBr})}$$

计算时 Λ_m 和 c 所取基本单元要一致，如对于 Ag_2SO_4，Λ_m 可取 $\Lambda_m(\text{Ag}_2\text{SO}_4)$ 或 $\Lambda_m(\frac{1}{2}\text{Ag}_2\text{SO}_4)$，相对应的 c 应为 $c(\text{Ag}_2\text{SO}_4)$ 或 $c(\frac{1}{2}\text{Ag}_2\text{SO}_4)$。

8.4.4 电导滴定

通过测定溶液的电导，利用滴定过程中溶液电导变化的转折点来判定滴定终点的方法称为电导滴定。电导滴定特别适用于有色溶液的滴定，因为在化学滴定中，溶液的颜色通常会干扰对指示剂颜色变化的判断而不易得到准确的实验结果。下面以 HCl 标准溶液滴定未知浓度 NaOH 溶液来测定其浓度为例，对电导滴定法进行简单说明。实验时，在未知浓度的 NaOH 溶液中逐滴加入已知浓度的 HCl 溶液并测定溶液的电导。以电导率为纵坐标，加入 HCl 溶液的体积为横坐标作图，可得到如图 8-10 所示的关系曲线。在开始滴定的最初阶段（AB 段），随着 HCl 的加入溶液中 H^+ 与 OH^- 发生反应生成 H_2O，溶液中 OH^- 浓度逐渐降低而 Cl^- 的浓度逐渐增加，这个阶段可以看作溶液中的 OH^- 逐步被 Cl^- 取代的过程。由于 Cl^- 的电导率比 OH^- 小，因此溶液的电导率逐渐减小。当加入 H^+ 物质的量刚好与溶液中 OH^- 的物质的量

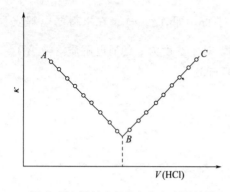

图 8-10 溶液电导率与加入 HCl 溶液体积的关系

相等时，溶液的电导达到最低点（*B* 点）。此后若进一步加入 HCl 后，溶液中的 H^+ 及 Cl^- 浓度同时增加，溶液的电导增加（*BC* 段）。滴定过程中溶液的电导转折点（*B* 点）即为滴定终点。

在某些滴定过程中溶液电导变化可能不太明显，如强酸滴定弱碱等。可以将两条不同斜率的直线外延，通过直线的交点来判断滴定终点。

电导滴定除可用于酸碱滴定外，对于那些在溶液中有离子参加的反应，只要溶液的电导随反应的进行而发生变化的系统均可通过测定电导的方法来表征反应进行的程度，如某些沉淀反应等。当然，在滴定过程中溶液电导变化越大，其滴定终点也越清晰。

第 5 节　电解质溶液的平均活度、平均活度因子及德拜-休克尔极限公式

在多组分系统热力学中介绍非理想的非电解质溶液或混合物的化学势时引入了活度及活度因子的概念。对于电解质溶液来说，由于溶液中电解质发生电离以正、负离子的形式存在，而正、负离子之间不可避免地存在相互作用，因此情况较非电解质溶液复杂。

8.5.1　电解质溶液的平均活度及平均活度因子

非电解质溶液中溶质的化学势可表示为

$$\mu = \mu^\ominus + RT\ln a_B$$

式中，a_B 为溶质 B 的活度。

对于电解质溶液 $A_{\nu_+}B_{\nu_-}$，电解质在溶液中发生解离，即

$$A_{\nu_+}B_{\nu_-} \longrightarrow \nu^+ A^+ + \nu^- B^-$$

根据化学势的定义，解离前整体电解质的化学势 μ 为

$$\mu = \mu^\ominus + RT\ln a$$

解离后正、负离子的化学势分别为

$$\mu_+ = \mu_+^\ominus + RT\ln a_+$$
$$\mu_- = \mu_-^\ominus + RT\ln a_-$$

a_+、a_- 分别为正、负离子的活度：

$$a_+ = \gamma_+ \frac{b_+}{b^\ominus}, \quad a_- = \gamma_- \frac{b_-}{b^\ominus}$$

式中，γ_+（γ_-）及 b_+（b_-）表示正（负）离子的活度因子及质量摩尔浓度；$b^\ominus$ 表示标准质量摩尔浓度。

对电解质溶液来说，电解质的化学势为正、负离子化学势的代数和，即

$$\mu = \nu_+\mu_+ + \nu_-\mu_- \qquad \mu^\ominus = \nu_+\mu_+^\ominus + \nu_-\mu_-^\ominus$$

整理得

$$\mu = \mu^{\ominus} + RT\ln a = (\nu_+ \mu_+^{\ominus} + \nu_- \mu_-^{\ominus}) + RT\ln a_+^{\nu_+} a_-^{\nu_-}$$
$$= \mu^{\ominus} + RT\ln(a_+^{\nu_+} a_-^{\nu_-})$$

将电解质正、负离子的平均活度（mean activity，$a_{\pm}$）、平均质量摩尔浓度（mean molality，$b_{\pm}$）及平均活度因子（mean activity coefficients，$\gamma_{\pm}$）分别定义为

$$a_{\pm} = (a_+^{\nu_+} a_-^{\nu_-})^{\frac{1}{\nu}}$$
$$b_{\pm} = (b_+^{\nu_+} b_-^{\nu_-})^{\frac{1}{\nu}}$$
$$\gamma_{\pm} = (\gamma_+^{\nu_+} \gamma_-^{\nu_-})^{\frac{1}{\nu}}$$

其中 $\nu = \nu_+ + \nu_-$，于是电解质的化学势表示为

$$\mu = \mu^{\ominus} + RT\ln a_{\pm}^{\nu}$$

显然，$a = a_{\pm}^{\nu} = \left(\gamma_{\pm} \dfrac{b_{\pm}}{b^{\ominus}}\right)^{\nu}$。

在电解质溶液中引入平均活度及平均活度因子，是因为溶液中电解质是以正、负离子的形式存在，单个离子的活度及活度因子不能通过实验手段测得，而离子的平均活度及平均活度因子可以通过实验求得。表 8-6 中列出了 298K 时不同浓度时部分电解质溶液的离子平均活度因子。

表 8-6　298K 时水溶液中电解质溶液的平均活度因子

电解质 \ $b/\text{mol·kg}^{-1}$	0.001	0.005	0.01	0.02	0.05	0.10	0.20	0.50	1.00	1.50	2.00	3.00
HCl	0.966	0.930	0.906	0.878	0.833	0.798	0.768	0.769	0.811	0.898	1.011	1.310
NaCl	0.966	0.928	0.903	0.872	0.821	0.778	0.732	0.679	0.656	0.655	0.670	0.719
KCl	0.966	0.927	0.902	0.869	0.816	0.770	0.719	0.652	0.607	0.585	0.577	0.572
NaOH	—	—	0.899	0.860	0.805	0.759	0.719	0.681	0.667	0.671	0.685	—
ZnCl$_2$	0.881	0.767	0.708	0.642	0.556	0.502	0.448	0.376	0.325	0.290	—	—
CaCl$_2$	0.888	0.789	0.732	0.669	0.584	0.524	0.491	0.510	0.725	—	1.554	3.384
LaCl$_3$	0.853	0.716	0.637	0.552	0.417	0.356	0.298	0.303	0.387	0.583	0.954	—
H$_2$SO$_4$	—	0.643	0.545	0.455	0.341	0.266	0.210	0.155	0.130	—	0.125	0.142
ZnSO$_4$	0.734	0.477	0.387	0.298	0.202	0.148	0.104	0.063	0.044	0.037	0.035	0.041

从表 8-6 中可以看出：①离子的平均活度因子 $\gamma_{\pm}$ 与电解质溶液的浓度有关。稀溶液的 $\gamma_{\pm}$ 小于 1，并随着溶液浓度的降低而增大；浓度较大的电解质溶液，其 $\gamma_{\pm}$ 随着浓度的增大而增大，甚至超过 1。②价型相同的电解质，如 HCl 和 NaCl，在浓度相同的稀溶液中其 $\gamma_{\pm}$ 近似相等。③不同价型的电解质，如 NaCl 和 CuSO$_4$，在相同浓度时通常高价型电解质溶液的 $\gamma_{\pm}$ 较小。由此可以得出：稀溶液中电解质的平均活度因子 $\gamma_{\pm}$ 与溶液中离子的浓度及电解质的价数具有非常密切的关系。路易斯在这些实验事实的基础上于 1921 年提出了离子强度的概念，进而总结出了 $\gamma_{\pm}$ 与离子强度的经验关系式。

8.5.2　离子强度

将溶液中各种离子的质量摩尔浓度（b_B）乘以该离子的电荷数（z_B）的平方所得之和

的一半定义为离子强度（ionic strength），用"I"表示，即

$$I = \frac{1}{2} \sum b_B z_B^2$$

离子强度的单位与质量摩尔浓度的单位相同，为 $mol \cdot kg^{-1}$。

例题 8.5.1 试求质量摩尔浓度均为 $0.1mol \cdot kg^{-1}$ 的 $NaCl$ 溶液和 $CuSO_4$ 溶液的离子强度。

解： 对 $NaCl$ 溶液

$$I = \frac{1}{2} \sum b_B z_B^2 = \frac{1}{2} \left[(0.1 \times 1^2) + (0.1 \times 1^2) \right] mol \cdot kg^{-1} = 0.1mol \cdot kg^{-1}$$

对 $CuSO_4$ 溶液

$$I = \frac{1}{2} \sum b_B z_B^2 = \frac{1}{2} \left[(0.1 \times 2^2) + (0.1 \times 2^2) \right] mol \cdot kg^{-1} = 0.4mol \cdot kg^{-1}$$

在定义了离子强度后，路易斯进一步总结出了稀溶液中电解质的平均活度因子 $\gamma_\pm$ 与溶液离子强度 I 的平方根成正比的关系，即

$$\lg\gamma_\pm \propto \sqrt{I}$$

上式是基于实验数据而得出的经验关系式，但其正确性由后来德拜-休克尔（Debye-Hückel）所得到的定量关系式得到了证明。

8.5.3 德拜-休克尔极限公式

8.5.3.1 离子氛

电解质在溶液中是以正、负离子的形式存在，而溶液中的离子同时存在离子间库仑相互作用及离子的热运动。这两种作用的结果使溶液中正、负离子在微观上呈现出分布的不均匀性，即在一种离子周围出现带相反电荷的离子的概率总是大于带相同电荷的离子，换句话说，在一种离子（如正离子）周围能够找到与该离子带相反电荷的离子（负离子）的概率比找到与该离子带相同电荷的离子（正离子）大。从时间统计平均来看，好像是一种离子（亦称中心离子）被一层带相反电荷的离子所包围（通常可近似为球形对称分布），这层由异号电荷离子所构成的球形对称体称为离子氛（ionic atmosphere），如图 8-11 所示。

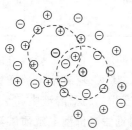

溶液中，每一个中心正离子周围都有一个由负离子所构成的离子氛。但中心离子和构成离子氛的离子并不是固定不变的，一个离子氛的中心离子同时也可以是另一个离子氛的一员，同样离子氛中的每一个离子也可以是其他离子氛中的中心离子。由于离子热运动的存在，离子氛并不是静止不动，而是瞬息万变的，因此离子氛只是时间统计平均的结果。离子氛的性质与离子的价数、溶液的浓度、温度以及介电常数等有关。当然，离子氛的电荷在数值上与中心离子的电荷相等但符号相反，因此将离子氛与中心

图 8-11 离子氛示意图

离子作为一个整体来看是电中性的。

8.5.3.2 德拜-休克尔极限公式

德拜-休克尔极限公式是计算电解质稀溶液中离子活度系数的定量关系式，关系式建立的基础是德拜-休克尔的强电解质离子互吸理论（ion attraction theory，亦称非缔合式电解

质理论）。

德拜-休克尔的强电解质离子互吸理论认为，强电解质在稀溶液中完全解离，与理想溶液的偏差可归结于离子之间的静电相互作用。在提出离子氛的概念后，则将离子之间的静电相互作用归结于中心离子与离子氛之间的相互作用，这样就使问题的处理得到了大大简化。德拜-休克尔通过这种简化处理，在提出了几个基本假设后导出了德拜-休克尔极限公式。这些基本假设包括：

（1）稀溶液中离子间只存在库仑引力，其相互吸引能小于离子的热运动能。

（2）溶液中的每个离子可以看成具有对称库仑力场的圆球，在极稀溶液中的离子则可看成点电荷。

（3）离子在静电引力作用下的分布遵从玻耳兹曼分布，其电荷密度与电势之间的关系服从泊松（Poisson）公式。

（4）在稀溶液中由于电解质的加入而引起的介电常数变化可以忽略，因此可近似用溶剂的介电常数代替溶液的介电常数。

基于上述假设，德拜-休克尔导出了稀溶液中单个离子活度因子（γ_i）及离子的平均活度因子（$\gamma_\pm$）分别为

$$\lg\gamma_i = -Az_i^2\sqrt{I} \tag{8.5.1}$$

$$\lg\gamma_\pm = -A\,|\,z_+z_-\,|\,\sqrt{I} \tag{8.5.2}$$

式(8.5.1)、式(8.5.2)即为德拜-休克尔极限公式（Debye-Hückel's limiting law），其中 A 是与溶剂的性质及温度等有关的常数，在298.15K 时的水溶液中：$A = 0.509$（$\mathrm{mol}^{-1}\cdot\mathrm{kg}^{-1}$）$^{-1/2}$。

德拜-休克尔极限公式表明，在相同的温度及溶剂条件下，电解质溶液中离子的平均活度系数只与溶液的离子强度及电解质的价型有关。图 8-12 为 298.15K 时不同电解质溶液的 $\lg\gamma_\pm$ 与 $\sqrt{I}$ 的关系图。图中实线为实验结果，虚线为按德拜-休克尔极限公式计算的理论结果。从图中可以看到，在稀溶液范围内 $\lg\gamma_\pm$ 与 $\sqrt{I}$ 具有良好的线性关系，且与理论值相一致，说明了稀溶液中德拜-休克尔极限公式的正确性。当溶液的离子强度较大时，实验结果与理论值之间的偏差较大，此时在计算溶液活度因子 $\gamma_\pm$ 时需要将德拜-休克尔极限公式进行修正。

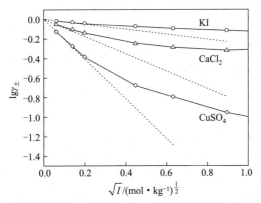

图 8-12 298.15K 时不同电解质溶液的 $\lg\gamma_\pm$ 与 $\sqrt{I}$ 的关系图

例题 8.5.2 试用德拜-休克尔极限公式计算 298.15K 时 $0.01\mathrm{mol}\cdot\mathrm{kg}^{-1}\mathrm{CuSO_4}$ 水溶液的平均活度因子 $\gamma_\pm$。

解： $0.01 mol \cdot kg^{-1} CuSO_4$ 水溶液的离子强度为

$$I = \frac{1}{2} \sum b_B z_B^2 = \frac{1}{2} \left[(0.01 \times 2^2) + (0.01 \times 2^2) \right] mol \cdot kg^{-1} = 0.04 mol \cdot kg^{-1}$$

由式(8.5.2) $\lg \gamma_\pm = -A \left| z_+ z_- \right| \sqrt{I}$，可得

$$\lg \gamma_\pm = -0.509 \times 2 \times 2 \times \sqrt{0.04} = -0.4072$$

所以 $\gamma_\pm = 0.3916$

Ⅱ. 原电池

原电池也称电池（galvanic cell），是利用电极上进行的氧化还原反应将化学能转变为电能的装置。通常任意自发进行的化学反应或过程原则上都可以通过电池将化学能转换为电能，但是只有那些转换效率较高、成本较低及低污染的电池才具有良好的应用前景，因此对电池性质的研究无疑具有非常重要的实际意义。

若原电池中化学能向电能的转变是按热力学可逆的方式进行的，则称为可逆电池。可逆电池是电池的一种理想状态，可最大限度地将化学能转换为电能。下面主要介绍可逆电池的工作原理和相关的热力学性质。

第 6 节　可逆电池及原电池的表示

由热力学第二定律可知，在等温、等压条件下发生可逆变化时，系统吉布斯函数的变化值等于系统对外所做的最大非体积功（W_r'），即 $\Delta G = W_r'$。若在原电池中系统除电功以外没有其他非体积功，则电池反应的 $\Delta_r G$ 等于可逆电池对外做的电功，即

$$d\Delta_r G = \delta W_{r,e}' = -zFEd\xi$$

式中，E 为可逆电池的电动势；z 为电极反应或电池反应所转移的电子数；F 为法拉第常数；$d\xi$ 为电池反应的反应进度微变。

据化学反应 $\Delta_r G_m$ 的定义可得

$$\Delta_r G_m = -zFE \tag{8.6.1}$$

式(8.6.1)表明电池反应的 $\Delta_r G_m$ 正比于可逆电池的电动势 E 及电池反应所转移的电子数 z，是联系电化学和化学热力学的桥梁。

8.6.1　可逆电池

可逆电池是在平衡或无限接近平衡的条件下进行工作的电池，此时电池可最大限度地将化学能转化为电能，因此研究可逆电池具有重要的意义。可逆电池必须满足：①电极反应必须是可逆的，即电极反应能完全可逆地向正、反两个方向进行；②电极过程必须是可逆的，即电池在充、放电时通过电极的电流必须十分微小。只有满足以上两个条件的电池才能称为可逆电池。

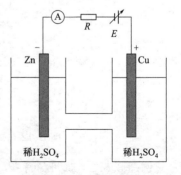

图 8-13　不可逆原电池

将金属铜、锌电极插入稀硫酸溶液中构成如图 8-13 所示的原电池。调节外加电源 E 的电压小于原电池的电动势时，电池放电，电池中发生下列反应：

锌电极： $$Zn \longrightarrow Zn^{2+} + 2e^- \qquad\qquad (1)$$

铜电极： $$2H^+ + 2e^- \longrightarrow H_2 \qquad\qquad (2)$$

总反应： $$Zn + 2H^+ \longrightarrow Zn^{2+} + H_2 \qquad\qquad (3)$$

（1）、（2）分别是在两个电极上发生的氧化、还原反应，称为电极反应；（3）为电池的总反应，称为电池反应。若调节电源的电压 E 大于原电池的电动势时，原电池充电，则发生下列反应：

锌电极： $$2H^+ + 2e^- \longrightarrow H_2$$

铜电极： $$Cu \longrightarrow Cu^{2+} + 2e^-$$

总反应： $$Cu + 2H^+ \longrightarrow Cu^{2+} + H_2$$

从上面的反应可以看出，电池充电过程的反应并不是放电过程中反应的逆反应，不满足可逆电池中电极反应必须是可逆的条件①，因此该电池不是可逆电池。

上例说明了电极反应不可逆的电池必然不是可逆电池。但由于电极反应的可逆性仅仅是判定可逆电池的条件之一，因此电极反应为可逆反应的电池并非都是可逆电池。下面通过丹尼尔电池及韦斯顿电池进一步对可逆电池进行说明。

8.6.1.1 丹尼尔电池

丹尼尔（Daniel）电池即铜-锌原电池，是将金属铜片及锌片分别置于一定浓度的 $CuSO_4$ 及 $ZnSO_4$ 水溶液中，并通过离子多孔隔板将两种电解质溶液隔开，其装置示意图如图 8-14 所示。当外电路接通后，在铜（正极）、锌（负极）电极上分别发生还原和氧化反应。

正极 $Cu(+)$： $$Cu^{2+} + 2e^- \longrightarrow Cu \qquad\qquad (1)$$

负极 $Zn(-)$： $$Zn \longrightarrow Zn^{2+} + 2e^- \qquad\qquad (2)$$

总反应： $$Zn + Cu^{2+} \longrightarrow Zn^{2+} + Cu \qquad\qquad (3)$$

过程中，Zn 电极上金属 Zn 失去电子发生氧化反应，电子经外电路转移至金属 Cu 电极，将溶液中的 Cu^{2+} 还原成 Cu，而电流则由 Cu 电极流向 Zn 电极。

若在图 8-14 中丹尼尔电池上外接一可变电池（$E_{外}$），$E_{外}$ 的正极、负极分别与丹尼尔电池的 Cu、Zn 电极相连接（图中虚框部分）。当调节 $E_{外}$ 的电压略小于丹尼尔电池的电动势（E_D），即 $E_{外} - E_D = \delta E < 0$ 时，在电池回路中仅有十分微小的电流通过，此时在丹尼尔电池的两电极上分别发生（1）、（2）电极反应（放电过程）。若外加电压 $E_{外}$ 略大于丹尼尔电池的电动势，即 $E_{外} - E_D = \delta E > 0$ 时，丹尼尔电池变为电解池（充电过程），此时电子从外电路流向 Zn 电极并在 Zn 电极上发生还原反应，同时在 Cu 电极上发生氧化反应。

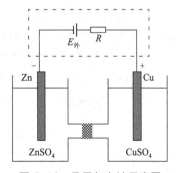

图 8-14 丹尼尔电池示意图

阳极 Zn： $$Zn^{2+} + 2e^- \longrightarrow Zn \qquad\qquad (1')$$

阴极 Cu： $$Cu \longrightarrow Cu^{2+} + 2e^- \qquad\qquad (2')$$

总反应： $$Zn^{2+} + Cu \longrightarrow Zn + Cu^{2+} \qquad\qquad (3')$$

比较反应（1）～（3）与反应（1′）～（3′）可以看到，反应（1′）～（3′）所代表的反应恰好是反应（1）～（3）的逆反应，同时回路中也只有十分微小的电流流过（$I \to 0$），此时丹尼尔电池满足可逆电池的两个条件，因此为可逆电池。若上述过程中外加电压 $E_{外}$ 较大，此时虽然电极上的反应仍按反应（1）～（3）及反应（1′）～（3′）进行，但电池工作时回路中有较大的电流通过，电极过程为不可逆过程，此时电池仍为不可逆电池。从上面的分析可知，判断电池是否为可逆电池须考虑电池的工作条件，即必须同时满足可逆电池的两个条件。

严格地讲，丹尼尔电池不是可逆电池，因为在丹尼尔电池工作时发生在 $CuSO_4$ 和 $ZnSO_4$ 溶液接界处离子的扩散是不可逆的：电池放电时，Zn^{2+} 自 $ZnSO_4$ 溶液向 $CuSO_4$ 溶液迁移；电池充电时，Cu^{2+} 自 $CuSO_4$ 溶液向 $ZnSO_4$ 溶液迁移。但如果将分隔 $ZnSO_4$ 和 $CuSO_4$ 溶液的多孔隔板换为盐桥进行连接（盐桥的作用将在后面进行说明），则丹尼尔电池可近似地看成可逆电池。

8.6.1.2 韦斯顿电池

韦斯顿（Weston）电池是一类高度可逆的电池，由于其电动势随温度变化很小，在电化学中常常作为标准电池，因此韦斯顿电池也称为韦斯顿标准电池。

韦斯顿电池的构造如图 8-15 所示。电池的负极（－）为镉汞齐（$w_{Cd} = 12.5\%$），正极（＋）为汞与硫酸汞的糊状物，两个电极同时浸泡在含有 $CdSO_4 \cdot \dfrac{8}{3} H_2O$ 晶体的饱和溶液中。为了使电极与导线之间具有更好的电接触性能，通常在电极中加入少量汞。韦斯顿电池工作时的电极反应为

负极反应：
$$Cd(Hg) \Longrightarrow Cd^{2+} + 2e^-$$

$$Cd^{2+} + SO_4^{2-} + \frac{8}{3} H_2O(l) \Longrightarrow CdSO_4 \cdot \frac{8}{3} H_2O(s)$$

负极总反应：
$$Cd + SO_4^{2-} + \frac{8}{3} H_2O \Longrightarrow CdSO_4 \cdot \frac{8}{3} H_2O + 2e^-$$

正极反应：
$$Hg_2SO_4 + 2e^- \Longrightarrow 2Hg + SO_4^{2-}$$

电池反应：$Cd(Hg) + Hg_2SO_4(s) + \dfrac{8}{3} H_2O(l) \Longrightarrow CdSO_4 \cdot \dfrac{8}{3} H_2O(s) + 2Hg(l)$

根据电池中电解质溶液浓度的不同，韦斯顿电池可分为饱和及不饱和电池两大类。如电解质溶液为 $CdSO_4$ 的饱和溶液，称为饱和韦斯顿电池；如电解质溶液为不饱和 $CdSO_4$ 溶液则称为不饱和韦斯顿电池，不饱和韦斯顿电池的电动势受温度的影响更小。

比较图 8-14 及图 8-15 的电池可以看出，丹尼尔电池与韦斯顿电池具有不同的电池结构，前者是将正、负两个电极分别置于两种不同的电解质溶液中，而后者则是将正、负两电极置于同一电解质溶液中。这种将电池的正、负两电极分别置于不同的电解质溶液中所构成的电池称为双液电池，而将正、负两电极置于同一电解质溶液的电池称为单液电池。由于通常在不同电解质溶液的接界处存在离子的不可逆迁移，因此严格说，双液电池都是不可逆电池。

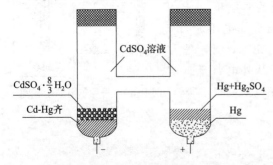

图 8-15 饱和韦斯顿电池示意图

8.6.2 原电池的表示

书写原电池的一般规则：

（1）将原电池的阳极（负极）写在左边，阴极（正极）写在右边。

（2）相界面如"固-液""固-固""液-液""固-气"界面等用"│"表示。

（3）盐桥用"‖"表示。盐桥的作用是将电解质溶液间的接界电势降到最低（关于液体接界电势在以后介绍）。

（4）注明温度、压力及原电池中各物质的物态，如不注明温度、压力，则一般指298.15K和标准压力。溶液要注明活度（浓度），气体要注明压力及相应的吸附电极。

根据上面的原则，丹尼尔电池和韦斯顿电池可分别表示为：

丹尼尔电池：

$$(-)Zn(s)|ZnSO_4(aq,a_1)‖CuSO_4(aq,a_2)|Cu(s)(+)$$

韦斯顿电池：

$$(-)Cd(Hg)(w_{Cd}=12.5\%)|CdSO_4·\frac{8}{3}H_2O(s)|CdSO_4(aq,饱和)|Hg_2SO_4(s)|Hg(l)(+)$$

通常，在电池的书写中电池的正、负极符号"（＋）""（－）"可以省略。

第7节　原电池的电动势及测量

8.7.1 电池电动势

原电池的电动势（electromotive force）是电池中正、负两个电极之间的电势差，以"E"表示，单位为伏（V）。由于原电池是将两个电极置于电解质溶液，并通过导线与外电路连接，因此在原电池中就形成了多个不同相的接界面，原电池的电动势也就是构成原电池中各个界面的电势差之和。这些界面电势差通常包括：①导线与电极间的界面电势差；②电极与电解质溶液间的界面电势差；③电解质溶液间的界面电势差。以铜线连接的丹尼尔电池，各界面电势差分别为

$$(-)Cu|Zn(s)|ZnSO_4(aq,a_1)‖CuSO_4(aq,a_2)|Cu(s)(+)$$
$$\Delta\phi_1 \quad \Delta\phi_2 \quad\quad \Delta\phi_3 \quad\quad \Delta\phi_4$$

其中$\Delta\phi_1$为铜导线与金属电极间的接触电势；$\Delta\phi_2$、$\Delta\phi_4$分别为正、负电极与电解质溶液间的电势差；$\Delta\phi_3$为二电解质溶液间的液体接界电势。因此丹尼尔电池的电动势E为

$$E=\Delta\phi_1+\Delta\phi_2+\Delta\phi_3+\Delta\phi_4$$

8.7.2 界面电势差的产生

8.7.2.1 电极与电解质溶液间的电势差

将金属电极插入水溶液时，由于极性水分子与金属电极中金属离子之间会产生相互作用（水合作用），从而减弱了金属中离子间的相互作用力，甚至可能使金属表面的部分金属离子由此而溶解到溶液中。其结果是金属电极因失去金属离子而带负电，而溶液中因存在过剩的金属离子而带正电。由于相反电荷间的静电相互吸引，溶液中的正离子会较多地集中在靠近金属电

极附近，于是在金属电极与溶液间形成了由正、负离子所构成的双电层（double layer）结构。

在金属/溶液界面，一方面金属离子可溶解到溶液中，但同时溶液中的金属离子也可重新沉积到金属表面，即金属电极在水溶液中存在着金属的溶解和溶液中金属离子向金属表面沉积的双向过程。从动力学的角度来看，双电层的存在一方面可以降低金属离子的溶解速率，同时也可以加快金属离子重新沉积到金属电极表面的沉积速率。当溶解与沉积速率相等时，金属/溶液界面离子的溶解、沉积达到平衡，于是形成了稳定的双电层结构，该双电层的电势差即是金属电极与溶液间的电势差。

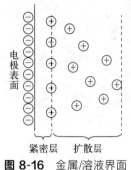

图 8-16 金属/溶液界面双电层示意图

需要指出的是，由于溶液中离子热运动的存在，在电极表面附近溶液中与电极表面带相反电荷的离子不可能完全集中在金属电极表面，而是在金属电极附近一定范围内（金属电极表面与溶液本体之间）形成具有一定浓度梯度的扩散层结构，这样的双电层称为扩散双电层，如图 8-16 所示。

8.7.2.2 金属接触电势

当具有不同功函数的两种金属接触时，电子可从一种金属逸出而进入另一种金属。由于金属的电子逸出功不同，金属中电子逸入或逸出的数目不等，这样在两种金属的接触界面上将出现电子的不均匀分布，由此而产生的电势差称为金属间的接触电势（contact potential）。通常情况下，任意两种金属的接触，只要它们的功函数不同，都会产生接触电势，如导线与金属电极间的接触。接触电势差的大小与金属间功函数的差值有关。

8.7.2.3 液体接界电势

与金属间的接触电势相似，当两种不同种类的电解质溶液或不同浓度的同种电解质溶液接触时，由于电解质溶液间离子的迁移数目不同可使正、负离子在溶液界面形成双电层结构，由此而产生的电势差称为液体接界电势（liquid junction potential）。例如在两种不同浓度的盐酸界面，H^+、Cl^- 将从高浓度溶液向低浓度溶液扩散。由于 H^+ 的迁移速率比 Cl^- 的迁移速率更大，因此在较稀溶液的一侧有过量的 H^+ 而带正电，而在较浓溶液一侧有过量的 Cl^- 而带负电，于是在溶液界面就形成了正、负离子双电层。双电层的存在一方面可降低 H^+ 的迁移速率，同时也加快了 Cl^- 的迁移，当两者的迁移速率相等时即在液体界面形成稳定的双电层，产生电势差。同理，不同电解质溶液的界面也会因不同离子的迁移速率不同而在溶液界面形成双电层，进而产生电势差。一般来说，液体接界电势都很小，大都小于 0.03V。

由于溶液界面扩散过程的不可逆性，使电池的可逆性遭到破坏，因此在电化学研究中总是尽可能地降低溶液界面的接界电势。减小液体接界电势的常用方法是在电解质溶液之间插入盐桥以代替电解质溶液间的直接接触。通常，盐桥是将正、负离子迁移速率相近的高浓度电解质溶液如 KCl，固定在 U 形管中而制成的。当在电解质溶液间插入盐桥后，电解质溶液间的接触界面由盐桥/溶液界面所取代，由于盐桥中离子的迁移速率相近，因此可以有效地降低液体接界电势。在选择盐桥时需要注意的是，所选盐桥中的电解质不应与电解质溶液发生反应，如在 $AgNO_3$ 溶液中就不能使用含 KCl 的盐桥。

8.7.3 电池电动势的测定

电池电动势的测量通常采用波根多夫（Poggendorff）对消法进行测量，测量示意图如

图 8-17 所示。其工作原理是通过在待测电池上并联一个与待测电池电动势相同的电源 E 对抗待测电池的电动势，在满足通过回路电流为零的条件下进行测量，避免由于电池的内阻及电极反应的发生而影响测量的结果。实验时，将 K_2 置于待测电池 E_X，移动均匀滑线电阻的触点使检流计 G 的读数为零（如 C 点）。根据物理学原理可知，滑线电阻上 AC 段的电势差在数值上应与待测电池 E_X 的电动势相等，因此测得滑线电阻上 AC 段的电势差即可求得待测电池的电动势。

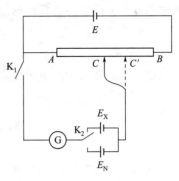

图 8-17 电池电动势测定示意图

实验中滑线电阻 AC 段的电位差通常利用标准电池 (E_N) 测得，即将 K_2 置于 E_N，移动滑线电阻触点使检流计的读数为零（C' 点），此时 AC' 段的电势差与标准电位差 E_N 相等。由于滑线电阻的电势差与其长度成正比，因此可求得待测电池的电动势 E_X：

$$E_X = E_N \frac{AC}{AC'}$$

8.7.4 电池电动势与电解质溶液活度的关系——电池反应的能斯特方程

对于电池反应：$aA(a_A) + bB(a_B) \Longrightarrow cC(a_C) + dD(a_D)$，根据化学反应等温方程，有

$$\Delta_r G_m = \Delta_r G_m^{\ominus} + RT \ln \frac{a_C^c a_D^d}{a_A^a a_B^b}$$

将 $\Delta_r G_m = -zFE$，$\Delta_r G_m^{\ominus} = -zFE^{\ominus}$ 代入、整理得

$$E = E^{\ominus} - \frac{RT}{zF} \ln \frac{a_C^c a_D^d}{a_A^a a_B^b} \tag{8.7.1}$$

式中，z 为电池反应所转移的电子数；$E^{\ominus}$ 为电池的标准电动势，是指参加反应的各物质均处于标准状态时电池的电动势，在温度一定时为定值。

式(8.7.1)称为电池反应的能斯特方程（Nernst equation），它表明温度一定时，电池的电动势与电池反应中各物质的活度有关。298.15K 时，有

$$E = E^{\ominus} - \frac{0.05916}{z} \ln \frac{a_C^c a_D^d}{a_A^a a_B^b}$$

需要说明的是，电池反应的 $\Delta_r G_m$ 是容量性质，且与电池反应的写法有关；但电池的电动势是强度性质，与电池反应的写法无关。例如对丹尼尔电池，电池反应可分别表示为

$$\text{Zn} + \text{Cu}^{2+} \Longrightarrow \text{Zn}^{2+} + \text{Cu} \qquad \Delta_r G_{m,1} \tag{1}$$

$$\frac{1}{2}\text{Zn} + \frac{1}{2}\text{Cu}^{2+} \Longrightarrow \frac{1}{2}\text{Zn}^{2+} + \frac{1}{2}\text{Cu} \qquad \Delta_r G_{m,2} \tag{2}$$

上面两个电池反应的化学计量数不同，根据化学反应 $\Delta_r G_m$ 的定义有

$$\Delta_r G_{m,1} = 2\Delta_r G_{m,2}$$

但同时由于上述反应（1）、（2）所对应的电子转移数 z 也不同，因此代入式(8.7.1)可得电池的电动势均为

$$E = E^{\ominus} - \frac{RT}{2F} \lg \frac{a_{\text{Cu}} a_{\text{Zn}^{2+}}}{a_{\text{Cu}^{2+}} a_{\text{Zn}}}$$

通常纯液态或纯固态物质的活度可近似为 1，则有

$$E = E^{\ominus} - \frac{RT}{2F} \lg \frac{a_{Zn^{2+}}}{a_{Cu^{2+}}}$$

对于有气体参加的电池反应，能斯特方程式(8.7.1)中的活度需用气体的逸度代替。

第 8 节　可逆电池的热力学

电池反应的能斯特方程描述了电池电动势与电池反应中各组分的性质、活度及温度等的相互关系。由于 $\Delta_r G_m = -zFE$，因此在测得电池的电动势后，利用热力学函数的关系，可进一步计算电池反应的 $\Delta_r G_m$、$\Delta_r S_m$、$\Delta_r H_m$ 及标准平衡常数等。

8.8.1　电池反应的 $\Delta_r G_m$、$\Delta_r H_m$ 及 $\Delta_r S_m$

对电池反应 $0 = \Sigma \nu_B B$，其摩尔反应吉布斯函数变 $\Delta_r G_m$ 与相应的电池电动势 E 满足 $\Delta_r G_m = -zFE$。因此若测定了一定温度时电池的电动势，就可以求得电池反应的 $\Delta_r G_m$；反过来若已知电池反应的 $\Delta_r G_m$，也可从理论上计算电池的电动势。

由热力学基本方程可知

$$\left(\frac{\partial \Delta_r G_m}{\partial T} \right)_p = -\Delta_r S_m$$

将 $\Delta_r G_m = -zFE$ 代入后得

$$\Delta_r S_m = zF \left(\frac{\partial E}{\partial T} \right)_p \tag{8.8.1}$$

式中，$\left(\frac{\partial E}{\partial T} \right)_p$ 是压力恒定时电池电动势随温度的变化率，称为电池电动势的温度系数，单位为 $V \cdot K^{-1}$。

通过实验测定不同温度下电池的电动势求得 $\left(\frac{\partial E}{\partial T} \right)_p$ 后，可利用式(8.8.1)计算出电池反应的 $\Delta_r S_m$。

在计算出电池反应的 $\Delta_r G_m$ 及 $\Delta_r S_m$ 后，利用热力学函数间的关系即可进一步计算出电池反应的其他热力学变量的变化值如 $\Delta_r H_m$ 等。以 $\Delta_r H_m$ 为例，在等温条件下，有

$$\Delta_r G_m = \Delta_r H_m - T \Delta_r S_m$$

将式(8.8.1)代入，则有

$$\Delta_r H_m = -zFE + zFT \left(\frac{\partial E}{\partial T} \right)_p \tag{8.8.2}$$

上式表明，化学反应的摩尔反应焓 $\Delta_r H_m$ 可以通过测定电池电动势及电动势的温度系数后得到。一般来说，由于能够很准确地测量电池的电动势，因此利用式(8.8.2)得到的 $\Delta_r H_m$ 值通常要比用量热法得到的 $\Delta_r H_m$ 值更准确。

8.8.2　电池可逆放电时的热效应

在等温条件下，电池可逆放电时的热效应 $Q_{R,m}$ 为可逆热，由熵的定义可知，

$$Q_{R,m} = T\Delta_r S_m$$

代入式(8.8.1) 有

$$Q_{R,m} = zFT\left(\frac{\partial E}{\partial T}\right)_p \tag{8.8.3}$$

式(8.8.3) 表明，电池等温可逆放电时，

若 $\left(\dfrac{\partial E}{\partial T}\right)_p > 0$，则 $Q_{R,m} > 0$，电池从环境吸热；

若 $\left(\dfrac{\partial E}{\partial T}\right)_p = 0$，则 $Q_{R,m} = 0$，电池与环境无热交换；

若 $\left(\dfrac{\partial E}{\partial T}\right)_p < 0$，则 $Q_{R,m} < 0$，电池向环境放热。

因此通过测定电池电动势的温度系数不但可以求得电池可逆放电时的反应热，而且还可以判断电池可逆放电时系统与环境间的热传递方向。

需要说明的是，电池在等温、等压条件下可逆放电时与环境交换的可逆热 $Q_{R,m}$ 与电池反应的摩尔反应焓并不相等，即 $Q_{R,m} \neq \Delta_r H_m$。这是由于电池放电时系统中有非体积功（电功），根据热力学关系，恒温时，有

$$\Delta_r H_m = \Delta_r G_m + T\Delta_r S_m$$

由热力学第二定律可知，等温、等压时系统发生可逆变化的吉布斯函数变化值等于系统对环境所做的最大非体积功，即 $\Delta_r G_m = W_r'$，于是

$$\Delta_r H_m = \Delta_r G_m + T\Delta_r S_m = W_r' + Q_{R,m}$$

因此，等温、等压时电池反应的 $\Delta_r H_m$ 等于电池可逆放电时与环境交换的功和热之和，与电池放电的可逆热效应 $Q_{R,m}$ 不相等。

8.8.3　电池反应的标准热力学平衡常数 $K^{\ominus}$

对电池反应 $0 = \Sigma\nu_B B$，电池的标准电池电动势 $E^{\ominus}$ 与反应的标准摩尔反应吉布斯函数变 $\Delta_r G_m^{\ominus}$ 之间满足：

$$\Delta_r G_m^{\ominus} = -zFE^{\ominus}$$

化学反应的标准热力学平衡常数 $K^{\ominus}$ 与反应的标准摩尔反应吉布斯函数变 $\Delta_r G_m^{\ominus}$ 的关系满足：

$$\Delta_r G_m^{\ominus} = -RT\ln K^{\ominus}$$

将上面两式整理后得

$$\ln K^{\ominus} = \frac{zFE^{\ominus}}{RT} \text{ 或 } K^{\ominus} = \exp\left(\frac{zFE^{\ominus}}{RT}\right) \tag{8.8.4}$$

若已知电池的标准电动势，可由式(8.8.4) 计算出电池反应的标准热力学平衡常数，反之由电池反应的标准热力学平衡常数也可计算出相应电池的标准电池电动势。

例题 8.8.1　测得 25℃时电池：

$$Ag\,|\,AgCl(s)\,|\,KCl(aq)\,|\,Hg_2Cl_2(s)\,|\,Hg$$

的电动势为 0.0458V，电池电动势的温度系数为 $\left(\dfrac{\partial E}{\partial T}\right)_p = 3.46 \times 10^{-4}\,V \cdot K^{-1}$，计算 25℃时电池反应的 $\Delta_r G_m$、$\Delta_r H_m$、$\Delta_r S_m$ 及电池等温可逆放电时的热 $Q_{R,m}$。

解： 电池的电极、电池反应为

负极反应：$2Ag + 2Cl^- \longrightarrow 2AgCl + 2e^-$

正极反应：$Hg_2Cl_2 + 2e^- \longrightarrow 2Hg + 2Cl^-$

电池反应：$2Ag + Hg_2Cl_2 \longrightarrow 2AgCl + 2Hg$

$$\Delta_r G_m = -zFE = -2 \times 96500 C \cdot mol^{-1} \times 0.0458V = -8.839 kJ \cdot mol^{-1}$$

$$\Delta_r S_m = zF\left(\frac{\partial E}{\partial T}\right)_p = 2 \times 96500 C \cdot mol^{-1} \times 0.346 \times 10^{-3} V \cdot K^{-1} = 66.778 J \cdot mol^{-1} \cdot K^{-1}$$

等温时有 $\Delta_r H_m = \Delta_r G_m + T\Delta_r S_m$，因此

$$\Delta_r H_m = \Delta_r G_m + T\Delta_r S_m = -8.839 \times 10^3 J \cdot mol^{-1} + 298.15K \times 66.778 J \cdot mol^{-1} \cdot K^{-1}$$
$$= 11.071 kJ \cdot mol^{-1}$$

$$Q_{R,m} = T\Delta_r S_m = 298.15K \times 66.778 J \cdot mol^{-1} \cdot K^{-1} = 19.910 kJ \cdot mol^{-1}$$

思考： 若将题中电池反应写作 $Ag + \frac{1}{2}Hg_2Cl_2 \longrightarrow AgCl + Hg$，是否得到与上面相同的结果？

第9节 电极电势

8-2

8.9.1 电极电势的定义

任一原电池均可看成由正、负两个相对独立的电极所构成，如通过盐桥连接的丹尼尔电池：

$$Zn(s) \mid ZnSO_4(aq, a_1) \parallel CuSO_4(aq, a_2) \mid Cu(s)$$

是由铜电极 $Cu(s) \mid CuSO_4(aq, a_2)$ 和锌电极 $Zn(s) \mid ZnSO_4(aq, a_1)$ 所构成，因此丹尼尔电池可简单表示为

锌电极 ∥ 铜电极

构成电池的每个电极，如铜电极，称为该电池的半电池（half cell）。从电动势的定义可知，电池的电动势 E 为电池正、负电极间的电势差，即

$$E = \Delta E_{\text{铜电极}} + \Delta E_{\text{锌电极}} \tag{8.9.1}$$

式中，$\Delta E_{\text{铜电极}}$、$\Delta E_{\text{锌电极}}$ 分别为铜电极、锌电极的电势差。

从上式可知，如已知电池中每个电极（半电池）的电势差，就可很容易地计算出原电池的电动势。但是目前无论从理论上还是实验上均不能得到单个电极电势差的绝对值。

从式(8.9.1)可以看出，如果能选定一个电极，以此电极为基准（标准电极）分别求得铜电极和锌电极对该标准电极的相对电势差后，同样能求出由它们所构成的丹尼尔电池的电动势。在 1958 年 IUPAC 正式规定了作为比较标准的电极为标准氢电极（standard hydrogen electrode，SHE）。同时规定，任何一个电极与相同温度下标准氢电极所组成的电池的电动势即为该电极的电极电势（electrode potential），用"$E_{\text{电极}}$"表示，单位为"V"。按照 IUPAC 推荐的惯例，通常将标准氢电极作为阳极，给定电极作为阴极组成电池：

标准氢电极 ∥ 给定电极

该原电池的电动势即为给定电极的电极电势。由于在上述电池中给定电极为正极，发生还原反应，因此得到的电极电势也称为还原电极电势。若给定电极中各物质均处于标准态，则测得的电极电势为标准电极电势，用"$E^{\ominus}_{\text{电极}}$"表示。

为了避免与电池的电动势混淆，通常在表示电极电势时需要注明物质的氧化态及还原态，即 $E_{\text{Ox} \mid \text{Red}}$。

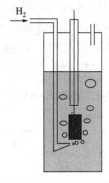

图 8-18 氢电极的结构示意图

8.9.2 标准氢电极

标准氢电极是把镀有铂黑的铂片插入含有 H^+ （$a_{H^+} = 1$）的溶液中，并将压力为 $p^\ominus$ 的氢气吸附到铂片上所构成的电极。

$$\text{Pt} \mid \text{H}_2(\text{g}, 100\text{kPa}) \mid \text{H}^+(a_{H^+} = 1)$$

其结构如图 8-18 所示。根据电极电势的定义，任何温度下标准氢电极的电极电势均规定为零，即

$$E^{\ominus}_{H^+ \mid H_2(g)} = 0$$

8.9.3 电极电势的能斯特方程

与电池电动势相同，温度一定时电极的电极电势也与溶液的活度有关，下面以锌电极的电极电势为例进行讨论。

将锌电极和标准氢电极组成如下电池：

$$\text{Pt} \mid \text{H}_2(\text{g}, 100\text{kPa}) \mid \text{H}^+(a_{H^+} = 1) \parallel \text{Zn}^{2+}(a_{\text{Zn}^{2+}}) \mid \text{Zn （s)}$$

电池中发生的电极、电池反应为：

阳极反应：$\text{H}_2(p^\ominus) \longrightarrow 2\text{H}^+(a_{H^+} = 1) + 2\text{e}^-$

阴极反应：$\text{Zn}^{2+}(a_{\text{Zn}^{2+}}) + 2\text{e}^- \longrightarrow \text{Zn}$

电池反应：$\text{Zn}^{2+}(a_{\text{Zn}^{2+}}) + \text{H}_2(p^\ominus) \longrightarrow 2\text{H}^+(a_{H^+} = 1) + \text{Zn}$

根据电池电动势的能斯特方程，假设 H_2 的逸度因子为 1，则电池的电动势 E 为

$$E = E^\ominus - \frac{RT}{2F} \ln\left(\frac{a_{\text{Zn}} a_{H^+}^2}{a_{\text{Zn}^{2+}} a_{H_2}}\right) = E^\ominus - \frac{RT}{2F} \ln \frac{a_{\text{Zn}}}{a_{\text{Zn}^{2+}}}$$

式中，$a_{H_2} = \dfrac{p}{p^\ominus} = 1$。

按照电极电势的定义，上式中电池电动势 E 即为锌电极的电极电势 $E_{\text{Zn}^{2+} \mid \text{Zn}}$，即

$$E_{\text{Zn}^{2+} \mid \text{Zn}} = E = E_{\text{Zn}^{2+} \mid \text{Zn}} - E^\ominus_{H^+ \mid H_2} = E^\ominus - \frac{RT}{2F} \ln \frac{a_{\text{Zn}}}{a_{\text{Zn}^{2+}}}$$

式中，$E^\ominus = E^\ominus_{\text{Zn}^{2+} \mid \text{Zn}} - E^\ominus_{H^+ \mid H_2} = E^\ominus_{\text{Zn}^{2+} \mid \text{Zn}}$，为锌电极的标准电极电势，因此

$$E_{\text{Zn}^{2+} \mid \text{Zn}} = E^\ominus_{\text{Zn}^{2+} \mid \text{Zn}} - \frac{RT}{2F} \ln \frac{a_{\text{Zn}}}{a_{\text{Zn}^{2+}}}$$

上式说明，在温度一定时锌电极的电极电势与电极反应中 Zn 及 Zn^{2+} 的活度有关。如将上面的结论推广到任一电极反应 $\text{Ox} + z\text{e} \Longrightarrow \text{Red}$，则有

$$E_{\text{Ox} \mid \text{Rex}} = E^\ominus_{\text{Ox} \mid \text{Red}} - \frac{RT}{zF} \ln \frac{a_{\text{Red}}}{a_{\text{Ox}}} \tag{8.9.2}$$

或

$$E_{\text{Ox} \mid \text{Red}} = E^\ominus_{\text{Ox} \mid \text{Red}} - \frac{RT}{zF} \ln \Pi a_B^{\nu_B} \tag{8.9.3}$$

式(8.9.2)、式(8.9.3) 称为电极反应的能斯特方程，它描述了电极电势与电极反应中各物质活度间的定量关系。在给定电极与标准氢电极所组成的电池中给定电极为正极，发生还原反应，因此所得电极电势为还原电极电势，也称氢标还原电极电势。表 8-7 中列出了 298.15K 时水溶液中一些电极的标准电极电势。

表 8-7　298.15K 时水溶液中一些电极的标准电极电势

电极	电极反应	$E^{\ominus}/V$	电极	电极反应	$E^{\ominus}/V$
$Zn^{2+} \mid Zn$	$Zn^{2+}+2e^- \longrightarrow Zn$	-0.76	$Cu^{2+} \mid Cu$	$Cu^{2+}+2e^- \longrightarrow Cu$	$+0.34$
$Ti^{2+} \mid Ti$	$Ti^{2+}+2e^- \longrightarrow Ti$	-1.63	$Fe^{3+},Fe^{2+} \mid Pt$	$Fe^{3+}+e^- \longrightarrow Fe^{2+}$	$+0.77$
$Li^+ \mid Li$	$Li^++e^- \longrightarrow Li$	-3.05	$I_3^-,I^- \mid Pt$	$I_3^-+2e^- \longrightarrow 3I^-$	$+0.53$
$K^+ \mid K$	$K^++e^- \longrightarrow K$	-2.93	$Cl^- \mid Hg_2Cl_2(s) \mid Hg$	$Hg_2Cl_2+2e^- \longrightarrow 2Hg+2Cl^-$	$+0.27$
$Ni^{2+} \mid Ni$	$Ni^{2+}+2e^- \longrightarrow Ni$	-0.23	$Cl^- \mid AgCl(s) \mid Ag$	$AgCl+e^- \longrightarrow Ag+Cl^-$	$+0.22$
$Pb^{2+} \mid Pb$	$Pb^{2+}+2e^- \longrightarrow Pb$	-0.13	$Cd^{2+} \mid Cd$	$Cd^{2+}+2e^- \longrightarrow Cd$	-0.40
$Cr^{3+},Cr^{2+} \mid Pt$	$Cr^{3+}+e^- \longrightarrow Cr^{2+}$	-0.41	$Au^{3+} \mid Au$	$Au^{3+}+3e^- \longrightarrow Au$	$+1.40$
$Fe^{2+} \mid Fe$	$Fe^{2+}+2e^- \longrightarrow Fe$	-0.44	$Ag^+ \mid Ag$	$Ag^++e^- \longrightarrow Ag$	$+0.80$
$Sn^{2+} \mid Sn$	$Sn^{2+}+2e^- \longrightarrow Sn$	-0.14	$H_2O,OH^- \mid O_2(g) \mid Pt$	$O_2+2H_2O+4e^- \longrightarrow 4OH^-$	$+0.40$
$H^+ \mid H_2(g) \mid Pt$	$2H^++2e^- \longrightarrow H_2(g)$	0.00	$H_2O,H^+ \mid O_2(g) \mid Pt$	$O_2+4H^++4e^- \longrightarrow 2H_2O$	$+1.23$

从表 8-7 中可见，电极的标准电极电势可以是正值也可以是负值。若标准电极电势为正，即 $E^{\ominus}_{Ox|Red}>0$，说明处于标准状态的电极与标准氢电极组成的电池自然放电时，电极上实际发生的是还原反应；当电极电势为负时，即 $E^{\ominus}_{Ox|Red}<0$，说明标准状态的电极与标准氢电极组成的电池自然放电时，电极上实际发生了氧化反应。电极电势数值的大小也反映出物种得失电子能力的强弱：电极电势越正，氧化态越容易得到电子；而电极电势越负，则还原态越容易失去电子。

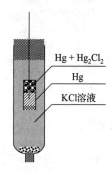

图 8-19 甘汞电极的结构示意图

虽然在定义电极电势时 IUPAC 规定了以标准氢电极为基准，但是由于标准氢电极的制备及纯化都比较复杂，而且使用起来也比较麻烦，因此在实际使用标准氢电极进行测量时操作不太方便。为了使测量更简单、易行，实际测量电极电势时大多采用甘汞电极、银-氯化银电极等取代氢电极作为测量的标准电极。这类电极的特点是电极电势稳定，且制备简单，使用方便。图 8-19 为甘汞电极的构造示意图，中心管状玻璃容器中装有汞、甘汞及氯化钾溶液的糊状物，容器中充满氯化钾溶液。由于甘汞电极的电极电势与 Cl^- 的活度有关，因此根据氯化钾溶液的浓度不同甘汞电极又分为饱和甘汞电极和不饱和甘汞电极两类，其中最为常见且使用得最多的是含有饱和 KCl 溶液的饱和甘汞电极。

8.9.4　电池电动势的计算

通过电极电势可以简单地计算出由任意两个电极所组成的电池的电动势。如由电极 1 和电极 2 组成如下电池：

$$电极1|电极2$$

则电池的电动势 E 等于电池中正极的电极电势 $E_右$ 减去负极的电极电势 $E_左$，即

$$E = E_右 - E_左 = E_{电极2} - E_{电极1} \tag{8.9.4}$$

实际上，除标准电极电势外，其他条件下的电极电势值并没有数据可查，此时电池电动势可通过实验测得，但测量结果会因实验条件的差异而出现偏差。因此，更加常用获得电池电动势的方法是利用标准电极电势，通过电极电势或电动势的能斯特方程进行计算。

在利用电极电势的能斯特方程进行计算时，需要先将电极的标准电极电势代入式(8.9.2)、式(8.9.3)中分别计算两个电极的电极电势，然后再按式(8.9.4)计算电池的电动势。而在利用电池电动势的能斯特方程计算时，则需先利用两个电极的标准电极电势计算出电池的标准电动势 $E^\ominus$，再代入式(8.7.1)计算电池的电动势。

例题 8.9.1 计算 298K 时电池 $Zn(s)|Zn^{2+}(aq, a_{Zn^{2+}}=0.1)|Cu^{2+}(aq, a_{Cu^{2+}}=0.1)|Cu(s)$ 的电动势。

解： 方法①利用电极电势的能斯特方程

负极反应：$Zn \longrightarrow Zn^{2+} + 2e^-$

正极反应：$Cu^{2+} + 2e^- \longrightarrow Cu$

电池反应：$Zn + Cu^{2+} \longrightarrow Zn^{2+} + Cu$

查表可得 $E^\ominus_{Zn^{2+}|Zn} = -0.76V$，$E^\ominus_{Cu^{2+}|Cu} = 0.34V$，代入电极电势的能斯特方程，有

$$E_{Zn^{2+}|Zn} = E^\ominus_{Zn^{2+}|Zn} - \frac{RT}{zF}\ln\frac{a_{Zn}}{a_{Zn^{2+}}} = \left(-0.76 - \frac{8.314 \times 298.15}{2 \times 96500}\ln\frac{1}{0.1}\right)V = -0.79V$$

$$E_{Cu^{2+}|Cu} = E^\ominus_{Cu^{2+}|Cu} - \frac{RT}{zF}\ln\frac{a_{Cu}}{a_{Cu^{2+}}} = \left(0.34 - \frac{8.314 \times 298.15}{2 \times 96500}\ln\frac{1}{0.1}\right)V = 0.31V$$

电池电动势 E 为：$E = E_{Cu^{2+}|Cu} - E_{Zn^{2+}|Zn} = [0.31 - (-0.79)]V = 1.10V$

方法②利用电池电动势的能斯特方程

电池的标准电动势为 $E^\ominus = E^\ominus_{Cu^{2+}|Cu} - E^\ominus_{Zn^{2+}|Zn} = [0.34 - (-0.76)]V = 1.10V$

代入电池反应的能斯特方程，有

$$E = E^\ominus - \frac{RT}{zF}\ln\frac{a_{Cu}a_{Zn^{2+}}}{a_{Cu^{2+}}a_{Zn}} = \left(1.10 - \frac{8.314 \times 298.15}{2 \times 96500}\ln\frac{1 \times 0.1}{0.1 \times 1}\right)V = 1.10V$$

第 10 节　电极的种类

电极是进行电极反应的场所，也是构成电池必不可少的组成部分。在电化学中通常按构成电极中氧化态、还原态物质的种类及状态将电极分为第一类电极、第二类电极和第三类电极。

8.10.1　第一类电极

第一类电极包括各种金属电极、卤素电极、氢电极及氧电极等。

（1）金属电极：是将金属插入含有该金属离子的溶液中构成的电极，如 $Zn^{2+}|Zn$、$Cu^{2+}|Cu$ 等。电极反应为

$$Zn^{2+} + 2e^- \longrightarrow Zn$$

$$Cu^{2+} + 2e^- \longrightarrow Cu$$

（2）卤素电极、氢电极及氧电极：这类电极是将吸附了气体的惰性电极插入含有该气体元素离子的溶液中所构成的电极。

① 卤素电极：如 $Cl^-(a_{Cl^-}) \mid Cl_2(g, p) \mid Pt$。

电极反应：$Cl_2 + 2e^- \longrightarrow 2Cl^-$

② 氢电极：根据电解质溶液 pH 的不同可分为酸性氢电极及碱性氢电极，但使用最多的氢电极是酸性氢电极。

酸性氢电极：$H^+(a_{H^+}) \mid H_2(g, p) \mid Pt$

电极反应：$2H^+ + 2e^- \longrightarrow H_2(g)$

碱性氢电极：$H_2O, OH^-(a_{OH^-}) \mid H_2(g, p) \mid Pt$

电极反应：$2H_2O + 2e^- \longrightarrow H_2(g) + 2OH^-$

③ 氧电极：与氢电极相似，同样也有酸性氧电极及碱性氧电极两类。

酸性氧电极：$H_2O, H^+(a_{H^+}) \mid O_2(g, p) \mid Pt$

电极反应：$O_2 + 4H^+ + 4e^- \longrightarrow 2H_2O(l)$

碱性氧电极：$H_2O, OH^-(a_{OH^-}) \mid O_2(g, p) \mid Pt$

电极反应：$O_2 + 2H_2O + 4e^- \longrightarrow 4OH^-$

第一类电极是一类在电池中广泛使用的电极，如丹尼尔电池、燃料电池等。

燃料电池（fuel cell）是一类以燃料作为能源，将化学能直接转化为电能的电池。电池的负极通常由惰性电极如 Pt 和燃料构成，燃料可以是氢气、甲烷、甲醇、天然气等，电池的正极则由惰性电极和空气或氧气构成。燃料电池中以氢为燃料的氢-氧燃料电池是研究最为广泛的燃料电池之一，其电池可表示为

$$Pt \mid H_2(g, p_1) \mid OH^-(aq, a_{OH^-}) \mid O_2(g, p_2) \mid Pt$$

电极、电池反应为

负极反应：$H_2(g) + 2OH^- \longrightarrow 2H_2O(g) + 2e^-$

正极反应：$\dfrac{1}{2}O_2(g) + H_2O(g) + 2e^- \longrightarrow 2OH^-$

8-3

电池反应：$H_2(g) + \dfrac{1}{2}O_2(g) \longrightarrow H_2O(g)$

根据电池反应的能斯特方程可知，氢-氧燃料电池的电动势与氢、氧的压力有关，其标准电池电动势为 1.229V。

由于燃料电池具有较高的能量转换效率（理论转换效率为 100%）、绿色无污染等特点，因此受到了广泛关注。

8.10.2 第二类电极

第二类电极包括金属-金属难溶盐电极及金属-金属难溶氧化物电极，这类电极是在金属表面覆盖一层该金属的难溶盐或难溶氧化物所构成的，如甘汞电极、银-氯化银电极等。

甘汞电极：$Cl^-(a_{Cl^-}) \mid Hg_2Cl_2(s) \mid Hg(l)$

电极反应：$Hg_2Cl_2 + 2e^- \longrightarrow 2Hg(l) + 2Cl^-$

银-氯化银电极：$Cl^-(aq, a_{Cl^-}) | AgCl(s) | Ag(s)$

电极反应：$AgCl + e^- \longrightarrow Ag + Cl^-$

银-氧化银电极：$H_2O, OH^-(a_{OH^-}) | Ag_2O(s) | Ag(s)$

电极反应：$Ag_2O + H_2O + 2e^- \longrightarrow 2Ag(s) + 2OH^-$

甘汞电极、银-氯化银电极在电化学研究中常用作参比电极，是最为常见且应用最为广泛的第二类电极。除此之外，作为重要的二次电池之一的银锌电池也含有第二类电极，其电池表示为

$$Zn(s) | Zn(OH)_2(s) | KOH(aq) | Ag_2O(s) | Ag(s)$$

电极、电池反应为

负极反应：$Zn(s) + 2OH^- \longrightarrow Zn(OH)_2(s) + 2e^-$

正极反应：$Ag_2O(s) + H_2O + 2e^- \longrightarrow 2Ag(s) + 2OH^-$

电池反应：$Zn(s) + Ag_2O(s) + H_2O \longrightarrow 2Ag(s) + Zn(OH)_2(s)$

由于银锌电池的电池质量比能量较高，而且能大电流放电，因此在火箭、宇宙飞船等领域具有较好的应用前景。

8.10.3　第三类电极

第三类电极也称氧化还原电极，是将惰性电极插入含有氧化、还原离子对的溶液中所构成的电极。这类电极中的惰性电极只起到传递电子的任务，不参与电极反应，如 Fe^{3+}, $Fe^{2+} | Pt$、Cr^{3+}, $Cr^{2+} | C$（石墨）等。电极反应如下：

Fe^{3+}, $Fe^{2+} | Pt$，电极反应：$Fe^{3+} + e^- \longrightarrow Fe^{2+}$

Cr^{3+}, $Cr^{2+} | C$（石墨），电极反应：$Cr^{3+} + e^- \longrightarrow Cr^{2+}$

还有一类对氢离子可逆的氧化还原电极，这类电极的重要应用是测定溶液的 pH，其中最简单的是醌（Q）-氢醌（H_2Q）电极。测量时通常将等分子比的 Q/H_2Q 复合物放入待测溶液中，并用金属 Pt 和甘汞电极组成电池：甘汞电极 | 待测溶液 | Q，$H_2Q | Pt$。该电池的电动势 E 为

$$E = E_{Q|H_2Q} - E_{甘汞电极}$$

电池中 Q、H_2Q 发生的电极反应为

$$Q + 2H^+ + 2e^- \longrightarrow H_2Q$$

据能斯特方程，其电极电势为

$$E_{Q|H_2Q} = E^{\ominus}_{Q|H_2Q} - \frac{RT}{2F} \ln \frac{a_{H_2Q}}{a_Q a^2_{H^+}}$$

由于 Q/H_2Q 为等分子复合物且在水中的溶解度很小，可近似认为它们在溶液中的活度相等，即 $a_Q = a_{H_2Q}$，于是

$$E_{Q|H_2Q} = E^{\ominus}_{Q|H_2Q} + \frac{RT}{F} \ln a_{H^+}$$

$E_{甘汞电极}$、$E^{\ominus}_{Q|H_2Q}$ 可从电极电势数据表中查得，因此只要测定出电池的电动势，就可计算出待测溶液的 pH。需要注意的是，$Q | H_2Q$ 电极不能用于测量碱性溶液的 pH，因为当溶液 pH > 8.5 时 H_2Q 会大量解离，此时 $a_Q \neq a_{H_2Q}$，从而使测量结果产生误差。

测定溶液 pH 更为广泛的方法是采用玻璃电极。其工作原理是利用玻璃薄膜将具有不同

pH 的溶液分开，这样在玻璃薄膜的两侧由于 H^+ 的浓度不同而产生电势差，称为膜电势差。由于膜电势差的大小与薄膜两侧溶液的 H^+ 浓度有关，若固定一侧溶液的 pH，此时电势差则仅仅决定于另一侧溶液的 pH，因此只要测定膜两侧的电势差即可计算另一侧溶液的 pH。

第 11 节　原电池的设计及应用

原电池的设计就是将一些自发进行的物理、化学过程通过电池反应来实现，进而将化学能等转化为电能。这些物理、化学过程可以是化学反应，也可以是物理变化过程。设计的基本原则是将物理、化学过程分解成可以在两个电极上进行的氧化、还原反应，使两个电极反应的总和，即电池反应与该物理化学过程相同。通常在完成电池设计后应写出相应的电极反应和电池反应。下面通过一些实例加以说明。

例题 8.11.1　将下列反应设计成原电池：

(1) $AgCl(s) + \dfrac{1}{2}H_2(g, p) \longrightarrow HCl(aq, b) + Ag(s)$

(2) $Ag_2O_2(s) + 2H_2O + 2Zn(s) \longrightarrow 2Ag(s) + 2Zn(OH)_2(s)$

解：(1) 阳极反应　$\dfrac{1}{2}H_2 \longrightarrow H^+ + e^-$

阴极反应　$AgCl(s) + e^- \longrightarrow Ag(s) + Cl^-$

电池反应　$AgCl(s) + \dfrac{1}{2}H_2(g) \longrightarrow HCl + Ag(s)$

设计电池为 $Pt \mid H_2\,(p) \mid HCl\,(a) \mid AgCl\,(s) \mid Ag\,(s)$

假定 H_2 的逸度因子为 1，根据能斯特方程，该电池的电动势为

$$E = E^\ominus - \frac{RT}{zF}\ln\frac{a_{Ag}\,a_{H^+}\,a_{Cl^-}}{a_{AgCl}\left(\dfrac{p_{H_2}}{p^\ominus}\right)^{\frac{1}{2}}}$$

由于 $a_{Ag} = 1$，$a_{AgCl} = 1$，$a_{H^+}\,a_{Cl^-} = a_\pm^2 = \left(\gamma_\pm \dfrac{b_\pm}{b^\ominus}\right)$，则

$$E = E^\ominus - \frac{RT}{zF}\ln a_\pm^2 = E^\ominus - \frac{2RT}{zF}\ln\gamma_\pm \frac{b_\pm}{b^\ominus}$$

从上式可知，只要从电极电势表中查得 $E^\ominus_{Cl^- \mid AgCl \mid Ag}$，通过测定不同浓度盐酸时上述电池的电动势，就可求出不同浓度盐酸的平均活度、平均活度因子。

(2) 阳极反应　$2Zn + 4OH^- \longrightarrow 2Zn(OH)_2 + 4e^-$

阴极反应　$Ag_2O_2 + 2H_2O + 4e^- \longrightarrow 2Ag + 4OH^-$

电池反应　$Ag_2O_2 + 2H_2O + 2Zn \longrightarrow 2Ag + 2Zn(OH)_2$

原电池为　$Zn(s) \mid Zn(OH)_2(s) \mid OH^-, H_2O \mid Ag_2O_2(s) \mid Ag(s)$

上面例子中的化学反应均为氧化还原反应，只要能分析出反应中发生氧化、还原的物质即可简单地完成原电池的设计。但并非只能将氧化还原化学反应设计成原电池，对于那些没有电子得失的化学反应同样可能设计成原电池。

例题 8.11.2　将下列反应设计成原电池：

(1) $AgCl(s) + NaBr(a_1) \longrightarrow AgBr(s) + NaCl(a_2)$

（2） $H_2O \longrightarrow H^+ + OH^-$

解：（1） 阳极反应　$Ag(s) + NaBr \longrightarrow Na^+ + AgBr(s) + e^-$

阴极反应　$AgCl(s) + e^- \longrightarrow Ag(s) + Cl^-$

电池反应　$AgCl(s) + NaBr(a_1) \longrightarrow AgBr(s) + NaCl(a_2)$

设计电池为 $Ag(s) | NaBr(a_1) \parallel NaCl(a_2) | AgCl(s) | Ag(s)$

（2） 可利用氢电极或氧电极设计原电池

利用氢电极：

阳极反应　$\dfrac{1}{2}H_2 \longrightarrow H^+ + e^-$

阴极反应　$H_2O + e^- \longrightarrow \dfrac{1}{2}H_2 + OH^-$

电池反应　$H_2O \longrightarrow H^+ + OH^-$

设计电池为　$Pt | H_2(g, p) | H^+ \parallel OH^- | H_2(g, p) | Pt$

利用氧电极：

阳极反应　$\dfrac{1}{2}H_2O \longrightarrow \dfrac{1}{4}O_2 + H^+ + e^-$

阴极反应　$\dfrac{1}{4}O_2 + \dfrac{1}{2}H_2O + e^- \longrightarrow OH^-$

电池反应　$H_2O \longleftrightarrow H^+ + OH^-$

设计电池为 $Pt | O_2(g, p) | H^+ \parallel OH^- | O_2(g, p) | Pt$

　　从上例（2）可以看到，同一个化学反应可以通过不同途径设计成不同的原电池。根据电池反应的能斯特方程，无论是采用氢电极还是氧电极得到的电池，其电池电动势均为

$$E = E^\ominus - \frac{RT}{zF} \ln \frac{a_{H^+} a_{OH^-}}{a_{H_2O}}$$

查表可知，两个电池的标准电池电动势 $E^\ominus$ 相等，两个原电池的可逆电动势也相等。而根据水的离子积常数 K_w 的定义，当上述电池达平衡时 $E = 0$，可求出水的离子积常数 K_w，即

$$K_w = \exp(\frac{zFE^\ominus}{RT})$$

　　同样，利用标准电极电势还可以计算难溶盐的溶度积 K_{sp}，如计算 $AgCl$ 的 K_{sp}，可以设计下列电池：

$$Ag(s) | Ag^+(a_{Ag^+}) \parallel Cl^-(a_{Cl^-}) | AgCl(s) | Ag(s)$$

负极反应：$Ag(s) \longrightarrow Ag^+(a_{Ag^+}) + e^-$

正极反应：$AgCl(s) + e^- \longrightarrow Ag(s) + Cl^-(a_{Cl^-})$

电池反应：$AgCl(s) \longleftrightarrow Ag^+(a_{Ag^+}) + Cl^-(a_{Cl^-})$

电池电动势为

$$E = E^\ominus - \frac{RT}{zF} \ln \frac{a_{Ag^+} a_{Cl^-}}{a_{AgCl}}$$

根据溶度积的定义，当电池平衡时 $E = 0$，$AgCl$ 的 K_{sp} 为：

$$K_{sp} = \exp(\frac{zFE^\ominus}{RT})$$

式中，$E^{\ominus} = E^{\ominus}_{AgCl|Ag} - E^{\ominus}_{Ag^+|Ag}$。

另外，某些自发进行的物理过程，如不同浓度电解质溶液或不同压力的气体之间的扩散过程等，也可以设计为原电池。

例题 8.11.3 将扩散过程 $H_2(g, p_1) \longrightarrow H_2(g, p_2)$（$p_1 > p_2$）设计成原电池。

解： 阳极反应　$H_2(g, p_1) \longrightarrow 2H^+ + 2e^-$

阴极反应　$2H^+ + 2e^- \longrightarrow H_2(g, p_2)$

电池反应　$H_2(g, p_1) \longrightarrow H_2(g, p_2)$

原电池为　$Pt | H_2(g, p_1) | H^+(a) | H_2(g, p_2) | Pt$

由能斯特方程有

$$E = E^{\ominus} - \frac{RT}{zF} \ln \frac{p_2}{p_1} = -\frac{RT}{zF} \ln \frac{p_2}{p_1}$$

因为 $p_1 > p_2$，则 $E > 0$。

上例中的电池是利用阴、阳两个电极上气体的压力不同进行工作的。同样，通过相似的方法也可将不同浓度电解质溶液间的扩散过程通过原电池实现，如可将 Ag^+ 从高浓度向低浓度的扩散过程 $Ag^+(a_1) \longrightarrow Ag^+(a_2)$（$a_1 > a_2$）设计成原电池：$Ag | Ag^+(a_1) | Ag^+(a_2) | Ag$。电池电动势为

$$E = E^{\ominus} - \frac{RT}{zF} \ln \frac{a_2}{a_1} = -\frac{RT}{zF} \ln \frac{a_2}{a_1}$$

因 $a_1 > a_2$，所以 $E > 0$，电池放电时自发进行。

上面的电池均是利用物质的浓度（压力）不同而构成的，这样的电池称为浓差电池（concentration cell）。通常浓差电池又可分为电极浓差电池和电解质浓差电池两类。由于正、负两个电极溶液中电解质浓度的不同而形成的原电池称为电解质浓差电池，如 $Ag^+(a_1) \longrightarrow Ag^+(a_2)$；而由于电极上物质浓度的差别而构成的电池则称为电极浓差电池，如 $H_2(g, p_1) \longrightarrow H_2(g, p_2)$。

如上例所示，在将某些物理化学过程设计为原电池时，可能在电极反应中需引入或产生新的物质，这在原电池的设计中是允许的，但前提是一个电极反应中引入或产生的新物质必须在另一电极反应中等量产生或完全消耗掉。

Ⅲ. 电解池

在原电池的外电路中反向串联一外加电源，当外加电源的电压比原电池的电动势小时，原电池工作并对外做功，将化学能转化为电能；如外加电源的电压大于原电池的电动势时，外加电源对原电池做功，此时原电池中电极反应发生逆转，进而将电能转化为化学能。电化学中把这种将电能转化为化学能的装置称为电解池（electrolytic cell），而电解池中所发生的反应称为电解反应。

第 12 节　分解电压

电解过程是在外加电源的作用下，电极上进行氧化还原反应的过程，即电解质的分解过

程。一定压力时，外加电压需要达到某一特定值以后才能使电解反应持续发生，将电解质在电极上持续分解所需的最小外加电压称为分解电压（decomposition potential）。如在一定浓度的盐酸中插入惰性电极 Pt，并与外加电源相连，即构成电解稀盐酸的电解池，如图 8-20 所示。图 8-20 中 G 及 V 为电流计及伏特计，可变电阻 R 用于调节外加电压的大小。实验时逐渐增大外加电源的电压，并记录电路中相应的电流值，得到如图 8-21 所示的电流密度-电压关系曲线。

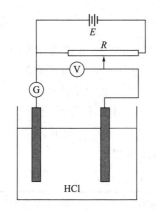
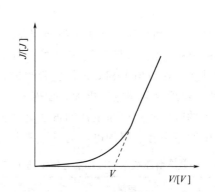

图 8-20 分解电压测定示意图   图 8-21 分解电流密度-电压关系曲线

从图 8-21 中可以看到，在外加电压较小时电路中几乎没有电流通过，随着外加电压的逐渐增大，电流略有增加。当外加电压达到一定数值后继续增大时，电流线性增加，此时在两个电极附近可以观察到有气泡持续产生。图 8-21 中，将电流线性增加时的直线外延至与电压轴相交，交点所对应的电压 V 即为使 HCl 分解所需要外加的最小电压，称为 HCl 的分解电压。

图 8-21 所示的电流密度-电压关系曲线可以通过下面的分析加以理解。当在 Pt 电极上施加外加电压时，盐酸中的 H^+ 和 Cl^- 在外电场作用下分别向阴、阳两极迁移，并在电极上发生如下电极反应：

阴极反应：$H^+ + e^- \longrightarrow \frac{1}{2}H_2$

阳极反应：$Cl^- \longrightarrow \frac{1}{2}Cl_2 + e^-$

电池反应：$H^+ + Cl^- \longrightarrow \frac{1}{2}H_2 + \frac{1}{2}Cl_2$

其结果是 HCl 在外加电场的作用下分解成 H_2 和 Cl_2。

在最初阶段由于外加电压较小，在阴、阳两极虽有微量的 H_2 和 Cl_2 产生，但由于其压力远低于系统外压，因此电极上没有气体逸出。在电极上产生的 H_2 和 Cl_2 与电解质溶液可构成以氢电极为阳极、氯电极为阴极的原电池：

$$Pt \,|\, H_2(g) \,|\, HCl(aq, a_{HCl}) \,|\, Cl_2(g) \,|\, Pt$$

由于该原电池电动势的正、负极正好与外加电压相反，因此也称为反电动势（back electromotive force，E_b）。随着外加电压的增大，电极上产生 H_2 和 Cl_2 的压力不断增大，由电池反应的能斯特方程可知，反电动势也不断增大。在外加电压达到分解电压之前，反电动势在数值上始终与外加电压相等，电路中的电流几乎为零。由于电极上产生的 H_2 和 Cl_2 会向溶液中缓慢扩散，降低了电极上 H_2 和 Cl_2 的压力，电路中需要通入适当的电流使电极上的产物得以补充，因此电路中电流会有少许增加。

当外加电压达到 HCl 的分解电压时，电极上生成的 H_2 和 Cl_2 的压力与外压相等，于是 H_2 和 Cl_2 以气泡的形式从溶液中逸出，原电池的反电动势达到最大值 $E_{b,max}$。之后，进一步增加外加电压，由于反电动势不再增大，由欧姆定律可知电路的电流 I 与外加电压成正比：

$$I = \frac{E_{外} - E_{b,max}}{R}$$

式中，$E_{外}$ 为外加电压；R 为电解池回路的电阻，因此电路中电流线性增加。

从上面的分析可知，理论上电解质的分解电压 $E_{理论}$ 应与电解时所形成原电池的可逆电动势（反电动势）在数值上相等。但实验测量时却发现，通过实验所测得的电解质的分解电压 $E_{分解}$ 通常都比理论分解电压更大，如表 8-8 所示。表 8-8 中理论分解电压 $E_{理论}$ 是由能斯特方程计算出的电解时相应原电池的可逆电动势（反电动势）。产生这种偏差的原因是由于在电解过程中回路中有一定的电流通过而使电极产生极化所致。

表 8-8　室温下一些电解质在水溶液中的分解电压（溶液浓度为 1mol·dm^{-3}）

电解质	电解产物	实测分解电压 $E_{分解}$/V	理论分解电压 $E_{理论}$/V
HCl	H_2、Cl_2	1.31	1.37
HI	H_2、I_2	0.52	0.55
H_2SO_4	H_2、O_2	1.67	1.23
NaOH	H_2、O_2	1.69	1.23
HNO_3	H_2、O_2	1.69	1.23
$NH_3 \cdot H_2O$	H_2、O_2	1.74	1.23
$CuSO_4$	Cu、O_2	1.49	0.51
$CdSO_4$	Cd、O_2	2.03	1.26
$AgNO_3$	Ag、O_2	0.7	0.04
NiCl	Ni、Cl_2	1.85	1.64
$ZnBr_2$	Zn、Br_2	1.80	1.87

第 13 节　极化作用

当电极上无电流通过时，电极处于平衡状态，其电极电势为平衡电极电势或可逆电极电势。当电极上有电流通过时，电极偏离其平衡状态，因此电极电势也偏离了平衡电极电势，这种在电极上有电流通过时所造成的电极电势偏离平衡电极电势的现象称为电极极化（polarization）。根据电极极化产生的原因不同可将电极的极化分为"电化学极化"及"浓差极化"两大类。

8.13.1　电化学极化

电化学极化（electrochemical polarization）是指由于电极反应本身的迟缓性所引起的电

极电势偏离平衡电极电势的现象。如对阴极反应来说，若电极反应的速率相对于外电源电子的供给速率更慢时，电极反应不能及时消耗掉外电源供给的电子，于是会使部分电子在阴极囤积，从而导致阴极电极电势相对于其平衡电极电势发生负移。同理，阳极反应速率较慢时将会导致阳极电极电势的正移。总之，无论是对阳极还是阴极，当电极反应速率比回路中电荷的供给速率更慢时，就会使电荷在电极上囤积，使电极电势偏离其平衡电极电势发生移动，这就是电化学极化产生的原因所在。

8.13.2　浓差极化

浓差极化（concentration polarization）是指由于电解质溶液中离子扩散速率比电极反应速率更慢时，所引起的电极电势偏离其平衡电极电势的现象。下面以铜电极上 Cu^{2+} 的阴极还原为例对浓差极化进行说明。当铜电极上没有电流通过时，电极的可逆电极电势或平衡电极电势 $E_{可逆}$ 服从能斯特方程（假定 $\gamma_{Cu^{2+}}=1$）：

$$E_{可逆}=E_{Cu^{2+}|Cu}^{\ominus}-\frac{RT}{zF}\ln\left(\frac{1}{b_{Cu^{2+}|b^{\ominus}}}\right)$$

8-4

式中，$b_{Cu^{2+}}$ 为电解质溶液中 Cu^{2+} 的质量摩尔浓度。

当电流通过电极时，铜电极上发生 Cu^{2+} 的还原反应，即

$$Cu^{2+}+2e^{-}\longrightarrow Cu(s)$$

由于阴极（铜电极）附近溶液中的 Cu^{2+} 在阴极被还原而沉积到电极表面，使电极附近溶液中 Cu^{2+} 的浓度低于溶液本体中 Cu^{2+} 浓度，于是本体溶液中的 Cu^{2+} 势必通过扩散对电极附近溶液中的 Cu^{2+} 进行补充。若 Cu^{2+} 的补充速率小于电极反应中 Cu^{2+} 被还原的速率，则会使阴极附近溶液中 Cu^{2+} 的浓度低于溶液本体中的 Cu^{2+} 浓度。其结果就如同将金属铜电极插入了一个浓度更低的 Cu^{2+} 溶液中。根据能斯特方程，此时阴极的电极电势 $E_{不可逆}$ 为：

$$E_{不可逆}=E_{Cu^{2+}|Cu}^{\ominus}-\frac{RT}{zF}\ln\left(\frac{1}{b'_{Cu^{2+}|b^{\ominus}}}\right)$$

式中，$b'_{Cu^{2+}}$ 为稳定后电极附近溶液中 Cu^{2+} 的浓度。

由于 $b'_{Cu^{2+}}<b_{Cu^{2+}}$，因此 $E_{不可逆}<E_{可逆}$，即有电流通过时的阴极电极电势比其平衡电极电势更小。同理，若铜电极为阳极，在一定电流密度下，假设 Cu^{2+} 的扩散速率低于 Cu 的氧化速率，则在电极上铜氧化反应 $Cu(s)\longrightarrow Cu^{2+}+2e^{-}$ 进行时，电极附近溶液中 Cu^{2+} 的浓度将大于溶液本体的 Cu^{2+} 浓度，结果导致阳极电极电势比其平衡电极电势更大。由于此时电极电势偏离平衡电极电势是由于电流通过时，电极附近溶液中 Cu^{2+} 与溶液本体 Cu^{2+} 之间产生了浓度差所造成的，因此称为浓差极化。

在电流密度一定时，浓差极化的大小决定于达平衡时电极附近电解质溶液与本体之间的浓度差值，浓度差越大则浓差极化也越大。通常能降低溶液浓度差的方法如搅拌等，都可用于降低浓差极化，但应注意通过溶液搅拌的方法并不能完全消除浓差极化，因为通常在电极附近几个分子层厚度的范围内是搅拌所不能到达的。

8.13.3　超电势

电极极化的大小在电化学中常用超电势来进行表征，超电势（overpotential）是指一定

电流密度下的电极电势 $E_{电极}$ 与其平衡电极电势 $E_{电极,平}$ 之差的绝对值，用"η"表示，即

$$\eta = |E_{电极} - E_{电极,平}|$$

或

$$\eta_{阴} = E_{阴,平} - E_{阴}$$
$$\eta_{阳} = E_{阳} - E_{阳,平} \tag{8.13.1}$$

于是表 8-8 中实测分解电压 $E_{分解}$ 可表示为：

$$E_{分解} = E_{理论} + \eta + IR$$

式中，$E_{理论}$ 为理论分解电压；R 为包括电解质溶液内部及电极和导线接触等在内的回路中所有电阻；η 为电极极化所引起的超电势。

影响超电势的因素很多，如电流密度、温度、电极材料、电解质的性质及浓度、溶液中的杂质等，超电势的大小可以通过测定电极的极化曲线得到。一般来说，析出金属的超电势较小，而析出气体特别是氢、氧的超电势较大。

由于超电势对电极上的电极反应产生较大的影响，因此对超电势特别是对气体如氢、氧超电势的研究具有非常重要的意义。早在 1905 年，Tafel 通过研究提出了氢超电势与电流密度间的经验式：

$$\eta = a + b \ln \frac{J}{[J]} \tag{8.13.2}$$

式 (8.13.2) 称 Tafel 公式，其中 a、b 为常数。a 是单位电流密度时的析氢超电势值，与电极材料及表面性质、溶液组成及温度等有关；而 b 对大多数金属电极来说相差不大，常温时约为 0.05V。一般情况下，氢超电势的大小由 a 值决定，a 值越大表明氢超电势也越大。

在电流密度很小，即 $J \to 0$ 时，式 (8.13.2) 不再成立。因为在 $J \to 0$ 时，根据式 (8.13.2) 可知氢的超电势应趋近 $-\infty$，这与事实不相符合。实际上，在低电流密度时氢的超电势与电流密度成正比，即 $\eta = \omega J$，ω 是与金属电极性质有关的常数。

8.13.4 极化曲线的测定

8-5

电极极化曲线（polarization curve）是描述电极电势与通过电极的电流密度间关系的曲线，因此极化曲线的测定实际上就是测定不同电流密度时的电极电势。如图 8-22 所示，在电解质溶液中放入面积已知的待测电极 2 和辅助电极 1，并与外加电源相连构成电解池，可变电阻 R 用于调节通过电极的电流。将待测电极 2 与参比电极 3（通常为甘汞电极）组成电池，通过测定该电池的电动势而求出待测电极 2 的电极电势。实验时调节可变电阻 R，测定不同电流密度下的电极电势（此时为阴极），将测得的电流密度与电极电势绘制成图即得到电解池中电极的极化曲线（J-E 曲线）。通过相似的方法可测得原电池中电极的极化曲线。

图 8-23 为原电池及电解池中电极的极化曲线，图中实线为电极的极化电极电势，虚线为电极的平衡电极电势，图中不同电流密度时实线与虚线的差值即为该电流密度下电极的超电势 η。从图 8-23 可以看到，无论是原电池还是电解池，电极的极化电极电势随电流密度的增大呈相同的变化趋势：电流密度增大，阳极电极电势增大，阴极电极电势减小；无论阳极还是阴极，超电势均随电流密度的增大而增大。

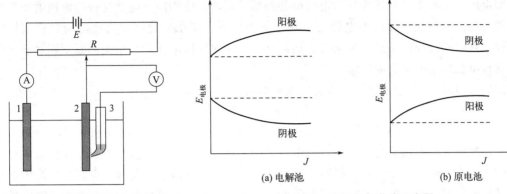

图 8-22 极化曲线测定示意图　　　　**图 8-23** 电极极化曲线示意图

从上面的分析可以得出如下结论：由于电极极化的存在，使原电池的输出电压减小，降低了电池对外做功的能力，而在电解时则需在电极上施加更大的外加电压，即消耗更多的电能。总之，无论是原电池还是电解池，电极极化都将使其工作效率降低，因此在工作时常常需要减小电极上的极化。减小电极极化除选择合适的电极材料外，电极材料的表面性质、工作电流密度、温度及电解质浓度等系统性质的合理控制都可有效地降低电极的极化。除此之外，通常还可通过在电解质溶液中添加一些在电极上易于反应的物质来降低电极极化，这些添加的物质称为去极化剂。

第 14 节　电解时电极上的竞争反应

电解是在外加电源作用下，溶液中的阴、阳离子分别向两极移动并在电极上进行氧化还原反应的过程。原则上，电解时凡是能得到电子的物质（如阳离子）都可在阴极发生还原反应，而凡能失去电子的物质（如阴离子）都可在阳极发生氧化反应。对于只含有一种阴离子和一种阳离子的电解质溶液，电解时的电极反应非常简单。如采用惰性电极电解纯水时，由于阴、阳离子只有 OH^- 和 H^+ 存在，电极反应为：

阳极反应：$OH^- \longrightarrow \dfrac{1}{4}O_2 + \dfrac{1}{2}H_2O + e^-$

阴极反应：$H^+ + e^- \longrightarrow \dfrac{1}{2}H_2$

但属于这类情况的系统非常少。大多数情况下，电解质溶液中都含有多种阴离子和阳离子，因此在进行电解时溶液中会出现多种阴、阳离子同时向电极迁移进而在电极上发生氧化、还原反应，如电解 $AgNO_3$ 的水溶液。以阴极反应为例，电解时溶液中的 H^+ 和 Ag^+ 均可向阴极迁移并可发生相应的还原反应：

$$Ag^+ + e^- \longrightarrow Ag(s)$$

$$H^+ + e^- \longrightarrow \dfrac{1}{2}H_2(g)$$

电解时上述两个反应是同时进行，还是存在一定的反应优先顺序？要解决这个问题就需要认识电极上电极反应进行的基本规律。

人们在研究了大量电解反应的基础上总结出了一条适用于电解时发生电极反应的基本规律，即电解时阳极上总是优先进行电极电势最低的反应，而阴极上则优先进行电极电势最高的电极反应。这里提到的电极电势是指在电解条件下，即在一定电流密度时的极化电极电势，而不是电极反应的平衡电极电势。由此可知，极化电极电势的大小是判断不同物质在电极上进行电极反应的优先顺序的标准。

由式(8.13.1)可知，电极的极化电极电势为

$$E_{阴}=E_{阴,平}-\eta_{阴}$$
$$E_{阳}=E_{阳,平}+\eta_{阳}$$

电极的极化电极电势的大小不但与电极平衡电极电势有关，而且与电极反应的超电势有关。由于温度、电流密度、电极材料、电解质的性质等多种因素都会对超电势产生影响，因此在进行电解时，可以通过选择合适的条件，改变电极反应超电势的大小，进而控制电极反应的极化电极电势，使电极反应朝着预期的方向进行。电解工业中也正是利用了超电势的这种性质进行产品的制备。

例题 8.14.1 298.15K、标准压力时，在一定电流密度下电解 $a_{\pm}=1$ 的 $ZnSO_4$ 水溶液，(1) 若采用锌电极作为阴极，电极上优先析出何种物质？(2) 若采用光滑铂片作为阴极，电极上优先析出何种物质？假设电解质溶液中 $\gamma_{H^+}=1$，电极上析出锌的超电势可以忽略。H_2 在锌及铂电极上析出的超电势分别为 0.75V 及 0.20V。

解：(1) 从标准电极电势表中查出 Zn^{2+} 的标准还原电极电势为 $E^{\ominus}_{Zn^{2+}|Zn}=-0.7630V$，在 Zn 电极上的超电势可忽略，则 Zn 析出时的电极电势为

$$
\begin{aligned}
E_{Zn^{2+}|Zn} &= E_{Zn^{2+}|Zn,平}+\eta_{阴}\\
&= E^{\ominus}_{Zn^{2+}|Zn}-\frac{0.05916}{2}\lg\left(\frac{1}{a_{Zn^{2+}}}\right)=\left[-0.7630-\frac{0.05916}{2}\lg\left(\frac{1}{1}\right)\right]V\\
&= -0.7630V
\end{aligned}
$$

$p^{\ominus}$ 下 H_2 析出的平衡电极电势为：

$$E_{H^+|H_2,平}=E^{\ominus}_{H^+|H_2}-\frac{0.05916}{2}\lg\left(\frac{\dfrac{p(H_2)}{p^{\ominus}}}{a^2_{H^+}}\right)=-\frac{0.05916}{2}\lg\left(\frac{\dfrac{100}{100}}{(10^{-7})^2}\right)V=-0.4141V$$

H_2 在锌电极上析出的超电势为 0.75V，则析出 H_2 的电极电势为

$$E_{H^+|H_2}=E_{H^+|H_2,平}-\eta_{阴}=(-0.4140-0.75)V=-1.1640V$$

由于 $E_{Zn^{2+}|Zn}>E_{H^+|H_2}$，所以在阴极上优先析出的是 Zn。

(2) 采用铂作为电极时，由于锌析出的超电势可以忽略，因此电极上析出 Zn 的电极电势与锌电极相同，即

$$E_{Zn^{2+}|Zn}=-0.7630V$$

H_2 在铂电极上析出的超电势为 0.2V，因此铂电极上 H_2 析出的电极电势为

$$E_{H^+|H_2}=E_{H^+|H_2,平}-\eta_{阴}=(-0.4140-0.20)V=-0.6140V$$

$E_{Zn^{2+}|Zn}<E_{H^+|H_2}$，所以采用铂作为电极材料时电极上优先析出的是 H_2。

上例说明，虽然超电势的存在通常对电解池或原电池的有效工作不利，但也可利用它对电极上的电极反应进行控制。因此在讨论或分析电极上发生的电极反应，特别是有气体参与的电极反应时应考虑超电势的影响。

在进行有选择的电解时，外加电压要适中。如果外加电压过大，则溶液中的多个电极反应会同时发生，这对电极反应的控制是不利的。

习 题

1. 在 298.15K 及标准压力下，采用惰性电极电解水制氢。如恒定电流为 1A 时通电 10min，假定电流效率为 100％时可制得氢气的体积为多少？（假定气体为理想气体）

2. 在 298K 时，用 Ag 电极电解质量摩尔浓度为 b_1 的 $AgNO_3$ 水溶液。通电一段时间后，阴极上有 m_1g 的 Ag 析出，经分析后发现阳极区 $AgNO_3$ 溶液的质量摩尔浓度为 b_2，其中含水质量为 m_2g，计算 NO_3^- 的迁移数。

3. 298K 时，以 Pb 为电极电解 Pb（NO_3）$_2$ 水溶液。电解前溶液的组成为 1000g 水中含有 16.64g Pb（NO_3）$_2$，电解完成时测得与电解池串联的银库仑计中有 0.1658g Ag 沉积。已知 Pb^{2+} 的迁移数 $t_{Pb^{2+}} = 0.488$，计算电解完成后阳极区溶液的组成。

4. 测得浓度为 $0.001 mol \cdot dm^{-3}$ 的 KCl 和 LiCl 水溶液的电导率分别为 $0.016 S \cdot m^{-1}$、$0.012 S \cdot m^{-1}$。K^+ 无限稀释摩尔电导率为 $74 \times 10^{-4} S \cdot m^2 \cdot mol^{-1}$，计算 Li^+ 无限稀释摩尔电导率。

5. 25℃时使用某电导池测得 $0.01 mol \cdot dm^{-3}$ KCl 溶液的电导为 0.01S，在相同条件下测得饱和 AgCl 的电导为 $1.23 \times 10^{-5} S$。计算 25℃时 AgCl 在水中的溶解度。（水的电导率为 $5.5 \times 10^{-6} S \cdot m^{-1}$）

6. 25℃时测得 $0.01 mol \cdot dm^{-3}$ 醋酸的电导率 $\kappa = 1.65 \times 10^{-2} S \cdot m^{-1}$，利用无限稀释的摩尔电导率数据计算 $0.01 mol \cdot dm^{-3}$ 醋酸的解离度及解离平衡常数。

7. 以氢电极为阳极、饱和甘汞电极为阴极放入某含有 H^+ 的溶液中组成原电池，测得电池的电动势为 0.58V，计算该溶液的 pH。

8. 计算 25℃时 $0.001 mol \cdot kg^{-1}$ 下列电解质水溶液的离子强度、平均活度及平均活度系数：

(1) KCl   (2) Na_2SO_4 (3) $CuSO_4$ (4) $LaCl_3$

9. 25℃时 AgCl 在纯水中的溶解度为 $1.30 \times 10^{-5} mol \cdot kg^{-1}$，计算 AgCl 在 $0.001 mol \cdot kg^{-1}$ KNO_3 溶液中的溶解度。

10. 利用德拜-休克尔极限公式计算 $0.001 mol \cdot kg^{-1}$ HCl 溶液及 $0.001 mol \cdot kg^{-1}$ HCl 与 $0.1 mol \cdot kg^{-1}$ NaCl 混合溶液中 H^+ 的活度系数。

11. 298K 时电池 Zn｜$ZnCl_2$（$b = 0.005 mol \cdot kg^{-1}$）｜$Hg_2Cl_2$(s)｜Hg 的电动势为 1.227V。已知该电池的标准电动势 $E^\ominus = 1.031V$，计算 $0.005 mol \cdot kg^{-1}$ $ZnCl_2$ 溶液的离子平均活度系数 $\gamma_\pm$。

12. 25℃时测得电池 Ag｜AgCl(s)｜Cl^-(aq)｜Cl_2(100kPa)｜Pt 的电动势为 1.136V，电池电动势的温度系数为 $5.95 \times 10^{-4} V \cdot K^{-1}$。计算电池反应的 $\Delta_r G_m$、$\Delta_r H_m$、$\Delta_r S_m$ 及电池可逆放电时的热效应 $Q_{R,m}$。

13. 已知 25℃时，$E^\ominus_{Fe^{3+}|Fe} = -0.036V$，$E^\ominus_{Fe^{3+}|Fe^{2+}} = 0.770V$，计算 25℃时电极 Fe^{2+}｜Fe 的标准电极电势 $E^\ominus_{Fe^{2+}|Fe}$。

14. 已知电池 Zn｜$ZnCl_2$（$b = 0.01 mol \cdot kg^{-1}$）｜AgCl(s)｜Ag 在 25℃时的电动势 $E = 1.1566V$，电动势的温度系数 $\left(\frac{\partial E}{\partial T}\right)_p = 4.02 \times 10^{-4} V \cdot K^{-1}$，电极电势 $E^\ominus_{Zn^{2+}|Zn} = -0.763V$，$E^\ominus_{AgCl|Ag} = 0.222V$。

(1) 写出电池的电极反应和电池反应；

(2) 计算 25℃时电池反应的 $\Delta_r G_m$、$\Delta_r H_m$、$\Delta_r S_m$ 及标准平衡常数 $K^\ominus$；

(3) 计算 25℃时 $0.01 mol \cdot kg^{-1}$ $ZnCl_2$ 溶液的平均活度及平均活度因子。

15. 写出下列电池的电极反应及电池反应：

(1) Ag｜AgCl(s)｜KCl(aq)｜Hg_2Cl_2(s)｜Hg

(2) $Ag \mid AgBr \mid Br^-(aq) \parallel Fe^{3+}, Fe^{2+}(aq) \mid Pt$

(3) $Pt \mid H_2(g, p^\ominus) \mid HCl(aq) \mid Cl_2(g, p^\ominus) \mid Pt$

(4) $Zn \mid ZnO(s) \mid KOH(aq) \mid HgO(s) \mid Hg$

16. 将下列反应设计成原电池：

(1) $H_2(g) + Cl_2(g) =\!\!=\!\!= 2HCl(aq)$

(2) $2H_2(g) + O_2(g) =\!\!=\!\!= 2H_2O(l)$

(3) $H_2(g) + Ag_2O(s) =\!\!=\!\!= 2Ag(s) + H_2O(l)$

(4) $AgCl =\!\!=\!\!= Ag^+ + Cl^-$

17. 将下列过程设计成原电池，并计算 298K 时电池的电动势。

(1) $Zn^{2+}(aq, a = 0.5) \longrightarrow Zn^{2+}(aq, a = 0.1)$

(2) $H_2(p = 100kPa) \longrightarrow H_2(p = 10kPa)$

18. 已知 298K 时，下列反应的标准摩尔反应吉布斯函数如下：

$$HgO(s) =\!\!=\!\!= Hg(l) + \frac{1}{2}O_2(g) \quad (1) \quad \Delta_r G_m^\ominus(1) = 58.5 \text{kJ} \cdot \text{mol}^{-1}$$

$$H_2(g) + \frac{1}{2}O_2(g) =\!\!=\!\!= H_2O(l) \quad (2) \quad \Delta_r G_m^\ominus(2) = -237.2 \text{kJ} \cdot \text{mol}^{-1}$$

各物质的标准熵见下表：

物质	$H_2(g)$	$H_2O(l)$	$Hg(l)$	$HgO(s)$
$S_m^\ominus / \text{J} \cdot \text{mol}^{-1} \cdot \text{K}^{-1}$	130.60	69.94	77.40	70.29

对电池：$Pt \mid H_2(g, p^\ominus) \mid NaOH(aq) \mid HgO(s) \mid Hg(l) \mid Pt$

(1) 写出电池 $Pt \mid H_2(g, p^\ominus) \mid NaOH(aq) \mid HgO(s) \mid Hg(l) \mid Pt$ 的电极、电池反应；

(2) 计算 298K 时 (1) 中电池的标准电池电动势 $E^\ominus$；

(3) 计算 (1) 中电池的标准电池电动势的温度系数。

19. 298K 和标准压力时，采用电解分离含有质量摩尔浓度均为 $0.1 \text{mol} \cdot \text{kg}^{-1}$ 的 Ag^+、Cu^{2+}、Cd^{2+} 水溶液（设活度系数均为1），已知 H_2 在 $Ag(s)$、$Cu(s)$、$Cd(s)$ 上的超电势分别为 0.20V、0.23V、0.30V，假设溶液的 pH 可保持为 7 不变。计算说明阴极上析出物质的顺序。

20. 已知 298K 时，$E_{Cu^{2+}|Cu}^\ominus = 0.337V$，$H_2$ 在 Cu 上的超电势为 0.23V，H_2 和 Cu 在 Pt 上的超电势为零。298K 时，以 Pt 为电极电解 $1 \text{mol} \cdot \text{kg}^{-1}$ $CuSO_4$ 及 $0.02 \text{mol} \cdot \text{kg}^{-1}$ H_2SO_4 的混合溶液，假设 Cu^{2+} 和 H^+ 的平均活度系数为 1。

(1) 阴极上先析出的是什么物质？

(2) 第二种物质开始析出时，计算第一种物质的浓度。

重点难点讲解

8-1 离子的电迁移率

8-2 电极电势

8-3 燃料电池

8-4 电极极化

8-5 极化曲线

第九章

化学动力学基础

化学动力学（chemical kinetics）是研究化学反应速率和反应历程（机理）的学科。化学热力学研究化学反应，可以得出反应发生的方向和限度。而化学动力学则引入时间参数，研究反应速率，即单位时间内化学反应进行的快慢程度；研究化学反应的历程，即反应物转化为产物所经历的具体过程和中间体、过渡状态等；同时研究各种因素，如浓度、压力、温度、介质、催化剂等对化学反应速率及历程的影响，为化学反应过程实现最优化控制提供理论依据。

第1节　化学动力学相关基本概念

9.1.1　化学反应速率的定义

化学反应速率（r）：是指单位时间内反应进行的程度。在单相反应（又称均相反应，homogeneous reaction）中，反应速率一般以在单位体积中反应物或产物的物质的量随时间的变化率来表示。

例如某反应

$$A \longrightarrow P$$

t 时刻的反应速率

9-1

$$r = -\frac{dn_A}{Vdt} = \frac{dn_P}{Vdt} \tag{9.1.1}$$

这是用反应物或产物的物质的量随时间的变化率表示的反应速率。

在等容条件下，反应速率式（9.1.1）可直接写为反应物或产物的浓度随时间的变化率。即

$$r_A = -\frac{dc_A}{dt} \quad r_P = \frac{dc_P}{dt}$$

然而，对任意反应

$$a A + b B \Longrightarrow c C + d D$$

当 $a \neq b \neq c \neq d$ 时，有 $r_A \neq r_B \neq r_C \neq r_D$，所以，反应速率的广义定义可表述为单位时

间、单位体积内反应进度的变化。即

$$r = \frac{\mathrm{d}\xi}{V \mathrm{d}t} \qquad (9.1.2)$$

r 单位为 $\mathrm{mol \cdot m^{-3} \cdot s^{-1}}$。这样，反应速率的值与用来表示速率的物质的选择无关，但与化学反应计量式的写法有关。

由 $\mathrm{d}\xi = \dfrac{\mathrm{d}n_B}{\nu_B}$，在等容条件下可得

$$r = \frac{\mathrm{d}n_B}{\nu_B V \mathrm{d}t} = \frac{\mathrm{d}c_B}{\nu_B \mathrm{d}t}$$

ν_B 为反应计量式中物质 B 的计量系数，上述任意反应的速率可表示为

$$r = -\frac{\mathrm{d}c_A}{a \mathrm{d}t} = -\frac{\mathrm{d}c_B}{b \mathrm{d}t} = \frac{\mathrm{d}c_C}{c \mathrm{d}t} = \frac{\mathrm{d}c_D}{d \mathrm{d}t} \qquad (9.1.3a)$$

各物质的反应速率为

$$r_A = -\frac{\mathrm{d}c_A}{\mathrm{d}t} \quad r_B = -\frac{\mathrm{d}c_B}{\mathrm{d}t} \quad r_C = \frac{\mathrm{d}c_C}{\mathrm{d}t} \quad r_D = \frac{\mathrm{d}c_D}{\mathrm{d}t} \qquad (9.1.3b)$$

根据反应计量方程式，以反应进度表示的反应速率与各物质的反应速率之间有如下关系：

$$r = \frac{r_A}{a} = \frac{r_B}{b} = \frac{r_C}{c} = \frac{r_D}{d} \qquad (9.1.4)$$

9.1.2　基元反应与复合反应

通常化学反应方程式只是表示参与反应的物质间的化学计量关系，而并不能代表反应真正经历的历程。例如反应计量式 $H_2 + Br_2 \longrightarrow 2HBr$ 表示反应物 H_2、Br_2 以及产物 HBr 之间量的关系，而不代表反应的实际过程是由一个 H_2 分子和一个 Br_2 分子一步反应生成两个 HBr 分子。该反应的实际过程由以下多个步骤组成：

$$Br_2 \longrightarrow 2Br \cdot \qquad (1)$$
$$Br \cdot + H_2 \longrightarrow HBr + H \cdot \qquad (2)$$
$$H \cdot + Br_2 \longrightarrow HBr + Br \cdot \qquad (3)$$
$$H \cdot + HBr \longrightarrow H_2 + Br \cdot \qquad (4)$$
$$2Br \cdot \longrightarrow Br_2 \qquad (5)$$

其中的每一步，即由反应物的微粒（包括分子、原子、粒子、自由基等）相互作用一步直接转化为生成物分子的反应，称为基元反应（elementary reaction）或基元步骤。如果一个化学计量式是若干个基元反应的总和，那么这个反应称为总包反应或总反应。通常将由两个或更多个基元步骤所构成的反应称为复合反应。上述 HBr 的生成反应就是一个复合反应。各个基元步骤代表了该反应所经历的实际途径，在化学动力学中称为反应机理或反应历程（reaction mechanism）。

9.1.3　反应分子数

基元反应中反应物的物种粒子数目称为反应分子数（molecularity of reaction）。根据反应分子数可将基元反应分为单分子反应、双分子反应和三分子反应，四分子以上的基元反应目前尚未发现。反应分子数的取值只能是简单的正整数 1、2 或 3。

例如基元反应 $A_2 \longrightarrow 2A$ 为单分子反应，反应分子数为 1

                       $A + B \longrightarrow P$ 为双分子反应，反应分子数为 2

                       $2A + B \longrightarrow P$ 为三分子反应，反应分子数为 3

可见，只有基元反应才有反应分子数的概念。基元反应的反应式中反应物的计量系数之和与其反应分子数一致。

9.1.4 化学反应速率方程

化学反应速率与反应组分的浓度、反应的时间、温度及外场等有关，其关系可写成函数关系式 $f(c_B, t, T, \cdots) = 0$，此即广义的速率方程（rate equation）。而通常在温度及其他因素不变的条件下，用来描述参与反应的物质浓度对反应速率影响的数学方程称为速率方程。表示为

$$r = f(c) \tag{9.1.5}$$

一般情况下速率方程以微分式表示。例如反应

$$A \longrightarrow 产物$$

$$r = -\frac{dc_A}{dt} = f(c_A) \tag{9.1.6a}$$

$$r = \frac{dp_A}{dt} = f(p_A) \tag{9.1.6b}$$

式（9.1.6a）是以反应物的物质的量浓度随时间的变化率表示的速率方程，式（9.1.6b）是以反应物的分压随时间的变化率表示的速率方程。

反应组分浓度与时间的函数关系式可由速率方程微分式经过积分得到，即 $f(c_B, t) = 0$ 的形式，称为反应的积分速率方程或动力学方程（kinetic equation）。

9.1.5 质量作用定律

对基元反应，在温度以及其他条件都不变的情况下，反应的速率应当与反应物分子单位时间的碰撞次数成正比，也就是与各反应物在单位体积中的分子数或者浓度成正比。研究表明，化学反应速率与反应式中各反应物浓度以其计量系数为指数的幂的乘积成正比，幂指数就是基元反应方程中相应组分的计量系数。基元反应的这个规律称为质量作用定律（law of mass action）。例如对基元反应

$$aA + bB + \cdots \longrightarrow P$$

根据质量作用定律，反应速率 r 可表示为

$$r = kc_A^a c_B^b \cdots \tag{9.1.7}$$

式中，k 为比例系数，称为反应速率常数。

可见，对于基元反应，根据化学反应方程式，即可写出反应的速率方程。而速率方程形式上满足质量作用定律的反应却并不一定是基元反应。

例如反应

$$H_2 + I_2 \longrightarrow 2HI$$

实验测得的反应速率方程为

$$r = kc_{H_2} c_{I_2} \cdots$$

虽然该速率方程形式上恰好与计量方程式中各反应物浓度的计量系数为指数的幂乘积成正比，却并不是基元反应，而是一个复合反应。复合反应的速率方程仅凭计量方程式是无法得知的，只能由实验确定。

9.1.6　反应速率常数

在具有反应物浓度幂乘积形式的速率方程中，比例常数 k 称为反应速率常数（rate constant）。其物理意义是反应物的浓度均为单位浓度时的反应速率。在反应系统及催化剂等其他条件确定时，k 的数值仅是温度的函数。同一温度下，k 值愈大表明该反应的反应速率愈快。

关于反应速率常数 k，应注意如下几点：

（1）k 有量纲，它的单位随着反应级数的不同而不同。

（2）对同一反应，用不同的物质来表示的反应物消耗速率常数（或产物生成速率常数）可能会有不同的值。

例如某反应

$$a\mathrm{A}+b\mathrm{B}\Longrightarrow c\mathrm{C}+d\mathrm{D}$$

$$\frac{-\mathrm{d}c_\mathrm{A}}{\mathrm{d}t}=k_\mathrm{A}c_\mathrm{A}^{\alpha}c_\mathrm{B}^{\beta}$$

$$\frac{-\mathrm{d}c_\mathrm{B}}{\mathrm{d}t}=k_\mathrm{B}c_\mathrm{A}^{\alpha}c_\mathrm{B}^{\beta}$$

$$\frac{\mathrm{d}c_\mathrm{C}}{\mathrm{d}t}=k_\mathrm{C}c_\mathrm{A}^{\alpha}c_\mathrm{B}^{\beta}$$

$$\frac{\mathrm{d}c_\mathrm{D}}{\mathrm{d}t}=k_\mathrm{D}c_\mathrm{A}^{\alpha}c_\mathrm{B}^{\beta}$$

因为

$$-\frac{1}{a}\frac{\mathrm{d}c_\mathrm{A}}{\mathrm{d}t}=-\frac{1}{b}\frac{\mathrm{d}c_\mathrm{B}}{\mathrm{d}t}=\frac{1}{c}\frac{\mathrm{d}c_\mathrm{C}}{\mathrm{d}t}=\frac{1}{d}\frac{\mathrm{d}c_\mathrm{D}}{\mathrm{d}t}$$

所以

$$\frac{k_\mathrm{A}}{a}=\frac{k_\mathrm{B}}{b}=\frac{k_\mathrm{C}}{c}=\frac{k_\mathrm{D}}{d} \tag{9.1.8}$$

（3）等容条件下理想气体的反应，常用反应组分的分压来表示反应速率。

$$r'=-\frac{\mathrm{d}p_\mathrm{A}}{\mathrm{d}t}=k_p p_\mathrm{A}^{n_\mathrm{A}} \tag{9.1.9}$$

将理想气体状态方程，$p=\dfrac{nRT}{V}=cRT$，代入式(9.1.9)，有

$$r'=rRT$$

可以证明：

$$k_p=k(RT)^{1-n} \tag{9.1.10}$$

当 $n=1$ 时，$k_p=k$。

9.1.7　反应级数

若某反应的反应速率与反应物浓度的一次方成正比，这个反应在化学动力学上就叫做一

级反应。通常把速率方程中各反应物浓度的指数称为该反应物的级数（order）；所有浓度项指数的代数和称为该反应的总级数，用字母 n 表示，反应称为 n 级反应。n 的大小表明浓度对反应速率影响的大小。

反应级数可以是整数、分数、负数或零。若反应速率与某反应物的浓度无关，则该物质在反应中的反应级数为零。如果反应级数是负数，表明该物质浓度的增加反而抑制了反应，使反应速率下降。有的复杂反应无法用简单的数字来表示反应级数，称为不具简单反应级数的反应。

例如，反应 $CH_3COOH + CH_3CH_2OH \longrightarrow CH_3COOCH_2CH_3 + H_2O$ 的反应速率

$$r = kc_{CH_3COOH}c_{CH_3CH_2OH}$$

反应级数为 2。

反应 $CH_3CHO \longrightarrow CH_4 + CO$ 的反应速率

$$r = kc_{CH_3CHO}^{3/2}$$

反应级数为 1.5。

9-2

反应 $2O_3 \longrightarrow 3O_2$ 的反应速率

$$r = kc_{O_3}c_{O_2}^{-1}$$

对 O_3 为一级反应，对 O_2 为负一级反应。

反应 $H_2 + Br_2 \longrightarrow 2HBr$ 的反应速率

$$r = \frac{kc_{H_2}c_{Br_2}^{\frac{1}{2}}}{1 + k'c_{HBr}/c_{Br_2}}$$

反应无简单级数。

反应级数是由实验测定的。因此，其值有时可能随实验条件的变化而改变。

第 2 节　简单级数反应的积分速率方程及其特点

前面讨论了描述浓度对化学反应速率的影响的定量关系式——反应速率方程。对任意反应

$$A + B + C + \cdots \longrightarrow 产物$$

其速率方程可表示为

$$\frac{-dc_A}{dt} = k_A c_A^{\alpha} c_B^{\beta} c_C^{\gamma} \cdots$$

上式称为反应速率方程的微分式。通过该式可直观地看出各反应物瞬时浓度对反应速率的影响大小，但却不能直接得知不同时刻反应系统中各组分的浓度值，也不能得知某反应达到一定的转化率需要多少时间。为此，需对此式进行积分，得到瞬时浓度与时间的相关关系式，即速率方程的积分式。下面讨论具有简单级数的反应速率方程的积分形式及其特点。

9.2.1　零级反应

化学反应过程中，反应速率为一常数，即反应速率与反应物浓度无关，这种反应称为零级反应（zeroth order reaction）。

例如反应

$$a\,A \longrightarrow P$$

零级反应的速率方程可表示为

$$r = -\frac{dc_A}{dt} = k \tag{9.2.1}$$

上式速率方程的不定积分式为

$$c_A = -kt + B \tag{9.2.2}$$

上式表明反应物浓度随时间的变化呈线性关系。

式(9.2.1)的定积分方程为

$$c_{A0} - c_A = kt \tag{9.2.3}$$

当 $c_A = 0$ 时，$t = c_{A0}/k$。可见，零级反应进行完全所需的时间是有限的，该时间为 c_{A0}/k。

在零级反应中，速率常数的量纲为：（浓度）·（时间）$^{-1}$，其物理意义为单位时间内反应物浓度的变化量，即具有反应速率的意义。

反应进行到反应物浓度为初始浓度一半时所需的时间称为反应的半衰期（half life of reaction），记作 $t_{1/2}$，将 A 的浓度 $c_A = c_{A0}/2$ 代入式(9.2.3)，得

$$t_{1/2} = \frac{c_{A0}}{2k} \tag{9.2.4}$$

表明零级反应的半衰期与初始浓度成正比。

常见的零级反应有表面催化反应和酶催化反应，在这些反应中反应物总是过量的，反应速率取决于固体催化剂的有效表面活性位或酶的浓度。例如高压下氨在钨表面上的分解反应就是零级的，这是因为反应实际上是在金属催化剂表面上发生的，而真正的反应物是吸附在固体表面上的反应物分子。因此，反应速率取决于固体表面上的反应物浓度，如果金属表面上的反应物气体吸附已达饱和，即使增加气相浓度也不能提高反应的速率，这表明反应速率与氨的气相压力无关，反应为零级。光化学反应的初级过程也是零级反应，此时过程的速率只和反应物吸收的光强度有关，与反应物的浓度无关。

9.2.2　一级反应

反应速率与反应物浓度的一次方成正比的反应，称为一级反应（first order reaction）。

如某一级反应

$$a\,A \longrightarrow P$$

微分速率方程可写为

$$\frac{-dc_A}{dt} = kc_A \tag{9.2.5}$$

上式速率方程的不定积分式为

$$\ln\{c_A/[c]\} = -kt + B \tag{9.2.6}$$

式中，B 为积分常数。

可见，$\ln\{c_A/[c]\}$ 与 t 为线性关系，直线斜率为 $-k$。若实验测得一组 c-t 数据，则可由作图法求得速率常数 k。显然，一级反应速率常数 k 的量纲为：（时间）$^{-1}$，其物理意义是单位时间内反应物浓度变化的分数。

式(9.2.5)的定积分式为

$$\ln\frac{c_{A0}}{c_A}=kt \tag{9.2.7}$$

令 x 为反应物 A 的转化率，有 $c_A=c_{A0}(1-x)$，代入式(9.2.7)，得

$$\ln\frac{1}{1-x}=kt \tag{9.2.8}$$

已知某一级反应的速率常数 k 及初始浓度 c_{A0}，则由定积分式可得任意时刻 t 的反应物浓度 c_A 或转化率 x。

由式(9.2.8) 可得一级反应的半衰期为

$$t_{1/2}=\frac{\ln2}{k} \tag{9.2.9}$$

即一级反应的半衰期与初始浓度 c_{A0} 无关。式(9.2.8) 表明，只要转化率 x 一定，t 便有确定的值。

常见的一级反应有放射性元素的蜕变、分子重排等。

例题 9.2.1 某一级反应 A $\longrightarrow$ P，反应进行 50% 需用时 20min，求反应进行 75% 所需的时间。

解：

第一种方法：

$$k=\frac{1}{t}\ln\frac{1}{1-x}$$

$$k=\frac{\ln(1/0.5)}{20\text{min}}=0.03466\text{min}^{-1}$$

$$t_{0.75}=\frac{\ln\dfrac{1}{1-0.75}}{0.03466\text{min}^{-1}}=40\text{min}$$

第二种方法：

反应进行 50% 需用时 20min，剩下的 50%A 再反应 50%（总量的 25%）仍需要 20min，所以反应进行 75% 需要 40min。

例题 9.2.2 某气相反应 A(g) $\longrightarrow$ 2B(g)+C(g) 为一级反应，一定温度下测得总压与时间的关系如下：

t/min	0	2	6	10	18	26	34	46
$p_{总}$/MPa	0.024	0.025	0.026	0.028	0.031	0.034	0.036	0.040

假设开始只有 A(g)，求速率常数 k 及半衰期 $t_{1/2}$。

解： 由题意知，反应为一级反应，可通过 $\ln(p_A/[p])$ 对 t 作图求速率常数 k_p。对于等温等容的化学反应，$k_c=k_p$

$$
\begin{array}{ccccc}
& A & \longrightarrow & 2B & + & C \\
t=0 & p_{A0} & & 0 & & 0 \\
t=t & p_A & & 2(p_{A0}-p_A) & & p_{A0}-p_A
\end{array}
$$

$$p_{总}=p_A+2(p_{A0}-p_A)+p_{A0}-p_A=3p_{A0}-2p_A$$

$$p_A=(3p_{A0}-p_{总})/2$$

得不同时刻 t 对应的 p_A 及 $\ln(p_A/\text{Pa})$ 值如下表：

t/min	0	2	6	10	18	26	34	46
$p_{总}/\text{MPa}$	0.024	0.025	0.026	0.028	0.031	0.034	0.036	0.040
p_A/MPa	0.024	0.0235	0.023	0.022	0.0205	0.019	0.018	0.016
$\ln(p_A/\text{Pa})$	10.09	10.06	10.04	10.00	9.93	9.85	9.80	9.68

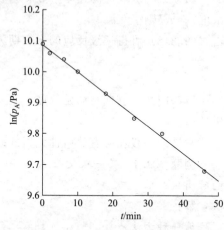

图 9-1 $\ln(p_A/\text{Pa})\text{-}t$ 的关系曲线

以 $\ln(p_A/\text{Pa})$ 对 t 作图得一直线（图 9-1），直线的斜率 $=-k$，可得反应的速率常数 $k=8.5\times10^{-3}\,\text{min}^{-1}$。半衰期 $t_{1/2}=\ln2/k=81.5\,\text{min}$。

9.2.3 二级反应

反应速率与反应物浓度的二次方成正比的反应，称为二级反应（second order reaction）。

9.2.3.1 反应物为一种物质的二级反应

例如反应

$$a\,A \longrightarrow P$$

微分速率方程为

$$\frac{-\mathrm{d}c_A}{\mathrm{d}t}=kc_A^2 \tag{9.2.10}$$

上式速率方程的不定积分式为

$$\frac{1}{c_A}=kt+B \tag{9.2.11}$$

式中，B 为积分常数。

可见，$\dfrac{1}{c_A}\text{-}t$ 为线性关系，斜率为 k。二级反应速率常数 k 的量纲为：（浓度）$^{-1}\cdot$（时间）$^{-1}$。

式（9.2.10）的定积分式为

$$\frac{1}{c_A}-\frac{1}{c_{A0}}=kt \tag{9.2.12}$$

若以 x 表示反应物 A 的转化率，则

$$\frac{1}{c_{A0}(1-x)}-\frac{1}{c_{A0}}=kt$$

整理，得

$$\frac{1}{1-x}=ktc_{A0}+1 \tag{9.2.13}$$

二级反应的半衰期为

$$t_{1/2}=\frac{1}{kc_{A0}} \tag{9.2.14}$$

二级反应的半衰期与初始浓度成反比。

9.2.3.2 反应物为两种物质的二级反应

例如反应

$$aA + bB \longrightarrow 产物$$

$$t=0 \qquad c_{A0} \qquad c_{B0} \qquad\qquad 0$$

$$t=t \qquad c_A \qquad c_B \qquad\qquad c_P$$

速率方程可表示为

$$\frac{-dc_A}{dt} = kc_A c_B \tag{9.2.15}$$

下面分两种情况来讨论。

（1）反应物初始浓度比等于计量系数之比，即

$$\frac{c_{A0}}{c_{B0}} = \frac{a}{b} = \frac{c_A}{c_B}$$

则

$$\frac{-dc_A}{dt} = kc_A \left(\frac{b}{a} c_A \right) = k' c_A^2$$

即将含有两种反应物浓度的速率方程，转变为只一种反应物浓度来处理，这样得到的是表观速率常数 k'，其与真实速率常数的关系为：$k' = k(b/a)$。

（2）反应物初始浓度比不等于计量系数之比，即

$$\frac{c_{A0}}{c_{B0}} \neq \frac{a}{b}$$

设 y 表示反应物 A 消耗的浓度，则此时反应物 B 消耗的浓度为 $\frac{b}{a}y$，于是 $c_A = c_{A0} - y$，$c_B = c_{B0} - \frac{b}{a}y$。速率方程为

$$-\frac{dc_A}{dt} = k(c_{A0} - y)\left(c_{B0} - \frac{b}{a}y\right) \tag{9.2.16}$$

关于这种情况，在此仅讨论计量系数相等时的特例。

即当 $a = b$ 时，上式的积分式为

$$\frac{1}{c_{A0} - c_{B0}} \ln \frac{c_{B0}(c_{A0} - y)}{c_{A0}(c_{B0} - y)} = kt \tag{9.2.17}$$

两种反应物计量系数相同而初始浓度不等的二级反应的特点是：

① 以 $\ln \dfrac{c_{B0}(c_{A0} - y)}{c_{A0}(c_{B0} - y)}$ 对 t 作图为一直线，直线斜率为 $k(c_{A0} - c_{B0})$；

② 因 A、B 的半衰期各不相同，故讨论整个反应的半衰期无意义。

常见的二级反应有乙烯、丙烯的二聚反应，乙酸乙酯的皂化，碘化氢的热分解反应等。

例题 9.2.3 乙酸乙酯皂化反应为二级反应，21℃下，当乙酸乙酯与氢氧化钠的初始浓度均为 $0.02 \text{mol} \cdot \text{dm}^{-3}$ 时测得反应达 25min 时酯和 OH^- 的浓度都等于 $5.29 \times 10^{-3} \text{ mol} \cdot \text{dm}^{-3}$。(1) 求反应速率常数 k 和转化率为 90% 所需要的时间；(2) 若 $c_{A0} = c_{B0} = 0.01 \text{mol} \cdot \text{dm}^{-3}$ 时，求转化率为 90% 所需要的时间。

解：(1) 二级反应

$$CH_3CO_2C_2H_5 \quad + \quad OH^- \quad \longrightarrow \quad CH_3CO_2^- + C_2H_5OH$$

$t=0$	$c/\text{mol} \cdot \text{dm}^{-3}$	0.02	0.02	0	0
$t=25\text{min}$	$c/\text{mol} \cdot \text{dm}^{-3}$	5.29×10^{-3}	5.29×10^{-3}	x	x

$$k=\frac{1}{t}\frac{c_{A0}-c_A}{c_{A0}c_A}=\frac{1}{25}\left(\frac{0.02-5.29\times10^{-3}}{0.02\times5.29\times10^{-3}}\right)mol^{-1}\cdot dm^3\cdot min^{-1}=5.56 mol^{-1}\cdot dm^3\cdot min^{-1}$$

$$\alpha=90\%,\ t=\frac{1}{k}\frac{\alpha c_{A0}}{c_{A0}c_A}=\left(\frac{1}{5.56}\times\frac{0.9\times0.02}{0.02\times0.1\times0.02}\right)min=80.9 min$$

(2)

$$CH_3CO_2C_2H_5\ +\ OH^-\ \longrightarrow\ CH_3CO_2^-+C_2H_5OH$$

$t=0\quad c/mol\cdot dm^{-3}$	0.01	0.01	0	0
$t=t\quad c/mol\cdot dm^{-3}$	0.01×0.1	0.01×0.1	0.01×0.9	0.01×0.9

速率常数与初始浓度无关，仍有

$$k=5.56 mol^{-1}\cdot dm^3\cdot min^{-1}$$

$$\alpha=90\%,\ t=\frac{1}{k}\frac{\alpha c_{A0}}{c_{A0}c_A}=\left(\frac{1}{5.56}\times\frac{0.9\times0.01}{0.01\times0.1\times0.01}\right)min=161.9 min$$

当反应物初始浓度降低 50% 时，反应时间增加一倍。

例题 9.2.4 在 OH^- 的作用下，硝基苯甲酸乙酯的水解反应：
$$NO_2C_6H_4COOC_2H_5+OH^-\longrightarrow NO_2C_6H_4COO^-+C_2H_5OH$$

在 15℃ 时的动力学数据如下，此二级反应物的初始浓度皆为 $0.05 mol\cdot dm^{-3}$，计算此二级反应的速率常数。

t/s	120	180	240	330	530	600
水解分数/%	32.95	41.75	48.8	58.05	69.0	70.35

解： 此为二级反应，$-\dfrac{dc_A}{dt}=kc_{酯}c_{OH^-}$，并有 $c_{A0}/c_{B0}=1$

所以 $c_A/c_B=1$，即 $c_A=c_B$

$-\dfrac{dc_A}{dt}=kc_{酯}c_{OH^-}=kc_{酯}^2$（与一种反应物相同），即 $1/c_{酯}=kt+B$，但题目未给 $c_{酯}$ 的具体数值，仅有水解分数，即转化率 x。所以用 $\dfrac{1}{1-x}=ktc_{A0}+1$，$\dfrac{1}{1-x}-t$ 作图应为直线，斜率 $=c_{A0}k$

列出题给数据如下表：

t/s	120	180	240	330	530	600
x	0.3295	0.4175	0.488	0.5805	0.69	0.7035
$1/(1-x)$	1.491	1.717	1.953	2.384	3.226	3.373

作图如图 9-2 所示，求得直线斜率 $=3.982\times10^{-3}$，则

$$k=\frac{3.982\times10^{-3}}{c_{A0}}=\left(\frac{3.982\times10^{-3}}{0.05}\right)mol^{-1}\cdot dm^3\cdot s^{-1}=0.07964 mol^{-1}\cdot dm^3\cdot s^{-1}$$

9.2.4　n 级反应

本章中仅讨论反应速率与反应物浓度的关系为下列形式的 n 级反应（nth order reaction），例如反应

$$a\,A \longrightarrow 产物$$

或有多种反应物的反应

$$a\,A + b\,B + \cdots \longrightarrow 产物$$

当初始浓度比等于计量系数比时，有

$$\frac{c_{A0}}{a} = \frac{c_{B0}}{b} = \cdots \quad \frac{c_A}{a} = \frac{c_B}{b} = \cdots$$

此时速率方程的微分式可表示为

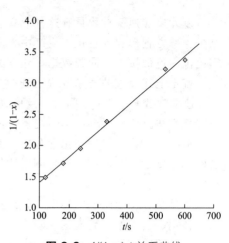

图 9-2　1/(1−x)-t 关系曲线

$$\frac{-\mathrm{d}c_A}{\mathrm{d}t} = k c_A^{\,n} \tag{9.2.18}$$

上述速率方程的不定积分式为

$$\frac{1}{c_A^{\,n-1}} = (n-1)kt + B \tag{9.2.19}$$

$\dfrac{1}{c_A^{\,n-1}}\text{-}t$ 为直线关系，斜率等于 $(n-1)k$；速率常数 k 的量纲为（浓度）$^{1-n}$·（时间）$^{-1}$。速率方程的定积分为

$$\frac{1}{c_A^{\,n-1}} - \frac{1}{c_{A0}^{\,n-1}} = (n-1)kt \quad (n \neq 1) \tag{9.2.20}$$

将 $c_A = c_{A0}(1-x)$ 代入，得到以转化率 x 表示的 n 级反应速率方程积分式：

$$\frac{(1-x)^{1-n} - 1}{c_{A0}^{\,n-1}(n-1)} = kt \quad (n \neq 1) \tag{9.2.21}$$

当 $x = 1/2$ 时，有半衰期：

$$t_{1/2} = \frac{2^{n-1} - 1}{(n-1)k c_{A0}^{\,n-1}} \quad (n \neq 1) \tag{9.2.22}$$

即半衰期与初始浓度 $c_{A0}^{\,n-1}$ 成反比。

已知级数的反应，若测得一组不同时刻的瞬时浓度，可由其 $c\text{-}t$ 间的关系通过求线性方程直线斜率的方法得到速率常数 k。同样，若已知某反应的级数和速率常数 k，任意时刻的反应组分浓度及达到一定转化率所需时间均可求得。

第 3 节　简单级数的反应速率方程的确定

在化学反应速率方程的讨论中，对于任意反应：

$$a\,A + b\,B + c\,C + \cdots \longrightarrow 产物$$

可能是下面具有简单级数形式的速率方程的反应：

$$\frac{-\mathrm{d}c_A}{\mathrm{d}t} = k c_A^{\alpha} c_B^{\beta} c_C^{\gamma} \cdots$$

则反应级数 $n = \alpha + \beta + \gamma + \cdots$

基元反应速率方程具有这种形式。非基元反应有些也符合这种形式，有些则具有更为复杂的速率方程形式。在化工生产中，为了满足化工设计和生产实际应用的需要，也常常在一定范围内近似按上式回归数据，建立经验速率方程。

确定上述反应的速率方程可通过实验测定反应的 c-t 数据，进而求得式中的 α、β、γ、n 及速率常数 k。测定不同时刻反应物质的浓度可以有两类方法：化学法和物理法。

化学法：不同时刻取出一定量反应物，通过骤冷、冲稀、加阻化剂、除去催化剂等方法使反应立即停止，然后用化学分析法测定反应物或产物的浓度。该方法的优点是能直接测得各时刻浓度的绝对值；缺点是测定比较费时，反应物或产物的浓度会发生变化，因此，取样后需立即中止反应。

物理法：测定系统中与反应物或产物浓度呈单值函数的某一物理量随时间的变化。如压力、体积、折射率、旋光度、吸光度、电导、电动势等。优点是迅速而方便，不必中止反应，可在反应容器中进行连续测定，易于实现自动记录；缺点是间接地通过所测定的物理量与反应物或产物浓度之间的关系取得反应物的浓度。

实验中得到的不同时刻反应物浓度和相关物理量，可采用如下方法确定反应级数及速率常数的值，从而得到瞬时浓度对时间的数学模型，以实现对反应的有效控制。

9.3.1 微分法确定反应级数及速率常数

$$\text{反应} \quad n\mathrm{A} \longrightarrow \mathrm{P}$$

$$t=0 \qquad c_{\mathrm{A0}} \qquad\qquad 0$$

$$t=t \qquad c_{\mathrm{A}} \qquad\quad c_{\mathrm{A0}}-c_{\mathrm{A}}$$

若其速率方程具有如下形式：

$$r = -\frac{\mathrm{d}c_{\mathrm{A}}}{\mathrm{d}t} = kc_{\mathrm{A}}^{n} \tag{9.3.1}$$

等式两边取对数得

$$\ln r = \ln\left(-\frac{\mathrm{d}c_{\mathrm{A}}}{\mathrm{d}t}\right) = \ln k + n\ln c_{\mathrm{A}} \tag{9.3.2}$$

c_{A}-t 曲线，在不同时刻 t 作曲线的切线，求切线的斜率即 t 时刻的反应速率 $-\mathrm{d}c_{\mathrm{A}}/\mathrm{d}t$，如图 9-3 所示。以 $\ln(-\mathrm{d}c_{\mathrm{A}}/\mathrm{d}t)$ 对 $\ln c_{\mathrm{A}}$ 作图（如图 9-4 所示），从直线斜率求出 n 值，从截距得到速率常数 k。

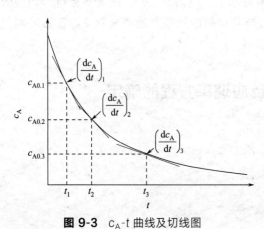

图 9-3 c_{A}-t 曲线及切线图

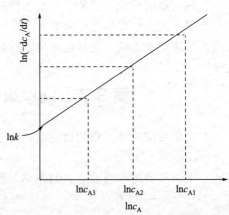

图 9-4 $\ln(-\mathrm{d}c_{\mathrm{A}}/\mathrm{d}t)$-$\ln c_{\mathrm{A}}$ 关系图

微分法求反应级数时，需要在 c-t 图上正确作出不同时刻曲线的切线，常用的作切线的方法有镜面对称法、等面积图解微分法等，也可以借助计算机编程的方法来实现。

微分法的优点是适用于非整数级数反应，缺点是容易引入作图误差。

对于有些反应来说，产物可能会对反应速率有影响，这时可用初始浓度法避免反应产物或副产物的干扰，具体做法如下：

首先配制一组不同初始浓度的溶液，可测出若干条 c-t 曲线；根据 $t=0$ 时刻的切线斜率得到不同 c_{A0} 条件下的 $-\mathrm{d}c_{A0}/\mathrm{d}t$，如图 9-5 所示；同上，以 $\ln(-\mathrm{d}c_{A0}/\mathrm{d}t)$ 对 $\ln c_{A0}$ 作图，从直线斜率、截距求出 n、k 的值。

对多数反应（主要是一些基元反应、简单反应）两种方法得到的级数是相同的，但也有一些反应得到的两种结果并不相同，如乙醛的分解反应速率方程为

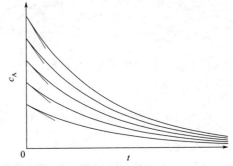

图 9-5　反应初始速率（$-\mathrm{d}c_{A0}/\mathrm{d}t$）求法图

$$r = k c_{\mathrm{CH_3CHO}}^2 c_{0,\mathrm{CH_3CHO}}^{-1}$$

用微分法，$c_{0,\mathrm{CH_3CHO}}$ 为常数，$r = k' c_{\mathrm{CH_3CHO}}^2$，反应为二级反应。用初始浓度法，$c_{\mathrm{CH_3CHO}} = c_{0,\mathrm{CH_3CHO}}$，$r = k'' c_{\mathrm{CH_3CHO}}$，反应为一级反应。

又 HBr 生成反应的速率方程为

$$r_{\mathrm{HBr}} = \frac{k c_{\mathrm{H_2}} c_{\mathrm{Br_2}}^{0.5}}{1 + k' c_{\mathrm{HBr}} / c_{\mathrm{Br_2}}}$$

若用初始浓度法，$c_{\mathrm{HBr}} = 0$ 时 $r_{\mathrm{HBr}} = k c_{\mathrm{H_2}} c_{\mathrm{Br_2}}^{0.5}$，反应为具有简单级数的反应，反应级数为 1.5。

可见用第一种方法，测得的 n 为实际的反应级数，包含了基元反应中生成的产物、副产物对反应的干扰。第二种方法，测得的 n 是真实的（或为理论的）、无干扰情况下的反应级数。因此，可根据实际需要来选取不同的方法。

若仅有两组 r、c_A 值，还可用解析法：

$$\ln r_{A1} = \ln k + n \ln c_{A1} \tag{9.3.3}$$
$$\ln r_{A2} = \ln k + n \ln c_{A2} \tag{9.3.4}$$

解方程组求出 k 和 n，但是此法误差较大。

9.3.2　积分法确定反应级数及速率常数

积分法也称尝试法。适用于简单级数反应，如一级或二级反应等。当实验测得了一系列 c_A-t 或 x-t 的动力学数据后，可以用以下两种尝试法。

（1）代入尝试法

对于简单级数反应

$$n\mathrm{A} \longrightarrow \mathrm{P}$$

将一组实验测定的 c_A-t 数据代入设定级数的定积分式中，计算 k 值。若经算得的 k 值基本为常数，则反应为该反应级数。若求得 k 不为常数，则需再进行尝试，直到得出相应的反应级数 n 为止。

（2）作图尝试法

对于简单级数反应

$$nA \longrightarrow P$$

积分速率方程可表示为

$$\ln\{c_A/[c]\} = -kt + B \quad (n=1)$$

$$\frac{1}{c_A^{n-1}} = (n-1)kt + B \quad (n \neq 1)$$

将一组实验测定的 c_A-t 数据作图，若 $\ln\{c_A/[c]\}$-t 作图呈线性关系，则反应为一级，斜率得 k。

若 $\frac{1}{c_A^{n-1}}$-t 图为一直线（$n \neq 1$）时，反应级数即为 n。例如，若作图得 $1/c_A$-t 为一直线，则反应级数为 2。

积分法仅适用于具有整数反应级数的反应，范围窄，不灵敏。

例题 9.3.1 某气相反应 $2A(g) \longrightarrow A_2(g)$，等温、等容条件下总压 p 的数据如下，求速率常数 k_p 及反应级数 n。

t/s	0	100	200	400	600	800
p_A/kPa	41.33	27.464	21.064	13.332	10.594	8.49

解：

$$2A(g) \longrightarrow A_2(g)$$

$$t=0 \quad\quad p_{A0} \quad\quad\quad 0$$

$$t=t \quad\quad p_A \quad\quad\quad p_{A2}$$

（1）尝试法：按一、二、三级反应积分式

$$k_{p,1} = \frac{1}{t}\ln\frac{p_{A0}}{p_A}, k_{p,2} = \frac{1}{t}\left(\frac{1}{p_A} - \frac{1}{p_{A0}}\right), k_{p,3} = \frac{1}{2t}\left(\frac{1}{p_A^2} - \frac{1}{p_{A0}^2}\right)$$

求出 $k_{p,1}$、$k_{p,2}$ 和 $k_{p,3}$，列表如下

t/s	0	100	200	400	600	800
p_A/kPa	41.33	27.464	21.064	13.332	10.594	8.490
$\ln(p_A/kPa)$	3.722	3.313	3.048	2.590	2.360	2.139
$k_{p,1}/s^{-1}$		0.00409	0.00337	0.00282	0.00227	0.00198
$\frac{1}{p_A}/kPa^{-1}$	0.0242	0.03641	0.0475	0.0750	0.0944	0.1178
$k_{p,2}/(kPa^{-1}\cdot s^{-1})$		0.000122	0.000117	0.000127	0.000117	0.000117
$\frac{1}{p_A^2}/kPa^{-2}$	5.85×10^{-4}	13.26×10^{-4}	22.54×10^{-4}	56.26×10^{-4}	89.10×10^{-4}	138.7×10^{-4}
$k_{p,3}/(kPa^{-2}\cdot s^{-1})$		3.705×10^{-6}	4.17×10^{-6}	6.3×10^{-6}	6.94×10^{-6}	8.30×10^{-6}

可以看出，随时间增加，只有 $k_{p,2}$ 基本不变，故反应为二级，$k_{p,2}$ 的平均值为 $1.20\times10^{-4}\,kPa^{-1}\cdot s^{-1}$。

（2）微分法：

根据实验数据作 p_A-t 曲线，在不同时刻 t 求曲线的切线斜率 $-\mathrm{d}p_A/\mathrm{d}t$（如图 9-6 所示），所得的值如下表。

t/s	0	100	200	400	600	800
p_A/kPa	41.33	27.464	21.064	13.332	10.594	8.49
$\ln(p_A/\mathrm{kPa})$	3.722	3.313	3.048	2.590	2.360	2.139
$-\dfrac{\mathrm{d}p_A}{\mathrm{d}t}/(\mathrm{kPa}\cdot\mathrm{s}^{-1})$	0.205	0.0905	0.0532	0.021	0.0135	0.00865
$\ln\left[-\dfrac{\mathrm{d}p_A}{\mathrm{d}t}/(\mathrm{kPa}\cdot\mathrm{s}^{-1})\right]$	-1.58	-2.40	-2.93	-3.86	-4.305	-4.75

分别对反应的微分式 $\dfrac{-\mathrm{d}p_A}{\mathrm{d}t}=kp_A^n$ 两边取对数，计算 $\ln\left[-\dfrac{\mathrm{d}p_A}{\mathrm{d}t}/(\mathrm{kPa}\cdot\mathrm{s}^{-1})\right]$ 及 $\ln(p_A/\mathrm{kPa})$ 的值，并以此作图得一条直线（见图 9-7），根据直线的斜率可得该反应的级数 $n=2$。与积分法所得结果一致。

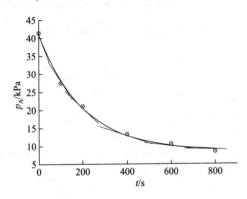

图 9-6 p_A-t 曲线的切线图

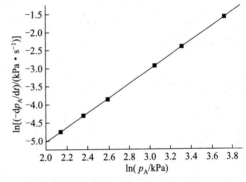

图 9-7 $\ln[(-\mathrm{d}p_A/\mathrm{d}t)/(\mathrm{kPa}\cdot\mathrm{s}^{-1})]$-$\ln(p_A/\mathrm{kPa})$ 关系图

例题 9.3.2 气体丁二烯在较高温度下，进行二聚合反应 $2C_4H_6(g)\longrightarrow C_8H_{12}(g)$，在温度为 600K 的容器中，不同时间测得系统总压力如下：

t/min	0	8.02	12.18	17.30	24.55	33.00
$p_{总}/\mathrm{kPa}$	84.25	79.90	77.87	75.63	72.89	70.36

（1）求反应级数 n；（2）求速率常数 k。

解：找 p_A 与 $p_{总}$ 的关系

$$
\begin{array}{ccc}
 & 2A \longrightarrow & P \\
t=0 & p_{A0} & 0 \\
t=t & p_A & (p_{A0}-p_A)/2
\end{array}
$$

$$p_{总}=p_A+(p_{A0}-p_A)/2=(p_{A0}+p_A)/2$$

$$p_A=2p_{总}-p_{A0}$$

计算得到的 p_A 如下表：

t/min	0	8.02	12.18	17.30	24.55	33.00
p_A/kPa	84.25	75.55	71.49	67.01	61.53	56.47

用分压表示的速率方程：

$$-\frac{\mathrm{d}p_A}{\mathrm{d}t}=k_p p_A^n$$

可用微分法或积分法求 n、k_p。

（1）微分法

将 p_A-t 数据在坐标纸上描出光滑曲线，如图 9-8 所示，然后在图中 t 时刻绘切线，并求出切线斜率（也可借助镜面反射法先绘法线，再由法线斜率推算切线斜率）。该过程利用计算机也易做到。

求出 $-\mathrm{d}p_A/\mathrm{d}t$，见下表：

p_A/kPa	84.25	75.55	71.49	67.01	61.53	56.47
$(-\mathrm{d}p_A/\mathrm{d}t)/(\text{kPa}\cdot\text{min}^{-1})$	1.26	1.0	0.91	0.81	0.68	0.57
$\ln[(-\mathrm{d}p_A/\mathrm{d}t)/(\text{kPa}\cdot\text{min}^{-1})]$	0.231	0	−0.094	−0.211	−0.386	−0.562

$\ln[(-\mathrm{d}p_A/\mathrm{d}t)/(\text{kPa}\cdot\text{min}^{-1})]$ 对 $\ln(p_A/\text{kPa})$ 作图，如图 9-9 所示。由直线的斜率得反应级数 $n=2$。

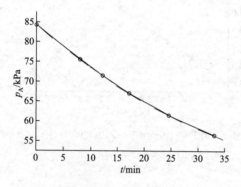

图 9-8 p_A-t 关系曲线

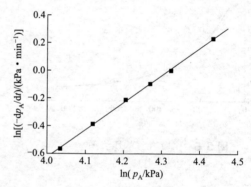

图 9-9 $\ln[(-\mathrm{d}p_A/\mathrm{d}t)/(\text{kPa}\cdot\text{min}^{-1})]$- $\ln(p_A/\text{kPa})$ 图

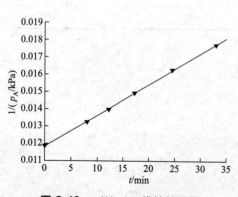

图 9-10 $(1/p_A)$-t 线性关系图

（2）积分法

计算 $\ln p_A$、$1/p_A$、$1/p_A^2$…的值，结果发现，只有 $1/p_A$-t 之间呈线性关系，p_A-t、$\ln p_A$-t 和 $1/p_A^2$-t 均不是线性关系。因此可以断定该反应是二级反应。

（3）确定了反应级数，再由速率方程积分式中包含的线性关系求速率常数 k。

二级反应速率方程积分式：

$$\frac{1}{p_A}=k_p t+\frac{1}{p_{A0}}$$

$\frac{1}{p_A}$-t 呈线性关系，斜率为 k_p，如图 9-10 所示。由

直线斜率得速率常数：

$k_p = 1.78 \times 10^{-4} \, \mathrm{kPa}^{-1} \cdot \mathrm{min}^{-1}$。

9.3.3 半衰期法确定反应级数

对于只有一种反应或多种反应物（各反应物初始浓度比等于计量系数比）的反应，反应的半衰期通式（$n \neq 1$）为

$$t_{1/2} = \frac{2^{n-1} - 1}{(n-1)kc_{A0}^{n-1}}$$

（1）作图法　对 n 级反应半衰期表达式两边取对数，得

$$\ln t_{1/2} = (1-n)\ln c_{A0} + \ln(2^{n-1} - 1) - \ln[k(n-1)] \tag{9.3.5}$$
$$= (1-n)\ln c_{A0} + \ln A$$

为了求得不同初始浓度下的半衰期，可从一组实验得到的 c-t 数据所作的曲线上设定不同的 c_{A0}，再在图上找出相应的 $t_{1/2}$，如图 9-11 所示。

对求得的一组不同初始浓度时的 $t_{1/2}$ 取对数，以 $\ln t_{1/2}$ 对 $\ln c_{A0}$ 作图得一直线，斜率为 $1-n$。

（2）解析法　利用两组实验数据

$$t'_{1/2} = A(c'_{A0})^{1-n}, \quad t''_{1/2} = A(c''_{A0})^{1-n}$$

两式相除得

$$\left(\frac{t''_{1/2}}{t'_{1/2}}\right) = \left(\frac{c''_{A0}}{c'_{A0}}\right)^{1-n}$$

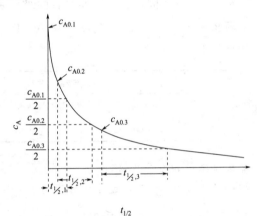

图 9-11　c-t 曲线作图法求不同 c_{A0} 对应的半衰期

$$n = 1 - \frac{\ln(t''_{1/2}/t'_{1/2})}{\ln(c''_{A0}/c'_{A0})} \tag{9.3.6}$$

9.3.4 多种反应物参与的反应速率方程

以上介绍的方法适用于只有一种反应物的系统。对于有两种或两种以上反应物参与的反应，可通过选择实验条件，将多种反应物的速率方程简化为与一种反应物相同的形式，然后再用上述一种反应物的方法来确定反应级数。

例如有反应

$$a\mathrm{A} + b\mathrm{B} + b\mathrm{C} + \cdots = 产物$$

速率方程为

$$\frac{-\mathrm{d}c_A}{\mathrm{d}t} = k' c_A^\alpha c_B^\beta c_C^\gamma \cdots \tag{9.3.7}$$

（1）若各反应物的初始浓度之比等于计量系数之比，即

$$\frac{c_{A0}}{a} = \frac{c_{B0}}{b} = \frac{c_{C0}}{c} = \cdots$$

则在反应过程中始终满足

$$\frac{c_A}{a} = \frac{c_B}{b} = \frac{c_C}{c}$$

所以

$$\frac{-\mathrm{d}c_A}{\mathrm{d}t} = k'c_A^{\alpha}c_B^{\beta}c_C^{\gamma} = k'c_A^{\alpha}\left(\frac{b}{a}c_A\right)^{\beta}\left(\frac{c}{a}c_A\right)^{\gamma} = kc_A^{\alpha+\beta+\gamma} = kc_A^n \tag{9.3.8}$$

可得到表观速率常数 $k = k'\left(\dfrac{b}{a}\right)^{\beta}\left(\dfrac{c}{a}\right)^{\gamma}$ 以及总反应级数 n。若需求得各物质的分级数，可采用下面的孤立法。

（2）用孤立法（或称隔离法），分别求各反应物分反应级数 α，β，…。

当确定 A 的级数时，加大其他反应物的量，这样除 A 以外的反应物的量在反应中的变化可以忽略，近似视为常数，则 $r = k'c_A^{\alpha}$，进一步求反应物 A 的分级数 α 的方法同前述，其中 $k' = kc_B^{\beta}c_C^{\gamma}$。继续固定其它浓度求 B 的级数 β，如此反复操作，逐一将各反应级数求出。

例题 9.3.3 等温、等容气相反应 $A + B \longrightarrow L + M$，速率方程为 $r_{p,A} = kp_A^{\alpha}p_B^{\beta}$，实验测得数据如下：

	$p_{A0} = p_{B0}$			$p_{B0} \gg p_{A0}$	
初始总 p_0/kPa	47	32.4	$p_{A,0}$/kPa	40.0	20.3
$t_{1/2}$/s	84	176	r_0/(kPa·s^{-1})	0.137	0.034

求反应级数和速率常数。

解： 当 $p_{A0} = p_{B0}$ 时，速率方程变为 $r_{p,A} = kp_A^{\alpha+\beta} = kp_A^n$

总反应级数 $n = 1 - \dfrac{\ln(t''_{1/2}/t'_{1/2})}{\ln(c''_{A0}/c'_{A0})} = 1 - \dfrac{\ln(176/84)}{\ln(32.4/47)} = 3$

$$k = \frac{2^{n-1} - 1}{t_{1/2}(n-1)p_A^{n-1}} = 3.17 \times 10^{-5}\,\mathrm{kPa^{-2} \cdot s^{-1}}$$

$p_{B0} \gg p_{A0}$ 时，$r_{p,A} = kp_A^{\alpha}p_B^{\beta} = kp_{B0}^{\beta}p_A^{\alpha} \approx kp_0^{\beta}p_A^{\alpha} = k'p_A^{\alpha}$

$\dfrac{r_{0,1}}{r_{0,2}} = \left(\dfrac{p_{A,01}}{p_{A,02}}\right)^{\alpha}$ （此式在 $\alpha = 1$ 时仍然成立）

得：$\alpha = \dfrac{\ln(r_{0,1}/r_{0,2})}{\ln(p_{A,01}/p_{A,02})} = \dfrac{\ln(0.137/0.034)}{\ln(40/20.3)} = 2$

所以 $\beta = n - \alpha = 3 - 2 = 1$

第 4 节　温度对反应速率的影响

前两节讨论了化学反应的速率方程，是在温度一定的条件下，研究浓度对反应速率的影响。因此，设计的实验一定要在等温的条件下进行。对于一般反应来说，温度是影响反应速率最重要的因素，影响的类型主要有以下五种（图 9-12）。

（a）r 随 T 的升高而逐渐加快，呈指数函数关系，这类反应最为常见。

（b）有爆炸极限的反应。开始时 T 对反应速率影响不大，到达一定极限时，反应以爆炸的形式极快地进行。

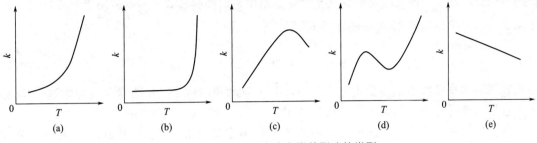

图 9-12 温度对反应速率常数影响的类型

(c) 有速率极大值。超过极大值后，r 随 T 的升高反而降低。如多相催化反应和酶催化反应。

(d) r 随 T 升到某一高度时下降，再升高 T，r 又迅速增加，出现这种情况可能是发生了副反应。例如碳的氢化，高温时反应复杂。

(e) T 升高，r 反而下降。这种类型很少，如一氧化氮氧化成二氧化氮，是对行反应，逆反应的速率受 T 影响更大。

温度对反应速率的影响主要体现在对速率常数的影响上。因此，研究 $k = f(T)$ 的函数关系，对反应机理研究和确定生产工艺条件具有重要意义。

9.4.1 范特霍夫经验规则

经验告诉我们，对于大多数常见反应，只要 T 升高，r 则增大。不论吸热、放热反应，正反应、逆反应均是如此。

范特霍夫首先定量地讨论了反应速率对温度的一般性依赖关系，指出：温度每升高 $10℃$，反应的速率比原速率增大 2～4 倍，以公式表示为

$$\frac{r_{T+10}}{r_T} = 2 \sim 4$$

对于具有简单级数，而且不同温度下级数不变的反应，该比例关系可用速率常数来表示，即上式又可写为：

$$\frac{k_{T+10}}{k_T} = 2 \sim 4 \tag{9.4.1}$$

例如 $CO(CH_2COOH)_2$ 分解反应

已知 283K 时 $k = 10.8 s^{-1}$，293K 时 $k = 47.5 s^{-1}$，得

$$\frac{47.5}{10.84} \approx 4$$

已知 323 时 $k = 1850 s^{-1}$，333K 时 $k = 5480 s^{-1}$，得

$$\frac{5480}{1850} \approx 3$$

此规则仅作粗略估算时用。

9.4.2 阿仑尼乌斯经验式

阿仑尼乌斯于 1899 年提出了定量表示速率常数 k 与温度 T 的关系式，称为阿仑尼乌斯

（Arrhenius）方程。该方程是根据气相反应总结出来的经验公式，但也适用于溶液反应。

9.4.2.1 阿仑尼乌斯经验式的指数式

$$k = A\exp\left(-\frac{E_a}{RT}\right) \tag{9.4.2}$$

该式表明了速率常数与温度变化的关系。式中 A 称为指前因子，R 为摩尔气体常数，E_a 称为阿仑尼乌斯活化能。阿仑尼乌斯认为 A 和 E_a 都是与温度无关的常数。

阿仑尼乌斯公式表明，温度对反应速率的影响主要取决于 E_a 的数值，E_a 越大，反应速率随温度变化越显著。因此活化能 E_a 是表征反应动力学特征的重要参数。

9.4.2.2 阿仑尼乌斯经验式的对数式

$$\ln(k/[k]) = \frac{-E_a}{RT} + B \tag{9.4.3}$$

由对数式可知，$\ln(k/[k]) - 1/T$ 之间呈线性关系。可以根据不同温度下测定的 k 值，以 $\ln(k/[k])$ 对 $1/T$ 作图，由直线斜率和截距求活化能 E_a 和指前因子 A。

9.4.2.3 阿仑尼乌斯经验式的微分式

$$\frac{d\ln(k/[k])}{dT} = \frac{E_a}{RT^2} \tag{9.4.4}$$

阿仑尼乌斯公式的微分式表明，$\ln k$ 值随 T 的变化率决定于 E_a 值的大小。活化能 E_a 不可能为负值，故温度升高，k 值一定是增大的。该结论不论是对简单反应或复合反应，正反应或逆反应，只要速率常数 k 与温度的关系服从于阿仑尼乌斯方程的均可适用。

9.4.2.4 阿仑尼乌斯经验式的定积分式

$$\ln\frac{k_2}{k_1} = -\frac{E_a}{R}\left(\frac{1}{T_2} - \frac{1}{T_1}\right) \tag{9.4.5}$$

上式是假设活化能与温度无关得到的结果，根据该式可用两个不同温度下的 k 值求活化能。

应当说明的是，作为经验式的阿仑尼乌斯公式并不是非常精确，更准确的实验特别是液相中的一些反应表明，$\ln(k/[k]) - \frac{1}{T}$ 的关系并非一条直线，而是一条在低温下向上弯曲的线。说明实验活化能与温度有关。这时可用校正式：

$$k = AT^n\exp\left(-\frac{E}{RT}\right) \tag{9.4.6}$$

由式（9.4.4）及式（9.4.6）得活化能：

$$E_a = RT^2\frac{d\ln k}{dT} = E + nRT \tag{9.4.7}$$

一般情况下 nRT 与 E_a 相比很小，可忽略其影响，故仍可采用阿仑尼乌斯经验式计算。

例题 9.4.1 已知溴乙烷分解反应 $E_a = 229.3\text{kJ} \cdot \text{mol}^{-1}$，$T_1 = 650\text{K}$，$k_1 = 2.14 \times 10^{-4}\text{s}^{-1}$。要使该反应在 10min 转化率达 90%，应控制反应温度为多少度？

解： 从 k 的单位知，此反应为一级，$n = 1$。

有 $\ln\dfrac{1}{1-x} = kt = A\text{e}^{-\frac{E_a}{RT}}t$

由题意知，$2.14\times10^{-4} = A/\text{s}^{-1} \cdot \text{e}^{-\frac{229.3\times10^3}{8.314\times650}}$

所以 $A = 5.726 \times 10^{14} \mathrm{s}^{-1}$

$$\ln \frac{1}{1-90\%} = 5.726 \times 10^{14} \cdot \mathrm{e}^{-\frac{229.3 \times 10^3}{8.314 \times T_2 / \mathrm{K}}} \times 60 \times 10$$

解得 $T_2 = 697.45\mathrm{K}$

9.4.3 阿仑尼乌斯活化能

阿仑尼乌斯活化能是阻碍反应进行的一个能量因素。活化能越大，反应速率越慢。

一般化学反应的活化能在 $40 \sim 400 \mathrm{kJ \cdot mol^{-1}}$ 之间，大多数都在 $50 \sim 250 \mathrm{kJ \cdot mol^{-1}}$ 之间。活化能小于 $40 \mathrm{kJ \cdot mol^{-1}}$ 的反应很快即可完成，活化能大于 $100 \mathrm{kJ \cdot mol^{-1}}$ 的反应需要加热完成。

9.4.3.1 基元反应的活化能

从微观角度看，要发生某一化学反应，首先参加反应的反应物分子必须发生碰撞，但不是任何一次碰撞都能发生反应，否则任何反应都可以瞬间完成。实际结果表明只有少数具有较高能量的分子发生的碰撞才是有效的，故将具有发生有效碰撞的能量的分子称为活化分子。托尔曼（Tolman）用统计平均的概念对基元反应的活化能定义为活化分子的平均能量与反应物分子的平均能量之差值。可见，基元反应的活化能具有明确的物理意义。

$$E_a = 活化分子的平均能量 - 反应物分子的平均能量$$

对于等容、对行的基元反应，根据阿仑尼乌斯公式

$$\frac{\mathrm{dln}(k_1/[k])}{\mathrm{d}T} = \frac{E_{a,1}}{RT^2}, \frac{\mathrm{dln}(k_{-1}/[k])}{\mathrm{d}T} = \frac{E_{a,-1}}{RT^2}$$

$$\frac{\mathrm{dln}(k_1/k_{-1})}{\mathrm{d}T} = \frac{(E_{a,1} - E_{a,-1})}{RT^2}$$

由范特霍夫等容方程

$$\frac{\mathrm{dln}(K_c/[K_c])}{\mathrm{d}T} = \frac{\Delta_r U_m}{RT^2}$$

9-3

和对行反应平衡常数，$K_c = k_1/k_{-1}$，可以得到

$$\Delta_r U_m = E_{a,1} - E_{a,-1} \tag{9.4.8}$$

即正反应活化能与逆反应活化能之差等于反应的摩尔热力学能变化量，如图 9-13 所示。

9.4.3.2 复杂反应的表观活化能

复杂反应的表观活化能只是一个表观参数，没有明确的物理意义，但当复杂反应的总速率常数与温度的关系仍然服从阿仑尼乌斯方程时，总包反应活化能的大小由构成总包反应的各基元反应活化能来决定。

以生成 HI 分子反应为例：$H_2 + I_2 \longrightarrow 2HI$

反应机理：$I_2 + M^* \underset{k_{-1}}{\overset{k_1}{\rightleftharpoons}} 2I \cdot + M^*$

$$H_2 + 2I \cdot \xrightarrow{k_2} 2HI$$

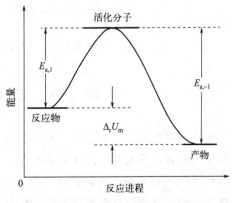

图 9-13 活化能与反应热

第一步可以看成快速平衡

$$k_1 c_{I_2} = k_{-1} c_{I\cdot}^2$$

移项，得

$$c_{I\cdot}^2 = \frac{k_1}{k_{-1}} c_{I_2}$$

上述 HI 合成反应速率

$$\frac{dc_{HI}}{dt} = k_2 c_{H_2} c_{I\cdot}^2 = \frac{k_1 k_2}{k_{-1}} c_{H_2} c_{I_2} = k_a c_{H_2} c_{I_2}$$

式中，$k_a = \dfrac{k_1 k_2}{k_{-1}}$ 称为表观速率常数，代入阿仑尼乌斯公式，有

$$k_a = A \exp\left(-\frac{E_{a,\text{表观}}}{RT}\right) = \frac{A_1 \exp\left(-\dfrac{E_{a,1}}{RT}\right) A_3 \exp\left(-\dfrac{E_{a,2}}{RT}\right)}{A_2 \exp\left(-\dfrac{E_{a,-1}}{RT}\right)}$$

$$= \frac{A_1 A_2}{A_3} \exp\left(-\frac{E_{a,1} + E_{a,2} - E_{a,-1}}{RT}\right)$$

即表观活化能

$$E_{a,\text{表观}} = E_{a,1} + E_{a,2} - E_{a,-1} \tag{9.4.9}$$

HI 合成反应经过活化过渡态 I---H---H---I，与始、终态的能量关系如图 9-14 所示。表明当总包反应的表观速率常数与温度的关系仍然服从阿仑尼乌斯方程时，表观活化能等于各步基元反应的活化能的代数和。

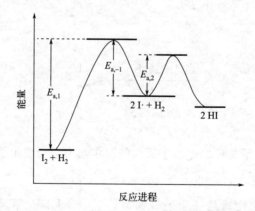

图 9-14 表观活化能与基元反应的活化能

第 5 节　典型复合反应及其特点

绝大多数化学反应都是由一系列基元反应组合而成的复杂反应，对涉及相同物种的两个基元反应而言，其相互关系主要有对行、平行、连串三种基本类型。构成复杂反应的基元反应类型虽然千差万别，却都是这三种基本组合方式的再组合，因此讨论这三种典型复杂反应的动力学规律是研究复合反应动力学的基础。

9.5.1 对行反应

在正、逆两个方向同时进行的反应称为对行反应（opposing reaction），也称为可逆反应。正、逆反应可以为相同级数，也可以为具有不同级数的反应；可以是基元反应，也可以是非基元反应。最简单的对行反应是正、逆反应均为一级的反应，称为 1-1 级对行反应：

$$A \underset{k_{-1}}{\overset{k_1}{\rightleftharpoons}} B$$

$t=0$	c_{A0}	0
$t=t$	c_A	c_B
$t=t_e$	c_{Ae}	c_{Be}

正反应速率： $\qquad r_{正}=k_1 c_A$

逆反应速率： $\qquad r_{逆}=k_{-1} c_B$

总反应速率为正、逆反应速率之差：

$$r=-\frac{\mathrm{d}c_A}{\mathrm{d}t}=k_1 c_A - k_{-1}c_B \qquad\qquad (9.5.1)$$

式（9.5.1）为 1-1 级对行反应速率方程的微分式。因为

$$c_B = c_{A0} - c_A$$

所以

$$-\frac{\mathrm{d}c_A}{\mathrm{d}t}=k_1 c_A - k_{-1}(c_{A0}-c_A)=(k_1+k_{-1})c_A - k_{-1}c_{A0}$$

反应达平衡时，反应的净速率为零，有

$$K=\frac{c_{A0}-c_{Ae}}{c_{Ae}}=\frac{k_1}{k_{-1}}$$

式中，K 为平衡常数；c_{Ae} 为 A 的平衡浓度，说明平衡常数 K 是正向和逆向反应速率常数之比。

所以

$$k_{-1}c_{A0}=(k_1+k_{-1})c_{Ae}$$

则

$$-\frac{\mathrm{d}c_A}{\mathrm{d}t}=(k_1+k_{-1})(c_A-c_{Ae}) \qquad\qquad (9.5.2)$$

式（9.5.2）为 1-1 级对行反应速率方程微分式的另一种形式，对式（9.5.2）积分，得对行反应速率方程的积分式

$$\ln\frac{c_{A0}-c_{Ae}}{c_A-c_{Ae}}=(k_1+k_{-1})t \qquad\qquad (9.5.3)$$

积分式表明 $\ln(c_A-c_{Ae})$-t 为线性关系，斜率为 $-(k_1+k_{-1})$。即 1-1 级对行反应，趋向平衡的过程是一个一级反应。若测定了 t 时刻的反应物浓度 c_A，已知 c_{A0} 和 c_{Ae}，即可根据上述线性关系求出 (k_1+k_{-1})。同时用平衡浓度求出平衡常数 K，因为 $K=k_1/k_{-1}$，可分别得出 k_1 和 k_{-1}。

反应达到平衡后，反应物和产物的浓度不再随时间而改变。在 c-t 图上，如图 9-15 所示，t_e 后曲线呈水平线。

9-4

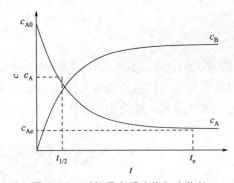

图 9-15 对行反应反应物和产物的
浓度与时间关系

当对行反应的反应物浓度变化到初始浓度与平衡浓度之差的一半时的浓度，如图 9-15 所示，即

$$c_A = \frac{1}{2}(c_{A0} - c_{Ae}) + c_{Ae} = \frac{1}{2}(c_{A0} + c_{Ae})$$

$$(9.5.4)$$

反应到该浓度时所需的时间定义为半衰期。将式 (9.5.4) 代入式 (9.5.3)，得

$$t_{1/2} = \frac{\ln 2}{k_1 + k_{-1}} \tag{9.5.5}$$

可见，1-1 级对行反应的半衰期也与初始浓度 c_{A0} 无关。

例题 9.5.1 有 1-1 级对行反应 $A \underset{k_{-1}}{\overset{k_1}{\rightleftharpoons}} B$ 的 $k_1 = 1 \times 10^{-2} s^{-1}$，反应平衡常数 $K_c = 4$，如果 $c_{A0} = 0.01 mol \cdot dm^{-3}$，$c_{B0} = 0$，计算 30s 后 B 的浓度。

解： 由 1-1 级对行反应的关系式，达平衡时，有

$$K_c = \frac{k_1}{k_{-1}} = \frac{c_{Be}}{c_{Ae}} = \frac{c_{A0} - c_{Ae}}{c_{Ae}}$$

即 $c_{Ae} = \dfrac{k_{-1}}{k_1 + k_{-1}} c_{A0}$

以 x_A 表示反应物 A 的转化率，则 $c_A = c_{A0}(1 - x_A)$，代入 1-1 级对行反应速率方程的积分式 [式(9.5.3)]，得

$$\ln \frac{c_{A0} - \dfrac{k_{-1}}{k_1 + k_{-1}} c_{A0}}{c_{A0}(1 - x_A) - \dfrac{k_{-1}}{k_1 + k_{-1}} c_{A0}} = (k_1 + k_{-1}) t$$

整理，得 $\ln \dfrac{k_1}{k_1 - (k_1 + k_{-1}) x_A} = (k_1 + k_{-1}) t$

代入 $k_1 = 1 \times 10^{-2} s^{-1}$，$k_{-1} = \dfrac{k_1}{K_c} = \dfrac{1 \times 10^{-2} s^{-1}}{4} = 0.0025 s^{-1}$

$t = 30s$，解得 $x_A = 0.25$

则 $c_B = c_{A0} x_A = 0.01 mol \cdot dm^{-3} \times 0.25 = 0.0025 mol \cdot dm^{-3}$

9.5.2 平行反应

一种反应物同时进行两个或两个以上不同的反应，生成不同的产物，这类反应称为平行反应（parallel or side reaction）。例如

这类复合反应在有机反应中较多，通常将生成目的产物的反应称为主反应，其余为副反应。总的反应速率等于所有平行反应速率之和。以两个反应均为一级的平行反应为例：

$$
\begin{array}{cccc}
 & A & B & C \\
t=0 & c_{A0} & 0 & 0 \\
t=t & c_{A0}-c_B-c_C & c_B & c_C
\end{array}
$$

反应物 A 的消耗速率为

$$-\frac{dc_A}{dt}=\frac{dc_B}{dt}+\frac{dc_C}{dt}=k_1c_A+k_2c_A=(k_1+k_2)c_A \tag{9.5.6}$$

式(9.5.6) 为 1-1 级平行反应的速率方程微分式。积分可得平行反应速率方程的积分式：

$$\ln\frac{c_{A0}}{c_A}=(k_1+k_2)t \tag{9.5.7}$$

式(9.5.7) 表明 1-1 级平行反应的动力学规律与一般的一级反应完全相同，区别仅在于得到的表观速率常数为两步基元反应的速率常数之和：$k=k_1+k_2$。

B、C 的生成速率为

$$\frac{dc_B}{dt}=k_1c_A \tag{9.5.8}$$

$$\frac{dc_C}{dt}=k_2c_A \tag{9.5.9}$$

两式相比，得

$$\frac{dc_B}{dc_C}=\frac{k_1}{k_2} \tag{9.5.10}$$

当 $t=0$ 时，$c_B=c_C=0$；$t=t$ 时，B、C 的浓度为 c_B、c_C，积分式(9.5.10) 得

$$\frac{c_B}{c_C}=\frac{k_1}{k_2} \tag{9.5.11}$$

代入式(9.5.8)，得

$$\frac{dc_B}{dt}=k_1c_A=k_1(c_{A0}-c_B-c_C)=k_1c_{A0}-(k_1+k_2)c_B \tag{9.5.12}$$

解此微分方程，得

$$c_B=\frac{k_1}{k_1+k_2}c_{A0}\{1-\exp[-(k_1+k_2)t]\} \tag{9.5.13}$$

同理可得

$$c_C=\frac{k_2}{k_1+k_2}c_{A0}\{1-\exp[-(k_1+k_2)t]\} \tag{9.5.14}$$

由式(9.5.7) 知，以 $\ln c_A$-t 作直线，斜率等于 k_1+k_2，将其与式(9.5.11) 联立可求出 k_1 和 k_2。

可见对级数相同的平行反应，当各产物的起始浓度为零时，在任一瞬间，各产物浓度之比等于速率常数之比。因此，要想提高主产物的产率，用增加反应物浓度的方法是无效的。用改变温度的办法，可以改变产物的相对含量。活化能高的反应，速率常数随温度的变化率也大。另外，用合适的催化剂可以选择性地改变某一反应的速率，从而有效提高主反应产物的产量。

例题 9.5.2 醋酸高温裂解制乙烯酮，副反应生成甲烷：

$$CH_3COOH \begin{cases} \xrightarrow{k_1} CH_2CO + H_2O \\ \xrightarrow{k_2} CH_4 + CO_2 \end{cases}$$

已知 1189.2K 时，$k_1 = 4.65 s^{-1}$，$k_2 = 3.74 s^{-1}$，试计算：

(1) 醋酸分解 99% 时所需的时间。

(2) 1189.2K 醋酸分解 99% 时乙烯酮的产率。

解：(1) 由式(9.5.7) 得

$$\ln \frac{c_{A0}}{c_A} = \ln \frac{1}{1 - x_A} = (k_1 + k_2) t_A$$

$$t_A = \frac{1}{(k_1 + k_2)} \ln \frac{1}{1 - x_A} = \frac{1}{(4.65 + 3.74) s^{-1}} \ln \frac{1}{1 - 0.99} = 0.549 s$$

(2) 设 x 和 y 分别代表乙烯酮和甲烷在时刻 t_A 时的摩尔分数，代入式(9.5.11) 得

$$\frac{c_B}{c_C} = \frac{k_1}{k_2}$$

$$\frac{x}{y} = \frac{c_B}{c_C} = \frac{4.65}{3.74}$$

与 $x + y = 0.99$ 联立，可求得 $x = 0.55$。

9.5.3 连串反应

若反应要经过几个连续基元过程才能完成，前一步的产物是后一步的反应物，这种连续进行的反应称为连串反应或连续反应（consecutive reaction）。

以出两个一级反应组成的连串反应为例：

$$A \xrightarrow{k_1} B \xrightarrow{k_2} C$$

	A	B	C
$t = 0$	c_{A0}	0	0
$t = t$	$c_{A0} - c_B - c_C$	c_B	c_C

速率方程微分式为

$$-\frac{dc_A}{dt} = k_1 c_A \tag{9.5.15}$$

$$\frac{dc_B}{dt} = k_1 c_A - k_2 c_B \tag{9.5.16}$$

$$\frac{dc_C}{dt} = k_2 c_B \tag{9.5.17}$$

解上述速率方程，可求得 A、B、C 的浓度随时间变化的关系式

$$c_A = c_{A0} e^{-k_1 t} \tag{9.5.18}$$

代入式(9.5.16)，解此微分方程，得

$$c_B = \frac{k_1 c_{A0}}{k_2 - k_1} (e^{-k_1 t} - e^{-k_2 t}) \tag{9.5.19}$$

由于 $c_C = c_{A0} - c_A - c_B$，所以

$$c_C = c_{A0} \left(1 - \frac{k_2}{k_2 - k_1} e^{-k_1 t} + \frac{k_1}{k_2 - k_1} e^{-k_2 t} \right) \tag{9.5.20}$$

将所得的 c-t 关系作图，可得如图 9-16 所示曲线。

图 9-16 给出不同 k_1/k_2 值时一级连串反应 c-t 曲线。由图 9-16 可见，反应物 A 的浓度随时间增长呈指数下降，最终产物 C 的浓度随时间增长而单调增加。中间物 B 的浓度随时间增长的变化受两种因素控制：反应开始时，反应物 A 的浓度很高而中间物 B 的浓度很低，因此，在反应开始的一段时间内生成 B 的速率占主导地位，B 的浓度随时间增长逐渐增加；随着反应的进行 A 逐渐减少，使生成 B 的速率随之减小，到某一时刻后 B 的消耗速率占主导地位，使 B 的浓度随时间增长逐渐减少，所以在整个反应过程中 B 的浓度变化是先增加后减小，在曲线上出现极大值点，这是连串反应的一个重要特征。这一特征表明，如果中间产物 B 是该反应的目的产物，则控制反应时间十分重要，最佳时间则为 c_B 最大的时间。

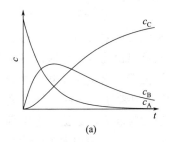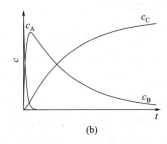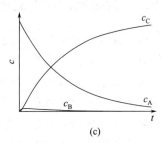

图 9-16　一级连串反应浓度-时间曲线

根据极值条件，对式(9.5.19)求导，并令 $dc_B/dt=0$，得到 B 的浓度处于极大值的时间

$$t_m = \frac{\ln k_1 - \ln k_2}{k_1 - k_2} \tag{9.5.21}$$

将此 t_m 代入 c_B 积分式中，得浓度极大值：

$$c_{Bm} = c_{A0}\left(\frac{k_1}{k_2}\right)^{\frac{k_2}{k_2 - k_1}} \tag{9.5.22}$$

由上述两式可知，若测得了某 1-1 级连串反应的两步速率常数 k_1、k_2，则中间产物 B 的极大值 c_{Bm} 以及对应时间 t_m 可通过计算得到。反之，若能够对连串反应的中间物 B 的浓度进行跟踪，测得 t_m 和 c_{Bm}，则可由此求出两步速率常数 k_1 和 k_2。

若 C 为目的产物且连串反应的两步速率常数 k_1 和 k_2 值相差很大，则以最终产物 C 的生成速率来表示整个连串反应的速率：$r = dc_C/dt = k_2 c_B$。将 c_B 的表达式(9.5.19)代入，得

$$r = k_2 c_B = \frac{k_2 k_1 c_{A0}}{k_2 - k_1}(e^{-k_1 t} - e^{-k_2 t}) \tag{9.5.23}$$

当 $k_2 \gg k_1$，则 $r \approx k_1 c_A = k_1 c_{A0} e^{-k_1 t}$，表明整个反应速率只与 k_1 有关。同理，当 $k_1 \gg k_2$，则 $r \approx k_2 c_A = k_2 c_{A0} e^{-k_2 t}$，表明整个反应速率只与 k_2 有关。

可见，连串反应的总速率方程可以用最终产物浓度随时间的变化率表示，而且整个过程中最慢的一步决定总反应速率，通常把这最慢的步骤称为速率控制步骤（rate-controlling step）。要想提高整个反应的速率，必须从加快速率控制步骤入手。

例题 9.5.3　某连串反应 $A \xrightarrow{k_1} B \xrightarrow{k_2} C$ 的 $k_1 = 0.3\text{min}$，$k_2 = 0.1\text{min}$，$c_{A0} = 2\text{mol} \cdot \text{dm}^{-3}$，$c_{B0} = 0$。试求：(1) B 的浓度达到最大值的时间 t_m；(2) 此时 A、B 和 C 三种物质的浓度分别为多少？

解: (1) 由式(9.5.21) $t_m = \dfrac{\ln\dfrac{k_1}{k_2}}{k_1 - k_2} = \left[\dfrac{\ln\dfrac{0.3}{0.1}}{0.3 - 0.1}\right]$ min $= 5.493$min

(2) 由式(9.5.18) $c_A = c_{A0}e^{-k_1 t} = (2 \times e^{-0.3 \times 5.493})$mol $\cdot$ dm^{-3} $= 0.385$mol $\cdot$ dm^{-3}

由式(9.5.22) $c_{Bm} = c_{A0}\left(\dfrac{k_1}{k_2}\right)^{\frac{k_2}{k_2 - k_1}} = \left[2 \times \left(\dfrac{0.3}{0.1}\right)^{\frac{0.1}{0.1 - 0.3}}\right]$mol $\cdot$ dm^{-3} $= 1.155$mol $\cdot$ dm^{-3}

$c_C = c_{A0} - c_A - c_B = (2 - 0.385 - 1.155)$mol $\cdot$ dm^{-3} $= 0.46$mol $\cdot$ dm^{-3}

9.5.4 复杂反应速率的近似处理

前已述及，多数化学反应是复合反应。它们由两个以上的基元反应通过对行、平行、连串等方式组合而成，在探讨大多数复杂反应动力学规律时，虽然可以由构成该反应的各基元反应写出若干个反应速率的微分方程，但很多情况下，要从数学上严格求解这些联立微分方程组得到各个物质的浓度-时间关系式是困难的。另外，复合反应中常涉及一些活性很高的自由原子或自由基，在反应过程中浓度很低，寿命很短，用一般的实验方法无法测定它们的浓度。为了解决以上问题，化学动力学中常采用合理的近似处理方法，以便用简单的代数方程替代解微分方程从而求出反应中间物瞬时浓度的近似值。

对于复合反应，常用的近似处理方法有以下两种：

9.5.4.1 平衡态近似（equilibrium approximation）法

在连串反应中，如果有某步很慢，该步的速率基本上等于整个反应的速率，则该慢步骤称为速率决定步骤，简称速决步（rate-determining step）或速控步（rate-controlling step）。

在反应机理中，若其中有一个或几个可逆反应处于快速平衡，随后紧接着是一个速率控制步骤，则可利用平衡常数与各物质的浓度关系，求出中间物与反应物的浓度关系，然后将它们代入速率控制步骤的速率方程中，得到所需反应的速率方程。

例如反应

$$A + B \longrightarrow P$$

反应机理

$$A + B \underset{k_{-1}}{\overset{k_1}{\rightleftharpoons}} I(快速平衡)$$

$$I \xrightarrow{k_2} P(慢反应)$$

当 $k_1 \gg k_2$ 时，步骤 $I \longrightarrow P$ 是连串反应的速率控制步骤，若同时有 $k_{-1} \gg k_2$，即平衡可以很快形成，也就是说，第一步反应的平衡虽然受第二步反应的干扰，但仍可近似地认为在反应过程中 B 的浓度可以由平衡常数确定，平衡仍然近似成立。

因为第一步反应是快速平衡，则有

$$k_1 c_A c_B = k_{-1} c_I \tag{9.5.24}$$

$$c_I = \frac{k_1}{k_{-1}} c_A c_B \tag{9.5.25}$$

第二个反应是慢反应，决定整个反应的速率，所以

$$\frac{dc_P}{dt} = k_2 c_I = \frac{k_1 k_2}{k_{-1}} c_A c_B \tag{9.5.26}$$

可见，平衡态近似法的适用条件是，前面是一个快速平衡，紧跟着一个慢反应的复合反应。

9.5.4.2　稳态近似（steady state approximation）法

反应过程中，若反应中间物很活泼（例如，总反应式中不出现的自由基、自由原子或活化络合物等），它们在反应过程中一产生就立即发生反应，故在反应中不会累积起来。与反应物或产物的浓度相比，它们的浓度很低，可近似地看作不随时间变化，即中间物的生成与消耗速率相等，这就是稳态（或定态）近似。在反应过程中有多少个高活性中间物，根据稳态近似法就有多少个其浓度随时间变化率等于零的方程。解这些代数方程可以求出以反应物或产物浓度表示的中间物稳态近似浓度表达式，从而得到总反应的动力学方程式。

例如反应：

$$A+B \longrightarrow P$$

反应机理

$$A \underset{k_{-1}}{\overset{k_1}{\rightleftharpoons}} C（中间产物）$$

$$B+C \overset{k_2}{\longrightarrow} P$$

产物的生成速率

$$\frac{dc_P}{dt} = k_2 c_B c_C$$

c_C 为中间物的浓度，假定其不随时间变化，有

$$\frac{dc_C}{dt} = k_1 c_A - k_{-1} c_C - k_2 c_B c_C = 0 \tag{9.5.27}$$

解得

$$c_C = \frac{k_1 c_A}{k_{-1} + k_2 c_B} \tag{9.5.28}$$

稳态近似法使中间物浓度 c_C 的求解得到大大简化。将式(9.5.28)代入速率方程，得

$$\frac{dc_P}{dt} = \frac{k_2 c_B k_1 c_A}{k_{-1} + k_2 c_B}$$

讨论：该速率方程为无简单级数的速率方程微分式，特殊情况下，

（1）当 $k_{-1} \gg k_2 c_B$ 时，$\dfrac{dc_P}{dt} = \dfrac{k_1 k_2}{k_{-1}} c_A c_B$，为表观二级反应；

（2）当 $k_{-1} \ll k_2 c_B$ 时，$\dfrac{dc_P}{dt} = k_1 c_A$，为表观一级反应。

例题 9.5.4　实验测得反应 $H_2 + I_2 \longrightarrow 2HI$ 的反应速率

$$r = \frac{dc_{HI}}{dt} = k c_{H_2} c_{I_2}$$

反应机理：① $I_2 + M \underset{k_{-1}}{\overset{k_1}{\rightleftharpoons}} 2I\cdot + M$　快速平衡

② $H_2 + 2I\cdot \overset{k_2}{\longrightarrow} 2HI$　慢反应

试分别用稳态近似法和平衡态近似法来求中间物 $I\cdot$ 的浓度表达式，并比较两种方法的适用范围。

解：通常用最终产物 HI 的生成速率来表示整个反应的速率

$$r_总 = \frac{dc_{HI}}{dt} = k_2 c_{H_2} c_I^2.$$

要得出不稳定中间物 I· 与反应物间的浓度关系，可用

(1) 稳态近似法： $\dfrac{dc_{I·}}{dt} = k_1 c_{I_2} c_M - k_{-1} c_{I·}^2 c_M - k_2 c_{H_2} c_{I·}^2 = 0$

$$c_{I·}^2 = \frac{k_1 c_{I_2} c_M}{k_{-1} c_M + k_2 c_{H_2}}$$

代入速率方程，得

$$r_总 = \frac{dc_{HI}}{dt} = k_2 c_{H_2} c_{I·}^2 = \frac{k_2 c_{H_2} k_1 c_{I_2} c_M}{k_{-1} c_M + k_2 c_{H_2}}$$

因为①是快速平衡，k_{-1} 很大，②是慢反应，k_2 很小，分母中略去 $k_2 c_{H_2}$，得

$r = \dfrac{k_2 k_1}{k_{-1}} c_{H_2} c_{I_2}$，与实验测定的速率方程一致。

(2) 平衡态近似法：

当反应①达到平衡时，应有 $k_1 c_{I_2} = k_{-1} c_{I·}^2$，所以 $c_{I·}^2 = \dfrac{k_1}{k_{-1}} c_{I_2}$

代入速率表达式，同样可得 $r = k_2 c_{H_2} c_{I·}^2 = \dfrac{k_2 k_1}{k_{-1}} c_{H_2} c_{I_2}$

显然，平衡态近似法更简单，但该近似法仅适用于前面一步快速平衡，紧跟着一步慢反应的机理。即 $k_1 \gg k_2$，同时还需满足 $k_{-1} \gg k_2$ 的反应。

第 6 节　链反应

链反应（chain reaction）是通过一些活泼的自由原子或自由基使基元反应不断地连续进行下去，直至反应物消耗殆尽的一类复杂反应。链反应一般包括三个阶段：

① 链引发：指在加热、光照或加引发剂后，少量反应物分子分解成自由原子或自由基等活性传递物的过程，在这一步中需要断裂分子中的化学键，往往是整个链反应中最困难、需要活化能最大的步骤。

② 链传递：是由活性中间体与反应物分子作用，不断地在形成产物的同时又生成新的活性中间体的过程，该过程如链条一样自动地反复循环下去。由于自由基的活性很高，该步骤的速率很快，所需活化能较小。

③ 链终止：是活性传递物消失的过程。自由原子或自由基间相互碰撞形成稳定分子，失去传递活性。这一阶段一般要有杂质或器壁参与，吸收过剩的能量，使反应停止。

9.6.1　直链反应

在链增长的过程中，每消耗一个活性质点，同时产生一个新的活性质点的反应称为直链反应（straight chain reaction）。

例如反应

$$H_2 + Cl_2 \longrightarrow 2HCl$$

的实验测定速率方程为

$$\frac{dc_{HCl}}{dt} = kc_{Cl_2}^{1/2} c_{H_2}$$

反应机理为：

链引发：$Cl_2 + M^* \longrightarrow 2Cl \cdot + M$ k_1 $E_{a,1} = 243 kJ \cdot mol^{-1}$

链传递：$Cl \cdot + H_2 \longrightarrow HCl + H \cdot$ k_2 $E_{a,2} = 25 kJ \cdot mol^{-1}$

    $H \cdot + Cl_2 \longrightarrow HCl + Cl \cdot$ k_3 $E_{a,3} = 12.6 kJ \cdot mol^{-1}$

链终止：$2Cl \cdot + M^* \longrightarrow Cl_2 + M$ k_4 $E_{a,4} = 0$

链反应速率方程通常对中间活泼自由基采用稳态近似法处理而得到。产物 HCl 的生成速率

$$\frac{dc_{HCl}}{dt} = k_2 c_{H_2} c_{Cl} + k_3 c_H c_{Cl_2}$$

9-5

其中 $Cl \cdot$ 与 $H \cdot$ 为活性中间物，用稳态近似法处理有

$$\frac{dc_{H \cdot}}{dt} = k_2 c_{H_2} c_{Cl \cdot} - k_3 c_{H \cdot} c_{Cl_2} = 0$$

$$\frac{dc_{Cl \cdot}}{dt} = 2k_1 c_{Cl_2} - k_2 c_{H_2} c_{Cl \cdot} + k_3 c_{H \cdot} c_{Cl_2} - 2k_4 c_{Cl \cdot}^2 = 0$$

$$2k_1 c_{Cl_2} = 2k_4 c_{Cl \cdot}^2$$

即

$$\frac{dc_{HCl}}{dt} = k_2 c_{H_2} c_{Cl \cdot} + k_3 c_{H \cdot} c_{Cl_2} = 2k_2 c_{H_2} c_{Cl \cdot} = 2k_2 \left(\frac{k_1}{k_4}\right)^{1/2} c_{Cl_2}^{1/2} c_{H_2} = kc_{Cl_2}^{1/2} c_{H_2}$$

由表观速率常数

$$k = 2k_2 \left(\frac{k_1}{k_4}\right)^{1/2}$$

得表观活化能

$$E_a = E_{a,2} - \frac{1}{2}(E_{a,1} - E_{a,4})$$

直链反应的特征：

（1）一般为自由基参加的反应，反应速率快。

（2）每消耗一个活性质点，同时产生一个新的活性质点，即传递过程中活性组分浓度不变。

（3）不论活性物种是第几代生成的均相同，并可用稳态近似法处理。

9.6.2　支链反应与爆炸界限

支链反应（chain-branching reaction）所产生的活性质点一部分按直链方式传递下去，还有一部分每消耗一个活性质点，同时产生两个或两个以上的新活性质点，使反应像树枝状的形式迅速传递下去。因而反应速率急剧加快，引起支链爆炸。如果产生的活性质点过多，也可能由于自身相碰而失去活性，使反应终止。

支链反应机理可表示为

$$A \xrightarrow{k_1} R \text{(R 为原子、自由基)}$$

$$A + R \xrightarrow{k_2} P + \alpha R \text{(P 为产物,} \alpha \geqslant 1 \text{)}$$

$$R + M^0 \text{(气相分子)} \xrightarrow{k_g} \text{气相销毁}$$

$$R + M^* \text{(容器壁)} \xrightarrow{k_w} \text{器壁销毁}$$

在支链反应过程中，有自由基产生、增长和销毁等过程。反应是否爆炸，取决于链的增长和链的中断这两者之间的竞争。若链的增长占优势，则导致爆炸。在低压下，系统中自由基比较容易扩散到器壁上销毁，减少了链传递，反应可平稳进行。随着压力增加，系统中分子有效碰撞的机会增加，链增长速率迅速加快，导致爆炸。继续增大系统压力，气相中分子浓度很高，活性自由基之间相互碰撞概率增加，可能产生气相销毁。另外，若是放热反应，当反应放出的热量来不及散失，会使系统温度大大升高，引起热爆炸。因此支链反应是否爆炸，与反应系统所处压力、温度以及其他因素均有关系。

支链反应的总速率由生成产物的一步 $A + R \xrightarrow{k_2} P + \alpha R$ 所决定：

$$\frac{\mathrm{d}c_P}{\mathrm{d}t} = k_2 c_A c_R \tag{9.6.1}$$

中间物 R，用稳态近似法处理：

$$\frac{\mathrm{d}c_R}{\mathrm{d}t} = k_1 c_A - k_2 c_A c_R + \alpha k_2 c_A c_R - k_g M c_R - k_w M c_R = 0$$

解得

$$c_R = \frac{k_1 c_A}{(k_g + k_w) + k_2(1 - \alpha)c_A} \tag{9.6.2}$$

将式(9.6.2) 代入式(9.6.1)，得

$$\frac{\mathrm{d}c_P}{\mathrm{d}t} = \frac{k_2 k_1 c_A^2}{(k_g + k_w) + k_2(1 - \alpha)c_A} \tag{9.6.3}$$

讨论：(1) 当 $\alpha = 1$ 时，$\mathrm{d}c_P/\mathrm{d}t = k_a c_A^2$

(2) 当 $\alpha \gg 1$，并 $(k_g + k_w) = -k_2(1 - \alpha)c_A$ 时，r 趋于无穷，发生爆炸反应。

可见，某些支链反应是否发生，与各步反应的速率常数 k_g、k_w、k_2 及反应物浓度 c_A 均有关系，或者说与反应系统的温度、压力有关。

例如 $H_2 + 1/2 O_2 \longrightarrow H_2O$ 的反应属于支链反应，其历程如图 9-17 所示。

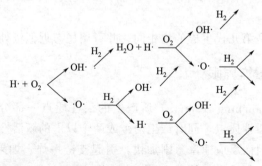

图 9-17 支链反应机理示意图

当 $V(H_2):V(O_2)=2:1$ 时，在球形反应器中的实验结果如图 9-18 所示。即在一定的温度 T，爆炸区有上、下限，恒温加压的过程中，可经历由不爆炸（器壁销毁）到爆炸，再到不爆炸（气相销毁）、爆炸的变化。了解各种易燃气体在空气中的爆炸下限和上限，对化工生产和实验室安全都是十分重要的。

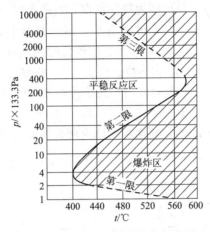

图 9-18 H_2-O_2 混合气的温度-压力关系

第 7 节　基元反应的速率理论

通过建立反应过程的模型，阐明反应物分子转化为产物分子过程的本质，从理论上计算基元反应速率常数的理论依据主要有两种，即碰撞理论和过渡状态理论。

9.7.1　碰撞理论

碰撞理论是在分子运动论的基础上建立起来的，碰撞理论的基本要点有：①两个反应物分子必须碰撞才能发生反应；②只有当两个反应物分子碰撞的能量超过某一定值（临界能 E_c）时，碰撞后才可能发生反应；③反应速率（即单位时间单位体积内发生反应的分子数）＝单位时间单位体积内的总碰撞次数×分子间有效碰撞分数。

以双分子气相反应为例

$$A+B \longrightarrow P$$

设单位时间单位体积内分子 A 和 B 的碰撞总次数为碰撞频率（collision frequency）Z_{AB}。有效碰撞次数所占的比例为有效碰撞分数（effective collision fraction）q，q 等于单位体积中的活化分子数 N_i 在总分子数 N 中所占的比值（N_i/N），则反应速率可表示为

$$r=-\frac{dN}{dt}=Z_{AB}q \tag{9.7.1}$$

为计算碰撞频率 Z_{AB} 而设定的简化了的分子模型基于以下基本假设：

（1）分子为简单的刚性球体。

（2）分子之间除了在碰撞的瞬间外，没有其他相互作用。

（3）在碰撞的瞬间，两个分子的中心距离为它们的半径之和。

这样的分子模型称为硬球模型（molecular model of hard sphere）。

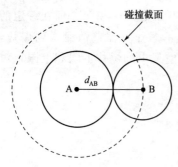

图 9-19 分子间碰撞有效碰撞
直径示意

将 A 和 B 分子看成硬球，运动着的 A 分子和 B 分子，两者质心的投影落在直径为 d_{AB} 的圆截面之内，在圆截面之内都有可能发生碰撞。d_{AB} 称为有效碰撞直径，数值上等于 A 分子和 B 分子的半径之和，如图 9-19 所示。虚线圆的面积称为碰撞截面，数值上等于 πd_{AB}^2。

先讨论 A 分子运动 B 分子不动的情况：一个以速度 u_A 运动的 A 分子，单位时间内在空间的"扫过体积"等于以 d_{AB} 为半径、长度为 u_A 的圆柱体的体积（体积为 $\pi d_{AB}^2 u_A$），在此时间内，凡是质心落在此圆柱体内的 B 分子均将与之发生碰撞（见图 9-20）。若以 N_A、N_B 分别代表 A、B 的分子浓度（即单位体积中所含分子的个数），则在圆柱体内所含的 B 分子个数为 $N_B \pi d_{AB}^2 u_A$，也就是说，在单位时间内一个 A 分子与 B 分子的碰撞次数为 $N_B \pi d_{AB}^2 u_A$ 次，N_A 个 A 分子的碰撞次数则为 $N_A N_B \pi d_{AB}^2 u_A$ 次。

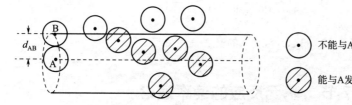

· 不能与A发生碰撞的B分子

能与A发生碰撞的B分子

图 9-20 A、B 分子碰撞示意图

根据气体分子运动论，A 分子的数学平均速率

$$u_A = \left(\frac{8RT}{\pi M_A}\right)^{1/2} \tag{9.7.2}$$

代入可得单位时间内总的碰撞次数。这是假设 A 分子运动 B 分子不动的情况，实际上 B 分子也在以 $u_B = \left(\frac{8RT}{\pi M_B}\right)^{1/2}$ 的速率运动，则它们以一定角度接近的平均相对速度为

$$u_{AB} = (u_A^2 + u_B^2)^{1/2} = \left(\frac{8RT}{\pi}\right)^{1/2}\left(\frac{1}{M_A} + \frac{1}{M_B}\right)^{1/2} = \left(\frac{8RT}{\pi\mu}\right)^{1/2} \tag{9.7.3}$$

式中，μ 为分子 A 和 B 的折合质量。

$$\mu = \frac{M_A M_B}{M_A + M_B} \tag{9.7.4}$$

则碰撞频率 Z_{AB} 为

$$Z_{AB} = \pi d_{AB}^2 \left(\frac{8RT}{\pi\mu}\right)^{1/2} N_A N_B \tag{9.7.5}$$

或

$$Z_{AB} = \pi d_{AB}^2 L^2 \left(\frac{8RT}{\pi\mu}\right)^{1/2} c_A c_B \tag{9.7.6}$$

有效碰撞分数：分子互碰并不是每次都发生反应，所以绝大部分的碰撞是无效的。只有相对平动能在连心线上的分量大于某一临界值的碰撞才是有效的。在计算反应速率时，碰撞频率项上要乘以有效碰撞分数 q。

根据玻耳兹曼（Boltzmann）能量分布定律，气体中平动能超过某一临界值 E_c 的分子

在总分子中所占的比例为

$$q = \exp(-\frac{E_c}{RT}) \tag{9.7.7}$$

式中，E_c 为反应阈能（threshold energy of reaction），又称为反应临界能，是发生反应碰撞需要的最低能量。

将式(9.7.6) 与式(9.7.7) 代入反应速率表达式(9.7.1)，得

$$r = Zq = Z_{AB}q = \pi d_{AB}^2 L^2 \left(\frac{8RT}{\pi\mu}\right)^{1/2} \exp\left(-\frac{E_c}{RT}\right) c_A c_B \tag{9.7.8}$$

与宏观实验动力学方程式 $r' = -\dfrac{dc_A}{dt} = -\dfrac{dV}{dt} \times \dfrac{1}{L} = \dfrac{Z_{AB}q}{L} = kc_A c_B$ 比较，可得由碰撞理论导出的反应速率常数

$$k = \pi d_{AB}^2 L \left(\frac{8RT}{\pi\mu}\right)^{1/2} \exp\left(-\frac{E_c}{RT}\right) \tag{9.7.9}$$

并且

$$\frac{d\ln(k/[k])}{dT} = \frac{E_c}{RT^2} + \frac{1}{2T} \tag{9.7.10}$$

对比阿仑尼乌斯经验式的微分式(9.4.4)，得

$$E_a = E_c + \frac{1}{2}RT \tag{9.7.11}$$

反应阈能 E_c 与温度无关，无法测定，从实验活化能 E_a 来计算。在温度不太高时，$E_a \approx E_c$。

例题 9.7.1 已知气相反应 $CO + O_2 \longrightarrow CO_2 + O$ 的实验活化能为 $213.4 \text{kJ} \cdot \text{mol}^{-1}$，$CO$ 和 O_2 分子直径分别为 $3.7 \times 10^{-10} \text{ m}$ 和 $3.6 \times 10^{-10} \text{ m}$，摩尔质量为 $28 \times 10^{-3} \text{kg} \cdot \text{mol}^{-1}$ 及 $32 \times 10^{-3} \text{kg} \cdot \text{mol}^{-1}$。求在 2700K 时反应的速率常数 k。

解： $E_c = E_a - \dfrac{1}{2}RT = (213400 - \dfrac{1}{2} \times 8.314 \times 2700) \text{J} \cdot \text{mol}^{-1} = 202.176 \text{kJ} \cdot \text{mol}^{-1}$

$$\mu = (\frac{M_A M_B}{M_A + M_B}) \times 10^{-3} \text{kg} \cdot \text{mol}^{-1} = (\frac{28 \times 32}{28 + 32}) \times 10^{-3} \text{kg} \cdot \text{mol}^{-1} = 14.9 \times 10^{-3} \text{kg} \cdot \text{mol}^{-1}$$

$$k = L\pi d_{AB}^2 \sqrt{\frac{8RT}{\pi\mu}} \exp\frac{-E_c}{RT}$$

$$= 6.022 \times 10^{23} \times 3.142 \times (3.65 \times 10^{-10})^2 \times \sqrt{\frac{8 \times 8.314 \times 2700}{3.142 \times 14.9 \times 10^{-3}}} \times \exp\left(-\frac{202176}{8.314 \times 2700}\right)$$

$$= 4.94 \times 10^8 \times \exp(-9.01) = 60570 (\text{mol} \cdot \text{m}^{-3})^{-1} \cdot \text{s}^{-1}$$

概率因子（propability factor）： 由于简单碰撞理论所采用的模型过于简单，没有考虑分子的结构与性质，所以用碰撞理论计算得到的速率常数 k 往往比实验值大，有些溶液中的反应实验值是理论计算结果的 $10^{-5} \sim 10^{-6}$ 倍。为了解决这一问题，提出用概率因子 p 来校正理论计算值与实验值的偏差。

$$p = k_{\text{实验}} / k_{\text{理论}} \tag{9.7.12}$$

概率因子又称为空间因子或方位因子，其取值可以从 1 到 10^{-9}。$p < 1$ 的主要原因是该理论所采用的硬球模型过于简单，对于结构复杂的有机大分子，并不是所有碰撞能量超过 E_c 的碰撞都能发生反应，而只有在某一方向的特定部位相撞才是有效的；若分子在能引发

反应的化学键附近有较大的原子团，由于位阻效应，也会造成碰撞无效。有的分子从相撞到反应中间有一个能量传递过程，当能量来不及传递到特定部位之前又与另外的分子相撞而失去能量，则反应仍不会发生。

简单碰撞理论的主要贡献是提出在双分子反应中，分子首先要发生碰撞，而且必须是有效碰撞才能发生反应。初步阐明了基元反应的历程和质量作用定律，定量导出了阿仑尼乌斯公式中的指数项相当于有效碰撞分数，指前因子 A 为碰撞频率，反应中克服能峰的能量是碰撞动能等。对阿仑尼乌斯公式在高温出现偏差的原因也做出了解释，并作了修正。理论所计算的速率常数 k 值与较简单的反应的实验值相符，将完全是经验总结的阿仑尼乌斯规律大大向前推进了一步，因此在反应速率理论的发展中起到了很大的作用。

然而由于从不考虑分子内部结构的简单硬球模型出发无法得出与价电子相互作用有关的反应阈能，E_c 的值只能从实验活化能 E_a 求取；概率因子 p 也很难具体计算，所以简单碰撞理论还是半经验的。

9.7.2　过渡状态理论简介

过渡状态理论是由艾林（Eyring）和波兰尼（Polany）等人用量子力学方法计算了三原子反应系统相互作用的位能面的基础上提出来的。该理论仍以有效碰撞为反应发生的前提，但对分子在接近和碰撞过程中的能量变化进行了定量处理，认为由反应物分子发生有效碰撞后，首先形成一个过渡状态（transition state），而形成这个过渡状态必须吸取一定的活化能，原则上只要知道分子的振动频率、质量、核间距等基本物性，就能计算这一反应的活化能，进而计算反应的速率常数。这个过渡状态称为活化络合物（activated complex），所以又称为活化络合物理论。

依据这一理论，只要知道分子的振动频率、质量、核间距等基本物性，就能计算反应的速率常数，所以又称为绝对反应速率理论（absolute reaction rate theory）。

该理论基于以下基本假定：

① 反应系统的势能是原子间相对位置的函数，并且系统能量的分布服从玻耳兹曼分布。

② 在由反应物生成产物的过程中要经历一个过渡阶段——生成活化络合物或过渡状态的阶段。活化络合物的势能高于反应物或产物的势能，但低于其他任何可能的中间态的势能。

③ 反应物与活化络合物之间的关系可近似地用平衡方法来处理。因此活化络合物的浓度可通过反应物间存在的平衡常数来计算。

④ 总反应速率取决于活化络合物的分解速率。

以 $A+BC \longrightarrow AB+C$ 的反应为例，按照过渡状态理论的观点，反应的历程为

$$A+BC \xrightarrow{\text{快}} [A\cdots B\cdots C]^{\neq} \xrightarrow{\text{慢}} AB+C$$

式中，$[A\cdots B\cdots C]^{\neq}$ 代表活化络合物，反应的速率取决于它的分解速率。

在由反应物 A 与 BC 向生成产物 AB+C 的变化过程中，系统的总能量是 A、B、C 三原子间相对位置的函数，原子 A 与分子 BC 沿 BC 的轴线相互靠近，分别以 r_{AB} 与 r_{BC} 表示 A、B 间及 B、C 间的距离，则该线形三原子系统的势能可表示为 $E_p = f(r_{BC}, r_{AB})$。利用量子力学中三原子系统的势能公式计算出给定 r_{AB}、r_{BC} 时的 E_p 值，即可用三维空间的曲面来表示系统的势能随原子间距离的变化，称为势能面。在该曲面上，反应物 A+BC 和产物

AB＋C 的状态是系统能量最低的点。实现由反应物到产物的变化可以有很多条途径，经历不同的中间态，翻越高低不同的能峰，其中一定有一条能量最低的通道。将这条耗能最少的途径作为反应坐标，沿着反应坐标做出势能曲面的一个剖面，并以反应坐标为横坐标，以沿反应坐标的势能为纵坐标作图（如图 9-21 所示）。从该剖面图可以看出：从反应物 A＋BC 到生成物必须越过势能垒 E_b，E_b 是反应物与活化络合物的最低势能之差。这个势能垒的存在说明了实验活化能的实质。

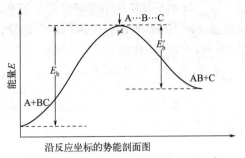

图 9-21 势能面剖面图

设活化络合物 $[A\cdots B\cdots C]^{\neq}$ 为线形三原子分子，应有三个平动自由度、两个转动自由度和 $3n-5=4(n=3)$ 个振动自由度。在这四个振动自由度中有两个是稳定的弯曲振动，一个是对称伸缩振动，这些运动形式都不会导致活化络合物的分解。只有沿反应途径方向上的不对称伸缩振动是无回收力的，会导致活化络合物分解生成产物。因此反应速率：

$$r=-\frac{dc_{ABC^{\neq}}}{dt}=kc_{ABC^{\neq}} \tag{9.7.13}$$

按过渡状态理论的假设，式(9.7.13) 中的常数 k 等于 $[A\cdots B\cdots C]^{\neq}$ 沿反应途径方向上的伸缩振动频率 ν，即活化络合物 $[A\cdots B\cdots C]^{\neq}$ 每沿反应途径方向振动一次，就有一个 $[A\cdots B\cdots C]^{\neq}$ 分解成产物，而不具有反向变化能力。将 $k=\nu$ 代入式(9.7.13)，则

$$-\frac{dc_{ABC^{\neq}}}{dt}=\nu c_{ABC^{\neq}} \tag{9.7.14}$$

尽管 $[A\cdots B\cdots C]^{\neq}$ 并不是一个稳定的物质，而仅仅是反应物向产物转化的过程中的一个阶段，但它的浓度可近似通过平衡常数来计算：

$$\frac{c_{ABC^{\neq}}}{c_A c_{BC}}=K^{\neq} \tag{9.7.15}$$

代入式(9.7.14)，得

$$r=-\frac{dc_{ABC^{\neq}}}{dt}=\nu K^{\neq} c_A c_{BC} \tag{9.7.16}$$

与基元反应速率方程

$$r=-dc_A/dt=kc_A c_{BC}$$

相比较，得速率常数

$$k=\nu K^{\neq} \tag{9.7.17}$$

速率常数 k 的表示式(9.7.17) 可用统计热力学方法和热力学方法处理，下面分别讨论：

(1) 统计热力学方法求速率常数 k　根据统计热力学的平衡常数表达式(7.4.32) 及一维谐振子的配分函数表达式并作适当近似得

$$k=\frac{k_B T}{h}\times\frac{q^{\neq}}{q_A^* q_{BC}^*}L e^{-E_0/(RT)} \tag{9.7.18}$$

式中，k_B 是玻耳兹曼常数；T 是热力学温度；h 是普朗克常数；L 是阿伏加德罗常数；

q_A^*、q_{BC}^* 分别是反应物 A 和 BC 的分子全配分函数；$q^{\neq}$ 是活化络合物的配分函数中分出沿反应途径的不对称伸缩振动后的剩余部分；E_0 为活化络合物与反应物基态能量之差，也就是 0K 时的反应活化能。

式(9.7.18) 还可写为

$$k = \frac{k_B T}{h} K_c^{\neq} \tag{9.7.19}$$

其中

$$K_c^{\neq} = \frac{q^{\neq}}{q_A^* q_{BC}^*} L e^{-E_0/(RT)} \tag{9.7.20}$$

9-7

式(9.7.18) 和式(9.7.19) 又叫做艾林方程（Eyring equation）。由统计热力学的化学平衡常数表示式知，$K_c^{\neq}$ 为生成活化络合物的平衡常数，但其不同于一般的平衡常数，是将失去了一个振动自由度的活化络合物仍看成正常分子得出的平衡常数，有时亦称为准平衡常数。

从上述结果可以看出，如果已知 q_A^*、q_{BC}^*、$q^{\neq}$ 和 E_0，则可算出速率常数 k。其中反应物 A 和 BC 的配分函数 q_A^*、q_{BC}^* 可通过光谱数据求取，而活化络合物不是稳定分子，不可能直接获得其光谱数据，但如果用量子力学方法准确算出反应过程的势能面，则活化络合物的构型和振动频率原则上可以从势能面获得，即 $q^{\neq}$ 可求。另外，从势能面上沿反应坐标的势垒高度还可求出 E_0。因此，理论上说，用统计热力学的方法可以计算反应的速率常数 k。

（2）热力学方法求速率常数 k　为了用热力学方法进行近似处理，套用热力学推导标准平衡常数的方法：由式(9.7.15) $K^{\neq} = \dfrac{c_{ABC^{\neq}}}{c_A c_{BC}}$

则标准平衡常数　　　　　$K^{\ominus} = \dfrac{c_{ABC^{\neq}}/c^{\ominus}}{(c_A/c^{\ominus})(c_{BC}/c^{\ominus})} = K^{\neq} c^{\ominus}$

式中，$c^{\ominus}$ 是标准态浓度，所以 $K^{\neq} c^{\ominus}$ 的量纲为 1。

定义标准摩尔活化吉布斯函数 $\Delta_r^{\neq} G_m \overset{\text{def}}{=} -RT \ln(K^{\neq} c^{\ominus})$，将热力学方程 $-RT \ln K^{\neq \ominus} = \Delta_r^{\neq} G_m^{\ominus} = \Delta_r^{\neq} H_m^{\ominus} - T \Delta_r^{\neq} S_m^{\ominus}$ 代入艾林方程得

$$k = \frac{RT}{Lh}(c^{\ominus})^{-1} \exp\frac{\Delta_r^{\neq} S_m^{\ominus}}{R} \exp\frac{-\Delta_r^{\neq} H_m^{\ominus}}{RT} \tag{9.7.21}$$

式中，$\Delta_r^{\neq} H_m^{\ominus}$ 是标准摩尔活化焓；$\Delta_r^{\neq} S_m^{\ominus}$ 是标准摩尔活化熵。

与阿仑尼乌斯方程中的速率常数表达式 $k = A e^{-E_a/(RT)}$ 相比较，可得

$$A \approx \frac{RT}{Lh}(c^{\ominus})^{-1} e^n \exp\frac{\Delta_r^{\neq} S_m^{\ominus}}{R} \tag{9.7.22}$$

$$E_a \approx \Delta_r^{\neq} H_m^{\ominus} \tag{9.7.23}$$

例题 9.7.2　试证明 E_a 和 $\Delta_r^{\neq} H_m^{\ominus}$ 间有如下关系：

① 对凝聚相反应 $E_a = \Delta_r^{\neq} H_m^{\ominus} + RT$；

② 对 n 分子气相反应 $E_a = \Delta_r^{\neq} H_m^{\ominus} + nRT$。

证明： 由式(9.7.19)　　　　　$k = \dfrac{k_B T}{h} K_c^{\neq}$

另

$$E_a = RT^2 \frac{\mathrm{d}\ln k}{\mathrm{d}T} = RT^2 \left[\frac{1}{T} + \left(\frac{\partial \ln K_c^{\neq}}{\partial T} \right)_V \right] = RT^2 \left[\frac{1}{T} + \left(\frac{\Delta_r^{\neq} U_m^{\ominus}}{RT^2} \right)_V \right]$$

$$= RT + \Delta_r^{\neq} U_m^{\ominus} = RT + \Delta_r^{\neq} H_m^{\ominus} - \Delta(pV)$$

（1）对凝聚相反应，$\Delta(pV)$ 很小，故有 $E_a = \Delta_r^{\neq} H_m^{\ominus} + RT$

（2）对理想气体反应，则 $\Delta(pV) = \sum\limits_B \nu_B^{\neq} RT$

其中 $\sum\limits_B \nu_B^{\neq}$ 是反应物形成活化络合物时气态物质的物质的量变化，即

$\sum\limits_B \nu_B^{\neq} = 1 - n$，因此 $E_a = RT + \Delta_r^{\neq} H_m^{\ominus} - (1-n)RT = \Delta_r^{\neq} H_m^{\ominus} + nRT$

过渡状态理论更具体地描绘了基元反应进展的过程细节，阐明了反应活化能的物理意义以及反应遵循的能量最低原理。导出了从原子结构的光谱数据和势能面通过统计热力学方法和热力学方法计算得到宏观反应的速率常数，建立起了联系化学动力学与化学热力学的桥梁。用过渡状态理论算得的 $k(T)$ 通常比简单碰撞理论计算的结果更接近于实验值，并且无需引入概率因子 p。但对复杂的多原子分子参与的反应，计算上尚有困难，引进的平衡假设和速决步假设也不符合所有的实验事实，因此上述传统的过渡状态理论的应用仍仅限于简单反应系统。

第 8 节　光化反应

9.8.1　光化反应的基本概念

（1）光化反应：由于吸收光量子的能量而引起的化学反应称为光化学反应（photochemical reaction）或光化反应。

一般化学反应称为热反应（thermal reaction），反应所需的活化能来源于分子的热运动。在光化反应中光能转化为化学能。基态分子吸收光子后激发各运动形式的能级间隔从低到高顺序依次为转动、振动、电子运动、核运动，而通常讨论的光化反应是由电子激发态引发的，即引发光化反应的是波长在 $150 \sim 800\mathrm{nm}$ 的可见光和紫外光。常见的光化反应有分子解离、分子异构化、光合作用等。

（2）光化反应的过程包括：初级过程，反应物吸收光子变为活化分子的过程；次级过程，分子活化后的一系列过程。

例如，分子（或原子）A 吸收能量为 $h\nu$ 的光子形成激发态 A^*，这一过程为光化反应的初级过程。

$$A + h\nu \longrightarrow A^*$$

处于激发态的分子或原子的寿命很短，约为 $10^{-8}\mathrm{s}$，在这段时间内，若与其他反应分子碰撞，就会引起化学反应，这就是次级过程。例如，汞蒸气在光照下活化，与氧气反应生成氧化汞的反应：

$$Hg^* + O_2 \longrightarrow HgO + O$$

激发态分子若发生解离，生成自由基或自由原子，则次级过程往往会发生链反应，如前面提到的由光照引发的 HCl 生成反应。

但若来不及发生反应，激发态分子就会放出光子，回到基态能级，此过程发出荧光

（fluorescence）。停止光照后，荧光立即停止。有些被光照的物质在停止光照后的一段时间内仍能发光，这种光称为磷光（phosphorescence）。

激发态分子还可以与其他杂质如溶剂分子甚至与容器器壁发生碰撞，以放热的形式放出能量而失活回到基态，这一过程叫做猝灭。不论是以辐射或无辐射形式的失活过程都会减少发生光化反应的机会，降低产率。

9.8.2 光化学定律

9.8.2.1 光化学第一定律

只有被分子吸收的光才能引发光化反应。该定律在 1818 年由 Grotthus 和 Draper 提出，故又称为 Grotthus-Draper 定律。也就是说，当一束光照射到反应系统时，发生反射和透射的那些光对反应过程无作用，只有被反应物分子吸收的部分才有可能引发反应。因此，在进行光化反应实验时，正确选择光源、反应器材料以及溶剂是十分重要的。

9.8.2.2 光化学第二定律

在光化反应的初级过程中，一个被吸收的光子只活化一个分子。该定律在 1908—1912 年由 Einstein 和 Stark 提出，故又称为 Einstein-Stark 定律，也称光化当量定律（law of photochemical equivalence）。分子吸收光子后处于电子激发态，电子激发态的寿命一般要短于 10^{-8} s，而普通光源的光强度不超过 $10^{16} \sim 10^{18}$ 个光子·s^{-1}·dm^{-3}，在这样的条件下同一个分子吸收两个或两个以上光子的概率非常小。后来曾经发现多光子吸收的现象，即一个分子可吸收多个光量子而成为活化分子，只有在高强度激光的照射下及某些长寿命激发态的反应才会出现这种情况，一般光源强度下仍遵守光化当量定律。

活化 1mol 分子或原子需要吸收 1mol 的光量子，它所具有的能量称为爱因斯坦，用 E 表示

$$E = Lh\nu = \frac{Lhc}{\lambda} = \frac{(6.022 \times 10^{23} \times 6.626 \times 10^{-34} \times 2.998 \times 10^8) \mathrm{J} \cdot \mathrm{mol}^{-1}}{\lambda/\mathrm{m}} = \frac{0.1196 \mathrm{J} \cdot \mathrm{mol}^{-1}}{\lambda/\mathrm{m}}$$

$$(9.8.1)$$

虽然按照光化学第二定律，每吸收一个光子只能使一个反应物分子活化，但这并不意味着只能有一个分子发生光化学反应。事实上，吸收光子后被活化的分子有两种可能：一种是通过发射出光子或与其他分子碰撞时释放能量等方式"失活"；另一种是发生化学反应。究竟将发生哪种可能取决于哪个的速率更快，因此在光化学中常以量子效率来衡量每个被吸收的光子所引发的化学反应的效率。

9.8.2.3 量子效率（quantum efficiency）

定义量子效率

$$\Phi = \frac{发生反应的分子数}{吸收的光子数} = \frac{发生反应的物质的量}{吸收光子的物质的量}$$

$$(9.8.2)$$

当 $\Phi > 1$，是由于初级过程活化了一个分子，在次级过程中使若干反应物发生反应。例如，$H_2 + Cl_2 \longrightarrow 2HCl$ 的反应，1 个光子引发了一个链反应，量子效率可达 10^6。

当 $\Phi < 1$，是由于初级过程被光子活化的分子，尚未来得及反应便发生了分子内或分子间的传能过程而失去活性。

例题 9.8.1 用波长 253.7nm 的紫外线照 HI 气体时，因吸收 307J 的光能，HI 分解

$1.3 \times 10^{-3} \text{mol}$。

(1) 求此光化学反应的量子效率；

(2) 从量子效率推断可能的机理。

解：（1）入射光的爱因斯坦为

$$E = \frac{0.1196 \text{J} \cdot \text{mol}^{-1}}{\lambda/\text{m}} = \frac{0.1196 \text{J} \cdot \text{mol}^{-1}}{253.7 \times 10^{-9}} = 4.714 \times 10^5 \text{J} \cdot \text{mol}^{-1}$$

吸收的光量子的物质的量为

$$n = [307/(4.714 \times 10^5)]\text{mol} = 6.513 \times 10^{-4} \text{mol}$$

量子效率为：$\Phi = 1.30 \times 10^{-3}/(6.513 \times 10^{-4}) = 2$

（2）从量子效率为 2 知，一个光子可使 2 个 HI 分子分解，因此可能的机理如下：

初级过程 $\qquad\qquad\qquad\qquad \text{HI} + h\nu \xrightarrow{k_1} \text{HI}^*$

次级过程 $\qquad\qquad\qquad\qquad \text{HI}^* \xrightarrow{k_2} \text{I} \cdot + \text{H} \cdot$

$$\text{H} \cdot + \text{HI} \xrightarrow{k_3} \text{H}_2 + \text{I} \cdot$$

$$\text{I} \cdot + \text{I} \cdot \xrightarrow{k_4} \text{I}_2$$

9.8.3 光化反应动力学方程

由上例 HI 的光化分解反应机理知，初级过程是零级反应

$$r_1 = k_1 I_a \qquad\qquad (9.8.3)$$

与 c_{HI} 无关，总的反应速率可表示为

$$\frac{\text{d}c_{\text{H}_2}}{\text{d}t} = k_3 c_{\text{H}} \cdot c_{\text{HI}} \qquad\qquad (9.8.4)$$

反应的次级过程是自由基反应，采用稳态近似法：

$$\frac{\text{d}c_{\text{HI}^*}}{\text{d}t} = k_1 I_a - k_2 c_{\text{HI}^*} = 0$$

$$\frac{\text{d}c_{\text{H}\cdot}}{\text{d}t} = k_2 c_{\text{HI}^*} - k_3 c_{\text{H}\cdot} \cdot c_{\text{HI}} = k_1 I_a - k_3 c_{\text{H}\cdot} \cdot c_{\text{HI}} = 0$$

$$c_{\text{H}\cdot} = \frac{k_1 I_a}{k_3 c_{\text{HI}}}$$

$$\frac{\text{d}c_{\text{H}_2}}{\text{d}t} = k_3 \frac{k_1 I_a}{k_3 c_{\text{HI}}} c_{\text{HI}} = k_3 \frac{k_1 I_a}{k_3} = k I_a$$

推出的反应速率只与光的强度成正比，与反应物 HI 的浓度无关，结论与实验结果相符。

反应速率与吸收光的强度有关是一切光化反应的共同特征。

9.8.4 光化平衡及温度的影响

在对行反应中，若正、逆反应均对光敏感或其中一个反应对光敏感，该反应系统达平衡态时称为光化学平衡或光化平衡。例如反应：

$$A+B \underset{k_-}{\overset{k_+}{\rightleftharpoons}} C$$

中正向为光化反应，而逆向为对光不敏感的热反应，应有

$$r_+ = k_+ I_a, \quad r_- = k_- c_C$$

达到平衡时

$$k_+ I_a = k_- c_C$$

则

$$c_{C平} = k_+ I_a / k_- \tag{9.8.5}$$

即产物 C 的平衡浓度与吸收光的强度有关，而与反应物 A、B 的浓度无关。当光的强度 I_a 一定时，$c_{C平}$ 为一常数；一旦切断光源，平衡会移动。说明光化反应的平衡态与热力学平衡态不相同，因此也就不能通过由热力学数据求得的 $\Delta_r G_m^{\ominus}$ 来计算光化学反应的平衡常数。等温、等压下，某些 $\Delta_r G_m^{\ominus} > 0$ 的反应在光照作用下同样可以进行。

由于光化反应的活化能来源于光子，不同于热化学反应中依赖分子间的碰撞传递能量而活化，所以光化反应的速率一般受温度的影响很小，当正、逆反应均为光化反应时，平衡态（常数）对温度不敏感。

例如反应 $2SO_3 \underset{k_-}{\overset{k_+}{\rightleftharpoons}} 2SO_2 + O_2$，正、逆反应均为光化反应。

当光强度一定时，温度在 $323 \sim 1073K$ 内其平衡常数都不会改变。

9.8.5　光化反应的特点

（1）光化反应进行的方向与系统的 $\Delta_r G_m$ 增减没有必然的联系，等温、等压条件下，$\Delta_r G > 0$ 的反应可以发生。

（2）初级过程是零级反应（与 c_A 无关）。

（3）光化反应一般对温度不敏感。

（4）光化反应的平衡常数与光强度有关。

（5）光化反应通常有更高的选择性。

9.8.6　光化反应的应用实例

光化反应动力学的研究在大气、环境、能源化学等重要学科中均有广泛的应用。例如通过光化反应动力学的研究，人们发现被广泛用作制冷剂、溶剂、灭火剂、塑料发泡剂和电子工业清洗剂的氯氟烃类物质（或称氟里昂类化合物），会对大气中臭氧的平衡产生破坏作用。臭氧层主要位于 $15 \sim 35km$ 的高空，即平流层的中下部，这个区间里的臭氧是由氧分子吸收太阳及宇宙射线中的紫外线，发生光化反应生成的：

$$O_2 + h\nu \longrightarrow O + O$$
$$O_2 + O + M \longrightarrow O_3 + M$$

生成的 O_3 又可以吸收太阳辐射而分解：

$$O_3 + M \overset{h\nu}{\longrightarrow} O_2 + O + M$$

以上的生成反应和分解反应相互平衡使 O_3 维持在一个近似稳定的浓度，这对地球上的生物至关重要，因为臭氧层吸收了到达平流层的太阳光中的大部分紫外线，对波长在 $290 \sim$

320nm 的紫外线的吸收达 90％以上，使地球上的生物免受高能量紫外线辐射的伤害。通过吸收这种辐射储存了能量，成为调节气候的一个重要因素。释放到大气中的氯氟烃类物质，虽然它们本身的化学性质稳定，但在高空紫外线作用下会发生光解作用产生氯自由基，还能与臭氧的光解产物原子氧作用产生 Cl•，氯自由基引起臭氧耗损的反应是以链反应方式进行的：

$$Cl \cdot + O_3 \longrightarrow ClO \cdot + O_2$$
$$ClO \cdot + O \longrightarrow Cl \cdot + O_2$$
....

可以估算出，在平流层中，一个氯原子可以和 10^5 个 O_3 分子发生链反应，因此即使进入平流层的氯氟烃量极少，也能导致臭氧层的破坏。而臭氧每减少 1％，紫外线辐射就会增强 2％以上，将导致皮肤癌发病率上升，并且对地球气候与植物生长也有不利影响。即使地面上的氯氟烃终止了排放，低层大气中的氯氟烃还会逐渐向平流层转移并继续存在相当长时间。因此及早停止生产和使用这类物质，对保护全球环境是十分必要的。为此，1987 年保护臭氧层维也纳公约缔约国在加拿大蒙特利尔签署了保护臭氧层的议定书，规定发达国家于 2000 年停止全部可释放氯氟烃物质的生产活动。1990 年和 1992 年通过的修正案又将这一时间提前到 1994 年。而发展中国家的禁用期为 2010 年。我国政府于 1990 年签署了维也纳公约，标志着我国也进入了全球保护臭氧层的行列。三位研究臭氧层的先驱，大气化学家 Paul Crutzen（荷兰）、Mario Molina（墨西哥）和 F. Sherwood Rowland（美国）也因提出"平流层臭氧受人类活动的影响，并阐明其作用机理"这一杰出贡献获得了 1995 年诺贝尔化学奖。

第 9 节　催化反应

9.9.1　催化反应的基本概念

9.9.1.1　催化剂与催化作用

一种或多种物质，能使化学反应的速率显著增大，而这些物质本身在反应前、后的数量及化学性质都不改变，这种现象称为催化作用（catalysis），起催化作用的物质称为催化剂（catalyst）。

9.9.1.2　催化反应的分类及催化剂的基本特征

根据催化剂与反应物及生成物是否处于同一相，将催化反应分为：均相催化与复相催化。酶催化是介于均相催化和复相催化之间的一种生物催化作用。此外，催化反应还可根据催化剂的类型分为酸碱催化、络合催化、金属催化、氧化物催化等。

在催化反应中催化剂可以是有意识加入反应体系的，也可以是在反应过程中自发产生的。后者是一种（或几种）反应产物或中间产物，称为自催化剂（autocatalyst），这种现象称为自催化作用（autocatalysis）。

催化剂的基本特征：

（1）催化剂参与了化学反应，但在反应前、后的数量及化学性质不变。催化剂的物理性质在反应前、后可以发生变化。

（2）催化剂的加入不改变化学平衡，不能改变系统的热力学性质（平衡态、反应热等）。

（3）催化剂有高选择性。

（4）许多催化剂对杂质很敏感。

9.9.1.3　催化反应的一般机理及动力学方程

绝大部分催化反应中，催化剂加快反应速率是由于改变了反应历程，降低了活化能。

例如 H_2O_2 分解反应：

$$2H_2O_2 \Longrightarrow 2H_2O + O_2$$

$$E_a/kJ \cdot mol^{-1}$$

非催化	75
Pt 催化	46~50
酶催化	21~25

设有催化反应：

$$A + B \xrightarrow{K} AB$$

反应机理：

$$A + K \underset{k_{-1}}{\overset{k_1}{\rightleftharpoons}} AK$$

$$AK + B \xrightarrow{k_2} AB + K$$

则反应速率为

$$\frac{dc_{AB}}{dt} = k_2 c_{AK} c_B$$

平衡态近似

$$k_1 c_A c_K = k_{-1} c_{AK}$$

所以

$$c_{AK} = \frac{k_1 c_A c_K}{k_{-1}}$$

代入前式，得

$$\frac{dc_{AB}}{dt} = k_2 \frac{k_1 c_A c_K}{k_{-1}} c_B = k' c_A c_B$$

其中

$$k' = \frac{k_1 k_2}{k_{-1}} c_K$$

$$E_a' = E_{a,1} + E_{a,2} - E_{a,-1}$$

$$A' = \frac{A_1 A_2}{A_{-1}} c_K$$

该反应的非催化反应的活化能与催化反应的表观活化能及各步反应的活化能之间的关系见图 9-22。显然，催化反应改变了反应历程，有效地降低了活化能。

9.9.1.4　催化剂的活性与选择性

催化活性反映了催化剂转化反应物能力的大小，表示催化活性最常用的指标是转化

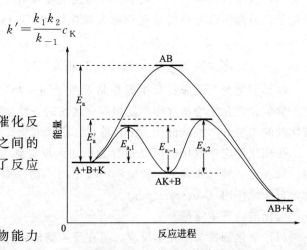

图 9-22　催化反应的途径示意图

率，其定义为反应物转化量占反应物总量的百分数。

$$转化率 = \frac{反应物转化量}{引入体系的反应物总量} \times 100\%$$

在用转化率比较活性时，要求反应温度、压力、原料气浓度和接触时间均相同。通常还可以用达到某一转化率所需的最低反应温度来比较。反应温度高，表明催化剂的活性低，反之则活性高。

某催化反应中反应物转化为目的产物的量占反应物总转化量的比例叫做该催化剂的选择性。

*9.9.2　气-固相催化反应及其动力学规律

最常见的复相催化反应是催化剂为固体而反应物为气体的反应。气-固相催化反应在化学工业中占有重要的地位，平时熟知的合成氨、氨氧化法制硝酸、接触法制硫酸、石油裂解及石油化工产品的制备等几乎都是以固体物质为催化剂的气-固相催化反应过程。因此有必要了解有关固体催化剂的一些基本常识。

9.9.2.1　固体催化剂的组成、寿命和中毒

固体催化剂通常由三部分组成，即主催化剂、助催化剂和载体。

主催化剂是指催化剂中最主要的活性组分，它在催化剂中产生活性、可活化部分反应分子。而助催化剂是指以少量加入催化剂后，能与活性组分产生某种作用，使催化剂的活性、选择性、寿命等性能得以显著改善的物质。例如合成氨反应的主催化剂是小晶粒形态的 α-Fe，其活性很高，但不稳定，使用时间不长就会失去活性。若在制备过程中加入少量助催化剂 Al_2O_3 就可使其活性延长，原因是 Al_2O_3 在 α-Fe 微晶结构中起到隔膜作用，防止铁晶粒在高温下的烧结，避免了活性表面的下降。另外，主催化剂往往是比较昂贵的，为了提高它的使用效率，通常会把这些活性组分分散在某种固体的表面，这种固体就是载体。常用作催化剂载体的可以是天然物质（如沸石、硅藻土、白土等），也可以是人工合成物质（如硅胶、活性氧化铝等）。助催化剂与载体所起的作用在有些情况下不易严格区分，多数载体也能对活性组分起作用。一般来说，助催化剂用量少（通常低于总量的 10%），而且是关键性的次要组分；而含量较高且主要是为了改进催化剂的物理性能的组分称作载体。助催化剂和载体在单独使用时一般没有活性。

固体催化剂从开始使用到催化剂活性、选择性明显下降的时间，称为催化剂的寿命。催化剂的寿命长短不一，长的有几个月、几年，短的只有瞬间的活性。影响催化剂寿命的主要原因就是催化剂的中毒。

反应系统中含有的微量杂质，使催化剂的活性、选择性严重下降甚至完全丧失，这种现象叫做催化剂的中毒。中毒现象的本质是微量杂质与活性组分发生某种物理、化学的作用，形成了没有活性的物种。

中毒一般分为暂时中毒和永久中毒。暂时中毒是指毒物与催化剂的活性组分作用较弱，可用简单方法使其活性恢复。而永久中毒时毒物与活性组分的作用较强，很难用一般方法恢复活性。例如合成氨反应中的铁催化剂，由氧和水蒸气所引起的中毒，可用加热、还原等方法恢复活性，所以，氧和水蒸气对铁的毒化是暂时中毒；而硫化物对铁的毒化很难用一般方法解除，所以这种硫化物引起的中毒是永久中毒。

中毒后的催化剂通过适当方法使其恢复活性的过程叫做催化剂的再生。催化剂活性的再

生对于延长催化剂的寿命、降低生产成本具有重要的意义。

9.9.2.2　气-固相催化反应的一般步骤

气-固相催化反应是一个在相界面上进行的、多阶段的机理复杂的过程。一般可以将其分为以下五个步骤：

（1）反应物分子从气相扩散到催化剂表面（包括向孔隙内部的扩散）。

（2）反应物分子在催化剂表面被吸附。

（3）被吸附的反应物分子在催化剂表面上发生反应，生成产物。

（4）产物分子从催化剂表面上脱附。

（5）产物分子从催化剂表面扩散到气相中去。

以上步骤构成了气-固相催化反应的全过程。每一步都会有一定的速率，其中最慢一步的速率决定了整个反应的速率，是整个反应的速控步。若扩散过程的速率最慢，称为扩散控制反应；而如果表面反应的速率最慢，则为表面反应控制。改变实验条件可提高扩散的速率，而要想提高吸附、脱附或表面反应的速率，只能通过提高催化剂的活性来实现。在此仅讨论表面反应控制过程的动力学规律。

9.9.2.3　表面反应控制的气-固相催化反应动力学

反应物分子在催化剂表面上发生的反应也是一个由多步基元步骤组成的复杂反应，因此动力学规律仍然遵循"由基元反应的质量作用定律的组合导出速率方程"的规律，这是其与均相（气相）反应的共同点；而采用表面浓度进而采用覆盖率 θ 来表示反应物浓度，是其与均相反应的不同点。下面具体讨论：

（1）单分子反应（以 S 代表催化剂）

$$\text{计量方程：} S + A \longrightarrow P + S$$

$$\text{反应机理：} A + S \underset{k_{-1}}{\overset{k_1}{\rightleftharpoons}} AS \quad (\text{快}) \text{吸附平衡}$$

$$AS \overset{k_2}{\longrightarrow} P + S \quad (\text{慢})$$

根据速控步近似，整个反应的速率由最慢步骤决定，并且反应物浓度用表面覆盖率来表示，可得速率方程：

$$-\frac{\mathrm{d}p_A}{\mathrm{d}t} = k_2 \theta_A = k_2 \frac{b_A p_A}{1 + b_A p_A} \tag{9.9.1}$$

式中，$b_A = k_1 / k_{-1}$，为吸附平衡常数。

若对 A 为弱吸附，$b_A p_A \ll 1$，则

$$-\frac{\mathrm{d}p_A}{\mathrm{d}t} = k_2 b_A p_A = K_a p_A$$

为一级反应，$K_a = k_2 b_A$，$E_a = E_2 + q$。

若对 A 为强吸附，$b_A p_A \gg 1$，则

$$-\frac{\mathrm{d}p_A}{\mathrm{d}t} = k_2$$

为零级反应。

（2）双分子表面反应控制动力学

$$\text{计量方程：} \qquad A + B \overset{k}{\longrightarrow} P$$

反应机理 I （Langmiur-Hinshelwood 机理）：

$$A+S \underset{k_{-1}}{\overset{k_1}{\rightleftharpoons}} AS \quad （快速平衡）$$

$$B+S \underset{k_{-2}}{\overset{k_2}{\rightleftharpoons}} BS \quad （快速平衡）$$

$$AS+BS \xrightarrow{k_3} PS \quad （慢）$$

$$PS \underset{k_{-4}}{\overset{k_4}{\rightleftharpoons}} P+S \quad （快速平衡）$$

$$-\frac{\mathrm{d}p_A}{\mathrm{d}t}=k_3\theta_A\theta_B=k_3\frac{b_Ap_Ab_Bp_B}{(1+b_Ap_A+b_Bp_B+b_Pp_P)^2}=k\frac{p_Ap_B}{(1+b_Ap_A+b_Bp_B+b_Pp_P)^2}$$

$$(9.9.2)$$

$$-\frac{\mathrm{d}p_A}{\mathrm{d}t}=k\frac{p_Ap_B}{(1+b_Ap_A+b_Bp_B)^2} \quad （产物 P 为弱吸附） \tag{9.9.3}$$

反应机理 II （Rideal 机理）：

$$A+S \underset{k_{-1}}{\overset{k_1}{\rightleftharpoons}} AS \quad 吸附平衡$$

$$AS+B(g) \xrightarrow{k_2} PS \quad （慢）$$

$$PS \underset{k_{-3}}{\overset{k_3}{\rightleftharpoons}} P+S(快)脱附平衡$$

$$-\frac{\mathrm{d}p_A}{\mathrm{d}t}=k_2\theta_Ap_B=k_2\frac{b_Ap_Ap_B}{1+b_Ap_A+b_Pp_P}=k\frac{p_Ap_B}{1+b_Ap_A+b_Pp_P} \tag{9.9.4}$$

$$-\frac{\mathrm{d}p_A}{\mathrm{d}t}=k\frac{p_Ap_B}{1+b_Ap_A} \quad （产物 P 为弱吸附） \tag{9.9.5}$$

（3）气-固相催化反应的表观活化能

以 Langmiur-Hinshelwood 机理为例，由式(9.9.2) 得表观速率常数：

$$k=k_3b_Ab_B=k_0\mathrm{e}^{-E_a/(RT)} \tag{9.9.6}$$

式中，E_a 是表观活化能；b_A 和 b_B 为吸附平衡常数。

因为

$$\frac{\mathrm{d}\ln k_3}{\mathrm{d}T}=\frac{E_3}{RT^2} \quad \frac{\mathrm{d}\ln b}{\mathrm{d}T}=\frac{q}{RT^2} \tag{9.9.7}$$

由式(9.9.6)、式(9.9.7)，可得

$$\frac{\mathrm{d}\ln k}{\mathrm{d}T}=\frac{E_a}{RT^2}=\frac{\mathrm{d}\ln k_3}{\mathrm{d}T}+\frac{\mathrm{d}\ln b_A}{\mathrm{d}T}+\frac{\mathrm{d}\ln b_B}{\mathrm{d}T}=\frac{E_3+q_A+q_B}{RT^2}$$

所以，表观活化能

$$E_a=E_3+q_A+q_B \tag{9.9.8}$$

式中，E_3 为反应活化能；q_A 和 q_B 分别为 A 和 B 的吸附热。

因为吸附均为放热过程，故一般 $E_a \ll E_3$，若吸附过程放出的热量很大时，还有可能出现表观活化能为负的情况。

1. 某一级反应 A ⟶ B 的半衰期为 10min，求 1h 后剩余 A 的百分数。

2. N_2O_5 分解为一级反应，其反应速率常数 $k_1 = 4.80 \times 10^{-4} \, s^{-1}$，问该反应半衰期是多少？当 N_2O_5 初始压力 $p_{A0} = 66.66 kPa$，反应 10s 时产物分压 $p_{N_2O_4}$ 及总压力 $p_总$ 分别为多少？

3. 某抗生素施于人体后，在血液中的反应呈现出一级动力学特征，如在人体中注射 0.5g 某抗生素，然后在不同的时间测其在血液中的浓度，得到下列数据：

t/h	4	8	12	16
$\rho_A/(\times 10^{-2} g \cdot dm^{-3})$	0.48	0.31	0.24	0.15

（1）求反应速率常数；

（2）计算半衰期；

（3）若使血液中抗生素体积质量不低于 $3.7 \times 10^{-3} g \cdot dm^{-3}$，问需经几小时后注射第二针？

4. 某些农药的水解反应是一级反应，而水解速率是考察其杀虫效果的重要指标。表示农药水解速率的方法通常用水解速率常数或半衰期。

（1）敌敌畏在 20℃酸性介质中的半衰期为 61.5d，试求它在 20℃酸性介质中的速率常数。

（2）敌敌畏在 70℃酸性介质中的速率常数为 $0.173 h^{-1}$，试求敌敌畏水解反应的活化能。

5. 某二级反应 A + B ⟶ P，两种反应物的初始浓度均为 $2.0 mol \cdot dm^{-3}$，反应 10min 后转化率达 25%，求该反应的速率常数 k。

6. 反应 $H_2 + I_2 \longrightarrow 2HI$ 的速率方程为 $r = \dfrac{dc_{HI}}{dt} = kc_{H_2}c_{I_2}$，在 715.2K 时，速率常数 $k = 0.079 mol^{-1} \cdot dm^3 \cdot s^{-1}$。当 H_2 和 I_2 的初始压力均为 50kPa 时，反应进行 1s 后 H_2、I_2 和 HI 的浓度各为多少？反应的半衰期 $t_{1/2}$ 为多少？

7. 反应 A + 2B ⟶ P 的速率方程为 $\dfrac{-dc_A}{dt} = kc_A c_B$，若 $c_{A0} = 5.00 \times 10^{-3} mol \cdot dm^{-3}$，$c_{B0} = 1.00 \times 10^{-2} mol \cdot dm^{-3}$，298.2K 时，测得 $k = 0.00606 mol^{-1} \cdot dm^3 \cdot s^{-1}$，试求 A 消耗掉 25% 时所需的时间。

8. 某液相反应 2A ⟶ B，在不同时间用光谱法测定产物 B 的浓度，结果如下：

t/min	0	10	20	30	40	∞
$c_B/(mol \cdot dm^{-3})$	0	0.089	0.153	0.200	0.230	0.310

请确定该反应的级数，并求算其速率常数。

9. 326℃密闭容器中丁二烯单体（A）的气相二聚反应：$2C_4H_6(g) \longrightarrow (C_4H_6)_2(g)$。测得以下动力学数据：

t/min	$p_总/kPa$	p_A/kPa	$-\dfrac{dp_A}{dt}/(kPa \cdot min^{-1})$
0	84.2	84.2	1.17
10	78.9	73.6	0.96
30	71.1	58.2	0.60

试确定该反应的级数并求速率常数。

10. 反应 $2NO + 2H_2 \longrightarrow N_2 + 2H_2O$ 在 700℃时测得如下动力学数据：

初始压力 p_0/kPa		初始速率 r_0/(kPa·min^{-1})
NO	**H$_2$**	
50	20	0.48
50	10	0.24
25	20	0.12

设反应速率方程可写成：$r = k_p p_{NO}^{\alpha} p_{H_2}^{\beta}$，求 α、β 和 $n = \alpha + \beta$，并计算 k_p 和 k_c。

11. 某等容气相反应 A(g)⟶B(g)，其速率常数 k 与温度 T 的关系为：$\ln(k/s^{-1}) = 24 - \dfrac{9622}{T/K}$

（1）试求该反应的级数 n；

（2）计算反应的活化能 E_a；

（3）为使 A(g) 在 5min 内转化率达 90%，反应温度应当控制在多少？

12. 400℃时反应 NO$_2$(g)⟶NO(g)+1/2O$_2$(g) 可以进行完全。产物对反应速率没影响，以 NO$_2$(g) 的消失表示的反应速率常数 k 与温度之间的关系为：$\lg[k/(dm^3 \cdot mol^{-1} \cdot s^{-1})] = -\dfrac{25600}{4.576T/K} + 8.8$

（1）若在 400℃时将压力为 26664Pa 的 NO$_2$ 通入反应器使之发生反应，则器内压力达到 31997Pa 需要多少时间？

（2）求此反应的表观活化能 E_a 和指前因子 A。

13. 反应 A+2B⟶Y 的速率方程为：$-\dfrac{dc_A}{dt} = k_A c_A^{0.5} c_B^{1.5}$

（1）$c_{A0} = 0.1mol \cdot dm^{-3}$，$c_{B0} = 0.2mol \cdot dm^{-3}$，300K 下反应 20s 后 $c_A = 0.01mol \cdot dm^{-3}$，问再反应 20s 后 c_A 为多少？

（2）反应物的初始浓度同上，定温 400K 下反应 20s 后 $c_A = 0.003918mol \cdot dm^{-3}$，求反应的活化能。

14. 在 291.2K，测得对行反应 β-葡萄糖⟺α-葡萄糖的 $(k_1 + k_{-1}) = 0.116min^{-1}$，又知反应的平衡常数 $K = 0.557$，试求 k_1 和 k_{-1} 的值。

15. 反应 A(g)$\underset{k_{-1}}{\overset{k_1}{\rightleftharpoons}}$B(g)+C(g) 有如下数据：

T/K	298.15	308.15
k_1/s^{-1}	0.2	0.4
$10^4 k_{-1}$/[(kPa)$^{-1}$·s^{-1}]	4.0	8.0

求：（1）298.15K 时的平衡常数；

（2）正反应和逆反应的活化能；

（3）反应热。

16. 当用碘作催化剂时，氯苯与氯在二硫化碳溶液中发生平行反应

$$C_6H_5Cl(A) + Cl_2(B) \xrightarrow[k_2]{k_1} \begin{array}{l} HCl + C_6H_4Cl_2(邻位)(Y) \\ HCl + C_6H_4Cl_2(对位)(Z) \end{array}$$

当温度和碘的浓度一定，C$_6$H$_5$Cl 和 Cl$_2$ 在 CS$_2$ 溶液中的初始浓度 $c_{A0} = c_{B0} = 0.5mol \cdot dm^{-3}$ 时，30min 后有 15% 的 C$_6$H$_5$Cl 转变为邻二氯苯，25% 转变为对二氯苯，试计算主、副反应（二级反应）的速率常数 k_1 和 k_2。

17. 设有平行反应 A$\begin{array}{c} \overset{k_1}{\longrightarrow} D \\ \underset{k_2}{\longrightarrow} C \end{array}$，已知反应的活化能 $E_{a,1} = 125.0kJ \cdot mol^{-1}$，$E_{a,2} = 100kJ \cdot mol^{-1}$，指前因子 $A_1 = A_2 = 10^{13} s^{-1}$。试问提高反应温度，哪个反应的 k 值增大得更快？如果将温度从 300K 提高到 500K，问产物的浓度比 c_D/c_C 增大或缩小多少？

18. 已知连串反应 A $\xrightarrow{k_1}$ B $\xrightarrow{k_2}$ C 在 323K 时的速率常数 $k_1 = 0.42 \times 10^{-2}min^{-1}$，$k_2 = 0.20 \times$

$10^{-4}\,min^{-1}$，试求在 323K 下 B 物质的最佳反应时间及相应的最大产率。

19. 某分子的气相二聚反应的速率常数可表示为

$$k = 9.20 \times 10^9 \exp\left(-\frac{100.2 \times 10^3 \, J \cdot mol^{-1}}{RT}\right) mol^{-1} \cdot dm^3 \cdot s^{-1}$$

(1) 用碰撞理论计算 600.2K 时的指前因子，假定有效碰撞直径 $d_{AA} = 5.00 \times 10^{-10}\,m$，并已知摩尔质量 $M = 5.40 \times 10^{-2}\,kg \cdot mol^{-1}$；

(2) 求碰撞理论中的方位因子 p。

20. 已知 450～600K 时，气相反应 $2A \longrightarrow A_2$ 的速率常数 $k/(m^3 \cdot mol^{-1} \cdot s^{-1}) = 9.2 \times 10^{13} e^{-\frac{22408.4}{T/K}}$

(1) 求活化能 E_a；

(2) 根据活化络合物理论的数学表达式，推出 E_a 与 $\Delta_r^{\neq} H_m^{\ominus}$ 的关系式；

(3) 求 600K 时上述反应的 $\Delta_r^{\neq} H_m^{\ominus}$ 及 $\Delta_r^{\neq} S_m^{\ominus}$（已知玻耳兹曼常数 $k = 1.38 \times 10^{-23}\,J \cdot K^{-1}$，普朗克常量 $h = 6.626 \times 10^{-34}\,J \cdot s$）。

21. 在汞蒸气存在下，反应 $C_2H_4 + H_2 \longrightarrow C_2H_6$ 的机理如下：

$$Hg + H_2 \xrightarrow{k_1} Hg + 2H\cdot$$
$$H\cdot + C_2H_4 \xrightarrow{k_2} C_2H_5\cdot$$
$$C_2H_5\cdot + H_2 \xrightarrow{k_3} C_2H_6 + H\cdot$$
$$H\cdot + H\cdot \xrightarrow{k_4} H_2$$

试证明：$\dfrac{dc_{C_2H_6}}{dt} = kc_{Hg}^{1/2} c_{H_2}^{1/2} c_{C_2H_4}$。

22. 反应 $2A + B_2 \longrightarrow 2AB$ 的速率方程为：$\dfrac{dc_{AB}}{dt} = kc_A c_{B_2}$

假定反应机理为

$$A + B_2 \xrightarrow{k_1, E_1} AB + B$$
$$A + B \xrightarrow{k_2, E_2} AB$$
$$2B \xrightarrow{k_3, E_3} B_2$$

并假定 $k_2 \gg k_1 \gg k_3$。

(1) 请按上述机理，引入合理近似后，导出速率方程，并证明：$-\dfrac{dc_{B_2}}{dt} = \dfrac{1}{2}\dfrac{dc_{AB}}{dt}$

(2) 导出表观活化能 E_a 与各基元反应活化能的关系；

(3) 假定表观活化能为 $114.86\,kJ \cdot mol^{-1}$，并已知 600K 时，当反应物的初始浓度 $c_{A0} = 2.00\,mol \cdot dm^{-3}$，$c_{B_2,0} = 1.00 \times 10^{-4}\,mol \cdot dm^{-3}$，测得 B_2 的半衰期为 3.00min，请计算在 400K，当 $c_{A0} = 0.400\,mol \cdot dm^{-3}$，$c_{B_2,0} = 0.200\,mol \cdot dm^{-3}$ 时，使 B_2 转化百万分之一需要多少时间？

重点难点讲解

9-1 反应速率定义

9-2 简单级数反应

9-3 活化能

9-4 复合反应

9-5 链反应

9-6 碰撞理论

9-7 过渡状态理论

第十章

界面现象与胶体

I. 界面现象

系统中若有一个以上相存在，则相与相之间便有接界面，称为相界面或表面。例如，①真空容器中的某金属表面；②液态水与气态水之间；③液态水与空气之间；④液态水与液态四氯化碳之间等，均存在相界面。习惯上把物质与真空、自身的饱和蒸气或含饱和蒸气的空气之间的接触面称为表面，如①、②、③例，而任意两相的接界面均称为界面。

前几章讨论热力学平衡系统时，都认为每一相内部各部分的强度性质是均匀一致的，在讨论问题时没有把物质的表面性质与内部性质区分开来，是因为在分散度（degree of dispersion）小的物质构成的系统中，处于表面上的物质数量相对来说很少，在这种情况下，不考虑表面性质的特殊性不会影响结论。而高度分散的系统则不然，在物质总量不变的情况下，随着分散程度的增大，处于表面上的物质数量也将不断增加，最终导致整个系统的性质主要由表面物质的性质所左右，因此，对于高度分散的系统，研究其表面性质是十分必要的。

本章界面部分讨论的主要内容是物质的表面与内部性质上的差异以及由于这种差异在气液、气固、液固等不同相界面上发生的一系列界面现象，用宏观热力学的方法分析上述现象产生的原因和遵循的规律。

物质的表面性质与分散度或比表面积直接相关，物质的分散度越高其表面积就越大，分散度通常用比表面积（specific surface area）的大小来衡量。

定义：单位体积（质量）的物质所具有的表面积叫做比表面积，表示为"A_0"或"A_m"，则有：

$$A_0 = \frac{A_s}{V} \quad A_m = \frac{A_s}{m}$$

式中，A_s 为该相的总表面积；V 和 m 分别为总体积和总质量。

又 $m = V/\rho$，ρ 为该物质的密度。则

$$A_0 = \frac{A_m}{\rho}$$

一定量的物质，总体积（或质量）一定，颗粒分散得愈小，比表面积愈大，可见，比表面积是系统分散度的量度。而分散度愈高的系统，往往表面现象愈显著。

例题 10.0.1 分割半径为 r 的液滴，使小液滴的半径 $r_1 = r/10$。若液滴为球形，计算分割后的液滴总表面积和原液滴表面积之比 A_1/A。

解： 原液滴的表面积 $A = 4\pi r^2$，$V = \frac{4}{3}\pi r^3$

小液滴的个数：$n_1 = \frac{4}{3}\pi r^3 / \left(\frac{4}{3}\pi r_1^3\right) = 10^3$

分割后的总表面积：$A_1 = n_1 4\pi r_1^2 = 10^3 \times 4\pi (r/10)^2 = 10 \times 4\pi r^2 = 10A$

所以 $A_1/A = 10$

可见，当 $r_1 = r/10$ 时，$A_1 = 10A$；可以证明，当 $r_n = r/10^n$ 时，$A_n = 10^n A$。

第1节　表面张力和表面吉布斯函数

10-1

10.1.1　表面张力

观察气液界面的一些现象，可以察觉到液体表面上处处存在着一种力，它使液体表面如同绷紧了一层富于弹性的橡胶膜。例如，微小液滴总是呈球形，肥皂泡要用力吹才能变大。再如将一个中间连有细丝线的金属环放入肥皂液中，取出后环上会形成液膜，如图 10-1(a)，丝线可在膜上自由游动；如果将丝线一边的液膜刺破，则丝线即被另一侧的液膜拉向一边，形成弧形 [图 10-1(b)]。

上述现象都显示出液体表面上存在着一种使液面紧缩的力，液面上垂直作用于单位长度线段上的这种紧缩力称为表面张力（surface tension），用符号 γ 表示。

设有一金属丝做成的框架，其中一边可活动，活动的金属丝长度为 l'，并且本身无质量，与框架无摩擦。将框架浸入肥皂液中再取出，框上有膜形成（如图 10-2 所示）。由于表面张力 γ 的作用，将使金属丝向缩小膜面积的方向移动，要维持活动金属丝静止，必须施加一个与表面张力大小相等的反向作用力 F，F 和边界长度 l 成正比，因为液膜有正、反两个表面，$l = 2l'$，则 $F \propto l = 2l'$。令比例系数为 γ，则 $F = \gamma l = 2\gamma l'$，即

$$\gamma = \frac{F}{l} = \frac{F}{2l'} \tag{10.1.1}$$

γ 即肥皂液的表面张力，单位为 $N \cdot m^{-1}$。

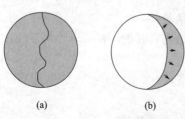

图 10-1　金属环上肥皂液膜

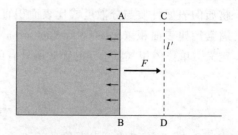

图 10-2　表面功示意图

表面张力的作用方向为沿着液体表面，垂直作用于单位长度线段上。若在液体表面边界处，则作用在边界线上，垂直于边界线向着表面中心，并与表面相切；若不在边界处，则作用在表面上任意一条线段的两侧，垂直于该线，沿着液面拉向两侧。

表面张力的产生是由于界面上物质分子的受力情况与本体分子不同。对于单组分系统，这种区别来自该物质在各相的密度不同；而对于不同物质构成的多组分系统，其表面相与任一相的组成均不相同。以单组分系统气、液两相界面为例，如图 10-3 所示，可以看出，液相内部分子，被同种分子包围，受到的分子间作用力是对称的，各个方向上的

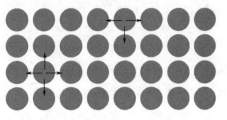

图 10-3 液体表面分子受力示意图

力彼此抵消。而表面层分子，由于气相中的密度远远低于液相，因此会受到一个净指向液体内部的作用力，使表面层分子趋于向液体内部移动，力图缩小表面积，这种趋势宏观上表现为使表面紧缩的力——表面张力。

可见，物质分子间作用力是产生表面张力的微观原因，而表面张力则是表面分子受到不均衡力场作用的宏观体现，两者是有联系的，但不能等同。

10-2

10.1.2　表面功与表面吉布斯函数

既然液体表面处处存在着使表面紧缩的表面张力，当扩大液体表面积时，就必须克服此力对系统做功。

如图 10-2 所示，在指定温度、压力和组成的条件下，可逆地增加表面积 dA_s 时对系统所做的功

$$\delta W' = (F + dF)dx = Fdx = \gamma 2l'dx = \gamma dA$$

即在上述条件下增加系统的表面积所需的非体积功与表面积增量成正比，比例系数为表面张力 γ。因此 γ 又称为比表面功，也就是增加单位表面积所需的最小非体积功。

根据热力学第二定律，对于组成不变的等温、等压可逆过程，$dG = \delta W'_r$。当只有表面功时

$$dG = \delta W'_r = \gamma dA$$

即

10-3

$$\gamma = \left(\frac{\partial G}{\partial A}\right)_{T,p,n_B} \tag{10.1.2}$$

上式是 γ 的热力学定义。因此 γ 又称比表面吉布斯函数（specific surface Gibbs energy），简称表面能，单位为 $J \cdot m^{-2}$。

该定义的物理意义为在温度、压力和组成恒定的条件下，增加单位面积表面时系统吉布斯函数的增量，是单位面积的表面分子比同量的体相分子所高出的那一部分吉布斯能。

一个分散度很高的系统，蓄积了大量表面吉布斯能，这正是引起各种表面现象的根本原因。

比表面吉布斯函数和表面张力是分别用热力学和力学的方法讨论同一个表面现象时所采用的物理量，虽然被赋予的物理意义不同，但它们是完全等价的，具有相同的量纲和数值。

例题 10.1.1　20℃ 及 101.325kPa 压力下，把半径 $r_1 = 1mm$ 的水滴分散成半径 $r_2 =$

10^{-3} mm 的小水滴，问系统的吉布斯函数值增加多少？完成该变化时，环境至少需做多少功？已知20℃时水的表面张力为 $\gamma = 72.8 \times 10^{-3} \text{N} \cdot \text{m}^{-1}$。

解： 因该变化是在等温、等压、组成一定的条件下完成的，求系统吉布斯函数的增量可对式(10.1.2)积分，即

$$\Delta G_{T,p,n_B} = \int_{A_1}^{A_2} \gamma \mathrm{d} A_s$$

又因20℃、101.325kPa下纯水的表面张力 $\gamma = 72.8 \times 10^{-3} \text{N} \cdot \text{m}^{-1}$，$A_1$、$A_2$ 分别为分散前、后水滴的总表面积，系统吉斯函数为

$$\Delta G_{T,p} = \gamma(A_2 - A_1) = \gamma(n 4\pi r_2^2 - 4\pi r_1^2) = 9.14 \times 10^{-4} \text{J}$$

其中 $n = (r_1/r_2)^3 = 10^9$。

完成该过程环境至少需做的功就是该过程可逆进行时的功 W_r，在等温、等压的可逆过程中，$W_r = \Delta G_{T,p}$，故环境至少需做功 $9.14 \times 10^{-4} \text{J}$。

10.1.3　表面热力学基本关系式

对于多组分多分散系统，当表面积也变化时，系统吉布斯函数可表示为 $G = G(T, P, n_1, n_2, n_3, \cdots, A_s)$，所以吉布斯函数的全微分为

$$\mathrm{d} G = \left(\frac{\partial G}{\partial T}\right)_{p, n_B, A} \mathrm{d} T + \left(\frac{\partial G}{\partial p}\right)_{T, n_B, A} \mathrm{d} P + \sum_B \left(\frac{\partial G}{\partial n_B}\right)_{T, p, n_C \neq n_B, A} \mathrm{d} n_B + \left(\frac{\partial G}{\partial A_s}\right)_{T, p, n_B} \mathrm{d} A_s$$

$$= -S \mathrm{d} T + V \mathrm{d} p + \sum_B \mu_B \mathrm{d} n_B + \gamma \mathrm{d} A_s$$

同理可得多相多组分系统的热力学基本关系式为：

$$\mathrm{d} U = T \mathrm{d} S - p \mathrm{d} V + \gamma \mathrm{d} A_s + \sum \mu_B \mathrm{d} n_B \tag{10.1.3}$$

$$\mathrm{d} H = T \mathrm{d} S + V \mathrm{d} p + \gamma \mathrm{d} A_s + \sum \mu_B \mathrm{d} n_B \tag{10.1.4}$$

$$\mathrm{d} A = -S \mathrm{d} T - p \mathrm{d} V + \gamma \mathrm{d} A_s + \sum \mu_B \mathrm{d} n_B \tag{10.1.5}$$

$$\mathrm{d} G = -S \mathrm{d} T + V \mathrm{d} p + \gamma \mathrm{d} A_s + \sum \mu_B \mathrm{d} n_B \tag{10.1.6}$$

因此得到表面吉布斯函数的广义定义：

$$\gamma = \left(\frac{\partial U}{\partial A_s}\right)_{S, V, n_B} = \left(\frac{\partial H}{\partial A_s}\right)_{S, p, n_B} = \left(\frac{\partial A}{\partial A_s}\right)_{T, V, n_B} = \left(\frac{\partial G}{\partial A_s}\right)_{T, p, n_B} \tag{10.1.7}$$

即表面吉布斯函数可表示为在指定变量和组成不变的条件下，增加单位表面积时系统对应的能量函数（包括热力学能、焓、亥姆霍兹函数、吉布斯函数）的增量。

10.1.4　影响表面张力的因素

10.1.4.1　分子间相互作用力对表面张力的影响

表面张力是源于物质内部不平衡的分子间引力。因此，分子间作用力愈大，一般表面张力也愈大。所以液体表面张力的大小顺序为：金属键、离子键液体，极性共价键液体，非极性共价键液体。

表面张力的大小还和形成相界面的另一相有关（见表10-1）。

表 10-1 20℃时一些物质的表面张力

第一相	第二相	$\gamma/(\times 10^{-3}\text{N} \cdot \text{m}^{-1})$	第一相	第二相	$\gamma/(\times 10^{-3}\text{N} \cdot \text{m}^{-1})$
汞	汞蒸气	486.5	水	水蒸气	73.8
汞	乙醇	389.0	水	正丁醇	1.8
汞	苯	357.0	水	苯	35.0
汞	水	415.0	水	乙酸乙酯	6.8

有些数据表直接给出某些液态物质在某一温度下的表面张力值，而未指明另一相，通常情况下，是指与空气之间的界面张力。

10.1.4.2 温度对表面张力的影响

对于组成不变的封闭系统，等压过程有

$$dG = -SdT + \gamma dA_s$$

根据麦克斯韦关系式，有

$$\left(\frac{\partial S}{\partial A_s}\right)_{T,p,n_B} = -\left(\frac{\partial \gamma}{\partial T}\right)_{A_s,p,n_B} \tag{10.1.8}$$

这一结果说明，在等温、等压条件下一定量纯液体增加单位表面积时系统熵值的增量与表面张力的温度系数有关。一般情况下，增加表面积时熵值会增大，所以，多数液体的表面张力的温度系数为负值。

可见，温度升高，表面张力下降，这是因为温度升高时物质膨胀，密度降低，使分子间的相互作用力减弱，从而造成表面张力减小。对单组分气、液两相系统，当达到临界温度 T_c 时气液界面消失，表面张力趋向于零。

10.1.4.3 压力对表面张力的影响

根据表面热力学关系式可以导出 γ 和 p 之间的关系：

$$\left(\frac{\partial V}{\partial A_s}\right)_{T,p,n_B} = \left(\frac{\partial \gamma}{\partial p}\right)_{A_s,T,n_B} \tag{10.1.9}$$

A_s 增大，V 一般不变，故压力对 γ 影响很小，一般不予考虑。

系统各相的组成甚至分散度，均能影响表面吉布斯函数的大小。

第 2 节　液气界面——弯曲液面的性质

10.2.1 弯曲液面的附加压力及拉普拉斯方程

当液面弯曲（例如形成液滴或气泡）时，由于表面张力的作用，使液面两侧气、液两相的压力不相等，二者之差，称为附加压力，记作 Δp。

$$\Delta p = p_l - p_g$$

如图 10-4 所示，分别在水平液面（a）、凸液面（b）、凹液面（c）上各截取一小面积元，对水平液面（a），截面以外的液体对小面积元的表面张力的作用方向是水平的，并与周界垂直，因此相互抵消，液面两边的压力相等，附加压力 $\Delta p = 0$。而弯曲液面则不然，如图（b）、（c）所示，作用于小面积元周界上的表面张力的方向与该处的液面相切，其水平方向的分力可以相互抵消（如图中虚线箭头），而垂直方向则不能抵消，对凸液面，会受到一个

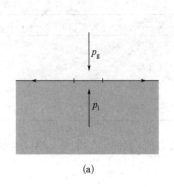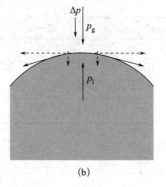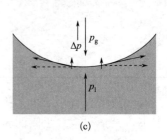

(a)　　　　　　　　　(b)　　　　　　　　　(c)

图 10-4　弯曲液面的附加压力

净指向液体的作用力，使液相压力大于气相压力，附加压力 $\Delta p > 0$；对凹液面，净作用力方向指向气相，使液相压力小于气相压力，$\Delta p < 0$。这就是附加压力的来源。

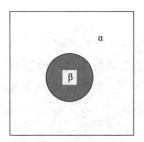

图 10-5　附加压力与
液面曲率半径的关系

采用热力学方法，可以导出附加压力与弯曲液面曲率半径的关系。

如图 10-5 所示的某单组分两相系统，发生一等温、等容、可逆过程，α、β 两相的体积分别变化 dV，则有

$$dA = -SdT - pdV + \gamma dA_s + \sum \mu_B dn_B = 0$$

因为是单组分系统等温过程 $dn_B = 0$，$dT = 0$。又因为两相的接界面是曲面，α、β 两相的压力不相等，故有

$$-p^\alpha dV^\alpha - p^\beta dV^\beta + \gamma dA_s = 0$$

过程中整个系统的总体积不变，即 $dV^\alpha = -dV^\beta = dV$，则

$$(p^\alpha - p^\beta)dV = \gamma dA_s$$

由前面知，弯曲液面两边的压力差就是附加压力，可得

$$\Delta p = \frac{\gamma dA_s}{dV} \tag{10.2.1}$$

10-4

若此弯曲液面是一曲率半径为 r 的球面，应有 $dA_s = 8\pi r dr$，$dV = 4\pi r^2 dr$，代入式(10.2.1)，有

$$\Delta p = \frac{2\gamma}{r} \tag{10.2.2}$$

此式即杨-拉普拉斯（Young-Laplace）公式。

杨-拉普拉斯公式的讨论：

（1）附加压力的大小和表面张力成正比，液体的表面张力愈大，产生的附加压力也愈大。

（2）附加压力的绝对值与 $|r|$ 的大小成反比，$|r|$ 越小，附加压力越大。水平液面，$|r|$ 趋于无穷，附加压力为零。

（3）对凸液面 $r > 0$，$\Delta p = p_1 - p_g > 0$，附加压力的方向指向液体；对凹液面 $r < 0$，$\Delta p = p_1 - p_g < 0$，附加压力指向气体。

（4）对肥皂泡因其有两个气液界面，故 $\Delta p = \frac{4\gamma}{r}$。

例题 10.2.1 某烧杯深 0.1m，杯中盛满水，底部有一直径等于 2×10^{-3} m 的球形汞滴，若已知 20℃时汞-水的界面张力为 0.375N·m^{-1}，水的密度为 $\rho = 1 \times 10^3$ kg·m^{-3}。试计算 20℃时汞滴所受到的压力。

解： 由题意知，汞滴所受到的压力应为大气压力和烧杯中的水柱压力及弯曲液面的附加压力之和，其中附加压力

$$\Delta p = \frac{2\gamma}{r} = \frac{2 \times 0.375 \text{N} \cdot \text{m}^{-1}}{1 \times 10^{-3} \text{m}} = 750 \text{Pa} = 0.750 \text{kPa}$$

$$p_{水柱} = \rho g h = 1 \times 10^3 \text{kg} \cdot \text{m}^{-3} \times 9.8 \text{m} \cdot \text{s}^{-2} \times 0.1 \text{m} = 0.98 \text{kPa}$$

$$p = p_{大气压} + p_{水柱} + \Delta p = (101.325 + 0.98 + 0.750) \text{kPa} = 103.055 \text{kPa}$$

10.2.2 毛细现象

将一支干净的玻璃毛细管插入水中，可以看到管内液面呈凹形，在一定的温度和压力下达平衡时，管内液面高于管外平液面，这就是毛细现象。毛细管内液面的升高是由于凹液面下的液体所受到的压力低于管外平液面液体所受到的压力，因此管外液体被压入管内，直到液面升高所形成的液柱静压力等于附加压力时才达到平衡。

凡是能润湿（见 10.3.1 节）管壁的液体，在毛细管中的液面呈凹形，都将发生毛细管内液柱升高的现象；反之，当液体不能润湿毛细管壁，则管中液面呈凸形，附加压力的方向指向液体，使管内液面低于管外平液面。

利用毛细现象，可以测定液体的表面张力。例如，液体表面张力为 γ、密度为 ρ 的液体，在毛细管中形成凹液面，液面的曲率半径为 r，平衡后使液体上升的高度为 h，如图 10-6 所示，毛细管内液柱的重力产生的静压强 $p_{静} = (\rho_{液} - \rho_{气})hg \approx \rho_{液}hg$，并与附加压力 Δp 相等。即

$$\Delta p = \frac{2\gamma}{r} = \frac{\rho_{液}}{gh}$$

式中，g 为重力加速度。

根据图 10-6 中的几何关系可以看出，固液界面与气液界面切线的夹角 θ 与毛细管半径 R 以及弯曲液面曲率半径 r 之间的关系满足

$$r\cos\theta = R$$

代入前式，则

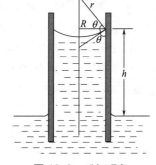

图 10-6 毛细现象

10-5

$$\rho_{液} hg = \frac{2\gamma\cos\theta}{R} \quad \text{或} \quad \gamma = \frac{\rho_{液} gRh}{2\cos\theta} \tag{10.2.3}$$

所以，若已知某液体的密度 ρ 与毛细管半径 R，用上述方法测得了接触角 θ（见 10.3.2 节）和毛细管内液柱的高度 h，即可求得该液体的表面张力 γ。

若液体和管壁完全润湿（见 10.3.1 节），$\theta = 0°$，$r = R$，该式可简化为

$$\gamma = \frac{\rho_{液} grh}{2} \tag{10.2.4}$$

毛细现象不仅发生在毛细管内，物料堆积产生的毛细间隙也会出现毛细现象。

例题 10.2.2 水油界面处有半径为 0.1mm 的玻璃毛细管。如图 10-7 所示，$h = 4$cm，

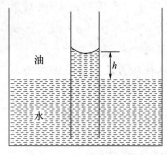

图 10-7 水-油界面毛细现象

油的密度为 $0.80\mathrm{g} \cdot \mathrm{cm}^{-3}$，玻璃-水-油的接触角 θ 为 $40°$。试计算油/水的界面张力。

解：由毛细管升高公式 $\dfrac{2\gamma}{r} = \Delta\rho g h$，当曲率半径 r 用毛细管半径 $R/\cos\theta$ 取代时，有

$$\frac{2\gamma}{R}\cos\theta = (\rho - \rho')gh$$

所以 $\gamma = \dfrac{R(\rho - \rho')gh}{2\cos\theta}$

代入数据，得

$$\gamma = \frac{0.1 \times 10^{-3}\mathrm{m} \times (1-0.8) \times 10^3\mathrm{kg} \cdot \mathrm{m}^{-3} \times 9.8\mathrm{m} \cdot \mathrm{s}^{-2} \times 4 \times 10^{-2}\mathrm{m}}{2\cos 40°}$$

$$= 0.5122 \times 10^{-2}\mathrm{N} \cdot \mathrm{m}^{-1}$$

10.2.3 微小液滴的蒸气压和开尔文方程

由前面的讨论知，液体分散成半径为 r 的液滴后，液滴所受的压力与平面液体不同，其饱和蒸气压也会随之发生变化。下面推导与弯曲液面呈平衡的蒸气压与液面曲率半径的关系。

如图 10-8 所示，平面液体 $B(l, \infty)$ 和半径为 r 的小液滴 $B(l, r)$ 在相同温度下分别与自身蒸气 $B(g, p^*)$ 和 $B(g, p_r^*)$ 达成相平衡，与平液面达成平衡的气相压力为该温度下液体的饱和蒸气压 p^*，与小液滴呈平衡的气相压力为 p_r^*。设有 $1\mathrm{mol}$ 平面液体 $B(l, \infty)$ 分别经图 10-8 所示两条途径转化为饱和蒸气 $B(g, p^*)$，则

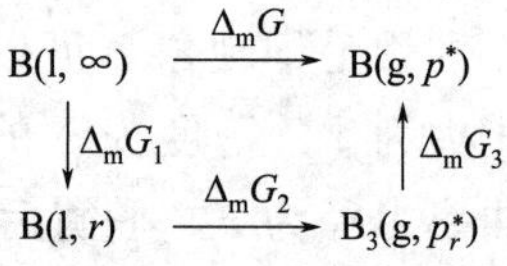

$$
\begin{array}{ccc}
B(l, \infty) & \xrightarrow{\Delta_m G} & B(g, p^*) \\
\downarrow{\scriptstyle\Delta_m G_1} & & \uparrow{\scriptstyle\Delta_m G_3} \\
B(l, r) & \xrightarrow{\Delta_m G_2} & B_3(g, p_r^*)
\end{array}
$$

图 10-8 液体分散前、后气液两相平衡示意图

$$\Delta G_{\mathrm{m}} = \Delta G_{\mathrm{m},1} + \Delta G_{\mathrm{m},2} + \Delta G_{\mathrm{m},3}$$

根据相平衡条件：$\Delta G_{\mathrm{m}} = 0$，$\Delta G_{\mathrm{m},2} = 0$，则

$$\Delta G_{\mathrm{m},1} = -\Delta G_{\mathrm{m},3}$$

单组分单相系统等温过程，有 $\mathrm{d}G_{\mathrm{m}} = V_{\mathrm{m}}\mathrm{d}p$。设液体的摩尔体积 $V_{\mathrm{m,B(l)}}$ 与压力无关，蒸气可视为理想气体，则

$$\Delta G_{\mathrm{m},1} = \int_p^{p+\Delta p} V_{\mathrm{m,B(l)}}\mathrm{d}p = \frac{M}{\rho}\Delta p$$

$$\Delta G_{\mathrm{m},3} = \int_{p_r^*}^{p^*} V_{\mathrm{m,B(g)}}\mathrm{d}p = RT\ln\frac{p^*}{p_r^*}$$

所以

$$\frac{M}{\rho}\Delta p = RT\ln\frac{p_r^*}{p^*}$$

将 $\Delta p = 2\gamma/r$ 代入上式，有

$$\ln\frac{p_r^*}{p^*} = \frac{2\gamma M}{\rho RTr} \tag{10.2.5}$$

该式称为开尔文（Kelvin）公式。式中 M 为物质 B 的摩尔质量，ρ 是液体 B 的密度。

开尔文公式给出了与弯曲液面呈平衡的蒸气压力与曲率半径的关系，由该式可见，对于凸液面的液体（如小液滴），$r>0$，其蒸气压大于正常蒸气压，曲率半径越小，蒸气压越大。而凹液面的液体（如玻璃毛细管中水的液面），$r<0$，其蒸气压小于正常蒸气压，曲率半径的绝对值越小，蒸气压越小。表 10-2 给出了不同半径的液滴和气泡与平面液体的平衡蒸气压的比值。

表 10-2　曲率半径 r 对饱和蒸气压的影响

r/m		10^{-6}	10^{-7}	10^{-8}	10^{-9}
p_r^*/p^*	小液滴	1.001	1.011	1.114	2.937
	小气泡内	0.9989	0.9897	0.8977	0.3405

10.2.4　亚稳状态和新相的生成

在蒸气凝聚、液体凝固及溶液结晶等过程中，由于最初生成新相的粒子是极其微小的，其比表面积和表面吉布斯自由能都很大，因此在系统中要产生一个新相是十分困难的。由于新相难以生成，所以引起了蒸气的过饱和、液体过冷或过热，以及溶液过饱和等现象。它们是热力学上的不稳定状态，但却能存在很长时间，通常被称为亚稳状态（metastable state）。

10.2.4.1　过饱和蒸气

按照相平衡条件应该凝结而未凝结的蒸气称为过饱和蒸气。过饱和蒸气就是一种亚稳状态，它之所以能够存在，是因为新生成的微小液滴的蒸气压大于平面液体的蒸气压。若将压力为 p 的某物质的蒸气压等压降温至对应的平衡温度时，蒸气对于通常液体已达到饱和状态，但对微小液滴却未达到饱和，因而形成了过饱和蒸气。这时若在系统中加入一些微小的固体颗粒作为凝结中心，则可大大减小蒸气的过饱和程度，使液滴易于生成。人工降雨就是根据这一原理实现的。

10.2.4.2　过热液体

达到沸腾温度时未能沸腾的液体称为过热液体。液体在沸腾时，汽化过程不仅在气液界面上进行，同时也在液体的体相中发生，这就要在体相生成大量气泡。形成过热液体的原因是由于新生成的气泡非常小，相应的附加压力就会非常大，通常沸点温度下的饱和蒸气压不足以克服此力形成气泡，这时的液体也就无法沸腾了。

例题 10.2.3　100℃，101.325kPa 的大气压力下，若要在水面下 0.01m 处形成一个半径 $r=10^{-7}$m 的小气泡，试求：

（1）气泡内水的蒸气压 p_r^*；

（2）气泡受到的压力；

（3）试估算水的沸腾温度。

已知 100℃ 水的密度为 958.4kg·m^{-3}，表面张力为 58.9×10^{-3}N·m^{-1}，水的摩尔汽化热为 40.66kJ·mol^{-1}。

解：（1）气泡内水的蒸气压

根据开尔文公式

$$\ln\frac{p_r^*}{p^*}=\frac{2\gamma M}{\rho R T r}$$

所以

$$\ln\frac{p_r^*/kPa}{101.325}=\frac{2\times58.9\times10^{-3}\times18.015\times10^{-3}}{958.4\times8.314\times373.15\times(-1\times10^{-7})}$$

$$p_r^*=100.6kPa$$

凹液面引起水的蒸气压下降，使其在正常沸点不能沸腾。

（2）气泡受到的压力

如图10-9所示，有

$$\Delta p=\frac{2\gamma}{r}=\left(\frac{2\times58.9\times10^{-3}}{1\times10^{-7}}\times10^{-3}\right)kPa=1.178\times10^3kPa$$

$$p_{静}=\rho gh=(958.4\times9.81\times0.01\times10^{-3})kPa=0.094kPa$$

$$p=p_{atm}+\Delta p+p_{静}=(101.325+1.178\times10^3+0.094)kPa=1.28\times10^3\ kPa$$

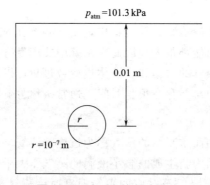

图 10-9 水下气泡受力示意

当气泡很小时，主要是由于凹液面所导致的附加压力，使气泡不可能存在。

若水在沸腾时最初生成的气泡半径为 10^{-7} m，必须升高温度使气泡内的蒸气压等于气泡所受到的压力时，水才开始沸腾。

（3）根据克劳修斯-克拉贝龙方程

$$\ln\frac{p_2}{p_1}=\frac{-\Delta_{vap}H_m}{R}\left(\frac{1}{T_2}-\frac{1}{T_1}\right)$$

$$T_2=\left[\frac{R\ln(p_2/p_1)}{-\Delta_{vap}H_m}+\frac{1}{T_1}\right]^{-1}=\left[\frac{8.314\times\ln(1.28\times10^3/100.6)}{-40.67\times10^3}+\frac{1}{373.15}\right]^{-1}K=463.0K$$

过热液体所引起的暴沸是十分危险的。为了避免出现过热液体，通常使用的方法是，加热前在液体中加入沸石或毛细管。另外，搅拌可以使液体受热均匀，同时也会生成空气泡，从而减少暴沸现象的发生。

10.2.4.3 过冷液体

纯净的液体在等压降温到对应的凝固点温度时并不析出晶体，这时的液体就是过冷液体。过冷液体的形成也是由于微小晶体的饱和蒸气压总是大于普通晶体的饱和蒸气压而形成的亚稳状态。

10.2.4.4 过饱和溶液

微小晶体的溶解度：开尔文公式虽然是针对两种流体间的界面导出的，但也被成功地用于固体与流体界面，如用浓度代替压力，开尔文公式可写为

$$\ln\frac{c_r}{c}=\frac{2\gamma M}{\rho RTr} \tag{10.2.6}$$

式中，c_r 与 c 分别为半径为 r 的微小球形固体颗粒和大块固体的溶解度；γ 为固体与饱和溶液的界面张力；ρ、M 分别为固体的密度与摩尔质量。

由该式可见，晶体溶解度的对数值与其粒子半径成反比，越小的晶体颗粒溶解度越大。另外，该式还可以解释微小晶体形成过饱和溶液的现象，同时也是陈化过程（将新生成沉淀的饱和溶液长时间放置，使较小的晶体逐渐溶解，晶粒逐渐长大的过程）的理论基础。

亚稳状态出现在新相生成时，若为即将形成的新相提供新相种子或形成新相的核，则可以解除系统所处的亚稳状态，达到预想的结果。

第 3 节　固液界面——润湿现象与接触角

10.3.1　固体表面的润湿

习惯上将某种液体能够附着在固体表面上，或者能在固体表面上铺开，称为该固体能被该液体"润湿"（wetting）。例如，水对于干净的玻璃和金属表面都是能润湿的。而把某种液体不能附着在固体表面上或不能在其上铺开，称为该液体对该固体不润湿。例如，汞对干净玻璃表面是不润湿的。严格意义上讲，固体表面的润湿是指表面上的一种流体被另一种流体所取代的过程，通常是指固体表面的气体被液体取代，或一种液体被另一种液体取代，更多的时候是指用水取代固体表面的气体或其他液体。从热力学观点看，若发生这一过程能使系统的表面吉布斯自由能下降，则该过程在等温、等压下能自发进行，即该液体能润湿该固体。吉布斯自由能下降得越多，润湿程度越高；反之，该过程在等温、等压下不能自发进行，则该液体不能润湿该固体。

10.3.2　接触角与杨方程式

固体被液体润湿的程度，可用接触角 θ（contact angle）来衡量。

设在某光滑的固体表面滴下一滴液体，达平衡后的纵剖面如图 10-10 所示。在固体、液滴和气体三相接触点 O 处，同时受到 γ_{sl}、γ_{sg}、γ_{lg} 三种表面张力的作用，方向在图中分别以 OA、OC 和 OB 表示。如果三种表面张力在水平方向上的合力指向 OC 方向，则液滴将不断扩展开；若合力指向 OA 方向，则液滴会收缩；而当液滴与固体表面的周界不移动时，证明三种力在 O 点的合力为零，这时 OB 与 OA 形成的夹角即气液界面的切线与固液界面在 O 点的夹角（夹有液体）称为接触角 θ。

10-6

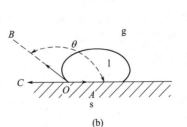

图 10-10　表面张力与接触角

可见，达平衡时三种作用力与接触角 θ 之间应满足如下关系式

$$\gamma_{sg} - \gamma_{sl} = \gamma_{lg} \cos\theta$$

或

$$\cos\theta = \frac{\gamma_{sg} - \gamma_{sl}}{\gamma_{lg}} \tag{10.3.1}$$

式（10.3.1）称为杨方程式（Young equation）。

通常把 $\theta = 90°$ 作为是否润湿的标准：若接触角大于 $90°$，说明液体不能润湿固体，如汞在玻璃表面；若接触角小于 $90°$，液体能润湿固体，如水在洁净的玻璃表面。

接触角的大小可以通过实验测量，也可以用公式计算。

例题 10.3.1　氧化铝瓷件上覆盖银，当烧至 $1000℃$ 时，问液态银能否润湿氧化铝瓷表面？已知在 $1000℃$ 时各物质的界面张力值如下：$\gamma_{sg} = 1\text{N} \cdot \text{m}^{-1}$，$\gamma_{lg} = 0.92\text{N} \cdot \text{m}^{-1}$，$\gamma_{sl} = 1.77\text{N} \cdot \text{m}^{-1}$。

解：根据杨方程式

$$\cos\theta = \frac{\gamma_{sg} - \gamma_{sl}}{\gamma_{lg}} = \frac{1 - 1.77}{0.92} = -0.8370$$

$\theta = 146.8° > 90°$

可见在 $1000℃$ 时液态银不能润湿氧化铝表面。

10.3.3　铺展

当固体的表面张力大于液体的表面张力和固液界面张力之和，即 $\gamma_{sg} \geq \gamma_{sl} + \gamma_{lg}$ 时，该液体滴落在固体表面上，其周界会不断移动，直到完全平铺在固体的表面上，这种现象称为完全润湿或铺展。

定义铺展系数（spreading coefficient）为

$$S = \gamma_{sg} - \gamma_{sl} - \gamma_{lg} \tag{10.3.2}$$

当 $S \geq 0$ 时，该铺展润湿过程在等温、等压下能够自动发生，或称该液体能在该固体表面上铺展开；反之，当 $S < 0$ 时，该铺展过程不能自动发生，或者说该液体在该固体上不铺展。

将杨方程式［式(10.3.1)］代入铺展系数表达式，得：$S = \gamma_{sg} - \gamma_{sl} - \gamma_{lg} = \gamma_{lg}(\cos\theta - 1)$，当 $S > 0$ 时，会得出 $\cos\theta > 1$ 的结论，这是不可能成立的，显然杨方程式在这里已经不适用了。因为导出杨方程式的条件是要在气、液、固三相的接触点（图 10-10 中的 O 点）三种表面张力处于平衡状态，而发生铺展润湿时，即使液体完全平铺在固体上，表面也未达成平衡。可见 $S = 0$ 是发生铺展润湿的起码条件，也是杨方程式适用的极限。

例题 10.3.2　$20℃$ 时，已知水的表面张力为 $72.8 \times 10^{-3}\text{N} \cdot \text{m}^{-1}$，水在石蜡上的接触角为 $105°$，试计算水在石蜡上的铺展系数 S，并判断其能否在石蜡表面上铺展开来？

解：由于题目未给出石蜡的表面张力及水和石蜡间的界面张力，但有接触角，故只能用下式计算铺展系数

$$S = -\Delta G_s = -\gamma_{lg}(1 - \cos\theta)$$
$$= -72.8 \times 10^{-3}(1 - \cos 105°)\text{N} \cdot \text{m}^{-1}$$
$$= -0.092\text{N} \cdot \text{m}^{-1}$$

$S < 0$，所以水不能在石蜡表面上铺展。

第4节　固气界面——固体表面上的吸附现象

固体表面上的原子或分子与液体表面一样，受力不均匀，也具有过剩的吉布斯自由能，但不像液体表面分子可以移动，通常它们是定位的，因此不能像液体那样发生形变以缩小表面积。另外固体表面不均匀，即使从宏观上看似乎很光滑，但从原子水平上看是凹凸不平的，而且实际晶体的晶面不完整，会有晶格缺陷、空位和位错等。正是由于固体表面的原子受力不对称和表面结构不均匀，使它可以通过吸附气体或液体分子，使表面吉布斯自由能下降，而且不同的部位吸附的活性不同。例如在一个充满溴气的玻璃瓶中加入一些活性炭，可以看到棕红色的溴气渐渐消失，这表明溴气分子被吸附到活性炭的表面上去了。

当气体或蒸气在固体表面被吸附时，固体称为吸附剂（adsorbent），被吸附的气体称为吸附质（adsorbate）。例如前面提到的活性炭对溴气的吸附中，活性炭是吸附剂，溴气是吸附质。

常用的吸附剂有：硅胶、分子筛、活性炭等。通常用于测定固体的比表面积的吸附质有：氮气、水蒸气、苯及环己烷的蒸气等。

气固吸附在生产实践和科学实验中都有着广泛的应用，例如气体的分离与纯化、工业废气中有用成分的回收、有机合成及食品工业中的脱色、化工生产中的气固相催化反应等，所涉及的理论问题都与气固相吸附有关。

10.4.1　物理吸附与化学吸附

10-8

按照吸附剂与吸附质之间相互作用力的性质不同，可将吸附过程分为物理吸附和化学吸附。

物理吸附具有如下特点：吸附力是范德华力，一般较弱；吸附热较小，接近于气体的液化热，一般每摩尔为几个千焦以下；吸附无选择性，任何固体可以吸附任何气体，当然吸附量会有所不同；吸附不需要活化能，吸附速率与解吸速率都很快；吸附可以是单分子层的，也可以是多分子层的；吸附不稳定，易解吸。总之，物理吸附仅仅是一种物理作用，没有电子转移，没有化学键的生成与破坏，也没有分子重排等。

化学吸附具有如下特点：吸附力是化学键力，一般较强；吸附热较高，接近于化学反应热，一般在 $40kJ \cdot mol^{-1}$ 以上；吸附有选择性，固体表面的活性位只吸附与之可发生反应的气体分子，如酸位吸附碱性分子，反之亦然；吸附很稳定，一旦吸附，就不易解吸；吸附是单分子层的；吸附需要活化能，在温度升高的情况下，吸附和解吸速率才能加快。

总之，化学吸附相当于吸附剂表面分子与吸附质分子发生了化学反应，在红外、紫外-可见光谱中会出现新的特征吸收带。

表 10-3 为物理吸附与化学吸附的比较。

表 10-3　物理吸附与化学吸附的比较

项目	物理吸附	化学吸附
吸附力	范德华力	化学键力
吸附热	较小，近于液化热	较大，近于化学反应热
选择性	无选择性	有选择性

项目	物理吸附	化学吸附
吸附稳定性	不稳定,易解吸	较稳定,不易解吸
分子层	单分子层或多分子层	单分子层
吸附速率	较快,一般不需活化能	较慢,T 升高 v 加快,需活化能

在实际的吸附过程中,这两类吸附很难截然分开,在一定条件下,往往可以同时发生,例如氧在钨上的吸附,就是既有单层吸附,又有多层吸附,既有原子态吸附的氧,又有分子态吸附的氧,即同时发生物理吸附和化学吸附。还有一些吸附系统,在低温时发生物理吸附,在高温时发生化学吸附。

10.4.2 吸附量、吸附热及吸附曲线

衡量吸附剂吸附气体能力的物理量称为吸附量,通常有两种表示方法。

(1) 单位质量的吸附剂所吸附气体的体积

$$\Gamma = V/m \tag{10.4.1}$$

式中,Γ 为平衡吸附量或简称吸附量,$m^3 \cdot kg^{-1}$;m 为吸附剂的质量;V 为被吸附气体在标准状况(STP)下的体积。

(2) 单位质量的吸附剂所吸附气体的物质的量

$$\Gamma = n/m \tag{10.4.2}$$

式中,Γ 为吸附量,$mol \cdot kg^{-1}$;m 为吸附剂的质量;n 是被吸附气体的物质的量。

对于一定的吸附剂与吸附质的系统,达到吸附平衡时,吸附量是温度和吸附质压力的函数,即

$$\Gamma = f(T, p)$$

通常固定一个变量,可求出另外两个变量之间的关系,用曲线的形式表示出来,这种曲线称为吸附曲线。例如:

① $T =$ 常数,$\Gamma = f(p)$,得吸附等温线(adsorption isotherm);
② $p =$ 常数,$\Gamma = f(T)$,得吸附等压线(adsorption isobar);
③ $\Gamma =$ 常数,$p = f(T)$,得吸附等量线(adsorption isostere)。

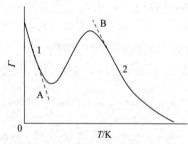

图 10-11 钯对 CO 的吸附等压线
($p =$ 19.961kPa)

图 10-11 是一吸附等压线的例子。曲线中第 1 段是物理吸附,第 2 段是化学吸附。两类吸附均为平衡吸附量随温度升高而降低。而曲线的 AB 段为由物理吸附向化学吸附的转变区域,为非平衡吸附。

吸附热:在发生等量的物理吸附过程中,吸附质气体从气态变到吸附态的过程与气体的凝聚过程很相似,故其 T-p 间的定量关系可用描述气体液化时平衡压力与温度间关系的克劳修斯-克拉贝龙方程来表示,其中相变焓为吸附焓。

$$\left(\frac{\partial \ln(p/[p])}{\partial T}\right)_n = -\frac{\Delta_{ads} H_m}{RT^2} \tag{10.4.3}$$

$$\ln\frac{p_2}{p_1} = -\frac{\Delta_{ads}H_m}{R}\left(\frac{1}{T_1} - \frac{1}{T_2}\right) \tag{10.4.4}$$

上式也可采用吸附质在保持吸附量不变的条件下用热力学方法导出，式中 $\Delta_{ads}H_m$ 是吸附量为 1mol 时的热效应，即摩尔吸附焓。它的值可以直接通过实验测定，也可以利用吸附等量线提供的对应 T、p 值由式(10.4.4) 计算得到。

例题 10.4.1 已知在某活性炭样品上吸附 $0.895cm^3 N_2$ 时（已换算成 STP），平衡压力 p 和温度 T 之数据如下：

T/K	194	225	273
p/kPa	466.1	1165	3587

试计算上述条件下，N_2 在活性炭上的吸附热 Q。

解： N_2 的临界温度为 126K，故可将 N_2 近似作为理想气体处理，当吸附量一定时，平衡压力 p 与平衡温度 T 之间的关系可用克劳修斯-克拉贝龙方程表示

$$\frac{d\ln(p/[p])}{dT} = -\frac{\Delta_{ads}H_m}{RT^2}$$

积分上式得

$$\ln(p/[p]) = \frac{\Delta_{ads}H_m}{R} \times \frac{1}{T} + C$$

由所给数据可得 $\ln p$ 及 $1/T$ 如下表：

$\ln(p/kPa)$	6.144	7.061	8.185
$T^{-1}/(\times 10^{-3}\ K^{-1})$	5.155	4.444	3.663

作 $\ln(p/[p])$-$1/(T/K)$ 图得一直线（如图 10-12 所示）。直线斜率

$$k = \frac{\Delta_{ads}H_m}{R}K^{-1} = -1.38 \times 10^3 K^{-1}$$

$$\Delta_{ads}H_m = -1.38 \times 10^3 \times 8.314 J \cdot mol^{-1} = -11.5kJ \cdot mol^{-1}$$

吸附 $0.895cm^3 N_2$ 的吸附热为

$$Q = \Delta_{ads}H_m = -\frac{0.895}{22.4 \times 10^3} \times 11.5kJ = -0.459J$$

吸附等温线是研究得最多的吸附曲线。从吸附等温线可以反映出吸附剂的表面性质以及吸附剂与吸附质之间的相互作用等有关信息。各种文献报道了数以万计的吸附等温线，但常见的吸附等温线可分为如图 10-13 所示的 5 种类型，图中，p^* 是吸附质在该温度时的饱和蒸气压，p 为吸附质的压力，p/p^* 称为相对压力。

通过实验测得吸附系统的吸附等温线，解析等温线可得到描述吸附量与气相压力的定量关系式，称为吸附等温式，这些都是吸

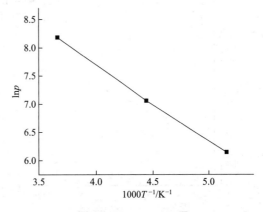

图 10-12 ln p-1/T 图

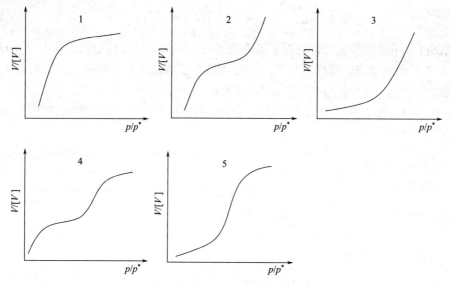

图 10-13 5 种常见的吸附等温线

10-9

附理论研究的重要内容。下面介绍几种常见吸附等温式。

10.4.3 弗罗因德利希吸附等温式

弗罗因德利希（Freundlich）吸附等温式是一个经验公式，实验发现，吸附量随压力的变化关系常常呈现低压范围为线性，压力升高，曲线逐渐弯曲。根据这些现象，弗罗因德利希提出一个指数方程：

$$\Gamma = \frac{x}{m} = kp^n \tag{10.4.5}$$

式中，x 为吸附气体的物质的量或体积；m 为吸附剂质量；k 和 n 为与温度、系统有关的模型参数；n 的值在 0 与 1 之间，它的大小显示了压力对吸附量影响的强弱。最初提出时均为经验常数，没有明确的物理意义，因而不能说明吸附作用的机理。

弗罗因德利希吸附等温式适用于第一类吸附等温线的中段。实际应用时，常常把公式线性化：

$$\lg \frac{x}{m} = \lg k + n \lg p \tag{10.4.6}$$

以 $\lg(x/m)$ 对 $\lg p$ 作图，得一直线，由直线的斜率和截距可求得 n 和 k（图 10-14）。

弗罗因德利希吸附等温式形式简单，使用方便。对固体从溶液中吸附溶质的情况也可适用，这时只需将式（10.4.5）中的压力 p 换成溶质的浓度 c。即

$$\Gamma = \frac{x}{m} = kc^n \tag{10.4.7}$$

图 10-14 $\lg(x/m)$ 与 $\lg p$ 之间的线性关系

例题 10.4.2 溶液中某物质在硅胶上的吸附作用服从弗罗因德利希吸附等温式，模型参数

$k=6.8\text{mol}\cdot\text{kg}^{-1}$，$n=0.5$。试问：若把 0.01kg 硅胶加入 0.1dm^3 浓度为 $0.1\text{mol}\cdot\text{dm}^{-3}$ 的该溶液中，吸附达平衡后溶液的浓度为多少？

解： 设溶液的起始浓度和吸附达平衡后的浓度分别为 c_0 和 c，吸附溶质的物质的量 x 可由吸附前、后溶液浓度之差与体积的乘积来计算，即 $x=V(c_0-c)=[0.1(0.1-c/\text{mol}\cdot\text{dm}^{-3})]\text{mol}$。根据弗罗因德利希吸附等温式，得

$$\frac{0.1\left[(0.1-c/\text{mol}\cdot\text{dm}^{-3})\right]\text{mol}}{0.01\text{kg}}=6.8\text{mol}\cdot\text{kg}^{-1}\times\left(\frac{c}{\text{mol}\cdot\text{dm}^{-3}}\right)^{0.5}$$

整理得：$0.1c/(\text{mol}\cdot\text{dm}^{-3})+0.068[c/(\text{mol}\cdot\text{dm}^{-3})^{0.5}-0.01=0$

解得；$c=0.015\times10^{-4}\text{mol}\cdot\text{dm}^{-3}$

计算结果表明，吸附达平衡后，溶液浓度很低，此物质基本被硅胶吸附。

10.4.4　朗缪尔吸附等温式

朗缪尔（Langmuir）根据大量实验事实，提出了单分子层吸附理论，该理论的基本假设为：

（1）吸附平衡是动态平衡。即气体分子吸附到固体表面以后并不是静止的，而是在固体表面上不断地运动着，一旦被吸附分子所具有的能量足以克服固体表面对它的吸引力时，就会发生脱附（或称解吸）回到气相中去。因此在吸附达到平衡时，尽管吸附量已不再随时间变化，从表观上看，吸附与脱附过程均已终止，而实际上，这两种过程都在不断地进行，只是二者速率相等而已。

（2）固体表面是均匀的，因此它对所有被吸附气体分子的吸附机会均等。

（3）气体分子只有碰撞到尚未被覆盖的空白表面上才能发生吸附作用，而且每个吸附位只能吸附一个气体分子，所以吸附只能进行到单分子层为止。

（4）被吸附分子之间无相互作用，因此它们的脱附行为不受邻近分子的影响，也不受吸附位置的影响。

以 θ 表示吸附剂表面被吸附气体覆盖的分数，显然空白表面的分数为 $(1-\theta)$。

根据朗缪尔吸附模型的假定，气体分子只有碰撞到固体的空白表面上才能发生吸附，因此吸附速率既与固体表面上空白面积的分数成正比，又与气相中该气体的密度（即压力）成正比。即

$$r_{吸附}=k_1p(1-\theta)$$

式中，k_1 是比例系数，它代表了气体为单位压力并且固体表面尚未吸附气体分子（即 $\theta=0$）时的吸附速率。

当温度一定时，脱附速率只与固体表面上吸附气体的分子数成正比（假设吸附分子间没有相互作用），也就是与吸附了气体的固体表面积的分数（覆盖率 θ）成正比：

$$r_{脱附}=k_2\theta$$

式中，比例系数 k_2 代表了固体表面上完全被吸附气体分子占满（即 $\theta=1$）时的脱附速率。

在一定温度下，当吸附达到平衡时，$r_{吸附}=r_{脱附}$，所以

$$k_1p(1-\theta)=k_2\theta$$

令 $b=k_1/k_2$，整理后得

$$\theta = \frac{bp}{1+bp} \tag{10.4.8}$$

该式称为朗缪尔吸附等温式。它定量地描述了表面覆盖率 θ 与吸附质气体的平衡压力 p 之间的关系。式中 b 称为吸附系数，它的大小代表了固体表面吸附气体能力的强弱程度。

以 Γ 代表在某覆盖率 θ 时的平衡吸附量，显然，对单分子层吸附，吸附量与覆盖率 θ 成正比，可写成

$$\Gamma = \Gamma_{\infty}\theta \tag{10.4.9}$$

式中，比例系数 Γ_{∞} 称为饱和吸附量，与吸附量 Γ 具有相同的量纲。当 $\theta = 1$ 时，$\Gamma = \Gamma_{\infty}$，可见 Γ_{∞} 是气体分子已经占满固体吸附剂全部表面时的吸附量。当温度及吸附剂、吸附质都确定以后，Γ_{∞} 为一定值，不随压力 p 变化。

将式(10.4.9)代入式(10.4.8)，得

$$\Gamma = \Gamma_{\infty}\frac{bp}{1+bp} \tag{10.4.10}$$

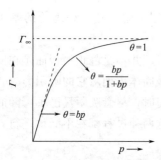

图 10-15 朗缪尔等温式的示意图

式(10.4.10)为朗缪尔吸附等温式的另一种形式。由该式可以看出：

(1) 当 p 很小或吸附很弱时，$bp \ll 1$，$\Gamma \approx \Gamma_{\infty}bp$，即吸附量 Γ 与压力 p 成线性关系。

(2) 当 p 很大或吸附很强时，$bp \gg 1$，$\Gamma \approx \Gamma_{\infty}$，即吸附量 Γ 与压力 p 无关，吸附质在吸附剂表面上已铺满单分子层。

(3) 当压力适中时，$\Gamma \propto p^m$，m 介于 0 与 1 之间。由此得到 Γ-p 的关系示意图（图 10-15）。

该曲线与图 10-13 中的第一类吸附等温线很相似，可见对第一类吸附，可以用朗缪尔吸附模型来处理。

若以 V 及 V_m 分别表示在压力为 p 及饱和吸附时被吸附气体在标准状况（0℃，$p = 101.325\text{kPa}$）下的体积，则式(10.4.10)可改写为

$$V = V_m\frac{bp}{1+bp} \tag{10.4.11}$$

实际应用时需将公式线性化：

$$\frac{p}{V} = \frac{1}{bV_m} + \frac{p}{V_m} \tag{10.4.12}$$

用实验数据，以 p/V 对 p 作图得一直线，从斜率和截距可求出吸附系数 b 和饱和吸附量 V_m。

朗缪尔吸附等温式虽然与实际情形不符（如假设吸附是单分子层的，表面是均匀的等），但却得到了广泛的应用，并且常常取得相当成功的结果。

例题 10.4.3 下列数据为 0℃时不同压力下每千克活性炭吸附氮气的体积（已换算成 0℃、101.325kPa 下的体积）。根据朗缪尔吸附等温式，求饱和吸附量 V_m、吸附系数 b 以及当固体表面覆盖率达 0.90 时氮气的平衡分压。

p/Pa	524	1731	3058	4534	7497
$V/(\text{dm}^3 \cdot \text{kg}^{-1})$	0.987	3.04	5.08	7.04	10.31

解： 将题给 $V\text{-}p$ 数据换算为 $p/V\text{-}p$ 数据，如下表

p/kPa	0.524	1.731	3.058	4.534	7.497
$pV^{-1}/(\text{Pa}\cdot\text{kg}\cdot\text{dm}^{-3})$	531	569	602	644	727

根据朗缪尔吸附等温式［式(10.4.12)］，p/V 对 p 作图为一直线，如图 10-16 所示，从直线斜率可得

$$1/V_m = 0.0278\text{kg}\cdot\text{dm}^{-3}$$

$$V_m = 35.97\text{dm}^3\cdot\text{kg}^{-1}$$

由截距可得

$$1/(V_m b) = 518\text{Pa}\cdot\text{kg}\cdot\text{dm}^{-3}$$

$$b = 5.37\times10^{-5}\text{Pa}^{-1}$$

当覆盖率 $\theta = 0.90$ 时：

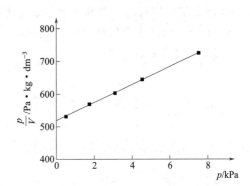

图 10-16 N_2 在活性炭上吸附的 $p/V\text{-}p$ 关系图

$$\theta = \frac{bp}{1+bp} = 0.90$$

$$p = \frac{0.90}{0.10b} = \frac{9}{5.37\times10^{-5}}\text{Pa} = 1.68\times10^5\text{Pa}$$

*10.4.5 多分子层吸附理论——BET 公式

由 Brunauer、Emmett 和 Teller 三人提出的多分子层吸附公式简称 BET 公式。

该理论的基本假设接受了朗缪尔理论中关于固体表面是均匀的及吸附平衡是一个动态平衡的观点。但他们认为吸附是多分子层的。其他假设有：第一层的吸附热是常数，但与第二层吸附热不同，因为相互作用的对象不同；第二层及以后各层的吸附热均相同且等于凝聚热；吸附与解吸只发生在最外分子层。在这个基础上他们导出了双参数 BET 吸附公式：

$$V = V_m \frac{cp}{(p_s - p)[1 + (c-1)p/p_s]} \tag{10.4.13}$$

式中，c 是与吸附热有关的常数；V_m 为单层饱和吸附量；p 和 V 分别为吸附压力和用标准状况下的体积表示的吸附量；p_s 是实验温度下吸附质的饱和蒸气压。在吸附质、吸附剂以及温度一定时，c 与 V_m 为常数，与压力无关。故称式(10.4.13) 为 BET 二常数公式。

为了使用方便，将二常数公式改写为

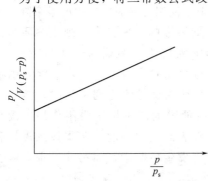

图 10-17 $\dfrac{p}{V(p_s-p)}\text{-}\dfrac{p}{p_s}$ 关系示意图

$$\frac{p}{V(p_s-p)} = \frac{1}{V_m c} + \frac{c-1}{V_m c}\times\frac{p}{p_s} \tag{10.4.14}$$

$\dfrac{p}{V(p_s-p)}$ 对 $\dfrac{p}{p_s}$ 作图为一条直线，如图 10-17 所示，直线的斜率和截距分别为 $\dfrac{c-1}{V_m c}$ 和 $\dfrac{1}{V_m c}$，从斜率和截距可求出两个模型参数 c 和 V_m。

$$V_m = \frac{1}{\text{斜率} + \text{截距}} \tag{10.4.15}$$

从 V_m 可以计算吸附剂的比表面积

$$a_m = \frac{LA_m p V_m}{RTm} \quad \text{(STP)} \tag{10.4.16}$$

式中，A_m 是吸附质分子的截面积。

二常数公式常用于相对压力在 $0.05 \sim 0.35$ 之间的吸附。相对压力太低，建立不起多分子层物理吸附；相对压力过高，容易发生毛细凝聚，使结果偏高。

BET 公式的最主要用途是测定固体的比表面积，虽然测比表面积的方法有多种，迄今为止，BET 法仍是最经典的方法。

第 5 节　溶液的表面吸附——表面活性剂

10.5.1　溶液的表面张力和吸附现象

纯液体中加入某些溶质以后，该液体的表面张力会发生变化。如果在表面层中溶质分子比溶剂分子受到的指向溶液内部的引力更大，则这种溶质分子的溶入将使溶液的表面张力增高；反之，则这种溶质分子的溶入将使溶液的表面张力降低。以水为例，若在一定温度的纯水中分别加入不同种类的溶质时，溶质浓度对溶液表面张力的影响大致可分为三种类型，如图 10-18 所示。

实验表明，对于水溶液来说，符合图 10-18 中曲线 I，即随着该溶质浓度的增加，水溶液的表面张力升高的溶质有无机盐如 NaCl、Na_2SO_4、KNO_3、NH_4Cl 等，以及不挥发性无机酸、无机碱如 H_2SO_4、NaOH 等。能使水溶液表面张力下降的溶质一般分为两种，一种是醇、醛、酸、酯等可溶性有机化合物，溶液表面张力随这类溶质浓度变化的趋势见图 10-18 中曲线 II；另一种是硬脂酸钠、烷基苯磺酸盐等 10 个碳原子以上的烷基醇、酸、酰胺、酯及其碱金属盐，在水中加入少量这类物质，就能使溶液的表面张力急剧下降，但降低到一定程度之后，变化又趋于平缓，见图 10-18 中曲线 III。

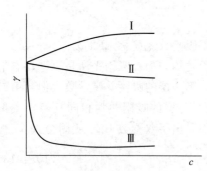

图 10-18　表面张力与浓度关系

纯液体一般用缩小表面积的方法来降低系统的表面吉布斯函数值，表面不能缩小的固体则以吸附气体分子的方法来降低表面吉布斯函数值，而溶液系统，由于它的表面张力与表面层的组成有着密切的关系，因此溶液系统可通过自动调节不同组分在表面层中的量来降低表面吉布斯函数，使系统趋于稳定。若加入的溶质能够降低溶液的表面张力，则该溶质力图浓集在表面上使系统表面吉布斯函数降低；反之，当加入溶质使系统的表面张力升高，则它在表面层中的浓度一定低于溶液的内部。但是，与此同时，由于内、外浓度差引起的扩散，则趋向于使溶液中各部分的浓度均一，在这两种相反过程达到平衡时，溶液表面层的组成与本体溶液的组成不同，这种现象称为在溶液表面层发生了吸附作用。溶质在表面层的浓度大于本体浓度，称为"正吸附"；溶质在表面层的浓度小于本体浓度，称为"负吸附"。显然，前面三种水溶液的溶质，第 I 类将发生负吸附，而第 II、III 类则会发生正吸附。

一般将凡是能使溶液表面张力增加的物质，称为表面惰性物质；凡是能使溶液表面张力降低的物质，都应称为表面活性物质。但习惯上，只把那些溶入少量就能显著降低水溶液表面张力的物质称为表面活性物质或表面活性剂。

10-10

10.5.2　吉布斯吸附等温式

不论是表面活性物质还是表面惰性物质，均会在表面上发生吸附作用，用"表面过剩"或"溶质的表面吸附量"来定量描述这种吸附现象，它与溶液表面张力随浓度的变化率 $\mathrm{d}\gamma/\mathrm{d}c$ 之间的关系，服从于著名的吉布斯吸附等温式。

$$\Gamma_2 = -\frac{c_2}{RT}\left(\frac{\partial\gamma}{\partial c_2}\right)_T \tag{10.5.1}$$

Γ 是溶质在表面层中的吸附量，定义为单位面积的表面层中所含溶质的物质的量比同量溶剂在本体溶液中所含溶质的物质的量的超出值。单位为 $\mathrm{mol\cdot m^{-2}}$。c 是溶液的本体浓度，γ 是溶液的表面张力，T 为热力学温度，R 是摩尔气体常数。

由吉布斯吸附等温式可知，在某温度下表面吸附量 Γ 与溶液的本体浓度成正比，当 $\mathrm{d}\gamma/\mathrm{d}c<0$，即增加该溶质的浓度使溶液的表面张力降低，则 Γ 为正值，发生正吸附，该溶质在表面层中的浓度大于本体溶液，表面活性物质就是属于这种情况；当 $\mathrm{d}\gamma/\mathrm{d}c>0$，即增加此溶质的浓度使溶液的表面张力升高，则 Γ 为负值，发生负吸附，该溶质在表面层中的浓度小于本体溶液，表面惰性物质则是属于这种情况。

例题 10.5.1　21.5℃时，测得 β-苯丙基酸（B）水溶液的表面张力 γ 和浓度 c_B 的数据如下，试求当浓度 c_B 为 $0.01\mathrm{mol\cdot kg^{-1}}$ 时溶质的表面吸附量。

$c_B/(\times10^{-3}\mathrm{mol\cdot kg^{-1}})$	3.347	6.404	0.993	11.66	15.66	19.99	27.40	40.81
$\gamma/(\times10^{-3}\mathrm{N\cdot m^{-1}})$	69.00	66.49	63.63	61.32	59.25	56.14	52.46	47.24

解：作 γ 对 c_B 曲线（见图 10-19）。当 $c_B=0.01\mathrm{mol\cdot kg^{-1}}$ 时，作曲线上该点的切线，由切线的斜率得

$$\frac{\mathrm{d}\gamma}{\mathrm{d}c}=\frac{(70.4-45)\mathrm{N\cdot m^{-1}}}{-33.2\mathrm{mol\cdot kg^{-1}}}=-0.765\mathrm{N\cdot m^{-1}\cdot kg\cdot mol^{-1}}$$

$$\Gamma=-\frac{c}{RT}\times\frac{\mathrm{d}\gamma}{\mathrm{d}c}=-\frac{0.01\times(-0.765)}{8.314\times294.5}\mathrm{mol\cdot m^{-2}}$$

$$=3.12\times10^{-6}\mathrm{mol\cdot m^{-2}}$$

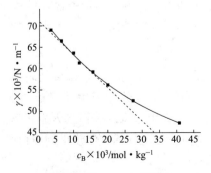

图 10-19　γ-c_B 曲线

10.5.3　表面活性剂

在生产和生活中应用最为广泛的溶剂是水，因此一般不加说明的表面活性剂是指那些能显著降低水的表面吉布斯函数值的物质。这些物质被广泛地应用于石油、纺织、医药、食品、民用洗涤等各个领域，是最为重要的表面活性剂。

10.5.3.1　表面活性剂的分类及结构特点

表面活性剂分子是由亲水的极性基团（如—COOH、—CONH$_2$、—OSO$_3$、—OH 等）和憎水的非极性基团所组成的有机化合物（如图 10-20 所示）。若亲水的极性基团溶于水时能解离成离子的表面活性剂，称为离子型表面活性剂；而在水中不发生极性基团解离的叫做非离子型表面活性剂。离子型表面活性剂还可按生成的活性基团是阳离子或阴离子再进行分类，具体的分类和举例见表 10-4。

长链亲油基团　　　　亲水基团

图 10-20　表面活性剂的结构示意图

表 10-4　表面活性剂的分类和举例

分类	一般式	名称	举例
阴离子型表面活性剂	R—COONa R—OSO$_3$Na R—C$_6$H$_4$—SO$_3$Na R—OPO$_3$Na	羧酸盐 硫酸酯盐 磺酸盐 磷酸酯盐	肥皂 高级醇硫酸酯盐 十二烷基苯磺酸钠 高级醇磷酸酯盐
阳离子型表面活性剂	R—NH$_2$HCl R(CH$_3$)NH·HCl R(CH$_3$)$_2$N·HCl R—N$^+$(CH$_3$)$_2$—CH$_3$Cl$^-$	伯胺盐 仲胺盐 叔胺盐 季铵盐	高级脂肪胺盐 — 十二烷基二甲基叔胺·盐酸盐 十二烷基三甲基氯化铵
两性表面活性剂	R—NHCH$_2$—CH$_2$COOH R—N$^+$(CH$_3$)$_2$—CH$_2$COO$^-$	氨基酸型 甜菜碱型	十二烷基氨基丙酸钠 十二烷基二甲基甜菜碱
非离子型表面活性剂	R—O—(CH$_2$CH$_2$O)$_{12}$H R—COOCH$_2$C(CH$_2$OH)$_3$	聚氧乙烯型 多元醇型	C$_{12}$H$_{25}$O—(CH$_2$CH$_2$O)$_n$H 失水山梨醇油酸酯

10-11

由离子型表面活性剂的结构特点可知，若某表面活性剂是阴离子型的，就不能与阳离子型的混合使用，否则将发生沉淀而得不到应有的效果。

非离子型表面活性剂的结构中含有羟基和醚键，因其在水中不解离，所以必须有多个这样的基团结合，才能增加它在水中的溶解度。

10.5.3.2　表面活性物质的作用机理

由于表面活性剂的两亲性质，当它溶于水时，将会吸附在水的表面上，并采取亲水的极性基团指向水、憎水的非极性基团指向空气的表面定向排列（图 10-21），使空气和水的接触面减小，从而引起水的表面张力显著降低。

在一定的温度下达吸附平衡时，以不同体相浓度下的表面吸附量对体相浓度作图，可得曲线如图 10-22 所示。

可见，溶液中的吸附等温线与气固吸附中的第一类吸附等温线（图 10-13 所示）十分相

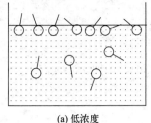 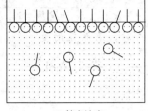 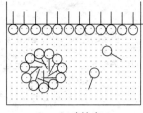

(a) 低浓度　　　　　　　　(b) 较高浓度　　　　　　　(c) 高浓度

图 10-21　表面活性剂溶液浓度和分子在溶液中的状态

似，因此可用朗缪尔单分子层吸附的经验公式来描述，即

$$\Gamma = \Gamma_\infty \frac{kc}{1+kc} \tag{10.5.2}$$

式中，k 为经验常数，k 的取值与溶质的表面活性强弱有关。

从式(10.5.2) 及图 10-22 均可看出，当表面活性剂的浓度很小，$kc \ll 1$ 时，吸附量 Γ 与浓度 c 呈直线关系；当浓度增加时，吸附量 Γ 与浓度 c 呈曲线关系；当浓度足够大，$kc \gg 1$ 时，$\Gamma = \Gamma_\infty$，吸附量与浓度无关。再增加溶液的浓度，吸附量不发生变化，说明该溶液的表面吸附已达饱和，所以称 Γ_∞ 为饱和吸附量，单位为 $\text{mol} \cdot \text{m}^{-2}$。由于此时表面层浓度 $\gg$ 本体浓度，Γ_∞ 亦可近似视作单位表面积上溶质的物质的量。

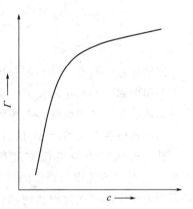

图 10-22　溶液吸附等温线

可以想象在表面吸附达饱和时水与空气界面上的情形，此时的溶质分子必是以亲水基团指向水、憎水基团指向空气的定向排列方式布满水的整个表面，形成单分子层吸附，如图 10-21(c) 所示。

根据这种假设，若能求得饱和吸附量 Γ_∞，即可近似计算每个表面活性剂分子的截面积，即

$$a_s = \frac{1}{\Gamma_\infty L} \tag{10.5.3}$$

式中，L 为阿伏加德罗常数。

例题 10.5.2　19℃时丁酸水溶液的表面张力可以表示为 $\gamma = \gamma_0 - a\ln(1+bc)$，其中 γ_0 为纯水的表面张力，a、b 为常数。

(1) 试求该溶液中丁酸的表面吸附量 Γ 和浓度 c 的关系式；

(2) 若已知 $a = 13.1 \times 10^{-3} \text{N} \cdot \text{m}^{-1}$，$b = 19.62 \text{dm}^3 \cdot \text{mol}^{-1}$，试计算浓度 $c = 0.2 \text{mol} \cdot \text{dm}^{-3}$ 时的吸附量 Γ；

(3) 当浓度达到 $bc \gg 1$ 时，计算 Γ 值，设此时表面层上丁酸成单分子层吸附，试求液面上丁酸分子的截面积。

解：(1) 将式 $\gamma = \gamma_0 - a\ln(1+bc)$ 两边对 c 求导，得

$$\frac{\mathrm{d}\gamma}{\mathrm{d}c} = -a\frac{\mathrm{d}\ln(1+bc)}{\mathrm{d}c} = -\frac{ab}{1+bc}$$

代入吉布斯吸附等温式，得

$$\Gamma = -\frac{c}{RT} \times \frac{d\gamma}{dc} = \frac{c}{RT} \times \frac{ab}{1+bc}$$

（2）当浓度 $c = 0.2\,\text{mol} \cdot \text{dm}^{-3}$ 时，表面吸附量

$$\Gamma = \frac{0.2 \times 13.1 \times 10^{-3} \times 19.62}{8.314 \times 292.2 \times (1 + 19.62 \times 0.2)}\,\text{mol} \cdot \text{m}^{-2} = 4.30 \times 10^{-6}\,\text{mol} \cdot \text{m}^{-2}$$

（3）当 $bc \gg 1$ 时，$1 + bc \approx bc$，则

$$\Gamma = \frac{c}{RT} \times \frac{ab}{bc} = \frac{a}{RT}$$

此时表面吸附量与浓度 c 无关，即达饱和吸附：

$$\Gamma = \Gamma_\infty = \left(\frac{13.1 \times 10^{-3}}{8.314 \times 292.2}\right)\,\text{mol} \cdot \text{m}^{-2} = 5.39 \times 10^{-6}\,\text{mol} \cdot \text{m}^{-2}$$

液面上丁酸分子截面积为

$$a_s = \frac{1}{\Gamma_\infty L} = \left(\frac{1}{5.39 \times 10^{-6} \times 6.022 \times 10^{23}}\right)\,\text{m}^2 = 3.08 \times 10^{-19}\,\text{m}^2$$

10.5.3.3 胶束与液晶

溶液体相中的表面活性剂分子也会三三两两地以憎水基团互相靠拢，聚集在一起，形成憎水基团向里、亲水基团向外的聚集体，如图 10-21(c) 所示，这种多分子聚集体称为胶束。由于形成胶束，使表面活性剂中憎水的非极性基团包在胶束中，几乎完全脱离了与水分子的接触，因此胶束在水溶液中可以比较稳定地存在。

开始形成胶束的最低浓度称为临界胶束浓度（critical micelle concentration），简称CMC。这时溶液性质与通常的性质发生偏离，在表面张力对浓度绘制的曲线上会出现转折。因为当溶液中的表面吸附达饱和以后，液面上已形成了紧密、定向的单分子膜，这时若再增加表面活性物质的浓度，则只能增加体相中胶束的量。由于胶束是亲水性的，不具有表面活性，所以不能使溶液的表面张力降低。因此吸附达饱和以后，表面张力不再随表面活性剂浓度的增加而变化。

胶束可成球状、棒状或层状，如图 10-23 所示。通常，在简单的表面活性剂溶液中，浓度在临界胶束浓度附近形成的多为球状胶团。在浓度 10 倍于 CMC 或更大时，胶团形状趋于不对称，变为椭球状或棒状，这种构型使大量表面活性剂分子的碳氢链与水的接触面积缩小，具有更高的热力学稳定性。随着表面活性剂溶液的浓度不断增加，棒状胶束进一步聚集成束，可以形成巨大的层状胶束。继续增大浓度，即可形成表面活性剂液晶。

液晶（liquid crystal）又称为介晶相（mesophase），是通常所说的"软物质"的典型代表。其特点是兼有某些晶体和流体的物理性质，它一方面具有像液体一样的流动性和连续性，另一方面又具有像晶体一样的各向异性。由于表面活性剂分子间的强相互作用，使它保留着晶体的某种有序排列，而在这些胶束的缔合体之间还存在着流动的溶剂，通常是水。常

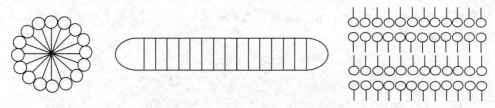

图 10-23 球状、棒状、层状胶束的形态

见的液晶相有三种：层状相、六方相和立方相。通过调节表面活性剂与溶剂的配比、温度、pH 等条件，可以设计和控制液晶的结构形态和内部微观区域的尺寸大小与取向。

10.5.3.4　表面活性剂的应用

表面活性剂的种类繁多，不同的表面活性剂具有不同的作用。概括地说，表面活性剂具有润湿、助磨、乳化、增溶、发泡、分散，以及防锈、杀菌、消除静电等作用。因此在许多生产、科研和日常生活中被广泛地使用。

（1）增溶作用　达到临界胶束浓度以后的表面活性剂溶液能使不溶或微溶于水的有机化合物的溶解度显著增加，这种现象称为增溶作用（solubilization）。例如，室温下苯在水中的溶解度为 0.07%，而在 10% 的油酸钠水溶液中的溶解度上升至 7%，溶解度增加了约 100 倍。这种溶解度明显升高的现象出现在 CMC 之后，可以推断，增溶作用和胶束的存在是密切相关的。

（2）润湿作用　液体能否润湿固体主要取决于固液界面张力的大小。表面活性剂分子能定向地吸附在固液界面上，降低固液界面张力，使接触角减小，改善润湿程度。

表面活性剂也能使润湿转变为不润湿。分子的极性基在固体表面上吸附，非极性基伸向水中，原来与水润湿的固体表面变为不润湿。此过程称去润湿作用（revers wetting action）或憎水化（hydrophobing action）。

（3）洗涤作用　利用表面活性剂去除污垢的洗涤作用是一个更为复杂的过程，它与润湿、起泡、增溶和乳化作用都有关系。

污垢一般由油脂和灰尘等组成，去污过程可看成是将带有污垢的固体浸入水中。加入洗涤剂后，洗涤剂的憎水基团吸附在污垢和固体表面，从而降低了污垢与水以及固体与水之间的界面张力 $\gamma_{D\text{-}W}$、$\gamma_{S\text{-}W}$（D 表示污垢，S 表示固体、W 表示水），然后用机械搅拌方法使污垢从固体表面脱落。脱落下来的污垢被包裹在洗涤剂胶束内，悬浮在溶液中，使之能以分散形式稳定存在。同时洗涤剂分子也在洁净的固体表面形成吸附膜。两者均可防止污垢重新在固体表面上沉积，以达到有效去除污垢的效果。

10.5.3.5　表面活性剂液晶在材料合成领域的应用

表面活性剂液晶已在石油开采、催化、有机合成等方面取得了广泛的应用，特别是以液晶为模板制备纳米和介孔材料，在 20 世纪末被称为材料学界最激动人心的发现。最早在 1992 年，美国 Mobil 石油公司的研究人员使用季铵盐阳离子型表面活性剂液晶模板利用水热法合成了直径为 1.5～10nm 的新型介孔二氧化硅和硅酸铝分子筛，突破了传统分子筛（通常为微孔）的孔径范围，而且孔的大小可以通过改变表面活性剂的烷烃链长或添加适当溶剂来加以控制。这一突破性的进展在材料领域具有非常重要的意义，目前介孔材料的液晶模板合成已得到了广泛而深入的研究，不论从合成条件、研究对象，还是作为模板的表面活性剂类型都大大地扩展了，并得到了各种具有等级结构的介孔材料。

除了用作介孔材料的合成模板外，表面活性剂液晶也被用作制备纳米粒子的载体，由于表面活性剂液晶存在着极性和非极性两类微区，可将油溶性和水溶性的纳米粒子分别引入液晶体系，以得到具有特殊性质的无机-有机杂化材料。

用表面活性剂液晶作模板合成的纳米和介孔材料具有反应条件温和、过程有较好的可控性、材料的结构可事先设计等诸多优点，因此，是非常有发展前途的研究领域。

Ⅱ. 胶体系统

1861 年英国科学家格雷厄姆（Graham）第一次提出了"胶体"的概念，他根据各种物质在水中的扩散速度将它们区分为两类：易扩散的，如蔗糖、氯化钠以及其他无机盐类；难扩散的，如氢氧化铁、蛋白质及其他大分子化合物。在溶液中，前一类物质能通过半透膜，而后一类物质则不能。蒸去水分后，前一类物质析出晶体，而后一类物质则得到胶状物。因此，他认为物质可分为晶体与胶体两类，并认为晶体的溶液是真溶液，而胶体的溶液为胶体溶液，或称为溶胶。

之后大量的实验结果表明，晶体和胶体并不是不同的两类物质，同一种物质可在一种介质中形成真溶液，而在另外的介质中形成溶胶。例如典型的晶体物质氯化钠在水中形成真溶液，在苯中却可以形成溶胶。另外，许多表现胶体性质的物质也可以制成晶体。由此人们进一步认识到所谓溶胶只是物质以一定分散程度存在于介质中的一种状态，例如，金溶胶就是许多金原子组成的粒子分散在水中所形成的。但在当时要证明这一点是有困难的，因为用滤纸无论如何也不能将这些粒子分离出来，即使用当时最大倍数的显微镜也看不到这些粒子。直到 1903 年发明了超显微镜，才第一次成功地观察到了溶胶粒子的运动，这种看法才被确信无疑。

第 6 节　胶体分散系统的分类及基本特征

10.6.1　胶体的概念及分类

一种或几种物质分散在另一种物质中形成的系统，称为分散系统。分散系统可以根据被分散物质粒子的大小分为粗分散系统、胶体分散系统和分子分散系统。胶体分散系统是指被分散物质粒子在某个方向上的线度介于 $10^{-9} \sim 10^{-7}$ m 的分散系统；分子分散的真溶液系统，分散物质粒子的线度一般小于 10^{-9} m，例如乙醇、氯化钠的水溶液等；至于粗分散系统，则是分散物质粒子的线度大于 10^{-7} m 的分散系统，如乳状液、悬浊液等。

根据被分散物质粒子的大小可以看出，除了分子分散的真溶液外，在胶体和粗分散系统中，每个分散物质粒子都是由许多分子、原子或离子形成的聚集体。分散物质粒子与介质之间存在着很大的相界面，因此通常将被分散的物质称为分散相，而呈连续分布的另一种物质称为分散介质。

胶体分散系统可以按照分散相与分散介质的聚集状态不同进行分类，一般将分散介质为液体的胶体称为液溶胶，分散介质为气体的称为气溶胶，分散介质为固体的称为固溶胶（见表 10-5）。其中，液溶胶是本章讨论的重点。

表 10-5　胶体的分类

名称	分散相	实例
液溶胶	气体 液体 固体	泡沫 牛奶、石油原油 油漆、溶胶、泥浆

名称	分散相	实例
固溶胶	气体	泡沫塑料、沸石
	液体	珍珠、某些宝石
	固体	有色玻璃、不完全互溶的合金
气溶胶	液体	雾、云
	固体	烟、含尘的空气

10.6.2　憎液溶胶与大分子溶液

憎液溶胶通常是指半径在 $1\sim100nm$ 的难溶物固体粒子分散在液体介质中形成的系统，这种系统与介质之间有明显的相界面。因为粒子小，比表面积大，表面自由能高，有自发降低表面自由能的趋势，极易被破坏而聚沉，聚沉之后往往不能恢复原态，因此憎液溶胶是一个热力学上不稳定、不可逆的系统。

亲液溶胶是指大分子溶液，尽管质点半径也在 $1\sim100nm$，其分子的大小已经达到胶体的范围，并且具有胶体的一些特性（如扩散慢、不透过半透膜等），但却是单相系统。将介质蒸发掉，再加入介质仍可以形成溶液。因此，亲液溶胶是热力学上的稳定系统。

近几十年来，高分子化合物的研究已经逐渐形成一门独立的学科，溶胶所研究的主要就是以高度分散的多相性和热力学不稳定性为主要特点的那一类胶体分散系统。

第 7 节　溶胶的光学性质

10-12

10.7.1　丁达尔效应

在暗室中，让一束光线通过完全透明的溶胶，在与光束垂直方向上可以观察到一个光柱，仔细观察还可发现内有微粒闪烁，换用纯水或盐溶液就看不到这种现象。此现象是英国物理学家丁达尔（Tyndall）于 1869 年首先发现的，因此称为丁达尔效应，如图 10-24 所示。

由光学原理得知，当光线射入某个分散系统时，可能发生两种情况：若分散相粒子大于入射光的波长，则将发生光的反射或折射，粗分散系属于这种情况；若分散相的粒子小于入射光的波长，则主要发生光的散射。可见光的波长在 $400\sim760nm$ 的范围，大于一般胶体粒子的线度（$10^{-9}\sim10^{-7}m$），因此当可见光束投射于

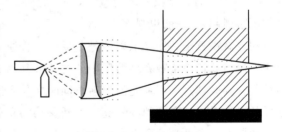

图 10-24　丁达尔效应

胶体系统时，发生光的散射现象。这种散射光又称乳光，通过对胶体系统这种光学性质的研究，可以向我们提供有关胶体粒子的大小、形状及运动规律的信息。

10.7.2　瑞利公式

1871 年，瑞利（Rayleigh）用电磁理论讨论光的散射，推导出当粒子的尺寸远小于入射

光的波长，粒子间距离较远，可忽略各个粒子散射光的相互干涉作用时，对非导电的球形粒子，单位体积液溶胶的散射光强度 I 可由下列方程定量：

$$I = \frac{9\pi^2 V^2 c}{2\lambda^4 l^2}\left(\frac{n^2 - n_0^2}{n^2 + n_0^2}\right)(1 + \cos^2\alpha)I_0 \tag{10.7.1}$$

式中，I_0、λ 分别为入射光的强度和波长；V 是单个分散相粒子的体积；c 为单位体积中粒子的数目；n 及 n_0 分别为分散相及分散介质的折射率；α 是散射角（指观察者与入射方向间的夹角），当观察者在与入射光垂直的方向，则 $\alpha = 90°$，$\cos\alpha = 0$；l 为观察者与散射中心的距离。

由式（10.7.1）可得出以下结论：

（1）散射光的强度与入射光波长的四次方成反比，故入射光的波长愈短，散射愈强。如果照射到粒子上的是白光，则其中蓝光和紫光将发生较大的散射作用，故用白光照射溶胶，从侧面看到的散射光呈淡蓝色，正面看到的透射光呈橙红色，这是由于短波长的光已被散射掉了的缘故。

（2）散射光强度与粒子的体积平方成正比，即与系统的分散度有关。粗分散的悬浮液粒子线度大于可见光的波长，故没有散射光（或称乳光），只有反射光；真溶液中粒子线度远远小于可见光的波长，应当有乳光，但由于粒子太小，乳光很微弱，不易观察到；只有溶胶才有明显的乳光产生，因此可用是否产生乳光来鉴别分散系统的类别。

（3）散射光的强度随粒子浓度增大而增强。溶胶的乳光强度又称浊度，利用浊度与溶胶数浓度的关系可以制成一种测定溶胶浓度的仪器，称为浊度计。浊度计是在入射光的波长、强度及其他条件固定不变的情况下，测定两个分散度相同而浓度不同的溶胶的乳光强度，根据式（10.7.1）及上述条件，应有乳光强度之比等于溶胶数浓度比，即

$$\frac{I_1}{I_2} = \frac{c_1}{c_2} \tag{10.7.2}$$

当其中一个溶胶的浓度为已知时，另一个的浓度可求。

（4）散射光强度与粒子和介质的折射率之差有关。这种差别越大，粒子的光散射也越强，当 $n = n_0$ 时，则没有散射发生，所以纯液体或纯气体的光散射是十分微弱的（因为密度的涨落引起），一般也观察不到。

超显微镜就是利用光散射原理制成的。普通显微镜只能看到大于 2×10^{-7}m 的粒子，所以用普通显微镜无法观察到溶胶中的粒子。利用丁达尔效应设计出来的超显微镜，与普通显微镜的主要区别是采用强光源照射，同时在与入射光垂直的方向及黑暗视野的条件下观察，这样就可以看到一个个闪闪发亮、不断移动的光点。这些发光点并不是胶体粒子本身，而是粒子所散射的可见光，可以说，看到的只不过是胶体粒子的模糊的"影子"。这个影像要比胶体粒子本身大数倍，因此不可能根据这些光点来辨别胶体粒子的大小和形状，但可以用它来估计胶体粒子的大小和推测其形状。

现在，已可使用电子显微镜来直接观察溶胶中的粒子了，电子显微镜是利用波长比可见光波长短得多（约十万分之一）的电子流作为"光源"的，因此与超显微镜仅能观察到胶体粒子的散射光完全不同，用电子显微镜所观察到的已是胶体粒子的实像，因此，可以准确地辨明粒子的大小和形状。

第 8 节 　溶胶的动力性质

10.8.1 　布朗运动

1872 年植物学家布朗（Brown）用显微镜观察到悬浮在水面上的花粉颗粒不断地做着无规则的运动。以后又发现其他物质，如矿石、金属等物质的粉末也有同样的现象。这种现象是布朗首先发现的，故称为布朗运动。

1903 年，超显微镜的发明，为布朗运动的研究提供了条件。用超显微镜观察溶胶，可以发现胶体粒子在介质中也是一刻不停地进行着无规则的运动，即布朗运动（见图 10-25）。粒子愈小，运动愈激烈，运动的激烈程度不随时间而改变，但随温度的升高而增加。

布朗运动的本质仍是分子热运动的一种表现，是不断进行热运动的液态介质分子对分散相粒子冲击的结果。对粗分散系中的悬浮体，由于颗粒体积较大，每一瞬间都会受到各个方向上来的几百万次的撞击。一则是因为不同方向上的撞击力大体可以互相抵消；二则是由于粒子质量较大，难以发生位移，所以观察不到布朗运动。而对于胶体分散程度的粒子，每一时刻受到的介质分子的撞击次数要少得多，从不同方向上所受的撞击力往往不能互相抵消，由此产生的不平衡力使质量较小的胶体粒子不停地做无规则运动。

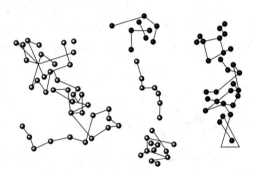

图 10-25 　布朗运动

1905 年，爱因斯坦利用分子运动论的一些基本概念和公式，并假设胶体粒子是球形的，推导出布朗运动的位移公式为：

$$\bar{x} = \left(\frac{RT}{L} \frac{t}{3\pi\eta r} \right)^{\frac{1}{2}} \tag{10.8.1}$$

式中，$\bar{x}$ 为在观察时间 t 内粒子沿 x 轴方向的平均位移；L、r 分别为阿伏加德罗常数和粒子的半径；η 是介质的黏度。

由式（10.8.1）可以看出，温度的升高和粒子半径变小都使平均位移增加，即布朗运动加剧；而介质的黏度变大，则使布朗运动减弱，平均位移减小。这些结论与超显微镜下观察到的胶体粒子的运动完全相符。

10.8.2 　扩散作用

扩散现象是物质粒子的热运动（或布朗运动）在有浓度梯度存在时发生的宏观上的定向迁移现象。溶胶有布朗运动，因此在有浓度差存在的情况下，也会发生由高浓度向低浓度的扩散。但与普通的真溶液相比，由于胶体粒子的质量和半径都比真溶液中分子的质量和半径大得多，因此胶体粒子的扩散速度相对要慢得多。尽管如此，胶体的扩散与真溶液中的分子一样也服从菲克（Fick）定律：

$$\frac{\mathrm{d}n}{\mathrm{d}t} = -DA\frac{\mathrm{d}c}{\mathrm{d}x} \tag{10.8.2}$$

即在一定温度下，单位时间内通过面积为 A 的截面的物质的量 dn/dt 与截面面积以及浓度梯度 dc/dx 成正比。比例常数 D 称为"扩散系数"，它代表单位浓度梯度时，通过单位截面积的扩散速度，D 的单位为 $m^2 \cdot s^{-1}$。

爱因斯坦曾经导出球形粒子扩散系数 D 的表达式为

$$D = \frac{RT}{L} \frac{1}{6\pi\eta r} \tag{10.8.3}$$

对比式(10.8.1)，可得

$$\overline{x}^2 = \frac{RTt}{L\,3\pi\eta r} = \frac{RT}{6L\pi\eta r} \times 2t = 2tD$$

或

$$D = \frac{\overline{x}^2}{2t} \tag{10.8.4}$$

式(10.8.4) 为爱因斯坦-布朗位移方程。该式将扩散系数 D 与胶体粒子进行布朗运动的平均位移 $\overline{x}$ 联系起来，如测得了 $\overline{x}$，可求出扩散系数 D 及胶体粒子半径 r。若已知粒子的密度，结合式(10.8.3) 还可求出胶体粒子的摩尔质量 M：

$$M = \frac{4}{3}\pi r^3 \rho L = \frac{\rho}{162(L\pi)^2}\left(\frac{RT}{\eta D}\right)^3 \tag{10.8.5}$$

10.8.3　沉降和沉降平衡

多相分散系统中的分散相粒子，因受重力作用而下沉的过程，称为沉降。沉降现象常常在粗分散系统中可以看到，比如泥沙与水形成的悬浮液，静置一段时间后，由于重力的作用泥沙逐渐地沉降下来。但是对于分子分散的真溶液，却观察不到这种现象，这是由于分散物质粒子在介质中除了受到重力场的作用下沉以外，还会由于受到热运动引起的扩散作用而使粒子在介质中分布均匀。这种沉降与扩散是两种效果相反的效应。对于一般真溶液，扩散作用占绝对优势，因此观察不到沉降现象；而对于粗分散系统，沉降起主导作用，所以大部分粒子均能沉到容器底部。我们讨论的胶体系统，粒子在介质中同样会受到上述两种作用的影响，当重力作用下的沉降与浓度差作用下扩散的影响达成平衡时，粒子的分布随高度形成一浓度梯度，并且不随时间变化，这种状态，称为"沉降系数"。

达到沉降平衡后，溶胶浓度随高度的分布，如图 10-26 所示，可用高度分布公式来表示

$$RT\ln\frac{N_2}{N_1} = -\frac{4}{3}\pi r^3\left[\rho(\text{粒子}) - \rho(\text{介质})\right]gL(x_2 - x_1) \tag{10.8.6}$$

图 10-26　沉降平衡

式中，N_2、N_1 是高度为 x_2 和 x_1 处单位体积内的粒子数；g 为重力加速度；L 是阿伏加德罗常数；r 是粒子半径；$\rho(\text{粒子})$、$\rho(\text{介质})$ 分别为粒子与介质的密度。

由式(10.8.6) 可见，粒子半径 r 越大、分散相与分散介质的密度差别越大，达到沉降平衡时粒子的浓度梯度也越大；反之，粒子越小、温度越高，则扩散作用越强，浓度梯度越小。

威斯特格林（Westgren）曾用超显微镜观察金溶胶达到沉降平衡时在不同高度处粒子的数目，然后用式(10.8.6) 计算阿伏加德罗常数 L，所得结果为 6.05×10^{23}，与正确值 6.022×10^{23} 很接近，证明了该式的正确。

第9节　溶胶的电学性质

胶体是热力学上不稳定的系统，由于其高分散性，具有较大的界面吉布斯能量。因此，具有自发地聚集变大而使分散度减小，从而降低界面吉布斯能量达到稳定的趋势。但是，事实上不少胶体系统都能长时间稳定，可以存放几年甚至几十年都不聚沉。使胶体稳定存在的因素除了胶体粒子的布朗运动以外，最主要的是由于胶体粒子带电。

胶体粒子带电的最好证明是胶体系统的电动现象，所谓电动现象是指在外电场的作用下，固、液两相可发生相对运动；或者在外力的作用下，迫使固、液两相发生相对移动时，又可产生电势差。具体包括电泳、电渗、流动电势和沉降电势等。

10-14

10.9.1　电泳与电渗

在外电场作用下，分散相粒子在分散介质中定向移动的现象，称为电泳。中性粒子在电场中不可能发生定向移动，所以溶胶的电泳现象说明胶体粒子是带电的。

观察电泳现象、测定溶胶的电泳速度的实验方法可分为两类：宏观法和微观法。宏观法的原理是观察溶胶与另一不含胶体粒子的导电液体的界面在电场中的移动速度；微观法则是直接观察单个胶体粒子在电场中的移动速度。对高分散的、浓度不太低的溶胶，不易观察个别粒子的运动，一般都采用宏观法。实验装置如图 10-27 所示。

如要测定 $Fe(OH)_3$ 溶胶的电泳速度，则在 U 形的测定管中先后小心地放入棕红色的 $Fe(OH)_3$ 溶胶及无色的 NaCl 溶液，使溶胶与 NaCl 溶液之间有明显的界面。在 U 形管的两端各放一根电极，通入直流电到一定时间后，可见 $Fe(OH)_3$ 溶胶的棕红色界面在负极一侧上升，而在正极一侧则下降，这说明 $Fe(OH)_3$ 胶体粒子是带正电的。由于整个胶体系统是电中性的，所以胶体粒子带正电荷，介质必定带负电荷。

实验结果表明，在室温、外电场作用下，胶体粒子的运动速度与一般离子的运动速度属同一数量级（约 $10^{-6}\,m\cdot s^{-1}$），就说明胶体粒子所带的电荷量是相当大的，否则质量比离子大得多的胶体粒子不可能具有与一般离子相近的运动速度。

与电泳现象相反，设法使分散相不动而让分散介质在外加电场作用下，通过多孔膜或极细的毛细管做定向移动，把这种现象称为电渗。

图 10-28 是观测电渗现象的实验装置，将液体溶胶充满在具有多孔性的物质（如棉花、

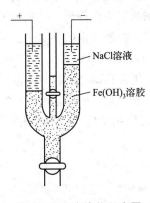

图 10-27　电泳仪示意图

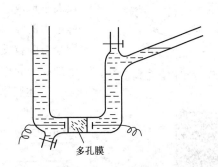

图 10-28　电渗测定装置

多孔性凝胶）中，使胶体粒子被吸附而固定，在多孔性物质两侧的电极上施加电压后，如果固体带正电荷而液体带负电荷，则液体向正极所在一侧移动，反之亦然。观察毛细管中液面的移动，可以清楚地分辨出介质移动的方向。

电泳和电渗是带电的胶体粒子和分散介质在外电场作用下的运动。与上述两种过程相反，当分散相粒子在重力场或离心力场的作用下迅速移动，则会在移动方向的两端产生电势差，称为沉降电势，这是电泳现象的逆过程。在外力的作用下，迫使分散介质通过多孔膜（或毛细管）定向流动，在多孔膜两端也会产生电势差，称为流动电势，此即电渗现象的逆过程。上述四种现象均为电动现象，是胶体粒子带电的证明。

10.9.2　胶团的结构

胶体粒子带电的原因主要有两种：一种是电离，另一种是离子吸附。电离是当分散相固体与液体接触时，固体表面分子发生电离，一种离子进入液相，另一种留在固体表面而使粒子带电。吸附是指胶体粒子在电解质溶液中选择性吸附溶液中的离子以降低自身的表面吉布斯函数值，从而使胶体系统趋于稳定。当吸附了正离子时，胶体粒子带正电荷，吸附了负离子则带负电荷。胶体粒子表面上究竟吸附哪一类离子，取决于胶体存在的条件。在一般情况下，胶体粒子总是优先吸附那些与它组成相同的离子。例如，用 $AgNO_3$ 和 KI 制备 AgI 溶胶时，溶液中存在 Ag^+ 和 I^- 都是 AgI 胶粒的组成离子，因而都能吸附在 AgI 固体的表面。如果形成胶体时 KI 过量，则吸附 I^- 而带负电荷；反之，当 $AgNO_3$ 过量时，则吸附 Ag^+ 而带正电荷。而溶液中的 K^+ 或 NO^- 都不能直接吸附在胶体粒子表面上。

胶体粒子选择性吸附了溶液中与自身组成相同的离子，形成了带电粒子，而整个溶胶系统是电中性的，故分散介质中必然带有等量的相反电荷的离子。由于静电引力的作用，介质中的反离子将会聚集到带电粒子的周围，在粒子表面形成一种双电层结构。

仍以 AgI 胶体为例，形成带电粒子的结构，如图 10-29 所示。在最内层是吸附了 I^- 的固体 AgI 晶体，通常称为胶核。I^- 离子层的外面是带有相反电荷的 K^+，称为反离子，它们一方面受带负电荷胶核的吸引，有靠近胶核的趋势；另一方面由于本身的热运动，有远离胶核，扩散到溶液中去的趋势。两方面作用的结果是，总有部分反离子较紧密地束缚在胶核周围，形成一层紧密层，紧密层中的这部分反离子与胶核一起组成了胶粒（如图 10-29 中第二圈内的部分）。还有一部分反离子则由于热运动而松散地分布在胶粒周围，离子的浓度随着与胶粒表面间距离的增大而降低，直到为零。这部分反离子形成了一个扩散层，扩散层中的反离子虽受胶体粒子静电力的吸引，但仍可以脱离胶体而移动，若处于电场中，则会与胶粒反向而朝另一电极移动。胶粒与扩散层中的反离子加在一起称为胶团，可见，整个胶团是电中性的。

上述胶团的结构还可以用结构式的形式表示为

图 10-29　AgI 胶团结构示意图

10-15

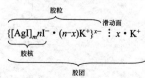

其中 m 为胶核中 AgI 的数目，此值一般很大；n 为胶核所吸附的离子数，n 的数值比 m 小得多；$(n-x)$ 是包含在紧密层中的反离子的数目；x 为扩散层中的反离子数目。

同理，当 Ag^+ 过量时，形成的胶粒带正电荷。

二氧化硅溶胶则是常见的由于电离而使胶粒带电的例子。二氧化硅粒子与水接触时，粒子表面的 SiO_2 与水分子作用先生成 H_2SiO_3。它是弱电解质，可以解离出 H^+ 和 SiO_3^{2-}，由于正、负离子在介质中的扩散能力不一致，使 SiO_2 粒子形成带负电荷的胶核。如果 SiO_2 粒子表面水解生成的 SiO_3^{2-} 为 n 个，则反离子 H^+ 的总数为 $2n$ 个，其中 $2(n-x)$ 个在紧密层内，其余的 $2x$ 个分布在扩散层中。这种胶团结构可用下式表示：

$$\overbrace{\{\underbrace{[SiO_2]_m \, nSiO_3^{2-}}_{\text{胶核}} \cdot 2(x-n)H^+\}^{2x-} \cdot 2xH^+}^{\text{胶团}}$$
$$\underset{\text{胶粒}}{}$$

由于硅酸是一种弱酸，在吸附层内一部分 SiO_3^{2-} 和 H^+ 结合成 H_2SiO_3 分子，因此上式还可写成 $\{(SiO_2)_m \cdot y\,H_2SiO_3, x\,SiO_3^{2-}\}^{2x-} \cdot 2x\,H^+$ 的形式。

10.9.3　斯特恩扩散双电层与 ζ 电势

10-16

由胶团的结构可知，在分散介质中的胶体粒子周围与在电极-溶液界面结构相似，也会形成双电层。带电荷的固体（即胶核）表面与溶液本体之间具有电势差，这个电势差就是热力学电势 φ_0，它的值仅与吸附离子的本性及其在溶液中的浓度有关，与外加其他电解质关系不大。

溶液中反离子有一部分紧密地排在固体表面附近，相距约一、二个离子厚度，称为紧密层，后来又被称为斯特恩（Stern）层。由紧密层中反离子电性中心构成的平面称为斯特恩面，如图 10-30 所示。溶液中另一部分反离子按一定的浓度梯度扩散到本体溶液中，离子的分布可用玻耳兹曼公式表示，称为扩散层。

在电场力作用下，固、液两相发生相对移动时，由于离子的溶剂化作用，紧密层会结合一定数量的溶剂分子一起移动，所以滑动面由比斯特恩层略右的曲线表示，如图 10-30 所示。在斯特恩模型中，带有溶剂化层的滑动面与溶液之间的电位差称为 ζ 电势。由于在紧密层中有部分反离子抵消固体表面所带电荷，故 ζ 电势的绝对值一般小于热力学电势的绝对值。

扩散层以内的反离子并非固定不动，而是存在进出的平衡。扩散层的厚度与溶液中电解质的浓度密切相关，外加电解质浓度变大时会使进入紧密层的反离子增加，从而使扩散层变薄，ζ 电势下降。如图 10-31 所示，当电解质浓度增加到一定程度（如图中 c_4 时），扩散层厚度可变为零，ζ 电势也等于零，这就是胶体电泳的速度会随着电解质浓度加大而变小，甚至变为零的原因。

研究电泳现象时还发现，当外加电解质中有高价反电荷离子时，胶粒会改变其电泳的方向，即 ζ 电势改变了符号。这是由于胶核表面对这些反离子

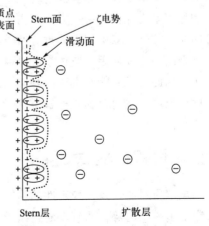

图 10-30　斯特恩双电层模型

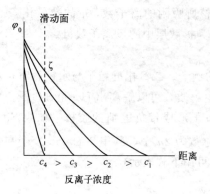

图 10-31 电解质浓度对 ζ 电势的影响

具有很强的吸附能力，从而吸附了较多的该种离子造成的。可见 ζ 电势的大小由被吸附离子与进入胶粒紧密层中的反离子的电荷之差来决定，当电动电势 ζ = 0 时，溶胶达到了等电状态，胶体的稳定性受到破坏，胶体极易发生聚沉。

ζ 电势可通过实验测定，由实验测得电泳或电渗的速度 u，u 与 ζ 的定量关系是：

$$\zeta = \frac{\eta u}{\varepsilon E} \qquad (10.9.1)$$

式中，ε 表示分散介质的介电常数；E 是单位距离的电势差（即电势梯度）；η 为分散介质的黏度。

例题 10.9.1 在两个充满 $0.001 mol \cdot dm^{-3}$ KCl 溶液的容器之间是一个 AgCl 多孔塞，塞中细孔充满了溶液，在两个容器中插入电极接以直流电，试问溶液将向何方移动？当以 $0.1 mol \cdot dm^{-3}$ KCl 溶液来代替 $0.001 mol \cdot dm^{-3}$ KCl 溶液时，加以相同的电压，液体的流动是加快还是变慢？如果以 $AgNO_3$ 来代替 KCl，则溶液又将如何流动？

解： 这是一个胶体的电渗实验，AgCl 多孔塞中加入 KCl 溶液，则 AgCl 将选择性吸附 Cl^- 而使分散介质带正电。插入电极接通直流电以后，带正电的液体将向负极移动。

当增加溶液中电解质 KCl 的浓度，会使进入多孔塞中 AgCl 微粒紧密层的 K^+ 增加，使扩散层变薄，ζ 电势下降。根据式(10.9.1)，在其他条件不变的情况下，电动速度 u 与 ζ 电势成正比，所以 ζ 电势下降，流体的流动必然变慢。

如果以 $AgNO_3$ 来代替 KCl，则 AgCl 微粒将选择性吸附正离子 Ag^+ 而带正电荷，并使液相带负电荷，所以在通电后，液体将向正极流动。

第 10 节　溶胶的稳定与聚沉

溶胶中的分散相微粒互相聚结、颗粒变大，进而发生沉淀的现象，称为聚沉。

溶胶由于它的高分散性，是热力学上的不稳定系统，分散相微粒之间有相互聚结以降低表面吉布斯函数值的趋势。这种聚结倾向表现为分散相粒子间的相互引力，这种引力在本质上和范德华力相同。另一方面，由于胶粒是带电的，胶粒表面存在着扩散双电层结构，当粒子间相互靠近，双电层部分重叠时，会产生静电斥力和渗透性斥力，这是溶胶稳定存在而不相互聚结的主要原因。胶体系统是稳定存在还是发生聚沉取决于斥力势能及引力势能的相对大小。因此，凡是能对上述两种倾向起作用的因素，均能影响到胶体系统的稳定，如溶胶的浓度、温度、辐射及加入电解质等。在此仅对电解质或大分子化合物对溶胶稳定性的影响进行介绍。

10.10.1　电解质的聚沉作用

电解质对胶体系统稳定性的影响是两方面的。一方面，少量电解质的加入，有助于胶粒带电，形成 ζ 电势，而且表面因离子的溶剂化又使胶粒外面包了一层水膜，以致在相互靠近时，受静电斥力和溶剂化膜的作用不易聚结，从而增加了胶体系统的稳定性。另一方面，在电解质浓度增大或反离子的价数较高时，则会大大压缩扩散层，使 ζ 电势下降。当 ζ 电势降至零时，胶粒处于等电状态，水化层很薄，很容易聚集而发生聚沉。有时，当高价反离子浓度过大，会使胶粒重新带有相反电荷，ζ 电势反号，使胶体系统重新趋于稳定。

为了比较各种电解质的聚沉能力，提出了聚沉值的概念，即使一定量的溶胶在一定的时间内发生明显聚沉所需电解质的最小浓度，称为该电解质的聚沉值。聚沉值的倒数为聚沉能力，即某电解质的聚沉能力愈强，则聚沉值愈小。

不同电解质聚沉能力的大小遵循以下两点经验规则。

(1) 电解质中能使溶胶发生聚沉的离子，是与胶粒所带电荷符号相反的离子。反离子的价数愈高，聚沉能力愈强。这叫哈迪-舒尔策（Hardy-Schulze）价数规则。一般电解质聚沉能力之比可近似地表示为反离子价数的 6 次方之比：

$$Me^+ : Me^{2+} : Me^{3+} = 1^6 : 2^6 : 3^6$$

例如，对 As_2S_3 负溶胶，以下 6 种电解质的聚沉值见表 10-6。

表 10-6 电解质对 As_2S_3 负溶胶的聚沉值

电解质	$AlCl_3$	$Ce(NO)_3$	$MgCl_2$	$CaCl_2$	KCl	NaCl
聚沉值	0.093	0.080	0.72	0.65	49.5	51.0

不同价态阳离子聚沉值之比

$$K^+ : Mg^{2+} : Al^{3+} = 49.5 : 0.72 : 0.093$$

则聚沉能力之比为

$$\frac{1}{49.5} : \frac{1}{0.72} : \frac{1}{0.093} = 1 : 70.1 : 532$$

(2) 相同价态离子的聚沉能力也不尽相同。例如不同的一价阳离子硝酸盐对负电性溶胶的聚沉能力可按如下顺序排列：

$$H^+ > Cs^+ > Rb^+ > NH_4^+ > K^+ > Na^+ > Li^+$$

而不同的阴离子钾盐对带正电溶胶的聚沉能力可按如下顺序排列：

$$F^- > Cl^- > Br^- > NO_3^- > I^-$$

同价离子聚沉能力的这种排列顺序称为感胶离子序。

10.10.2 大分子化合物的聚沉作用

大分子化合物对溶胶聚沉的影响具有两重性。一般大分子化合物如明胶、蛋白质、淀粉等都具有亲水性质。因此若在憎液溶胶中加入足够量的某些大分子化合物溶液，则由于大分子化合物吸附在憎液溶胶的胶粒表面上，增强了它对介质的亲和力，同时又防止了胶粒之间以及胶粒与电解质之间的直接接触，使溶胶稳定性大大增加，甚至加入电解质后也不会聚沉，这种作用称为大分子化合物对溶胶的保护作用，如图 10-32(b) 所示。

如果加入的大分子化合物少于保护憎液溶胶所必需的数量，则少量的大分子物质反而使溶胶更容易为电解质所聚沉，这种效应，称为大分子溶液的敏化

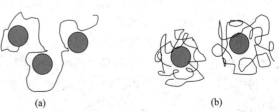

(a)   (b)

图 10-32 大分子化合物的聚沉和保护作用

作用或絮凝作用。大分子化合物产生敏化作用的原因主要是由于少量的大分子化合物不足以将所有的憎液胶粒包围，而是相反，多个憎液胶体的粒子同时吸附在一个长链大分子化合物上，在它周围联结起来，这个大分子起到了聚集溶胶粒子的桥梁作用，因而促进了聚沉的发生，如图 10-32(a) 所示。另外，由于大分子化合物对水有更强的亲和力，它的溶解与水化作用，促使胶体粒子脱水，失去水化膜。离子型的大分子化合物还可以中和溶胶粒子的表面电荷，使粒子间斥力势能降低。这些都是大分子化合物产生聚沉作用的原因。

生产和实验中有时要得到稳定的胶体，如为了制备某些高活性的催化剂，常常要使催化剂形成稳定的胶体，有时却不希望产生溶胶，因而要防止和破坏胶体的形成。例如，净化水时就需要破坏泥沙形成的溶胶，在稀有金属的生产过程中，往往要使各种杂质形成的胶体粒子发生聚沉而除去。了解了溶胶聚沉的规律，有助于我们根据实际需要，通过控制外界条件来达到使溶胶稳定存在或受到破坏而聚沉的目的。

例题 10.10.1 将等体积的 $0.008\text{mol} \cdot \text{dm}^{-3}$ KI 溶液和 $0.1\text{mol} \cdot \text{dm}^{-3}$ $AgNO_3$ 溶液混合得 AgI 溶胶，写出化学反应式及胶团的结构式，并指出胶粒电泳的方向。如果加入相同量的 $MgSO_4$ 和 $K_3Fe(CN)_6$，哪一种电解质更容易使此溶胶聚沉？

解：制备该溶胶的化学反应式为

$$AgNO_3 + KI \longrightarrow AgI(溶胶) + KNO_3$$

由题给条件知，制备 AgI 时 $AgNO_3$ 大大过量，所以胶体粒子必是吸附了 Ag^+ 而带正电荷，胶团结构式应为

$$\underbrace{\{\underbrace{[AgI]_m nAg^+}_{胶核} \cdot (n{-}x)NO_3^-\}^{x+}}_{胶粒} \overset{滑动面}{\vdots} xNO_3^-$$

$$\underbrace{}_{胶团}$$

该胶粒带正电荷，在电场中电泳的方向应向着负极。

由于使该溶胶聚沉的是阴离子，$MgSO_4$ 和 $K_3Fe(CN)_6$ 的阴离子价数分别为二和三，因此加入相同量的 $MgSO_4$ 和 $K_3Fe(CN)_6$，更容易使溶胶聚沉的应是 $K_3Fe(CN)_6$。

第 11 节　溶胶的制备与净化

10.11.1　溶胶的制备

从前面的讨论可以看到，要制得稳定的溶胶必须做到两条：一是分散相以胶体分散度分散于介质之中；二是有稳定剂存在，使分散系统稳定下来。

从粒子的大小看，溶胶是介于粗分散系统与分子分散的真溶液之间的多相分散系统，因此制备过程可以分为两大类：使整块的或粗分散的固体粉碎制得的分散法和由分子（或原子、离子）聚集而成的凝聚法。

使用分散法的具体方法主要有四种，分别为机械研磨、超声波振荡、电弧法和胶溶法；凝聚法主要有物理凝聚与化学凝聚两种。现主要介绍化学凝聚法。

利用可以生成不溶性物质的化学反应，控制析晶过程，使其停留在胶核尺度的阶段，而得到溶胶的方法，称为化学凝聚法。

贵金属的溶胶通常可以通过氧化还原反应来制备，例如金溶胶的制备反应：

$$2HAuCl_4(稀溶液)+3HCHO(少量)+11KOH \longrightarrow 2Au(溶胶)+3HCOOK+8KCl+8H_2O$$

控制好反应的条件，可使产物粒子的大小恰好在胶体范围之内。其中反应物浓度、介质的 pH，以及温度等都对能否形成溶胶有很大的影响，如控制得好，可以得到红色的金溶胶。

其次，利用复分解反应，生成过饱和的难溶物，也是化学凝聚法制备溶胶的一种常用的方法。例如在 As_2O_3 的饱和溶液中通入 H_2S，可形成带负电荷的黄色 As_2S_3 溶胶。反应为：

$$As_2O_3+3H_2O \longrightarrow 2H_3AsO_3$$
$$2H_3AsO_3+3H_2S \longrightarrow As_2S_3(溶胶)+6H_2O$$

另外，铁、铝、铬、铜、钒等金属的氢氧化物溶胶，可以通过其盐类的水解制得。以 $Fe(OH)_3$ 溶胶的制备过程为例，在不断搅拌的条件下，将 $FeCl_3$ 稀溶液滴入沸腾的水中，即可生成棕红色透明的 $Fe(OH)_3$ 溶胶。反应为：

$$FeCl_3+3H_2O \longrightarrow Fe(OH)_3(溶胶)+3HCl$$

其中过量的 $FeCl_3$ 可起到稳定剂的作用，$Fe(OH)_3$ 的微小晶体选择性吸附 Fe^{3+}，可形成带正电的胶体粒子。

晶体粒子的成长决定于两个因素：晶核生成速度和晶体生长速度。那些有利于晶核大量生成而减慢晶体生长速度的因素都有利于溶胶的形成。在难溶物的溶液中，晶核的生成速度与物质的过饱和度有关，较大的过饱和度和较低的温度都是有利于晶核生成的因素。

10.11.2　溶胶的净化

化学凝聚法制得的溶胶中均会有各种电解质分子或离子的杂质，而过量电解质的存在不利于溶胶的稳定，需要将它们除去，这一过程称为溶胶的净化。目前净化溶胶的方法都是利用了胶体粒子不能透过半透膜的性质，将它们与一般低分子杂质分离开来。

10.11.2.1　渗析法

把溶胶收在装有半透膜的容器内，膜外放纯溶剂，由于膜内外杂质的浓度有差别，膜内的电解质离子或其他杂质通过半透膜向外迁移，不断更换膜外溶剂，则可逐渐降低溶胶中电解质的浓度，这种方法叫做渗析。常用的半透膜有动物膀胱、羊皮纸、低氮硝化纤维膜等。为了加快渗析速度，可在半透膜两侧施加一电场，以提高电解质离子向膜外迁移的速度，这就是电渗析法。电渗析法比普通渗析法的速度可提高几十倍甚至更多。其装置见图 10-33。

10.11.2.2　超滤法

用半透膜代替滤纸，在加压或减压下使溶胶过滤，将胶体粒子与低分子杂质分开的过程，称为超滤法。这里半透膜的作用就像是一个可将胶体粒子与溶剂、杂质分开的过滤器，其中，分离速率在其他因素不变的情况下，主要取决于膜两边的压力差。若选择合适的半透膜，这种超滤法可用于各种各样的系统。

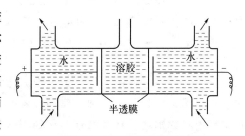

图 10-33　电渗析装置

第 12 节　乳状液

一种或几种液体以液珠形式分散于另一种互不相溶的液体中所形成的分散系统称为乳状液（emulsion）。常见的不相溶液体，一种是水，另一种为有机物，一般将有机物统称为油。

简单的乳状液通常分为两大类。习惯上将不连续以液珠形式存在的相称为内相，将连续存在的液相称为外相。内相为油，外相为水时叫水包油型乳状液，用 O/W 表示，如牛奶等，这种乳状液能用水稀释。而内相为水，外相为油的叫油包水型乳状液，用 W/O 表示，如油井中喷出的原油。

乳状液分散相的直径在 $10^{-7} \sim 10^{-4}$ m，从外观看，除极少数分散相和分散介质的折射率相同的情况外，一般都是乳白色、不透明的液体，属于粗分散系统。乳状液是热力学上不稳定的多相系统，存在巨大的相间界面，有自发向着聚结分层的方向变化的趋势，因此纯水和油混合不能形成稳定的乳状液，必须在体系中加入乳化剂（能分散于两相界面的物质，如表面活性剂），才能形成比较稳定的乳状液。

10.12.1　乳化与破乳

将水、油以及表面活性剂混合生成乳状液的过程，称为乳化。加入少量的表面活性剂能使乳状液稳定的主要原因如下：

（1）加入的表面活性剂吸附在分散相和分散介质的界面上，将亲水基朝着水，疏水基指向油相，大大地降低了两相间的界面张力。例如，煤油和水间的界面张力为 40mN·m^{-1}，加入适当的表面活性剂以后界面张力可降至 1mN·m^{-1} 以下。在界面面积不变的情况下，系统的表面吉布斯自由能降低了，稳定性也就增强了。

（2）若加入的是离子型表面活性剂，加入后在水中发生解离，当其吸附在两相界面上时，便使分散相液滴带电。例如，阴离子表面活性剂在界面上吸附时，对于 O/W 型乳状液，伸入水中的极性基团因解离而使液滴带负电，而阳离子表面活性剂使液滴带正电。W/O 型乳状液或由非离子型表面活性剂稳定的乳状液，其电荷主要是由于吸附极性物质和带电离子产生的，也可能是两相接触摩擦产生的，通常是介电常数较高的一相带正电荷。而水的介电常数一般均高于油，因此在 W/O 型乳状液中水滴常带正电荷。由于乳状液中的液滴带电，故在相互接近时彼此排斥，以阻止由于热运动而相互碰撞聚集，使乳状液稳定。

（3）在油-水系统中加入表面活性剂后，表面活性剂在降低界面张力的同时也在界面上发生吸附并形成界面膜，并且成膜时常呈现"大头"朝外、"小头"朝内的构型。采取这样的几何构型可使分散相液滴的表面积最小，表面吉布斯函数最低，也使界面膜中分子的排列更紧密，膜的强度增大。因此，当亲水基是"大头"时，应形成 O/W 型的乳状液；而疏水基是"大头"时则形成 W/O 型的乳状液。这种牢固的界面膜，对乳状液的稳定起着至关重要的作用。

在实际生产过程中，往往会遇到要使乳状液破坏的问题，例如，原油加工前必须将其中的乳化水尽可能除去，否则会腐蚀设备。将乳状液中的油和水彼此分离的过程，叫做破乳。凡是能消除或削弱乳状液稳定存在的因素均可起到破乳的作用。具体的物理化学方法有：以脂肪酸皂类作为乳化剂的乳状液，加入无机酸或高价金属离子的盐，使表面活性剂失活而破乳；某些碳氢链较短的表面活性剂能强烈吸附于界面，顶替原有的表面活性剂分子，但本身不能形成有强度的膜，以致破乳，常用的顶替剂有戊醇、辛醇、乙醚等；加入适当数量的起相反作用的乳化剂也可以起到破乳作用，如向 W/O 型的乳状液中加入 O/W 型的乳化剂；对于形成双电层而稳定的乳状液，加入电解质降低了分散相液滴的电动电势，使液滴聚沉，导致破乳。此外，还有一些物理的破乳方法如加热、离心分离、电泳法等。

10.12.2　微乳状液

微乳状液是一种由油、水、表面活性剂和表面活性助剂（如脂肪醇或脂肪胺）等组分在一定浓度范围内自发形成的透明或半透明的新型液-液分散系统，这种分散系统具有很高的界面面积、稳定的热力学性质及对难溶液体的强溶解性，被广泛地用在制药、食品、化妆品、涂料、润滑剂、环境治理、化学合成、纳米材料的制备、三次采油、化学分析等诸多领域，作为一门新兴技术成为人们研究的热点。

微乳状液中的分散相粒子很小，粒度为 $0.01\sim0.2\mu m$，而且研究发现液滴越小分散度越窄。一般乳状液的粒度分布较宽，即液滴大小非常悬殊。而用电子显微镜观察微乳状液时，则基本为同样大小的圆球。微乳状液很稳定，长时间放置也不分层和破乳。通常的乳状液由于表面活性剂的加入，可使油-水的界面张力从 $50\mathrm{mN\cdot m^{-1}}$ 降至几或十几 $\mathrm{mN\cdot m^{-1}}$，形成微乳状液时还要加入醇类等助剂，界面张力还可进一步降低，甚至达到 $10^{-6}\sim10^{-2}\mathrm{mN\cdot m^{-1}}$ 的超低界面张力的程度。因此关于微乳状液的形成机理等理论研究也是近年来胶体化学的热点课题。

W/O 型微乳状液通常可用来制备纳米材料：利用这样的微乳状液作为反应介质，在高度分散的微小水滴（通常称为水核）中反应生成的固体粒子，被水核的尺寸限制在纳米范围无法长大，而且沉淀过程相对容易控制，反应条件温和，因此是制备纳米材料的重要方法。例如，在制备纳米碳酸钙时，可将氢氧化钙的水溶液制成 W/O 型微乳状液中的水核，通入二氧化碳气体后，气体通过扩散进入水核并与氢氧化钙发生反应，得到大小均匀的纳米碳酸钙颗粒。

微乳状液除了有 O/W、W/O 两种结构类型以外，还存在着一种双连续相的结构，这种结构是由原处于分散相的油或水聚集形成了珠链网，并进一步组成连续相，油珠链网与水珠链网相互贯穿与缠绕，形成了油、水双连续相结构，它具有 O/W 和 W/O 两种结构的综合特性。研究发现，一些化学反应在双连续相的微乳状液中具有独特的反应性质。如一些有机反应发生在有机物和无机盐之间，它们在介质中的溶解度相差很大，而微乳状液则可成为二者的良好溶剂，溶解度的增大和相接触面的增加，都能使反应速率提高。另外，微乳介质的极性与水不同，常对具有一定电荷分布的反应过渡状态起到稳定作用，因而降低了反应的活化能，加快了反应速率。

 习　题

1. 1g 汞分散为直径 $d=0.1\mu m$ 的汞液滴，已知 20℃时汞的密度为 $13.6\mathrm{kg\cdot dm^{-3}}$，表面张力为 $486\mathrm{mN\cdot m^{-1}}$，试求其表面积及比表面积。若该过程在 20℃、101.325kPa 下进行，问系统的吉布斯函数值增加了多少？

2. 某烧杯深 0.1m，杯中盛满水，底部有一直径 $d=2\times10^{-6}$ 的球形汞滴。若已知 298K 时汞-水的界面

张力为 $0.375N \cdot m^{-1}$，水的密度 $\rho = 10^3 kg \cdot m^{-3}$，试计算在该温度、101.325kPa 下汞滴所受到的压力。

3. 某肥皂水溶液的表面张力为 $0.01N \cdot m^{-1}$，若用此肥皂水溶液吹成半径分别为 $5 \times 10^{-3}m$ 和 $2.5 \times 10^{-2}m$ 的肥皂泡，求每个肥皂泡内、外的压力差分别是多少？

4. 用半径为 0.1cm 的毛细管，以毛细上升高度法测定一液体的表面张力，测得平衡时上升高度为 1.43cm，已知此液体的密度与气相密度差为 $0.997g \cdot mL^{-1}$，请计算该液体的表面张力（$\cos\theta = 1$）。

5. 25℃ 及 101.325kPa 下，将内直径为 $d = 1 \times 10^{-6}m$ 的毛细管插入水中，请计算刚好抑制住毛细管液面上升的外压力为多大？（25℃ 水的表面张力 $\gamma = 71.97 \times 10^{-3}N \cdot m^{-1}$）

6. 雾的粒子质量约为 $1 \times 10^{-12}g$，试求 20℃ 时其饱和蒸气压与平面水的饱和蒸气压之比。已知 20℃ 时水的表面张力为 $72.75 \times 10^{-3}N \cdot m^{-1}$，体积质量（密度）为 $0.9982g \cdot cm^{-3}$，H_2O 的摩尔质量为 $18.02g \cdot mol^{-1}$。

7. 290K 时大颗粒的 1,2-二硝基苯在水中的溶解度为 $5.9 \times 10^{-3} mol \cdot dm^{-3}$，1,2-二硝基苯固体与溶液的界面张力 $\gamma = 25.7 \times 10^{-3}N \cdot m^{-1}$，试计算半径 $r = 0.005\mu m$ 的 1,2-二硝基苯在水中的溶解度。已知 1,2-二硝基苯的体积质量（密度）$\rho = 1.565kg \cdot dm^{-3}$，摩尔质量为 $168g \cdot mol^{-1}$。

8. 在某一温度下，醋酸水溶液在木炭上的吸附数据如下表：

$c_0/(mol \cdot dm^{-3})$	0.503	0.252	0.126	0.0628	0.0314	0.0157
$c_r/(mol \cdot dm^{-3})$	0.434	0.202	0.0899	0.0347	0.0113	0.00333
m/g	3.96	3.94	4.00	4.12	4.04	4.00

其中 c_0 是加入木炭前的醋酸浓度，c_r 是吸附达平衡时的浓度，m 是木炭的质量。每次取液体 200mL，试求弗罗因德利希公式中的常数 k 和 n。

9. 用活性炭吸附 $CHCl_3$ 时，0℃ 时的最大吸附量为 $93.8dm^3 \cdot kg^{-1}$。已知该温度下 $CHCl_3$ 的分压力为 $1.34 \times 10^4 Pa$ 时的平衡吸附量为 $82.5dm^3 \cdot kg^{-1}$，试计算：

（1）朗缪尔吸附等温式中的吸附平衡常数 b；

（2）$CHCl_3$ 分压力为 $6.67 \times 10^3 Pa$ 时的平衡吸附量。

10. 下列数据为 0℃ 时不同压力下每千克活性炭吸附氢气的体积（已换算成 0℃、101.325kPa 下的体积），根据朗缪尔吸附等温式，求饱和吸附量 Γ_∞ 和吸附系数 b，以及当固体表面覆盖率达 0.90 时，氢气的平衡分压。

p/Pa	524	1731	3058	4534	7497
$\Gamma/(dm^3 \cdot kg^{-1})$	0.987	3.04	5.08	7.04	10.31

11. 25℃ 用骨胶原 100g 吸附水蒸气，得到的结果如下表：

p/p_0	0.015	0.05	0.07	0.13	0.325	0.465	0.555	0.735	0.875	0.95
$V(STP)$ $/\times 10^6 m^3$	2.2	5.3	6.2	8.3	13.6	17.1	19.0	26.5	36.5	48.0

（1）求 BET 公式中的单分子层饱和吸附体积 V_m。

（2）当被吸附水蒸气的密度与原液体密度相当时，试求 100g 骨胶原的表面积，已知水分子的直径为 2.72Å。

12. 室温下已知 $\gamma_水 = 73mN \cdot m^{-1}$，$\gamma_汞 = 485mN \cdot m^{-1}$，$\gamma_辛醇 = 27mN \cdot m^{-1}$，$\gamma_{水/汞} = 375mN \cdot m^{-1}$，$\gamma_{水/辛醇} = 9mN \cdot m^{-1}$，$\gamma_{汞/辛醇} = 348mN \cdot m^{-1}$，试求水在汞面、辛醇面和汞/辛醇界面上的起始展开系数。

13. 18℃ 时铬酸水溶液的表面张力与溶液浓度 c 的关系式为 $\gamma_0 - \gamma = 29.8\lg(1 + 19.64c)$。$\gamma_0$ 是纯水的表面张力，试用吉布斯公式求出 $c = 0.01mol \cdot dm^{-3}$ 时的 Γ 值，当 c 无限增加时，问 Γ 的极限值为多少？

14. 在 18℃ 时，各种饱和脂肪酸水溶液的表面张力 γ 与浓度 c 的关系可表示为

$$\frac{\gamma}{\gamma^*}=1-b\ln\left(\frac{c}{a}+1\right)$$

式中 γ^* 是同温度下纯水的表面张力；常数 a 因不同的酸而异；$b=0.181$。

(1) 试写出服从上述方程的脂肪酸的吸附等温式。

(2) 某脂肪酸水溶液的 $a=0.051\,mol^{-1}\cdot dm^3$，试计算溶液浓度 $c=0.200\,mol\cdot dm^{-3}$ 时的吸附量 Γ。

15. 试求摩尔质量为 $10^3\,kg\cdot mol^{-1}$、$\rho=1.333\times10^3\,kg\cdot m^{-3}$ 的球形分子在 20℃ 时在水中的扩散系数。已知 20℃ 时的 $\eta_{H_2O}=1.01\times10^{-3}\,kg\cdot m^{-1}\cdot s^{-1}$。

16. 20℃ 时测得 $Fe(OH)_3$ 水溶液的电泳速度为 $1.65\times10^{-6}\,m\cdot s^{-1}$，两极间的距离为 0.2m，所加电压为 110V，求 ζ 电势的值。已知水的相对介电常数 $\varepsilon_r=81$，$\eta=0.0011\,N\cdot s\cdot m^{-2}$。

17. 有一 $Al(OH)_3$ 溶胶，在加入 KCl 使其最终浓度为 $80\,mol\cdot m^{-3}$ 时恰能聚沉，加入 $K_2C_2O_4$ 浓度为 $0.4\,mol\cdot m^{-3}$ 时恰能聚沉。

(1) $Al(OH)_3$ 溶胶胶粒所带电荷为正还是为负？

(2) 为使该溶胶聚沉，$CaCl_2$ 的浓度约为多少？

18. 在碱溶液中用 HCHO 还原 $HAuCl_4$ 制备金溶胶
$$HAuCl_4+5NaOH\longrightarrow NaAuO_2+4NaCl+3H_2O$$
$$2NaAuO_2+3HCHO+NaOH\longrightarrow 2Au+3HCOONa+2H_2O$$

这里 $NaAuO_2$ 是稳定剂，写出胶团结构式并指明金胶体粒子的电泳方向。

重点难点讲解

附　　录

附录1　国际单位制

国际单位制，简称 SI（Système International d′Unités），是我国法定的测量和计量单位。SI 单位可分为三大类：基本单位（七个）、辅助单位（两个）和导出单位（见表 a.1）。在导出单位中有一部分有专门名称，其余没有专门名称的导出单位只能用基本单位、辅助单位和有专门名称的导出单位表示，如表面张力的单位：N/m，读作牛顿每米。SI 单位可以与倍数词头（表 a.2）协同使用，倍数词头与 SI 单位作为一个整体中间不能加"·"。

SI 单位在书写时一律采用正体。除以下两种情况外均采用小写：①源自人名的 SI 单位第一个字母必须大写，如 Pa；②兆和兆以上的大倍数词头必须大写，如 MPa。

表 a.1　SI 单位

SI 分类		物理量	名称	符号	用 SI 基本单位和辅助单位表示
基本单位		长度	米	m	m
		质量	千克(公斤)	kg	kg
		时间	秒	s	s
		电流	安[培]*	A	A
		热力学温度	开[尔文]	K	K
		物质的量	摩[尔]	mol	mol
		发光强度	坎[德拉]	cd	cd
辅助单位		平面角	弧度	rad	rad
		立体角	球面度	sr	sr
导出单位	具有专门名称的导出单位	频率	赫[兹]	Hz	s^{-1}
		力	牛[顿]	N	$kg \cdot m \cdot s^{-2}$
		压强(压力),应力	帕[斯卡]	Pa	N/m^2 或 $kg \cdot m^{-1} \cdot s^{-2}$
		能量,热量,功	焦[耳]	J	$N \cdot m$ 或 $kg \cdot m^2 \cdot s^{-2}$
		功率,辐射通量	瓦[特]	W	J/s 或 $kg \cdot m^2 \cdot s^{-3}$
		电荷量	库[仑]	C	$A \cdot s$
		电位,电压,电势	伏[特]	V	W/A 或 $kg \cdot m^2 \cdot s^{-3} \cdot A^{-1}$
		电容	法[拉]	F	C/V 或 $A^2 \cdot s^4 \cdot kg^{-1} \cdot m^{-2}$
		电阻	欧[姆]	Ω	V/A 或 $kg \cdot m^2 \cdot s^{-3} \cdot A^{-2}$
		电导	西[门子]	S	$Ω^{-1}$ 或 $A^2 \cdot s^3 \cdot kg^{-1} \cdot m^{-2}$
		磁通量	韦[伯]	Wb	$V \cdot s$ 或 $kg \cdot m^2 \cdot s^{-2} \cdot A^{-1}$
		磁通密度,磁感应强度	特[斯拉]	T	Wb/m^2 或 $kg \cdot m^4 \cdot s^{-2} \cdot A^{-1}$

SI 分类		物理量	名称	符号	用 SI 基本单位 和辅助单位表示
导出单位	具有专门名称的导出单位	电感	亨[利]	H	Wb/A 或 $kg \cdot m^2 \cdot s^{-2} \cdot A^{-2}$
		摄氏温度	摄氏度	℃	K **
		光通量	流[明]	lm	cd · sr
		光照度	勒[克斯]	lx	lm/m^2 或 $cd \cdot sr \cdot m^{-2}$
		放射性活度(放射强度)	贝克[勒尔]	Bq	s^{-1}
		吸收剂量	戈[瑞]	Gy	J/kg 或 $(kg \cdot m \cdot s^{-2}) \cdot m/kg$
		剂量当量	希[沃特]	Sv	J/kg 或 $(kg \cdot m \cdot s^{-2}) \cdot m/kg$
	部分没有专门名称的导出单位	力矩	牛顿米	N · m	$(kg \cdot m \cdot s^{-2}) \cdot m$
		比热容,比熵	焦尔每千克开尔文	$J \cdot kg^{-1} \cdot K^{-1}$	$m^2 \cdot s^{-2} \cdot K^{-1}$
		动力黏度	帕斯卡秒	Pa · s	$kg \cdot m^{-1} \cdot s^{-1}$
		表面张力	牛顿每米	N/m	$kg \cdot s^{-2}$
		热流密度,辐射照度	瓦特每平方米	W/m^2	$kg \cdot s^{-1}$
		热容,熵	焦尔每开尔文	J/K	$kg \cdot m^2 \cdot s^{-2} \cdot K^{-1}$
		比能	焦尔每千克	J/kg	$kg \cdot m^2 \cdot s^{-2} \cdot kg^{-1}$
		热导率(导热系数)	瓦特每米开尔文	$W/(m \cdot K)$	$kg \cdot m^3 \cdot s^{-3} \cdot K^{-1}$
		能量密度	焦耳每立方米	J/m^3	$kg \cdot m^{-1} \cdot s^{-2}$
		电场强度	伏特每米	V/m	$kg \cdot m \cdot s^{-3} \cdot A^{-1}$
		电荷密度	库仑每立方米	C/m^3	$A \cdot s \cdot m^{-3}$
		电位移	库仑每平方米	C/m^2	$A \cdot s \cdot m^{-2}$
		电容率(介电常数)	法拉每米	F/m	$A^2 \cdot s^4 \cdot kg^{-1} \cdot m^{-3}$
		电导率	亨特每米	H/m	$kg \cdot m \cdot s^{-2} \cdot A^{-2}$
		摩尔能	焦耳每摩尔	J/mol	$kg \cdot m^2 \cdot s^{-2} \cdot mol^{-1}$
		摩尔熵	焦耳每摩尔开尔文	$J/(mol \cdot K)$	$kg \cdot m^2 \cdot s^{-2} \cdot mol^{-1} \cdot K^{-1}$
		摩尔热容	焦耳每摩尔开尔文	$J/(mol \cdot K)$	$kg \cdot m^2 \cdot s^{-2} \cdot mol^{-1} \cdot K^{-1}$
		角速度	弧度每秒	rad/s	$rad \cdot s^{-1}$
		角加速度	弧度每平方秒	rad/s^2	$rad \cdot s^{-2}$
		辐射强度	瓦特每球面度	W/sr	$kg \cdot m^2 \cdot s^{-3} \cdot sr^{-1}$
		辐射高度	瓦特每平方米球面度	$W/(m^2 \cdot sr)$	$kg \cdot s^{-3} \cdot sr^{-1}$

注:* 方括号中的字在不致引起混淆、误解的情况下可以省略。去掉方括号中的字即为其名称的简称。

  ** $T/K = 273.15 + t/℃$。

表 a.2 SI 倍数词头

因数	英文名称	中文名称	符号	因数	英文名称	中文名称	符号
10^{24}	yotta	尧[它]	Y	10^{12}	tera	太[拉]	T
10^{21}	zetta	泽[它]	Z	10^9	giga	吉[咖]	G
10^{18}	exa	艾[可萨]	E	10^6	mega	兆	M
10^{15}	peta	拍[它]	P	10^3	kilo	千	k

因数	英文名称	中文名称	符号	因数	英文名称	中文名称	符号
10^{-24}	yocto	幺[科托]	y	10^{-12}	pico	皮[可]	p
10^{-21}	zepto	仄[普托]	z	10^{-9}	nano	纳[诺]	n
10^{-18}	atto	阿[托]	a	10^{-6}	micro	微	μ
10^{-15}	femto	飞[母托]	f	10^{-3}	milli	毫	m

注：方括号中的字在不致引起混淆、误解的情况下可以省略。去掉方括号中的字即为其名称的简称。

附录 2　符号说明

a	范德华参数；活度	J	电流密度；转动量子数
b	范德华参数；碰撞参数；质量摩尔浓度	K	化学平衡常数；分配常数
c	物质的量浓度；光速	L	阿伏加德罗常数
d	核间距；直径	M	摩尔质量
e	电子的电荷量	N	粒子数
g	重力加速度；渗透因子；能级简并度	P	概率；概率因子
h	高度；普朗克常数	Q	热量；电荷量
k	玻耳兹曼常数；反应速率常数	R	摩尔气体常数；电阻
l	长度	S	熵
m	质量	T	热力学温度
n	物质的量；反应级数	U	热力学能
p	压力	V	体积
q	配分函数；有效碰撞分数	W	功
r	反应速率；半径；曲率半径	W_D	能级分布 D 的微观状态数
t	离子迁移数；时间	X_B	偏摩尔量
u	离子电迁移率（离子淌度）	Z	压缩因子
v	反应速率	Z_{AB}	A、B 分子碰撞频率
w	质量分数	γ	活度因子；表面张力
x	液相摩尔分数	δ	过程量的微变
y	气相摩尔分数	ε	能量
z	离子价数；转移电荷数	ζ	ζ 电势
A	亥姆霍兹函数；面积；指前因子	η	热机效率
C	分子浓度	θ	表面覆盖度；角度
D	扩散系数；能级分布	κ	电导率
E	能量；电势	μ	化学势；折合质量
F	法拉第常数；力	$\mu_{J\text{-}T}$	焦尔-汤姆孙系数
G	吉布斯函数；电导	ν	化学计量数
H	焓	ξ	反应进度
I	离子强度；电流强度；光强度	ρ	密度

φ	实际气体的逸度因子	Θ_v	振动特征温度
Γ	表面过剩	Λ_m	摩尔电导率
Δ	状态函数的变化量	Π	渗透压
Θ_r	转动特征温度	Ω	粒子系统的总微观状态数

下角标：

+	正离子，如正离子无限稀释摩尔电导率 $\Lambda_{m,+}^{\infty}$	mix	混合性质，如混合熵 $\Delta_{mix}S$
—	负离子，如负离子迁移数 t_-	r	对比量，如对比压力 p_r； 可逆过程，如可逆功 W_r； 反应量，如摩尔反应焓 $\Delta_r H_m$； 相对量，如相对运动速度 u_r； 转动，如转动配分函数 q_r；
b	沸腾，如沸点 T_b		
c	临界参数，如临界温度 T_c； 燃烧，如摩尔燃烧焓 $\Delta_c H_m(B)$		
e	电子，如电子运动能 ε_e	t	平动，如平动熵 S_t
n	核，如核运动基态能级简并度 $g_{n,0}$	v	振动，如振动特征温度 Θ_v
f	生成量，如 B 的摩尔生成焓 $\Delta_f H_m(B)$； 固体析出，如冰点 T_f	vap	汽化，如摩尔蒸发焓 $\Delta_{vap} H_m$
		A	溶剂，如溶剂 A 的化学势 μ_A
fus	熔化，如摩尔熔化焓 $\Delta_{fus} H_m$	B	任一组分，如组分 B 的偏摩尔焓 H_B； 溶质，如溶质 B 的化学势 μ_B
ir	不可逆过程，如不可逆过程热 Q_{ir}		
m	1 摩尔物质，如摩尔熵 S_m； 分子，如分子横截面积 a_m	I	相互作用，如相互作用能 U_I
		∞	饱和量，如饱和表面过剩 Γ_{∞}；

上角标：

a	吸附态，如吸附量 n^a 和吸附体积 V^a	*	纯态，如纯物质饱和蒸气压 p^*
σ	表面相，如表面熵 S^{σ}	$\ominus$	标准态，如标准平衡常数 $K^{\ominus}$
0	以基态能量为参考，如配分函数 q^0	∞	无限稀释，如无限稀释摩尔电导率 Λ_m^{∞}；

附录 3　某些物质的临界参数

	物质	临界温度 $T_c/{}^\circ\text{C}$	临界压力 p_c/MPa	临界密度 $\rho_c/\text{kg} \cdot \text{m}^{-3}$	临界压缩因子 Z_c
He	氦	-267.96	0.227	69.8	0.301
Ar	氩	-122.4	4.87	533	0.291
H_2	氢	-239.9	1.297	31	0.305
N_2	氮	-147	3.39	313	0.29
O_2	氧	-118.57	5.043	436	0.288
F_2	氟	-128.84	5.215	574	0.288
Cl_2	氯	144	7.7	573	0.275
Br_2	溴	311	10.3	1260	0.27
H_2O	水	373.91	22.05	320	0.23

物质		临界温度 $T_c/℃$	临界压力 p_c/MPa	临界密度 $\rho_c/kg \cdot m^{-3}$	临界压缩因子 Z_c
NH_3	氨	132.33	11.313	236	0.242
HCl	氯化氢	51.5	8.31	450	0.25
H_2S	硫化氢	100	8.94	346	0.284
CO	一氧化碳	140.23	3.499	301	0.295
CO_2	二氧化碳	30.98	7.375	4658	0.275
SO_2	二氧化硫	157.5	7.884	525	0.268
CH_4	甲烷	−82.62	4.596	163	0.286
C_2H_6	乙烷	32.18	4.872	204	0.283
C_3H_8	丙烷	96.59	4.254	214	0.285
C_2H_4	乙烯	9.19	5.039	215	0.281
C_3H_6	丙烯	91.8	4.62	233	0.275
C_2H_2	乙炔	35.18	6.139	231	0.271
$CHCl_3$	氯仿	262.9	5.329	491	0.201
CCl_4	四氯化碳	283.15	4.558	557	0.272
CH_3OH	甲醇	239.43	8.1	272	0.224
C_2H_6OH	乙醇	240.77	6.148	276	0.24
C_6H_6	苯	288.95	4.898	306	0.268
$C_6H_5CH_3$	甲苯	318.57	4.109	290	0.266

附录 4　一些气体的摩尔定压热容和温度的关系

$$C_{p,m} = a + bT + cT^2$$

物质		$a/J \cdot mol^{-1} \cdot K^{-1}$	$b/(10^{-3}J \cdot mol^{-1} \cdot K^{-2})$	$c/(10^{-6}J \cdot mol^{-1} \cdot K^{-3})$	温度范围/K
H_2	氢	29.09	0.836	−0.3265	273~3800
Cl_2	氯	31.696	10.144	−4.038	300~1500
Br_2	溴	35.241	4.075	−1.487	300~1500
O_2	氧	36.16	0.845	−0.7494	273~3800
N_2	氮	27.32	6.226	−0.9502	273~3800
HCl	氯化氢	28.17	1.81	1.547	300~1500
H_2O	水	30	10.7	−2.022	273~3800
CO	一氧化碳	26.537	7.6831	−1.172	300~1500
CO_2	二氧化碳	26.75	42.258	−14.25	300~1500
CH_4	甲烷	14.15	75.496	−17.99	298~1500
C_2H_6	乙烷	9.401	159.83	−46.299	298~1500
C_2H_4	乙烯	11.84	119.67	−36.51	298~1500
C_3H_6	丙烯	9.427	188.77	−57.488	298~1500

物质		$a/\text{J} \cdot \text{mol}^{-1} \cdot \text{K}^{-1}$	$b/(10^{-3}\text{J} \cdot \text{mol}^{-1} \cdot \text{K}^{-2})$	$c/(10^{-6}\text{J} \cdot \text{mol}^{-1} \cdot \text{K}^{-3})$	温度范围/K
C_2H_2	乙炔	30.67	52.81	−16.27	298～1500
C_3H_4	丙炔	26.5	120.66	−39.57	298～1500
C_6H_6	苯	−1.71	324.77	−110.58	298～1500
$C_6H_5CH_3$	甲苯	2.41	391.17	−130.65	298～1500
CH_3OH	甲醇	18.4	101.56	−28.68	273～1000
C_2H_5OH	乙醇	29.25	166.28	−48.898	298～1500
$(C_2H_5)_2O$	乙醚	−103.9	1417	−248	300～400
$HCHO$	甲醛	18.82	58.379	−15.61	291～1500
CH_3CHO	乙醛	31.05	121.46	−36.58	298～1500
$(CH_3)_2CO$	丙酮	22.47	205.97	−63.521	298～1500
$HCOOH$	甲酸	30.7	89.2	−34.54	300～700
$CHCl_3$	氯仿	29.51	148.94	−90.734	273～273

附录 5　一些物质 298K 下的热力学数据

物质	$\Delta_f H_m^{\ominus}$ $/(\text{kJ} \cdot \text{mol}^{-1})$	$S_m^{\ominus}$ $/(\text{J} \cdot \text{K}^{-1} \cdot \text{mol}^{-1})$	$\Delta_f G_m^{\ominus}$ $/(\text{kJ} \cdot \text{mol}^{-1})$	$C_{p,m}^{\ominus}$ $/(\text{J} \cdot \text{K}^{-1} \cdot \text{mol}^{-1})$
$Ag(s)$	0	42.5	0	25.351
$AgBr(s)$	−100.37	107.1	−96.9	52.38
$AgCl(s)$	−127.068	96.2	−109.789	50.79
$AgI(s)$	−61.84	115.5	−66.19	56.82
$AgNO_3(s)$	−124.39	140.92	−33.41	93.05
$Ag_2CO_3(s)$	−505.8	167.4	−436.8	112.26
$Ag_2O(s)$	−31.05	121.3	−11.2	65.86
$Al_2O_3(s,刚玉)$	−1675.7	50.92	−1582.3	79.04
$Br_2(l)$	0	152.231	0	75.689
$Br_2(g)$	30.907	245.463	3.11	36.02
$C(s,石墨)$	0	5.74	0	8.527
$C(s,金刚石)$	1.895	2.377	2.9	6.113
$CO(g)$	−110.525	197.674	−137.168	29.142
$CO_2(g)$	−393.509	213.74	−394.359	37.11
$CS_2(g)$	117.36	237.84	67.12	45.4
$CaC_2(s)$	−59.8	69.96	−64.9	62.72
$CaCO_3(方解石)$	−1206.92	92.9	−1128.79	81.88
$CaCl_2(s)$	−795.8	104.6	−748.1	72.59
$CaO(s)$	−635.09	39.75	−604.03	42.8

物质	$\Delta_f H_m^\ominus$ /(kJ·mol^{-1})	$S_m^\ominus$ /(J·K^{-1}·mol^{-1})	$\Delta_f G_m^\ominus$ /(kJ·mol^{-1})	$C_{p,m}^\ominus$ /(J·K^{-1}·mol^{-1})
$Cl_2(g)$	0	223.066	0	33.907
$CuO(s)$	-157.3	42.63	-129.7	42.3
$CuSO_4(s)$	-771.36	109	-661.8	100
$Cu_2O(s)$	-168.6	93.14	-146	63.64
$F_2(g)$	0	202.78	0	31.3
$Fe_{0.974}O(s,方铁矿)$	-266.27	57.49	245.12	48.12
$FeO(s)$	-272	—	—	—
$FeS_2(s)$	-178.2	52.93	-166.9	62.17
$Fe_2O_3(s)$	-824.2	87.4	-742.2	103.85
$Fe_3O_4(s)$	-1118.4	146.4	-1015.4	143.43
$H_2(g)$	0	130.684	0	28.824
$HBr(g)$	-36.4	198.695	-53.45	29.142
$HCl(g)$	-92.307	186.908	-95.299	29.12
$HF(g)$	-271.1	173.779	-273.2	29.12
$HI(g)$	26.48	206.594	1.7	29.158
$HCN(g)$	135.1	201.78	124.7	35.86
$HNO_3(l)$	-174.1	155.6	-80.71	109.87
$HNO_3(g)$	-135.06	266.38	-74.72	53.85
$H_2O(l)$	-285.83	69.91	-237.129	75.291
$H_2O(g)$	-241.818	188.825	-228.572	33.577
$H_2O_2(l)$	-187.78	109.6	-120.35	89.1
$H_2O_2(g)$	-136.31	232.7	-105.57	43.1
$H_2S(g)$	-20.63	205.79	-33.56	34.23
$H_2SO_4(l)$	-813.989	156.904	-690.003	138.91
$HgCl_2(s)$	-224.3	146	-178.6	—
$HgO(s,正交)$	-90.83	70.29	-58.539	44.06
$Hg_2Cl_2(s)$	-265.22	192.5	-210.756	—
$Hg_2SO_4(s)$	-743.12	200.66	-625.815	131.96
$I_2(s)$	0	116.135	0	54.438
$I_2(g)$	62.438	260.69	19.327	36.9
$KCl(s)$	-436.747	82.59	-409.14	51.3
$KI(s)$	-327.9	106.32	-324.892	52.93
$KNO_3(s)$	-494.63	133.05	-394.86	96.4
$K_2SO_4(s)$	-1437.79	175.56	-1321.37	130.46
$KHSO_4(s)$	-1160.6	138.1	-1031.3	—
$N_2(g)$	0	191.61	0	29.12

物质	$\Delta_f H_m^{\ominus}$ $/(kJ \cdot mol^{-1})$	$S_m^{\ominus}$ $/(J \cdot K^{-1} \cdot mol^{-1})$	$\Delta_f G_m^{\ominus}$ $/(kJ \cdot mol^{-1})$	$C_{p,m}^{\ominus}$ $/(J \cdot K^{-1} \cdot mol^{-1})$
$NH_3(g)$	−46.11	192.45	−16.45	35.06
$NH_4Cl(s)$	−314.43	94.6	−202.87	84.1
$(NH4)_2SO_4(s)$	−1180.85	220.1	−901.67	187.49
$NO(g)$	90.25	210.761	86.55	29.83
$NO_2(g)$	33.18	240.06	51.31	37.07
$N_2O(g)$	82.05	219.85	104.2	38.45
$N_2O_4(g)$	9.16	304.29	97.89	77.28
$N_2O_5(g)$	11.3	355.7	115.1	84.5
$NaCl(s)$	−411.153	72.13	−384.138	50.5
$NaNO_3(s)$	−467.85	116.52	−367	92.88
$NaOH(s)$	−425.609	64.455	−379.494	59.54
$Na_2CO_3(s)$	−1130.68	134.98	−1044.44	112.3
$NaHCO_3(s)$	−950.81	101.7	−851	87.61
$Na_2SO_4(s,正交)$	−1387.08	149.58	−1270.16	128.2
$O_2(g)$	0	205.138	0	29.355
$O_3(g)$	142.7	238.93	163.2	39.2
$PCl_3(g)$	−287	311.78	−267.8	71.84
$PCl_5(g)$	−374.9	364.58	−305	112.8
$S(s,正交)$	0	31.8	0	22.64
$SO_2(g)$	−296.83	248.22	−300.194	39.87
$SO_3(g)$	−395.72	256.76	−371.06	50.67
$SiO_2(s)$	−910.94	41.84	−856.64	44.43
$ZnO(s)$	−348.28	43.63	−318.3	40.25
$CH_4(g)$ 甲烷	−74.81	186.264	−50.72	35.309
$C_2H_6(g)$ 乙烷	−84.68	229.6	−32.82	52.63
$C_3H_8(g)$ 丙烷	−103.85	270.02	−23.37	73.51
$C_4H_{10}(g)$ 正丁烷	−126.15	310.23	−17.02	97.45
$C_4H_{10}(g)$ 异丁烷	−134.52	294.75	−20.75	96.82
$C_5H_{12}(g)$ 正戊烷	−146.44	349.06	−8.21	120.21
$C_5H_{12}(g)$ 异戊烷	−154.47	343.2	−14.56	118.78
$C_6H_{14}(g)$ 正己烷	−167.19	388.51	−0.05	143.09
$C_7H_{16}(g)$ 庚烷	−187.78	428.01	8.22	165.98
$C_8H_{18}(g)$ 辛烷	−208.45	466.84	16.66	188.87
$C_2H_4(g)$ 乙烯	52.2	291.56	68.15	43.56
$C_3H_6(g)$ 丙烯	20.42	267.05	62.79	63.89
$C_4H_8(g)$ 1-丁烯	−0.13	305.71	71.4	85.65

物质	$\Delta_f H_m^{\ominus}$ $/(kJ \cdot mol^{-1})$	$S_m^{\ominus}$ $/(J \cdot K^{-1} \cdot mol^{-1})$	$\Delta_f G_m^{\ominus}$ $/(kJ \cdot mol^{-1})$	$C_{p,m}^{\ominus}$ $/(J \cdot K^{-1} \cdot mol^{-1})$
C_4H_6(g) 1,3-丁二烯	110.16	278.85	150.74	79.54
C_2H_2(g) 乙炔	226.73	200.94	209.2	43.93
C_3H_4(g) 丙炔	185.43	248.22	194.46	60.67
C_3H_6(g) 环丙烷	53.3	237.55	104.46	55.94
C_6H_{12}(g) 环己烷	−123.14	298.35	31.92	106.27
C_6H_{10}(g) 环己烯	−5.36	310.86	106.99	105.02
C_6H_6(l) 苯	49.04	173.26	124.45	—
C_6H_6(g) 苯	82.93	269.31	129.73	81.67
C_7H_8(l) 甲苯	12.01	220.96	113.89	—
C_7H_8(g) 甲苯	50	320.77	122.11	103.64
C_8H_{10}(l) 乙苯	−12.47	255.18	119.86	—
C_8H_{10}(g) 乙苯	29.79	360.56	130.71	128.41
C_8H_{10}(l) 间二甲苯	−25.4	252.17	107.81	—
C_8H_{10}(g) 间二甲苯	17.24	357.8	119	127.57
C_8H_{10}(l) 邻二甲苯	−24.43	246.02	110.62	—
C_8H_{10}(g) 邻二甲苯	19	352.86	122.22	133.26
C_8H_{10}(l) 对二甲苯	−24.43	247.69	110.12	—
C_8H_{10}(l) 对二甲苯	17.95	352.53	121.26	126.86
C_8H_8(l) 苯乙烯	103.89	237.57	202.51	—
C_8H_8(g) 苯乙烯	147.36	345.21	213.9	122.09
$C_{10}H_8$(s) 萘	78.07	166.9	201.17	—
$C_{10}H_8$(g) 萘	150.96	335.75	223.69	132.55
C_2H_6(g) 甲醚	−184.05	266.38	−112.59	64.39
C_3H_8O(g) 甲乙醚	−216.44	310.73	−117.54	89.75
$C_4H_{10}O$(l) 乙醚	−279.5	253.1	−122.75	—
$C_4H_{10}O$(g) 乙醚	−252.21	342.78	−112.19	122.51
C_2H_4O(g) 环氧乙烷	−52.63	242.53	−13.01	47.91
C_3H_6O(g) 环氧丙烷	−92.76	286.84	−25.69	72.34
CH_4O(l) 甲醇	−238.66	126.8	−166.27	81.6
CH_4O(g) 甲醇	−200.66	239.81	−161.96	43.89
C_2H_6O(l) 乙醇	−277.69	160.7	−174.78	111.46
C_2H_6O(g) 乙醇	−235.1	282.7	−168.49	65.44
C_3H_8O(l) 丙醇	−304.55	192.9	−170.52	—
C_3H_8O(l) 丙醇	−257.53	324.91	−162.86	87.11
C_3H_8O(l) 异丙醇	−318	180.58	−180.26	—
C_3H_8O(g) 异丙醇	−272.59	310.02	−173.48	88.74

物质	$\Delta_f H_m^\ominus$ /(kJ·mol^{-1})	$S_m^\ominus$ /(J·K^{-1}·mol^{-1})	$\Delta_f G_m^\ominus$ /(kJ·mol^{-1})	$C_{p,m}^\ominus$ /(J·K^{-1}·mol^{-1})
C$_4$H$_{10}$(l) 丁醇	−325.81	225.73	−160	—
C$_4$H$_{10}$(g) 丁醇	−274.42	363.28	−150.52	110.5
C$_2$H$_5$O$_2$(l) 乙二醇	−454.8	166.9	−323.08	149.8
CH$_2$O(g) 甲醛	−108.57	218.77	−102.53	35.4
C$_2$H$_4$O(g) 乙醛	−192.3	160.2	−128.12	—
C$_2$H$_4$O(l) 乙醛	−166.19	250.3	−128.86	54.64
C$_3$H$_6$O(g) 丙酮	−248.1	200.4	−133.28	—
C$_3$H$_6$O(l) 丙酮	−217.57	295.04	−152.97	74.89
CH$_2$O$_2$(g) 甲酸	−424.72	128.95	−361.35	99.04
CH$_2$O$_2$(l) 甲酸	−378.57	—	—	—
C$_2$H$_4$O$_2$(l) 乙酸	−484.5	159.8	−389.9	124.3
C$_2$H$_4$O$_2$(g) 乙酸	−432.25	282.5	−374	66.53
C$_4$H$_6$O$_3$(l) 乙酐	−624	268.61	−488.67	—
C$_4$H$_6$O$_3$(g) 乙酐	−575.72	390.06	−476.57	99.5
C$_3$H$_4$O$_2$(l) 丙烯酸	−384.1	—	—	—
C$_3$H$_4$O$_2$(g) 丙烯酸	−336.23	315.12	−285.99	77.78
C$_7$H$_6$O$_2$(s) 苯甲酸	−385.14	167.57	−245.14	—
C$_7$H$_6$O$_2$(g) 苯甲酸	−290.2	369.1	−210.31	103.47
C$_2$H$_4$O$_2$(l) 甲酸甲酯	−379.07	—	—	121
C$_2$H$_4$O$_2$(l) 甲酸甲酯	−350.2	—	—	—
C$_4$H$_8$O$_2$(l) 乙酸乙酯	−479.03	259.4	−332.55	—
C$_4$H$_8$O$_2$(g) 乙酸乙酯	−442.92	362.86	−327.27	113.64
C$_6$H$_6$O(s) 苯酚	−165.02	144.01	−50.31	—
C$_6$H$_6$O(g) 苯酚	−96.36	315.71	−32.81	103.55
C$_7$H$_8$O(l) 间甲酚	−193.26	—	—	—
C$_7$H$_8$O(g) 间甲酚	−132.34	356.88	−40.43	122.47
C$_7$H$_8$O(s) 邻甲酚	−204.35	—	—	—
C$_7$H$_8$O(g) 邻甲酚	−128.62	357.72	−36.96	130.33
C$_7$H$_8$O(s) 对甲酚	−199.2	—	—	—
C$_7$H$_8$O(g) 对甲酚	−125.39	347.76	−30.77	124.47
CH$_5$N(l) 甲胺	−47.3	150.21	35.7	—
CH$_5$N(g) 甲胺	−22.97	243.41	32.16	53.1
C$_2$H$_7$N(l) 乙胺	−74.1	—	—	130
C$_2$H$_7$N(g) 乙胺	−47.15	—	—	69.9
C$_4$H$_{11}$N(l) 二乙胺	−103.73	—	—	—
C$_4$H$_{11}$N(g) 二乙胺	−72.38	352.32	72.25	115.73

物质	$\Delta_f H_m^\ominus$ /(kJ·mol^{-1})	$S_m^\ominus$ /(J·K^{-1}·mol^{-1})	$\Delta_f G_m^\ominus$ /(kJ·mol^{-1})	$C_{p,m}^\ominus$ /(J·K^{-1}·mol^{-1})
C$_5$H$_5$N(l) 吡啶	100	177.9	181.43	—
C$_5$H$_5$N(g) 吡啶	140.16	282.91	190.27	78.12
C$_6$H$_7$N(l) 苯胺	31.09	191.29	149.21	—
C$_6$H$_7$N(g) 苯胺	86.86	319.27	166.79	108.41
C$_2$H$_3$N(l) 乙腈	31.38	149.62	77.22	91.46
C$_2$H$_3$N(g) 乙腈	65.23	245.12	82.58	52.22
C$_3$H$_3$N(l) 丙烯腈	150.2	—	—	—
C$_3$H$_3$N(g) 丙烯腈	184.93	274.04	195.34	63.76
CH$_3$NO$_2$(l) 硝基甲烷	−113.09	171.75	−14.42	105.98
CH$_3$NO$_2$(g) 硝基甲烷	−74.73	274.96	−6.84	57.32
C$_6$H$_5$NO$_2$(l) 硝基苯	12.5	—	—	185.8
CH$_3$F(g) 一氟甲烷	—	222.91	—	37.49
CH$_2$F$_2$(g) 二氟甲烷	−446.9	246.71	−419.2	42.89
CHF$_3$(g) 三氟甲烷	−688.3	259.68	−653.9	51.04
CF$_4$(g) 四氟甲烷	−925	261.61	−879	61.09
C$_2$F$_6$(g) 六氟乙烷	−1297	332.3	−1213	106.7
CH$_3$Cl(g) 一氯甲烷	−80.83	234.58	−57.37	40.75
CH$_2$Cl$_2$(l) 二氯甲烷	−121.46	177.8	−67.26	100
CH$_2$Cl$_2$(g) 二氯甲烷	−92.47	270.23	−65.87	50.96
CHCl$_3$(l) 氯仿	−134.47	201.7	−73.66	113.8
CHCl$_3$(g) 氯仿	−103.14	295.71	−70.34	65.69
CCl$_4$(l) 四氯化碳	−135.44	216.4	−65.21	131.75
CCl$_4$(g) 四氯化碳	−102.9	309.85	−60.59	83.3
C$_2$H$_5$Cl(l) 氯乙烷	−136.52	190.79	−59.31	104.35
C$_2$H$_5$Cl(g) 氯乙烷	−112.17	276	−60.39	62.8
C$_2$H$_4$Cl$_2$(l) 1,2-二氯乙烷	−165.23	208.53	−79.52	129.3
C$_2$H$_4$Cl$_2$(g) 1,2-二氯乙烷	−129.79	308.39	−73.78	78.7
C$_2$H$_3$Cl(g) 氯乙烯	35.6	263.99	51.9	53.72
C$_6$H$_5$Cl(l) 氯苯	10.79	209.2	89.3	—
C$_6$H$_5$Cl(g) 氯苯	51.84	313.58	99.23	98.03
CH$_3$Br(g) 溴甲烷	−35.1	246.38	−25.9	42.43
CH$_3$I(g) 碘甲烷	13	254.12	14.7	44.27
CH$_4$S(g) 甲硫醇	−22.34	255.17	−9.3	50.25
C$_2$H$_6$S(l) 乙硫醇	−73.35	207.02	−5.26	117.86
C$_2$H$_6$S(g) 乙硫醇	−45.81	296.21	−4.33	72.97

附录 6 一些气体 298K 下的自由能函数和焓函数（$p^\ominus = 100\text{kPa}$）

物质	$(G_m^\ominus - H_0^\ominus)/T$ $\overline{\text{J} \cdot \text{mol}^{-1} \cdot \text{K}^{-1}}$	$(H_m^\ominus - H_0^\ominus)/T$ $\overline{\text{J} \cdot \text{mol}^{-1} \cdot \text{K}^{-1}}$	物质	$(G_m^\ominus - H_0^\ominus)/T$ $\overline{\text{J} \cdot \text{mol}^{-1} \cdot \text{K}^{-1}}$	$(H_m^\ominus - H_0^\ominus)/T$ $\overline{\text{J} \cdot \text{mol}^{-1} \cdot \text{K}^{-1}}$
$Br_2(g)$	−212.87	32.64	$C_3H_6(g)$	−221.65	45.45
$Cl_2(g)$	−192.28	30.80	$C_3H_8(g)$	−220.73	49.31
$F_2(g)$	−173.20	29.62	$(CH_3)_2CO(g)$	−240.48	54.60
$H_2(g)$	−102.28	28.42	正-$C_4H_{10}(g)$	−245.04	65.22
$I_2(g)$	−226.80	30.16	异-$C_4H_{10}(g)$	−234.75	60.04
$N_2(g)$	−162.53	29.09	正-$C_5H_{12}(g)$	−270.06	44.17
$O_2(g)$	−176.09	29.06	异-$C_5H_{12}(g)$	−269.39	40.55
$CO(g)$	−168.52	29.10	$C_6H_6(g)$	−221.57	47.75
$CO_2(g)$	−182.37	31.42	环-$C_6H_{12}(g)$	−238.89	59.49
$CS_2(g)$	−202.11	35.80	$Cl_2O(g)$	−228.22	38.19
$CH_4(g)$	−152.66	33.65	$HF(g)$	−144.96	28.85
$CH_3Cl(g)$	−198.64	34.95	$HCl(g)$	−157.93	28.99
$CHCl_3(g)$	−248.18	47.60	$HBr(g)$	−169.69	29.03
$CCl_4(g)$	−251.78	57.72	$HI(g)$	−177.55	29.06
$COCl_2(g)$	−240.69	43.17	$HClO(g)$	−201.95	34.30
$CH_3OH(g)$	−201.49	38.35	$H_2O(g)$	−155.67	33.26
CH_2O	−185.25	33.60	$H_2O_2(g)$	−196.60	36.38
$HCOOH(g)$	−212.32	36.52	$H_2S(g)$	−172.41	33.49
$HCN(g)$	−170.90	31.04	$NH_3(g)$	−159.10	33.29
$C_2H_2(g)$	−167.39	33.58	$NO(g)$	−179.98	30.81
$C_2H_4(g)$	−184.12	35.45	$N_2O(g)$	−187.97	32.17
$C_2H_6(g)$	−189.52	40.10	$NO_2(g)$	−205.97	34.62
$C_2H_5OH(g)$	−235.25	47.58	$PCl_3(g)$	−258.16	53.93
$CH_3CHO(g)$	−221.23	43.10	$SO_2(g)$	−212.79	35.38
$CH_3COOH(g)$	−236.51	46.34	$SO_3(g)$	−217.27	38.89

附录 7 拉格朗日待定因子法

含有 n 个独立变量 $x_1, x_2, \cdots, x_n$ 的函数 $f = f(x_1, x_2, \cdots, x_n)$ 的全微分可表示为

$$\mathrm{d}f = \left(\frac{\partial f}{\partial x_1}\right)\mathrm{d}x_1 + \left(\frac{\partial f}{\partial x_2}\right)\mathrm{d}x_2 + \cdots + \left(\frac{\partial f}{\partial x_n}\right)\mathrm{d}x_n$$

当 $\mathrm{d}f = 0$ 时

$$\begin{cases} (\partial f/\partial x_1) = 0 \\ (\partial f/\partial x_2) = 0 \\ \vdots \\ (\partial f/\partial x_n) = 0 \end{cases}$$

由该方程组可解出 n 个独立变量 $x_1, x_2, \cdots, x_n$ 的值，此即函数 f 取极值的充要条件。

若自变量 $x_1, x_2, \cdots, x_n$ 还必须同时满足 m 个限定条件：

$$\begin{cases} g_1(x_1, x_2, \cdots, x_n) = 0 \\ g_2(x_1, x_2, \cdots, x_n) = 0 \\ \vdots \\ g_m(x_1, x_2, \cdots, x_n) = 0 \end{cases}$$

这时函数 f 的 n 个自变量中只有 $n-m$ 个是独立变量，那么方程组中也就只有 $n-m$ 个独立方程，无法解出满足 $\mathrm{d}f = 0$ 的 n 个自变量 $x_1, x_2, \cdots, x_n$ 的值。对该类求约束条件下的函数极值问题，拉格朗日提出了如下求解极值条件的方法（通常称为拉格朗日待定因子法）。

用 m 个待定因子 a_i 分别乘以 m 个约束条件方程 $g_i = 0$ 构造新的函数

$$F = f + \sum_{i=1}^{m} a_i g_i$$

因为

$$g_i(x_1, x_2, \cdots, x_n) = 0$$

显然

$$\mathrm{d}F = \mathrm{d}(f + \sum a_i g_i) = \mathrm{d}f$$

因此，同时满足 $\mathrm{d}F = 0$ 和 $g_i(x_1, x_2, \cdots, x_n) = 0$ 的 $x_1, x_2, \cdots, x_n$，是函数 f 在约束条件 $g_i = 0$ 下取极值的充要条件。函数 F 的全微分

$$\mathrm{d}F = \left(\frac{\partial f}{\partial x_1} + \sum_{i=1}^{m} a_i \frac{\partial g_i}{\partial x_1} \right) \mathrm{d}x_1 + \left(\frac{\partial f}{\partial x_2} + \sum_{i=1}^{m} a_i \frac{\partial g_i}{\partial x_2} \right) \mathrm{d}x_2 + \cdots + \left(\frac{\partial f}{\partial x_n} + \sum_{i=1}^{m} a_i \frac{\partial g_i}{\partial x_n} \right) \mathrm{d}x_n$$

当 $\mathrm{d}F = 0$ 时

$$\begin{cases} \dfrac{\partial f}{\partial x_1} + \sum_{i=1}^{m} a_i \dfrac{\partial g_i}{\partial x_1} = 0 \\[2mm] \dfrac{\partial f}{\partial x_2} + \sum_{i=1}^{m} a_i \dfrac{\partial g_i}{\partial x_2} = 0 \\ \vdots \\ \dfrac{\partial f}{\partial x_n} + \sum_{i=1}^{m} a_i \dfrac{\partial g_i}{\partial x_n} = 0 \end{cases}$$

加上 m 个约束条件，共有 $n+m$ 个方程，可求解出 n 个变量 $x_1, x_2, \cdots, x_n$ 和 m 个待定因子 $a_1, a_2, \cdots, a_m$。

附录 8　拉格朗日待定因子法求算最概然能级分布数

最概然能级分布数 n_i^* 必须满足下列方程组：

$$\begin{cases} \partial(\ln W_D + \alpha g_1 + \beta g_2)/\partial n_i = 0 \quad (i = 1, 2, \cdots) & \text{(a.1)} \\ g_1 = \sum n_i - N = 0 & \text{(a.2)} \\ g_2 = \sum n_i \varepsilon_i - U = 0 & \text{(a.3)} \end{cases}$$

其中 α 和 β 为待定因子。求最概然能级分布数 n_i^* 也就是求解该方程组。

定域子和离域子系统任一能级分布微观状态数分别为 $W_{D,定} = N! \prod_i (g_i^{n_i}/n_i!)$ 和 $W_{D,离} = \prod_i (g_i^{n_i}/n_i!)$。由于等同性修正因子 $1/N!$ 是一个常数,所以两者的极值条件相同。为了书写方便,以离域子为例具体求算过程如下:

(1) 求 n_i^*

$$\frac{\partial \ln W_D}{\partial n_i} = \frac{\partial}{\partial n_i} \sum_i (n_i \ln g_i - n_i \ln n_i + n_i) = \ln(g_i/n_i)$$

$$\frac{\partial g_1}{\partial n_i} = \frac{\partial}{\partial n_i} \left(\sum_i n_i - N \right) = 1$$

$$\frac{\partial g_2}{\partial n_i} = \frac{\partial}{\partial n_i} \left(\sum_i n_i \varepsilon_i - U \right) = \varepsilon_i$$

所以,式(a.1) 可以简化为

$$\ln(g_i/n_i) + \alpha + \beta \varepsilon_i = 0$$

上式整理得最概然分布数 n_i^* 计算公式

$$n_i^* = g_i e^{\alpha} e^{\beta \varepsilon_i} \tag{a.4}$$

式中 α、β 待定。

(2) 求 α

将式(a.4) 代入式(a.2),得

$$N = \sum_i g_i e^{\alpha} e^{\beta \varepsilon_i}$$

上式重新整理,得

$$e^{\alpha} = N / \sum_i g_i e^{\beta \varepsilon_i}$$

令 $q \stackrel{\text{def}}{=} \sum_i g_i e^{\beta \varepsilon_i}$,则待定因子 α 和最概然分布数 n_i^* 亦可分别表示为

$$e^{\alpha} = N/q \tag{a.5}$$

$$n_i^* = \frac{N}{q} g_i e^{\beta \varepsilon_i} \tag{a.6}$$

(3) 求 β

根据斯特林(Stirling)公式,当 n_i^* 足够大时,$\ln n_i^*! = n_i^* \ln n_i^* - n_i^*$。所以,最概然分布微观状态数

$$\ln W_{\max} = \ln \prod_i \frac{g_i^{n_i^*}}{n_i^*!} = \sum_i (n_i^* \ln g_i - n_i^* \ln n_i^* + n_i^*) = N - \sum_i n_i^* \ln(n_i^*/g_i) \tag{a.7}$$

将式(a.6) 代入上式,得

$$\ln W_{\max} = N - \sum_i n_i^* \ln \left(\frac{N}{q} e^{\beta \varepsilon_i} \right) = N - \sum_i n_i^* \ln \frac{N}{q} - \sum_i n_i^* \beta \varepsilon_i \tag{a.8}$$

$$= N - N \ln N + N \ln q - \beta U = \ln \frac{q^N}{N!} - \beta U$$

根据玻耳兹曼熵定理,并用最概然分布微观状态数 $W_{\max}$ 代替系统总微观状态数 Ω,得

$$S \approx k \ln W_{\max} = k \ln \frac{q^N}{N!} - k\beta U \qquad \text{(a. 9)}$$

显然，上式中熵 S 是 N、U 和 β 的函数。已知 S 是 N、U 和 V 的函数，所以当 N 一定时：

$$\left(\frac{\partial S}{\partial U}\right)_V = \left(\frac{\partial S}{\partial U}\right)_\beta + \left(\frac{\partial S}{\partial \beta}\right)_U \left(\frac{\partial \beta}{\partial U}\right)_V$$

其中

$$(\partial S/\partial U)_\beta = \frac{\partial}{\partial U}\left(k \ln \frac{q^N}{N!} - k\beta U\right)_\beta = -k\beta$$

$$\left(\frac{\partial S}{\partial \beta}\right)_U = \frac{\partial}{\partial \beta}\left(k \ln \frac{q^N}{N!} - k\beta U\right)_U = Nk\left(\frac{\partial \ln q}{\partial \beta}\right)_U - kU = \frac{Nk}{q}\left(\frac{\partial q}{\partial \beta}\right)_U - kU$$

$$= \frac{Nk}{q} \times \frac{\partial}{\partial \beta}\left(\sum_i g_i e^{\beta \varepsilon_i}\right)_U - kU = \frac{Nk}{q}\sum_i g_i e^{\beta \varepsilon_i}\varepsilon_i - kU = k\sum_i n_i \varepsilon_i - kU$$

$$= 0$$

又已知

$$\left(\frac{\partial S}{\partial U}\right)_V = \frac{1}{T}$$

所以

$$\beta = -\frac{1}{kT} \qquad \text{(a. 10)}$$

参考文献

[1] 南京大学化学化工学院，傅献彩，侯文华．物理化学：上册［M］．6版．北京：高等教育出版社，2022．

[2] 南京大学化学化工学院，傅献彩，侯文华．物理化学：下册［M］．6版．北京：高等教育出版社，2022．

[3] 天津大学物理化学教研室编．物理化学：上册［M］．刘俊吉，周亚平，李松林，冯霞修订．6版．北京：高等教育出版社，2017．

[4] 天津大学物理化学教研室编．物理化学：下册［M］．李松林，冯霞，刘俊吉，周亚平修订．6版．北京：高等教育出版社，2017．

[5] 北京大学，高盘良．物理化学学习指南［M］．北京：高等教育出版社，2002．

[6] 朱志昂，阮文娟．物理化学学习指导［M］．2版．北京：科学出版社，2006．

[7] 许越．化学反应动力学［M］．北京：化学工业出版社，2005．

[8] 傅鹰．化学热力学导论［M］．北京：科学出版社，1963．

[9] 国家技术监督局计量司标准化司组织编写．量和单位国家标准实施指南．北京：中国标准出版社，1996．

[10] 韩德刚，高批棣．化学热力学［M］．北京：高等教育出版社，1997．

[11] 傅献彩，姚天扬，沈文．平衡态统计热力学［M］．北京：高等教育出版社，1994．

[12] 韩德刚，高盘良．化学动力学基础［M］．北京：北京大学出版社，1987．

[13] 沈钟，赵振国，王果庭．胶体与表面化学［M］．3版．北京：化学工业出版社，2004．

[14] 国家技术监督局发布．中华人民共和国国家标准 GB 3100-3102—93 量和单位．北京：中国标准出版社，1993．

[15] 张丽丹，鄢红，贾建光，徐向宇．物理化学例题与习题．3版．北京：化学工业出版社，2023．

[16] Atkins P W. Physical Chemistry. Eleventh ed. Oxford University Press，2018．

[17] Robert J Silbey，Robert A Alberty. Physical Chemistry. 3rd ed. John Wiley & Sons，Inc，2000．